Freescale 08 系列单片机开发与应用实例

何此昂　周渡海　等编著

北京航空航天大学出版社

内容简介

本书内容以飞思卡尔(Freescale)公司的HC08/S08/RS08为主。内容包括:08系列单片机概述;08系列单片机特点及模块应用;C语言应用实例;汇编语言应用实例;开发工具自制以及编程仿真环境建立过程。书中所有程序均通过调试,相关功能模块和参考资料编写力求准确、详细、完整,尽量使读者能在开发工程中“一册解决”。

本书可作为高等院校“单片机原理及应用”课程的教学参考书,也可作为Freescale单片机开发者的技术参考书。

图书在版编目(CIP)数据

Freescale 08系列单片机开发与应用实例/何此昂,周渡海等编著. —北京:北京航空航天大学出版社,2009.1

ISBN 978-7-81124-296-6

Ⅰ.F…　Ⅱ.①何…②周…　Ⅲ.单片机微型计算机　Ⅳ.TP368.1

中国版本图书馆CIP数据核字(2008)第161745号

Freescale 08系列单片机开发与应用实例
何此昂　周渡海　等编著
责任编辑　卫晓娜　王　艳
*
北京航空航天大学出版社出版发行
北京市海淀区学院路37号(100191)　发行部电话:010-82317024　传真:010-82328026
http://www.buaapress.com.cn　E-mail:bhpress@263.net
北京市松源印刷有限公司印装　各地书店经销
*
开本:787×960　1/16　印张:24　字数:538千字
2009年1月第1版　2009年1月第1次印刷　印数:5 000册
ISBN 978-7-81124-296-6　定价:39.00元(含光盘1张)

前言

目前市场上广泛应用的是8位单片机。飞思卡尔(Freescale)公司作为世界上8位单片机的生产商,推出了8位的HC05、HC08、S08、RS08内核的单片机,并且逐步向低价、指令集更小、更简单易学、功耗更低、速度更高、体积更小、集成外设功能更强等方向发展,体现了单片机发展的一种新趋势,深受用户欢迎,已经逐步成为世界单片机的新潮流。

本书主要介绍飞思卡尔公司的HC08、S08、RS08系列单片机。由于芯片内部的A/D转换器、内部的可擦写Flash存储器、比较输出、I^2C和SPI接口、异步串行通信接口、LCD接口等许多功能,对初学者有一定难度,加上昂贵的开发工具和编程器,相关的参考资料又少,更没有介绍应用实例和应用程序库的书,给广大的使用者带来了困难。

针对飞思卡尔公司的HC908JB8、MC9S08QG8、GB60、RS08KA2这几款单片机,本书详细介绍了飞思卡尔的C语言开发工具CodeWarrior,同时介绍了其硬件环境下的仿真调试以及每一个功能模块的C语言编程实例。本书的一大特色就是给出了飞思卡尔单片机简易廉价开发工具设计的详细资料和调试方法,为用户学习提供了极大的方便。

本书共分5章。第1章为08系列单片机概述,介绍了飞思卡尔单片机的命名规则以及开发环境的建立。第2章为08系列单片机特点及模块应用,阐述了HC08、S08系列单片机的功能选型表,以及它们之间的兼容性和可移植性,然后详细描述了芯片的各个功能模块及其使用方法。第3章为C语言应用实例,给出了各个系列单片机详细的C语言设计例程和硬件设计。第4章为汇编语言应用实例,描述了汇编语言在精简内核RS08中的各个外设接口功能代码。第5章为08系列开发工具自制以及编程仿真环境建立,详细阐述了HC08系列和HCS08系列简易开发工具原理以及详细设计过程,包括电路原理图和源程序清单。

书中所有程序均通过调试,相关功能模块和参考资料的编写力求准确、详细、完整,尽量使读者能在开发工程中“一册解决”，不必左找右翻，因为一个数据或者参数而寻寻觅觅从这本书跳到那本书。此书可以作为大学生的单片机原理以及应用课程的实验指导书，也可作为单片机开发者的开发参考书。

在编写本书的过程中，得到了武汉理工大学硕士邓颖、熊莉，北京建筑工程学院信息工程学院硕士樊清、陈一民，华中农业大学徐源，武汉工业大学邓超，西安培华学院胡凡、何平凡的大力支持，以及浙江工业大学胡珠琳、陈海兵、潘虹、黄琴飞、张慧芳、何伟、张美燕、庄玲燕、徐艳菲、顾杰锋的大力协助，他们编写了部分章节，并做了校对录入以及程序调试工作。在此一并表示感谢。

在这里还要感谢飞思卡尔公司以及飞锐泰克公司的大力支持。

限于编者水平，书中难免存在不当之处，恳请读者批评指正。如有任何问题和疑问请发邮件联系，联系 E-mail：heciang@126.com.

编　者

2009年1月于北京中国科学院计算所

目录

第1章 08系列单片机概述

随着超大规模集成电路技术的迅速发展，单片机的价格也随之不断下降，单片机嵌入式系统的应用发展得也很快，并且相信在今后的几年中将会发展得更快。从市场产值份额来看，大概有8位、16位、32位微处理器三分天下的趋势。世界著名的供应商有Motorola（Freescale）、三菱、Microchip、ST、NXP、Infineon、Atmel、NEC、TI等，其中Motorola半导体已经于2004年从Motorola公司分离出来，成立了独立的Freescale公司。下面扼要介绍Freescale单片机的历史与发展。

1.1 Freescale单片机的历史与发展

Freescale中文音译为“飞思卡尔”，其前身是Motorola半导体事业部。近年来，韩国和中国台湾地区的一些企业也开始生产与上述著名企业兼容但价格更低的单片机，以抢夺一些低端产品市场。对于8位、16位和32位微处理器，各个公司都有不同的系列，每个系列又有繁多的品种。因为单片机的应用领域是无限的，所以用户的需求也是无止境的。随着技术的发展，单片机可以实现的功能越来越多，不断有新的单片机问世，也不断有单片机被淘汰。

Motorola半导体（Freescale）是世界上最大的单片机供应商之一，Motorola单片机产品的技术根基可以追溯到最早出现于1974年的8位单片机MC6800和后来的MC6801，它们使用HMOS工艺，功耗高。世界上最早出现的CMOS单片机是MC146805，后来出现了高速CMOS工艺的MC68HC05单片机，产量突破了20亿片，是世界上产量最高的单片机之一。

作为8位单片机，MC6809曾有8位CPU之王的美誉，用高级语言Pascal开发。出现了Intel 8080以及Z80之后，且由于MC6809使用的是HMOS工艺，功耗高，在单片机CMOS化的过程中，8位增强型单片机MC68HC11的设计使用了与MC6801兼容的指令系统，而没有使用MC6809 CPU的指令集,因此MC6809这个CPU就逐渐停产了。

MC68000是1979年设计的CPU,采用32位内核,外部总线是16位。它是一个面向多用户多任务操作系统、面向C语言的CISC指令集的CPU,后来的MC68010、MC68020、MC68030、MC68040等CPU都与之向上兼容,统称为68K系列CPU。著名的苹果机曾使用这一系列CPU,用于工业控制的VME总线实际上就是68K的总线,68K系列CPU曾经广泛用于控制领域。以68K系列CPU为基础,后来出现了MC683XX系列单片机。近30年来Motorola/Freescale MCU/MPU的发展过程如图1.1所示。

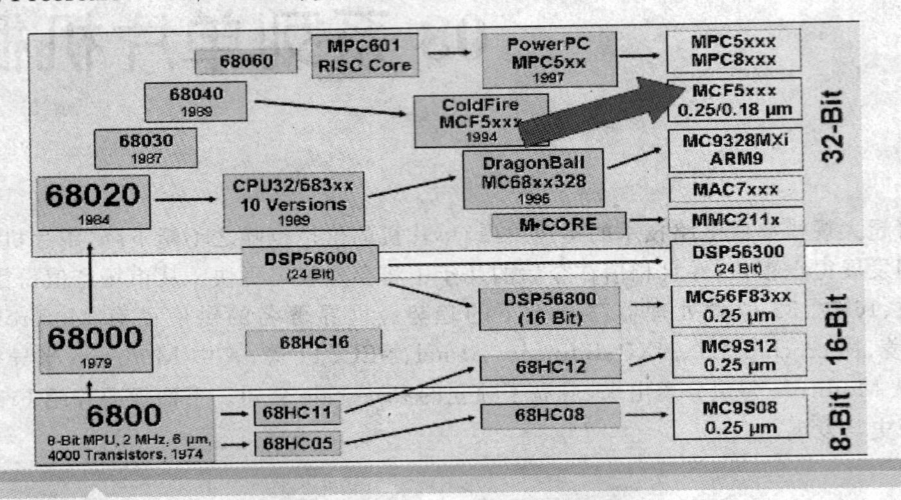

图1.1　Motorola/Freescale MCU/MPU的发展过程

同时,Freescale产品包括各种各样的传感器和模拟外设、Flash闪存芯片等,已经广泛应用到工业现场环境中,如图1.2所示。

范围	芯片	模拟外设	传感器	其他
高端	• mobileGT™ MPC5200 • PowerPC® MPC5500 family • PowerPC® MPC500 family • 68K/ColdFire family	Analog • eXtreme Switch • Motion control • Power mgmt • E-Field • QUICCsupply • I/O expansion	Sensors • Low-g accelerometers • Tire pressure monitoring system (TPMS)	Flash Technology Software, Tools & Services
中高端	• 68K/ColdFire family • 56F8300/8100 Digital Signal Controllers			
中端	• 56F8000/800 DSC family • HC(S)12 16-bit families			
低端	• HCS08 low-voltage, low-power family • HC08 QT/QY family • RS08			

图1.2　Freescale产品集

1.2 Freescale 单片机命名法与.S19 编程代码格式

1.2.1 Freescale 单片机命令法

HCS08 & RS08 系列命名表示方式如下：

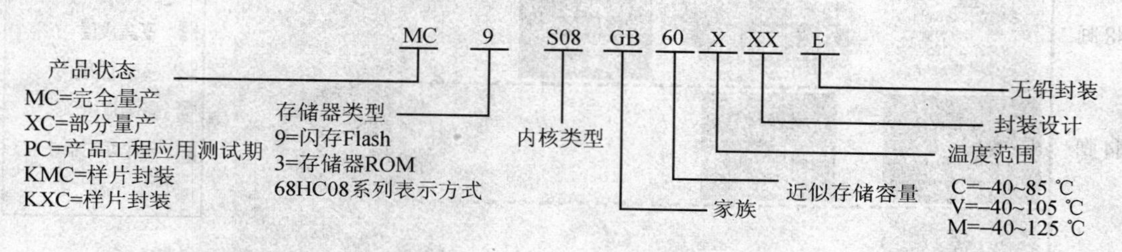

68HC08 系列表示方式如下：

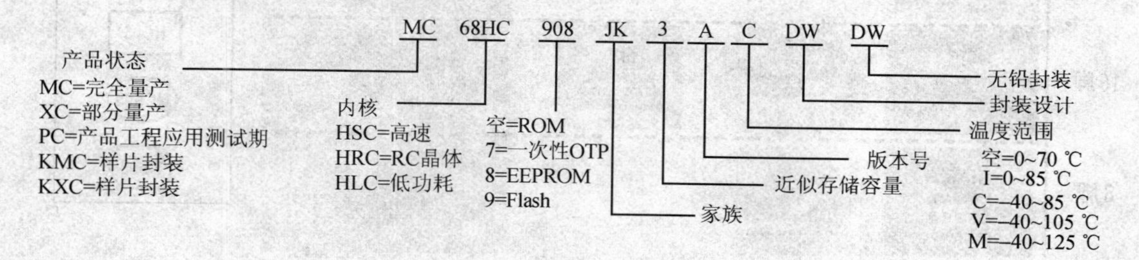

1.2.2 Freescale 产品描述图与术语表

本部分以图的形式详细介绍 Freescale 通用 MCU 产品、特定应用 MCU 产品，以及产品包装、引脚、电气特性。同时，介绍了 MCU 低端新系列产品和 8 位汽车产品。Freescale 通用产品描述如图 1.3 所示。Freescale 特定应用产品描述如图 1.4 所示。Freescale 产品包装、引脚、电气特性如图 1.5 所示。Freescale 新产品如图 1.6 所示。Freescale 低端产品如图 1.7 所示。Freescale 8 位单片机汽车路线图如图 1.8 所示。

Freescale 8 位微处理器常用术语如下：

- MCU(Micro Controller Unit)微处理器单元；
- CPU16 16 位中央处理器(HC11 兼容)；
- CPU32 32 位中央处理器(68000 兼容)；
- CW (CodeWarrior)Freescale 8 位、16 位、32 位、DSC 开发环境；
- RTI(Real Time Interrupt)实时时钟中断；

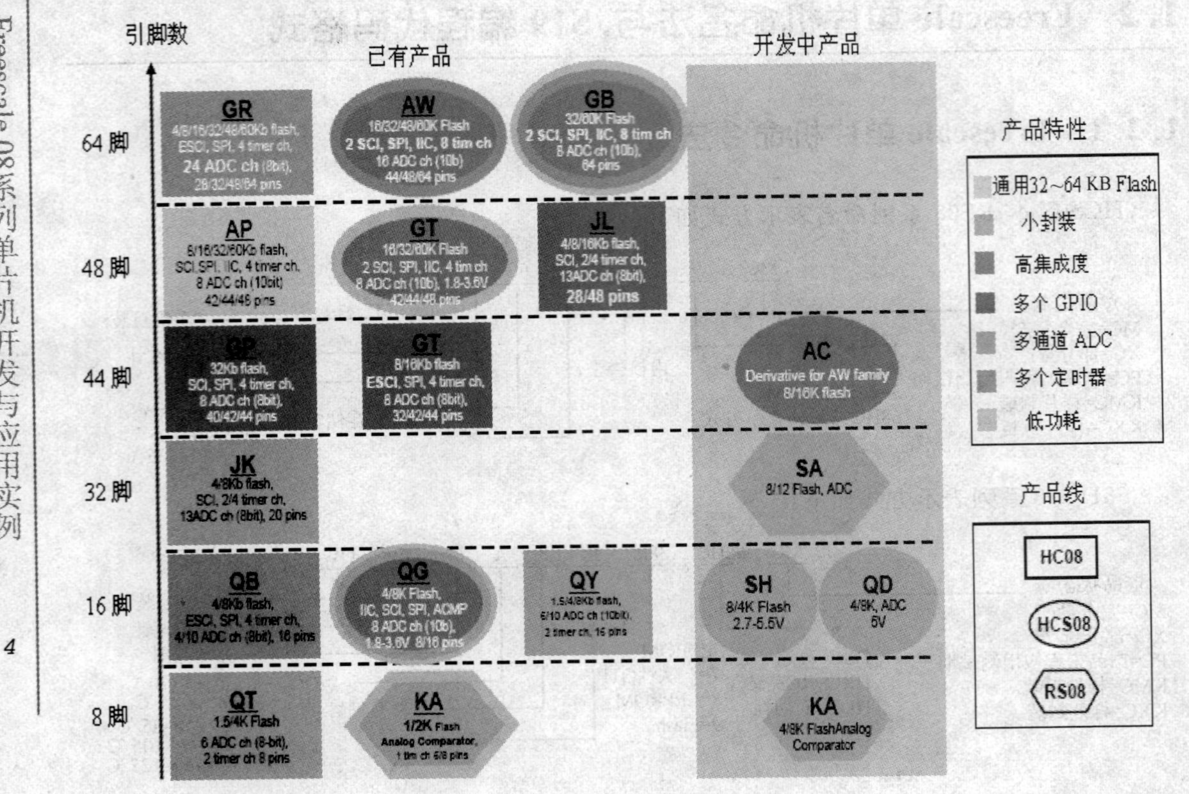

图1.3 Freescale通用产品描述

- ADC/ATD 模数转换；
- ACMP 模拟比较；
- CMT 载波调制定时器；
- CAN 控制器局域网，源于 Bosh 汽车公司的总线方式；
- MSCAN 基于 CAN2.0A/B 的 Freescal 控制器局域网。
- CAN2.0A/B 由 Bosh 在 1991 年定义的 CAN 总线版本号；
- SIM 系统集成功能模块；
- SIML 低功耗系统集成模块；
- USB 通用串行总线；
- SCI 串行通信接口或者称为 UART 通用异步接收发送器；
- IrSCI 红外 SCI；
- SPI 串行外设接口；
- QSPI 队列式 SPI 接口；

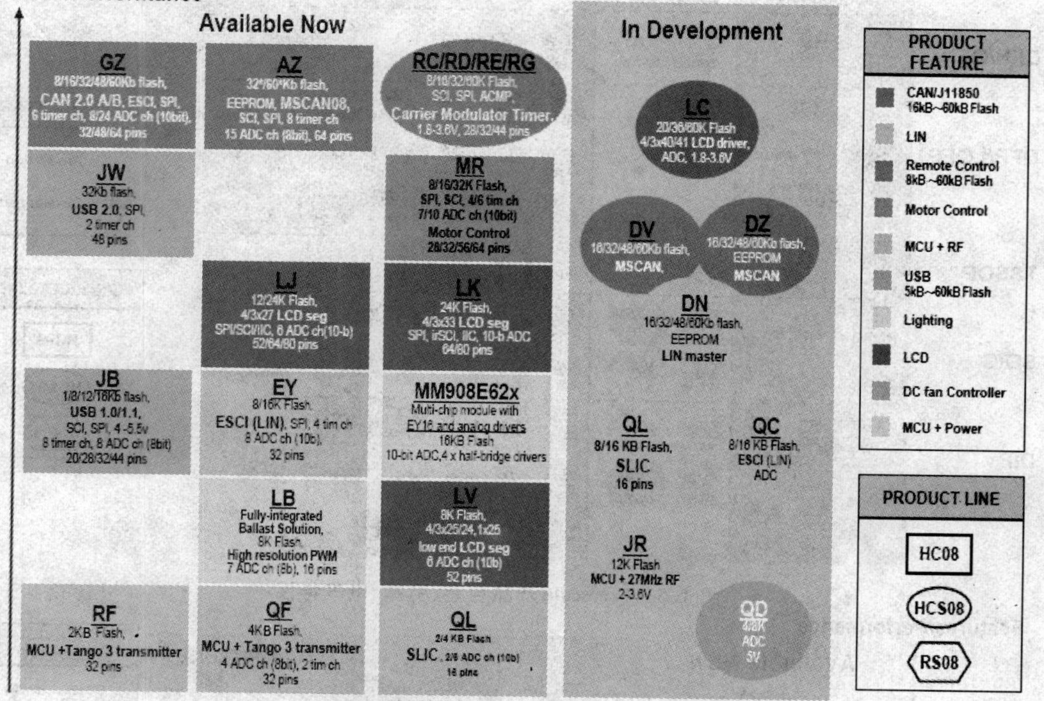

图 1.4　Freescale 特定应用产品描述

- ESPI 增强型 SPI 接口；
- QADC 队列式模数转换器；
- IIC 串行通信接口速率达到 100 Kbps；
- KBI 键盘中断；
- LVI 低电压中断；
- LVR 低电压复位；
- MUX 多路总线；
- EBI 外部总线接口；
- OC 输出比较；
- IC 输入捕获；
- ECT 增强型捕获定时器；
- EBI 外部总线接口；
- COP 计算机正常运行监视模块（看门狗定时器）；
- MMIIC 多主机 IIC 总线；

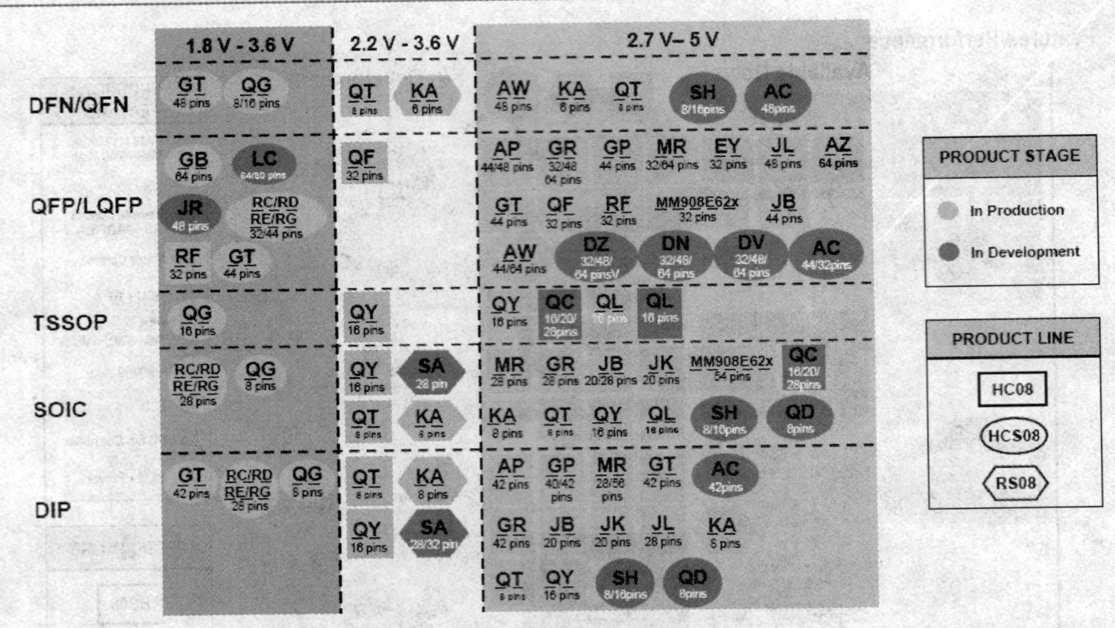

图 1.5　Freescale 产品包装、引脚、电气特性

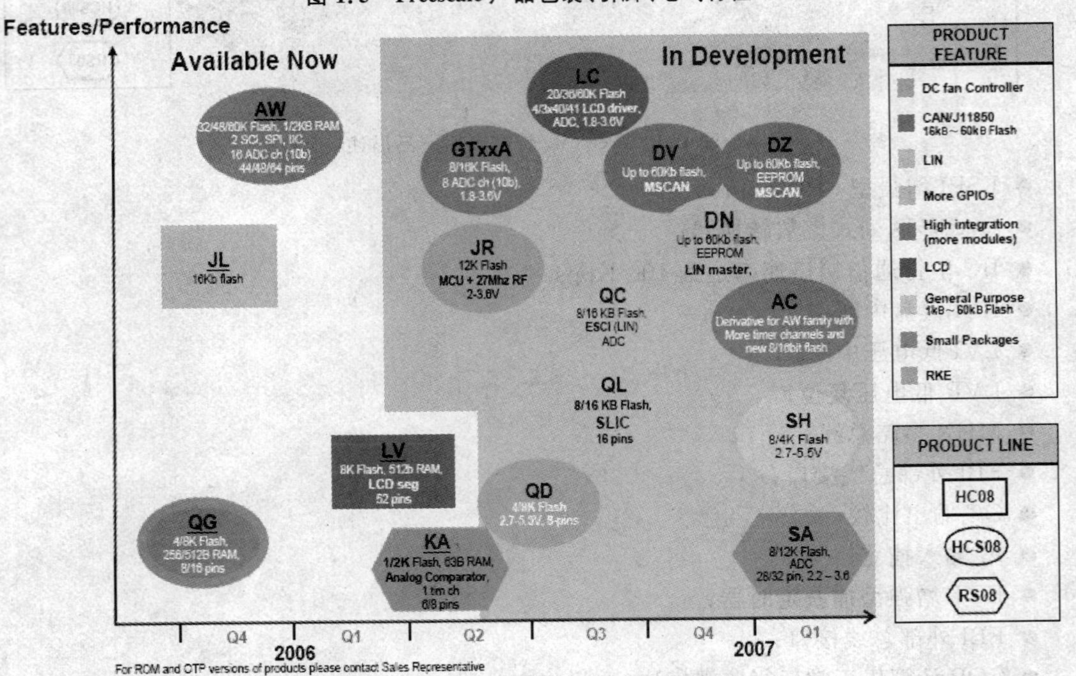

图 1.6　Freescale 新产品

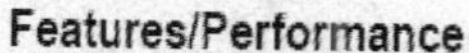

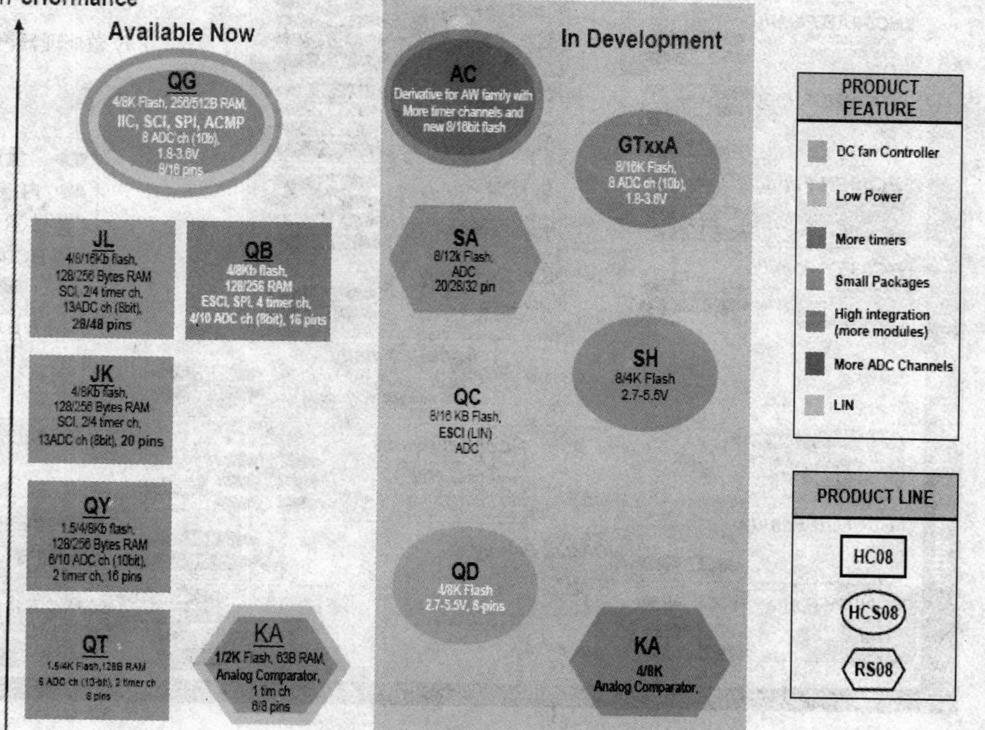

图 1.7　Freescale 低端产品

- LIN 本地连接网络的小型网络系统，作为 CAN 总线的子网络；
- SLIC 从 LIN 总线接口控制器；
- RS08 Core 高效、精简的 RS08 内核，设计成小封装，代码容量小于 16 KB；
- HC08 Core 从 8 引脚 QFN 封装到 64 引脚 QFP 封装，HC08 内核处理器是应用最广泛的微处理器；
- HCS08 Core 低功耗和高执行性能内核，S08 内核是电池和便携式应用的最好的选择；
- BDM 背景调试模式；
- PLL 锁相环；
- SSOP 紧缩型小尺寸封装；
- TQFP 超薄方型扁平封装(1.0 mm 厚)；
- LQFP 小厚度方型扁平封装(1.4 mm 厚)；
- DIP 双列直插封装；
- SOICN 窄体小尺寸封装；

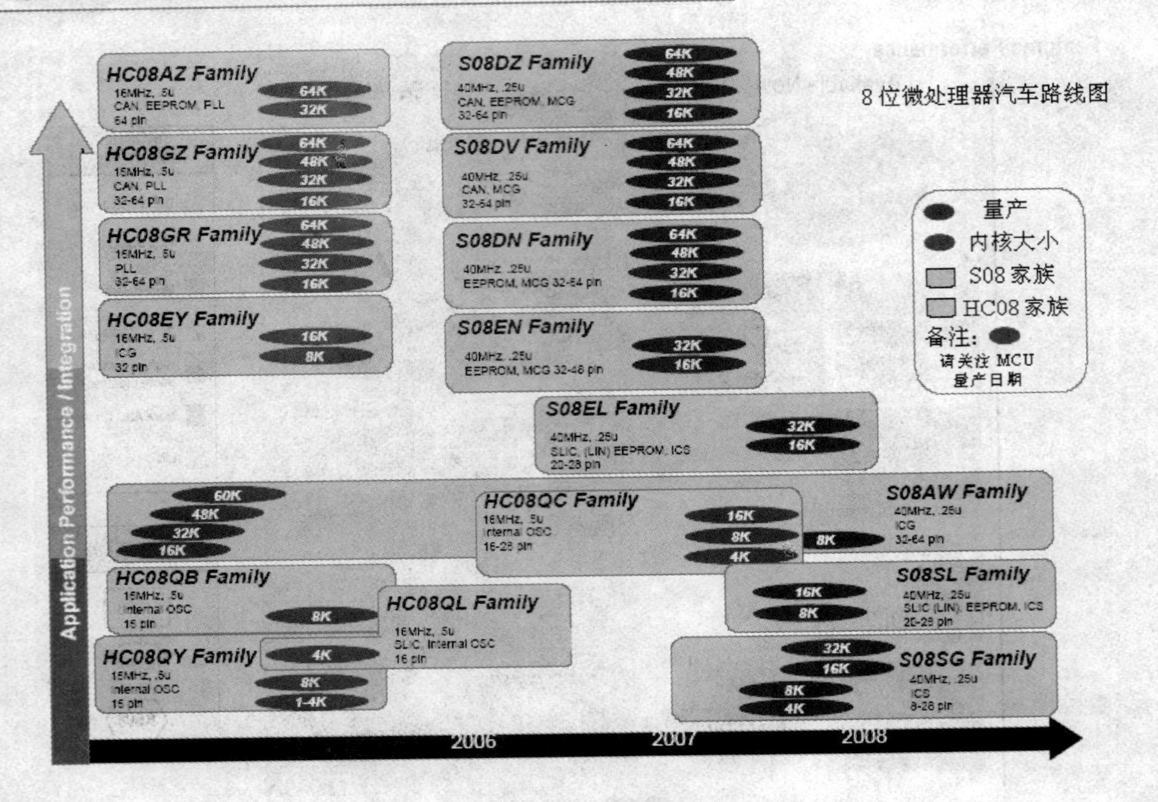

图 1.8　Freescale 8位微处理器汽车路线图

- SOICW 宽体小尺寸封装；
- QFN 方形扁平无引线封装；
- QFP 方形扁平封装。

1.2.3　.S19 编程代码格式

.S19 文件格式是 Freescale HC05、HC07、HC08、HCS08、HC12、HCS12 系列芯片的烧录代码文件。

1. .S19 通用描述

.S19 文件由一些特定的 ASCII 字符串组成，包括可读的{S，0～9，A～F}字符集，文件包含的地址和字节信息定位在芯片存储区中。地址由 4、6、8 字节的十六进制的字符串确定，字节信息由两个字符的十六进制字符串确定。

2. 概　述

每行的空格都可以忽略。每行必须以“S”字符开始。文件每行起始的4个字符如下：“S”字符、数字{1～9}，2个字符的数字标识每行的字节个数。每行最后2个字符是校验和。每行保留字节是2个数据字节。文件中最后行字符可以是“\n”，也可以是“\r”(0x0A或0x0D)，或两者都可以。

3. 通用的S-record格式

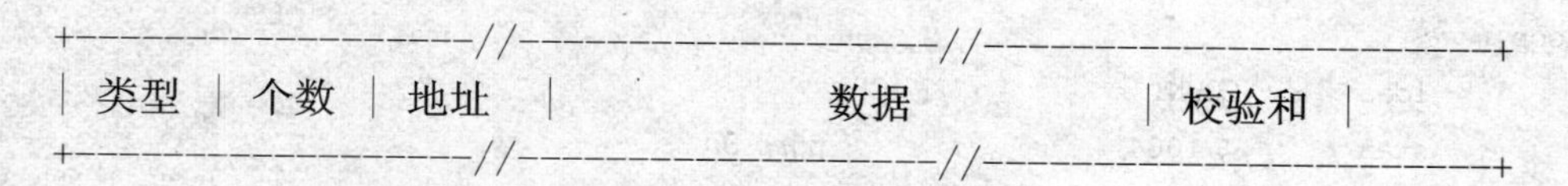

类型　占2个字符(1个字节)，这些字符的描述类型是(S0、S1、S2、S3、S5、S7、S8、S9)。

个数　占2个字符(1个字节)，表示行记录中的字节个数。

地址　占4、6或8个字节，这些字节表示加载到芯片存储区中数据的地址。

数据　占0～64个字节，这些字节表示加载到芯片存储区中的数据描述信息。

校验和　占2个字符(1个字节)。

4. 行代码表示方式

S0标识文件开始，地址域没有使用，使用0x0000填充。包含的信息如下：

名字　20个字符，是表示模块的名字。

版本号　2个字符。

修订版本　2个字符。

描述　0～36个字符，是一个文本文档。

S1标识从字符5～8开始表示16位(2字节)的地址。

S2标识从字符5～10开始表示24位(3字节)的地址。

S3标识从字符5～12开始表示32位(4字节)的地址。

S5标识从该行之前使用S1、S2、S3标识的个数，不包含数据域。

S7、S8、S9标识文件结束，不包含数据域。S7包含的地址是4字节，S8包含的地址是3字节，S9包含的地址是2字节。例如，下例中汇编代码产生的.S19数据格式如下：

```
:::example.asm
        ORG $B600                   ; Start of EEPROM
        jsr     Init_4_Servos
        ldd     #$0800              ; Servo middle position
        std     $1018               ; Initial setting for servo 0
        std     $101a               ; Initial setting for servo 1
```

```
        std     $101c                ; Initial setting for servo 2
        std     $101e                ; Initial setting for servo 3
        jsr     Init_SPI
        ldd     #$0002
        std     SPI_POINTER
        clr     SPI_DATA+4
        clr     COUNT

Loop:
        ldaa    COUNT
        staa    $1004                ; port B
        brclr   SPI_DATA+4 $FF Loop  ; Wait for 5th SPI byte

:::example.S19

S00600004844521B
S123B600BDB653CC0800FD1018FD101AFD101CFD101EBDB665CC0002DD007F00067F001055
S123B6209610B710041306FFF7CC0002DD007F0006DC021A83AA5526E7D6049605B710048F
S123B6405818CE1018183A164F05050505 0518ED0020CD363CCE10008655A7208678A70C1B
S123B660A70D383239FEB680DFC7B6B68297C986AAB710048604B7100986C4B710280E3972
S123B6807EB6837C0010CE100018DE001F2980FCB6102A188C0002260481AA260618A700F5
S107B6A07C00013BEA
S9030000FC
```

(1) 起始行以"S"开始

起始行以"S"开始表示记录的开始，如：S00600004844521B。06表示之后有6个字符，00 00表示2字节地址域为0，48 44 52的ASCII表示H，D和R，即"HDR"，1B是校验和。

```
S123B600BDB653CC0800FD1018FD101AFD101CFD101EBDB665CC0002DD007F00067F001055
```

(2) 命　令

每行第2个字符是命令，如"1"表示地址是一个2字节的地址(4个字符)。

```
S123B600BDB653CC0800FD1018FD101AFD101CFD101EBDB665CC0002DD007F00067F001055
```

(3) 行的长度

每行第3个和第4个字符表示每行从第5个字节开始的字节总数。

```
S123B600BDB653CC0800FD1018FD101AFD101CFD101EBDB665CC0002DD007F00067F001055
```

行中23是十六进制的23(Hex)，表示有35个字节。

(4) 地　址

行中的下一个部分是地址,地址的长度由命令字符来确定。

S123B600BDB653CC0800FD1018FD101AFD101CFD101EBDB665CC0002DD007F00067F001055

B600是4字符(双字节) 地址 Hex ＄B600,表示芯片Flash的起始地址。

(5) 校验和

每行的最后2个字符(1字节)作为校验和。校验和采用累加和校验。从第3个字节开始,累加到校验和之前的字节,然后将校验和与上0x00FF,最后取反。

S123B600BDB653CC0800FD1018FD101AFD101CFD101EBDB665CC0002DD007F00067F001055

在这一行中,以"23"开始,累加到"10",累加和是0x0CAA,截去0x0C,得到0xAA ,取反得到0x55,0x55作为行的结束。

(6) 数据字节

在地址和结束校验和之间的字节是数据字节。

S123B600BDB653CC0800FD1018FD101AFD101CFD101EBDB665CC0002DD007F00067F001055

这些字节将会被有序地放在存储区指定的地址单元中。在这一行中,起始数据字节是BD,其机器码是JSR,将会被放在存储区＄B600地址单元中。下两个字节B653是调转指令指向的机器码,其定位在存储区中的地址是＄B601和＄B602。

备注:如果数据范围超过了存储区的32个字节(最大长度是32个数据字节),这些数据将会在文件的下一行继续,本例中确定的地址是＄B620。

(7) 文件结束

example . S19文件中最后一行(S9030000FC)的描述如下。

文件结束命令是"9",下面的字节03表示行的字节长度,有3个字节。FC是校验和。

备注:在这个汇编语言例子中,最后的指令是RTI,翻译成十六进制格式是3B。这个3B表示在.S19文件中下一行就是最后一行,同时表示在.S19文件中,最后一行的代码在芯片的存储区代码中没使用。

5. Intel Hex ASCII 格式

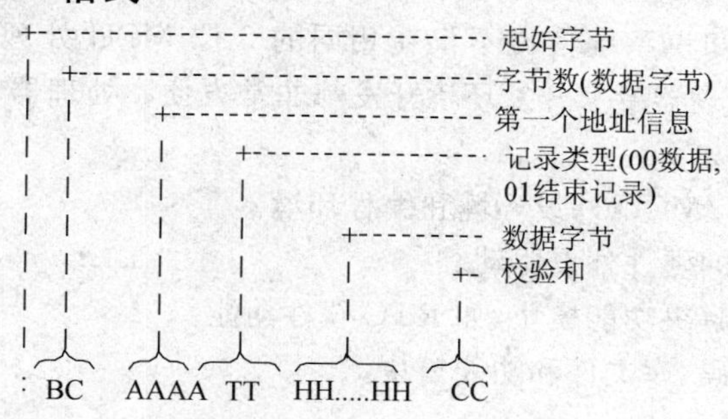

例如：

```
:10000000DB00E60F5F1600211100197ED300C3004C
:1000100000000101030307070F0F1F1F3F3F7F7FF2
:01002000FFE0
:00000001FF
```

1.3　Freescale 单片机开发环境建立——使用专家系统开发实时时钟实例

本节使用 Processor Expert Embedded(CodeWarrior 5.1 版本内嵌专家系统)开发工具和 HCS08 系列单片机来演示一个基于 RTC(实时时钟)的软件开发过程。使用专家系统这个工具可以缩短开发时间，提高产品上市的周期。本节提供了 Processor Expert 的简单使用技巧，并使用 M68DEM908GB60 开发工具(详细的相关信息在本节阐述)进行开发调试。

1.3.1　Processor Expert System(专家系统)与 RTC(实时时钟)

1. Processor Expert System(专家系统)

专家系统是一个 CodeWarrior 开发工具上可选的插件，提供了嵌入式系统面向对象编程的快捷方式。专家系统中 MCU 外设的配置是通过使用 CodeWarrior IDE 集成环境中的 GUI(图像用户接口)进行设置的，配置完成后专家系统自动地产生出初始化代码和其他用户代码。

图 1.9 为使用 CodeWarrior IDE 集成环境的处理器专家系统的工作区。

处理器专家系统的好处是它使用面向对象的应用编译方法，嵌入了 MCU 硬件寄存器的详细 API(Application Programmer Interface，应用编程接口)信息，而不是通过软件子程序来初始化 MCU 的寄存器。处理器专家系统使用软件 API 和图像用户接口来初始化 CPU。

另外，专家系统工作环境检测所有的 MCU 设置和配置，并不和其他 MCU 产生冲突。专家系统软件 API 和专家知识系统使得不仅在相同的 8 位 MCU 处理器平台上，而且在其他 16/32 位 DSC 上，使用处理器专家开发环境开发都非常方便。处理器专家系统除了可以反复使用的优点外，其他优点如下：

- 便捷地设置 CPU/MCU 外设环境和编程环境。
- 提供随时可使用的硬件外设驱动。
- 提供基本的软件解决功能模块，如 RTC 软件功能。
- 允许使用外部代码、库文件和功能模块。

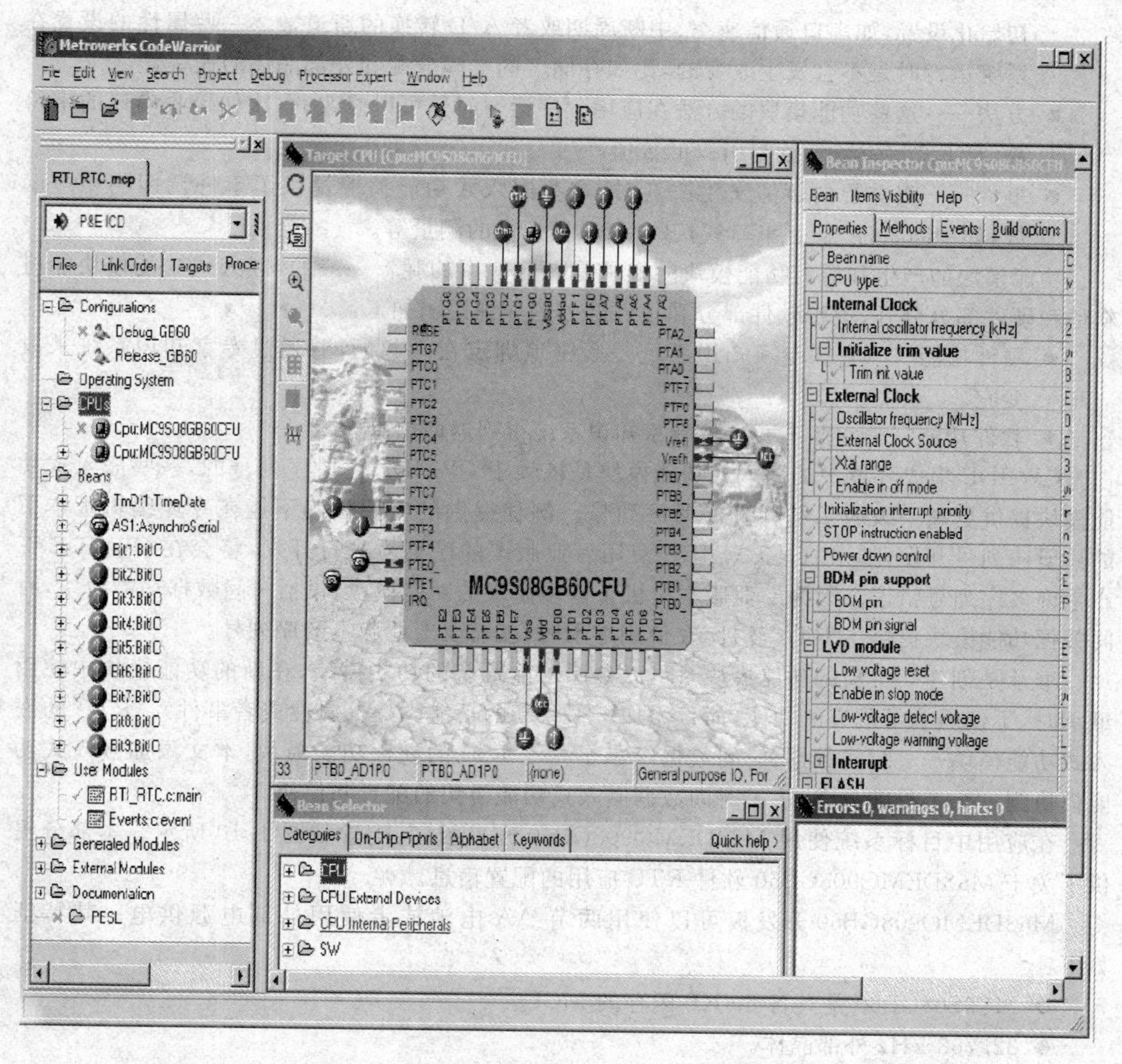

图 1.9　使用 CodeWarrior IDE 集成环境的处理器专家系统的工作区

● 提供配置功能模块的接口，如波特率等，而不是采用分频器手动计算用户波特率。

CW 提供易使用的嵌入式功能模块，提供了统一的访问 API 的平台和详细细节，即便是硬件发生改变，API 功能也不会变，这种嵌入式硬件模块的独立性，使得开发非常方便。

嵌入式功能模块封装的功能有属性、方法和事件（这是面向对象的编程方法）3 种。详细的信息如下：

● 属性——这些嵌入式功能模块的属性是在应用开发和编译时定义的。它们包括 MCU

初始化设置，如串口通信速率、中断周期或者 A/D 转换的通道数。一些属性的设置在系统运行时是不会发生改变的，比如存储区的空间分配和外部晶体的速率。

- 方法——这些功能模块的方法在应用程序运行时是可以修改的，比如接收串口的字符数、SCI 波特率或者读写引脚的数值。
- 事件——当重要的事件发生改变时，这些嵌入式功能模块提供了事件调用的相应函数，如中断事件、通过串口线接收字符、模拟量的测量等。

功能模块的产生和原有功能模块的继承是如何使用的呢？一般的，嵌入式功能模块能将软件和硬件部分分开，关于软件部分和硬件部分的详细说明如下：

- 硬件功能——它和专家知识系统是紧密地绑定在一起的，并通过专家知识系统来改变它。
- 软件功能——它并不要求从专家知识系统得到返回信息。

CW IDE 集成环境中的嵌入式功能模块是依赖于 CW IDE 注册序列号的，一些嵌入式功能模块提供更高一级的 CW IDE 注册序列号。例程提供的应用代码不能在专业编辑版本下的注册序列号开发，如果通过 CW IDE 使用专业版本的序列号进行开发，将会在 CW IDE 下产生许多序列号错误。因为专业版本提供了许多高级的功能模块，包括时间数据功能模块，时间数据功能模块提供了 RTC 软件，在使用继承时，就需要专业版本的序列号。

继承是创建一个新的功能模块时可以参照以前既有的功能模块，在新的功能模块中使用继承时，不仅继承了既有的功能，而且添加了一些新的功能(方法、属性或者事件)。RTC 的嵌入式功能模块——时间数据，时间数据继承了基于 RTI 的硬件功能模块，本文添加嵌入式功能模块到一个工程部分，演示了时间数据嵌入式功能模块的配置和使用。

在应用中目标系统使用 M68DEMO908GB60 开发板，其配置如图 1.10 所示。本部分提供了关于 M68DEMO908GB60 软件 RTC 应用的配置信息。

M68DEMO908GB60 开发板可以使用两节 AA 电池或者使用外部电源供电。其特征如下：

- MC9S08GB60 是具备 60 KB 闪存的 MCU。
- 32.768 kHz 外部晶体。
- 全双工的 DB9 RS-232 串行口。
- 按键开关、LED 指示灯。

2. RTC(实时时钟)

RTC(就是所说的日历时钟)可以是硬件时钟，也可以是软件时钟。硬件 RTC 使用的是外部硬件模块(比如带 I^2C 接口的时钟芯片 PCF8563 或者 DS1302)，或者一些硬件 RTC 使用 MCU 提供的片上外设功能。

RTC 主要的函数功能是提供时间、周、月和年。使用硬件 RTC 的好处是时间精度高，如

图 1.10　M68DEMO908GB60 图片

果使用外部晶体，提供的时钟精度将更高。

软件 RTC 提供了一个基于特定时间间隔的定时器和计数器。通过时间间隔的计数转化为相应的时间，通过软件 RTC 配置 1 s 的时间间隔是很方便的。

由于软件 RTC 功能不是硬件的一部分，所以可以通过芯片代码固件的刷新来执行软件 RTC 功能。RTC 是通过软件执行的，所以软件 RTC 功耗很低，要求的外部元器件少，耗电量也低。

1.3.2　开发环境的安装

在 Windows XP 下使用 CW 和处理器专家系统进行应用环境的开发和测试，这些工具的版本信息如图 1.11 所示。

其他开发组件包括用于显示 SCI 数据的串行端口和用于烧录目标 MCU 的 USB BDM 仿真头的一个调试设备。图 1.12 表示了在 CW 环境下 BDM 烧录器和目标 MCU 的连接示意图。

相关的 CW 软件可以从地址 www.freescale.com.cn 下载。

Installed Products

CodeWarrior Development Studio for Freescale HC(S)08 3.1 Service Pack FSICEBASE, build 5020.
CodeWarrior Development Studio for Motorola HC08 3.1, build 4210.

Plugin Name	Version	File	Product	Date	Size
ASINTPPC.DLL	5.6.1.1506	5.6.1.1506	5.6.1.1506	6/19/2004, 5:20 PM	628K
CmdIDE.exe	5.6.1.1506	5.6.1.1506	5.6.1.1506	6/19/2004, 5:51 PM	41K
IDE.exe	5.6.1.1506	5.6.1.1506	5.6.1.1506	6/19/2004, 5:47 PM	9.47M
IDENewDialog.dll	5.6.1.1506	5.6.1.1506	5.6.1.1506	6/19/2004, 5:29 PM	201K
IDE_MFC60cw.dll	6.00.8665.0	6.0.8665.0	6.0.4.0	6/19/2004, 5:22 PM	1.59M
IDE_MSL_DLL90_x86.dll	5.6.1.1506	5.6.1.1506	5.6.1.1506	6/19/2004, 5:18 PM	296K
InstallHelperKeys.exe	No Version Info	0.0.0.0	0.0.0.0	6/4/2003, 4:23 PM	76K
Imgr8c.dll	No Version Info	0.0.0.0	0.0.0.0	2/15/2004, 5:02 PM	832K
MFC60cw.dll	6.00.8665.0	6.0.8665.0	6.0.4.0	11/13/2003, 6:12 ...	1.91M
MSL_All-DLL80_x86.dll	No Version Info	0.0.0.0	0.0.0.0	11/13/2003, 6:12 ...	228K
MSL_All-DLL90_x86.dll	No Version Info	0.0.0.0	0.0.0.0	5/13/2004, 4:36 PM	316K
MWCore5_0.DLL	5.6.1.1506	5.6.1.1506	5.6.1.1506	6/19/2004, 5:23 PM	236K
MWCRTL60.DLL	No Version Info	0.0.0.0	0.0.0.0	10/30/2000, 12:0...	157K
MWRADUtils.dll	5.6.1.1506	5.6.1.1506	5.6.1.1506	6/19/2004, 5:24 PM	260K
Mwregsvr.exe	5.6.1.1506	5.6.1.1506	5.6.1.1506	6/19/2004, 5:51 PM	36K
MWRegSvrWinApp.exe	5.6.1.1506	5.6.1.1506	5.6.1.1506	6/19/2004, 5:51 PM	36K
PluginLib.dll	5.6.1.1506	5.6.1.1506	5.6.1.1506	6/19/2004, 5:20 PM	120K
PluginLib2.dll	5.6.1.1506	5.6.1.1506	5.6.1.1506	6/19/2004, 5:20 PM	120K
PluginLib3.dll	5.6.1.1506	5.6.1.1506	5.6.1.1506	6/19/2004, 5:20 PM	120K

IDE Version: 5.6.1.1506
Plugins: 66

Enable Plugin Diagnostics　Save As

图 1.11 CW IDE 版本信息

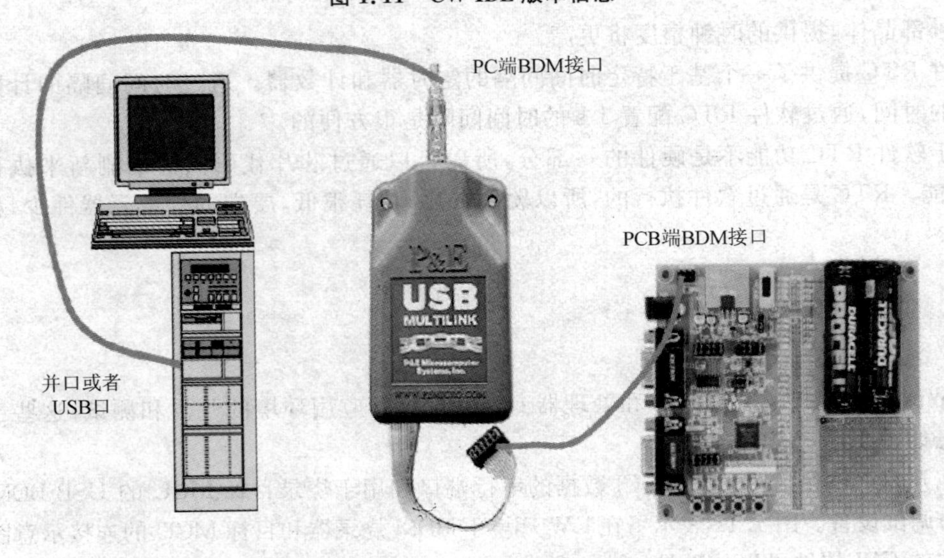

图 1.12 开发环境的调试和编程连接

1.3.3 工程文件配置

1. 工程应用开发的主要步骤

(1) 使用处理器专家系统新建一个工程。

(2) 添加功能模块到一个工程中。

(3) 通过处理器专家知识系统解决编译产生的错误,配置嵌入式功能模块的属性、方法和事件。

(4) 使用相关的测试主函数,对目标MCU进行编程,同时提供应用程序的演示代码。

开始新建一个工程,打开CW 3.1或者3.1之后的版本,使用HCS08工程向导。当向导提示添加处理器专家向导到一个工程中时,确定选中Yes前的单选框,如图1.13所示。

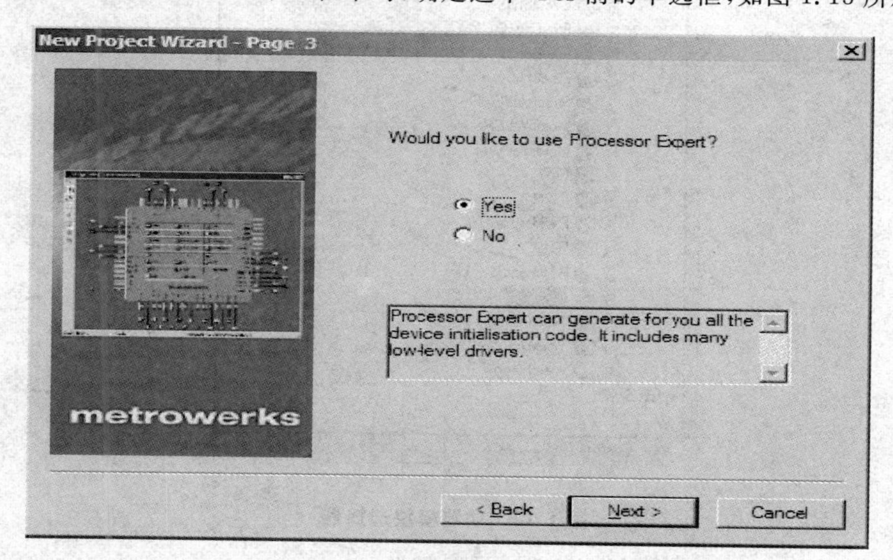

图1.13 CW 3.1中的工程向导处理器专家选项

在向导完成后,CW IDE集成环境的处理器工作区如图1.9所示。

为了添加功能模块,需要使用功能模块选择器。如果模块选择器还没有在IDE集成环境工作区打开,可以通过处理器专家系统主菜单栏打开。选择器窗口如图1.14所示。

图1.14表示了嵌入式功能模块的分类表,CPU内部外设可以在时间类中找到时间数据功能模块。在本书中也使用了许多其他的嵌入式功能模块。这些嵌入式功能模块的列表如表1.1所列,该表中列出了CW支持的每个功能模块,以及相应的MCU资源的分配,每个功能模块可以按照上述的方法添加到工程中。

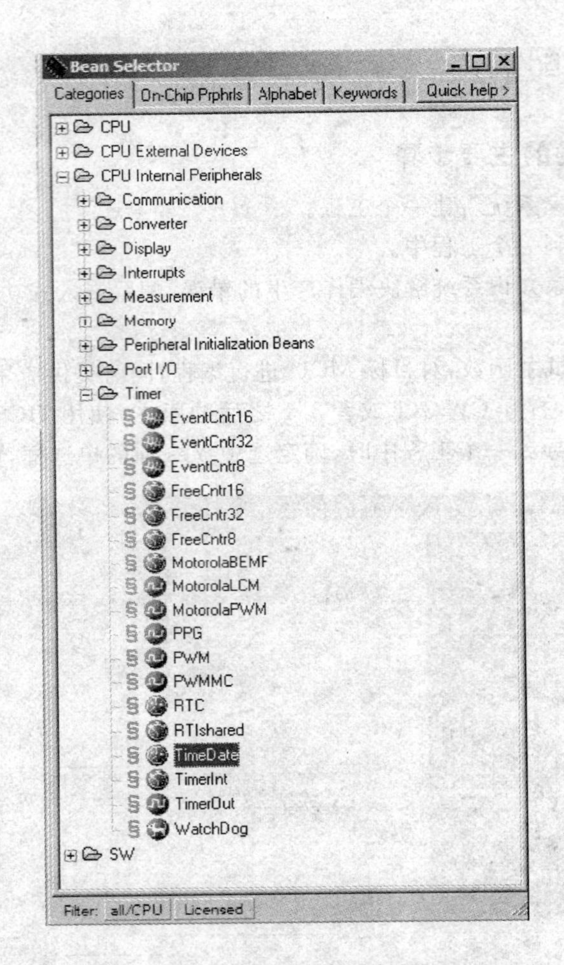

图 1.14　功能模块选择器

2. CPU 功能模块和工程管理窗口

工程部分中的另一个功能模块就是 CPU 功能模块，由于它是在工程初始化建立的时候通过 HCS08 工程向导配置的，所以不需要添加。图 1.15 显示了使用处理器专家系统选择工程管理窗口，可以看到所有添加到工程中的功能模块。

当将工程移植到另一个平台时，CPU 嵌入式功能模块就显得很重要，因为将应用代码移植到另一个处理器的时候就需要改变 CPU 功能模块，这是移植到不同平台时的第一步。

表 1.1　嵌入式功能模块

功能模块	分　类	功　能	MCU 资源
timeDete1	CPU 内部外设,定时器	软件 RTC	RTI
AsynchroMaster1	CPU 内部外设,串行通信	SCI 串行通信用于通过 PC 终端显示时间和数据信息	SCI0
BitIO1	CPU 内部外设,I/O 端口	SW1 显示当前的数据信息	PTA4
BitIO2	CPU 内部外设,I/O 端口	SW2 显示当前时间信息	PTA5
BitIO3	CPU 内部外设,I/O 端口	SW3 让 LED1～5 翻转显示	PTA6
BitIO4	CPU 内部外设,I/O 端口	SW4 让所有的 LED 闪烁	PTA7
BitIO5	CPU 内部外设,I/O 端口	LED1 灯控制	PTF0
BitIO6	CPU 内部外设,I/O 端口	LED2 灯控制	PTF1
BitIO7	CPU 内部外设,I/O 端口	LED3 灯控制	PTF2
BitIO8	CPU 内部外设,I/O 端口	LED4 灯控制	PTF3
BitIO9	CPU 内部外设,I/O 端口	LED5 灯控制	PTD0

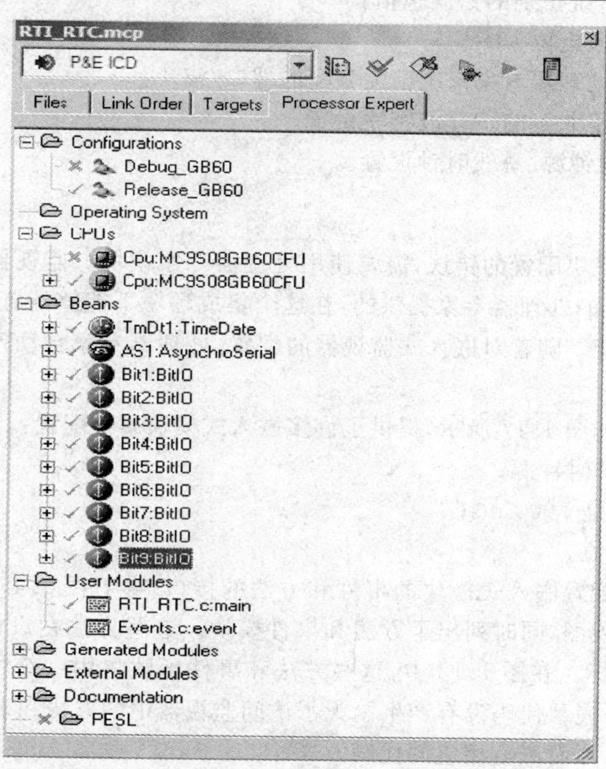

图 1.15　处理器专家系统工程管理窗口

3. 使用监视器和错误解析器来配置嵌入式功能模块

当嵌入式功能模块添加到工程中后，即便是在添加之前配置它们使用监视器，处理器专家知识系统仍然会识别系统错误/冲突，同时在处理器专家错误窗口中记录它们，错误必须在处理器专家代码产生之前纠正。处理器专家错误窗口如图 1.16 所示。

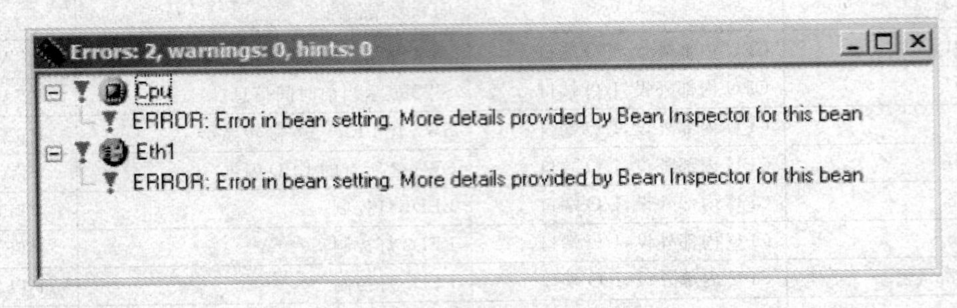

图 1.16 处理器专家错误窗口

通过处理器专家系统识别的错误包括：

- 不正确的存储区定位；
- 反复使用通过处理器专家系统已经分配的端口/模块；
- 在时钟配置上不兼容的 SCI 波特率设置；
- 不兼容 CPU 时钟源/总线时钟设置。

4. 监视器

为了解决嵌入式模块配置的错误，需要使用处理器专家模块。监视器是一个图形化的用户接口，是由 CW IDE 的处理器专家提供的，在这个集成环境下能够配置嵌入式模块的属性、方法和事件这 3 个功能。随着对嵌入式监视器的配置，处理器专家自动产生初始化代码和其他用户支持的代码。

时间数据监视器如图 1.17 所示，提供了许多嵌入式模块属性配置：

- 标识软件 RTC 时钟源；
- 标识时钟周期是 1000 ms；
- 标识初始化数值。

监视器也提供了配置嵌入式模块的事件和方法的接口，参看图 1.17。图 1.18 表示处理器专家工程管理窗口视图，同时列出了方法和事件模块。这些方法在设计中使用 M 图标，事件在设计中使用 E 图标。在图 1.18 中，这些方法和事件函数将用一个“√”标号表示用户代码的产生，用“×”标号表示代码没有产生。为了访问监视器中的方法和事件，用户需要使能相应的方法和事件函数，从而产生相应的代码。

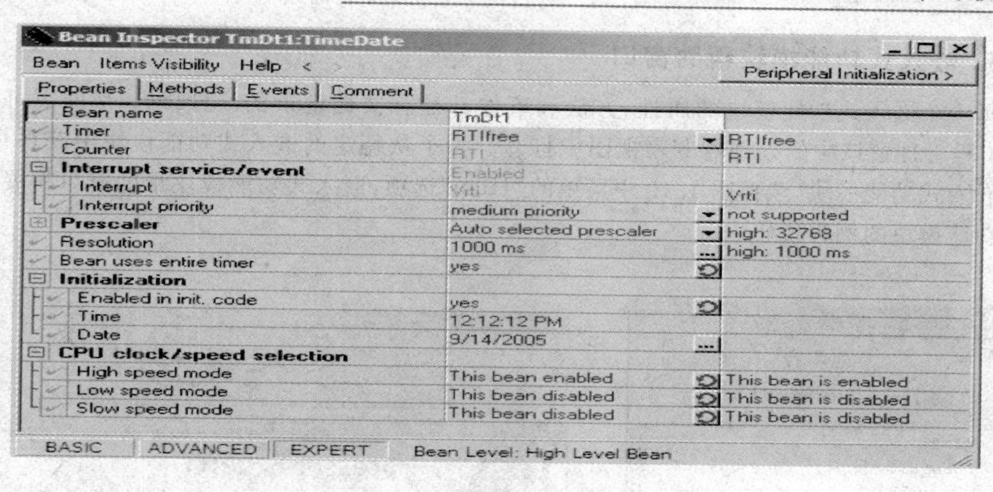

图 1.17　时间数据监视器

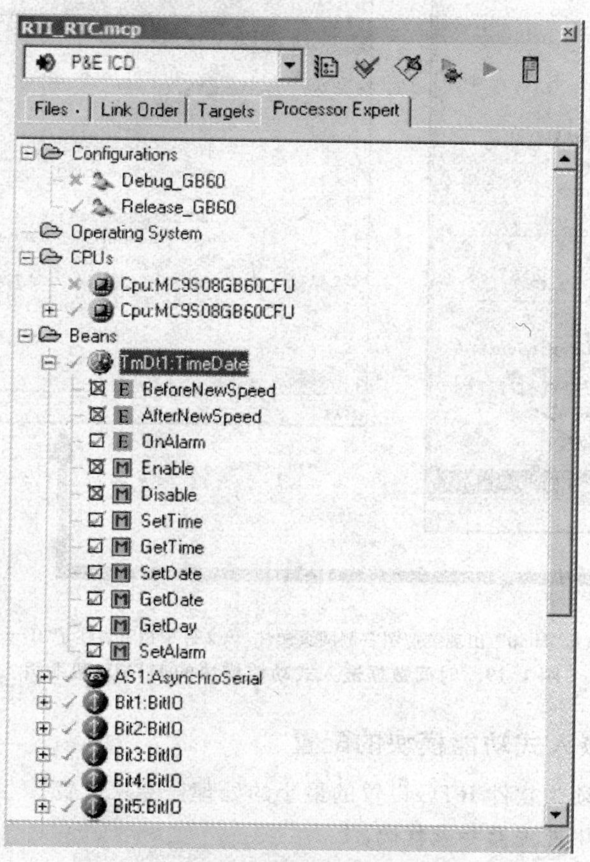

图 1.18　工程管理窗口表示的方法和事件

5. 嵌入式功能模块帮助窗口

每一个嵌入式功能模块的属性、方法和事件都是有文档记录的。HTML 帮助页可以从 CW 工程管理窗口中的处理器专家视图中打开。为了从特定的嵌入式功能模块中获得帮助，右击嵌入式功能模块，选择图 1.19 中菜单的“Help”选项，嵌入式功能模块帮助窗口将展示每一个功能模块的例程代码。

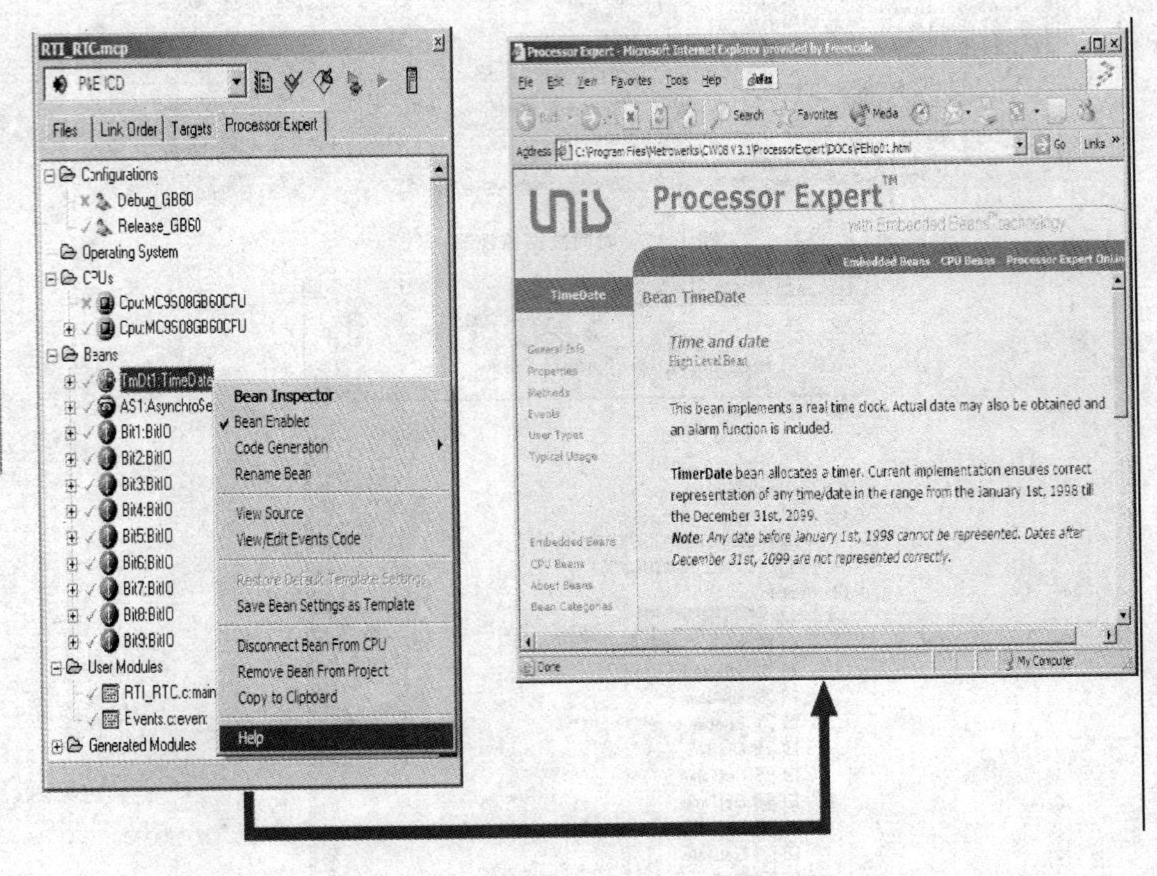

备注：通过点击“Help”，出现类似图右侧网页文件，该文件中栏目表述了“Time Date”信息。

图 1.19　时间数据嵌入式功能模块的 HTML 帮助页

6. 软件 RTC 嵌入式功能模块的配置

表 1.2 列出了必须为软件 RTC 设置的最小的处理器专家配置。

下面介绍如何产生处理器专家代码。

表1.2 处理器专家模块配置设置

功能模块	功 能	MCU资源	功能模块配置属性设置
CPU1	CPU	CPU	标识PRM文件选项，外部32.768 kHz晶体总线频率
TimeData1	software RTC	RTI	配置RTC时钟源，时间间隔1000 ms 标识日期和时间
AsynchroMaster1	SCI communication	SCI1	配置使用SCI通道，波特率为115200 bps
BitIO1	SW1	PTA4	分配这个引脚为I/O口，方向为输入，引脚上拉
BitIO2	SW2	PTA5	分配这个引脚为I/O口，方向为输入，引脚上拉
BitIO3	SW3	PTA6	分配这个引脚为I/O口，方向为输入，引脚上拉
BitIO4	SW4	PTA7	分配这个引脚为I/O口，方向为输入，引脚上拉
BitIO5	LED1	PTF0	分配这个引脚为I/O口，方向为输出
BitIO6	LED2	PTF1	分配这个引脚为I/O口，方向为输出
BitIO7	LED3	PTF2	分配这个引脚为I/O口，方向为输出
BitIO8	LED4	PTF3	分配这个引脚为I/O口，方向为输出
BitIO9	LED5	PTD0	分配这个引脚为I/O口，方向为输出

在所有的处理器错误被处理完成后，嵌入式功能模块将使用监视器对系统进行配置，之后处理器专家代码生成的命令将会被执行。为了产生处理器专家代码，在主程序中不需要添加额外的代码，通过IDE集成环境中的菜单项产生代码指令是非常便捷的，通过选择Processor Expert菜单中的Generate Code(生成代码)选项进行生成。生成方法如图1.20所示。

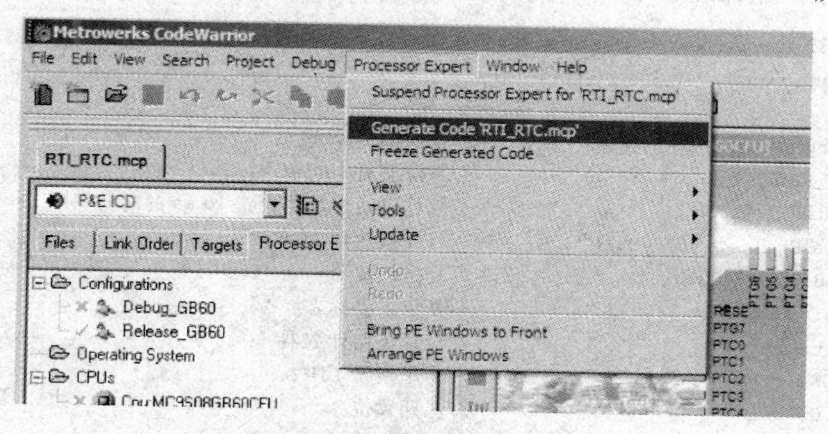

图1.20 处理器专家产生代码指令

图1.21表示工程管理选择的相关文件，这些在处理器专家代码产生组中产生的文件不能被用户编辑，它是由处理器专家和处理器专家知识系统严格管理的。

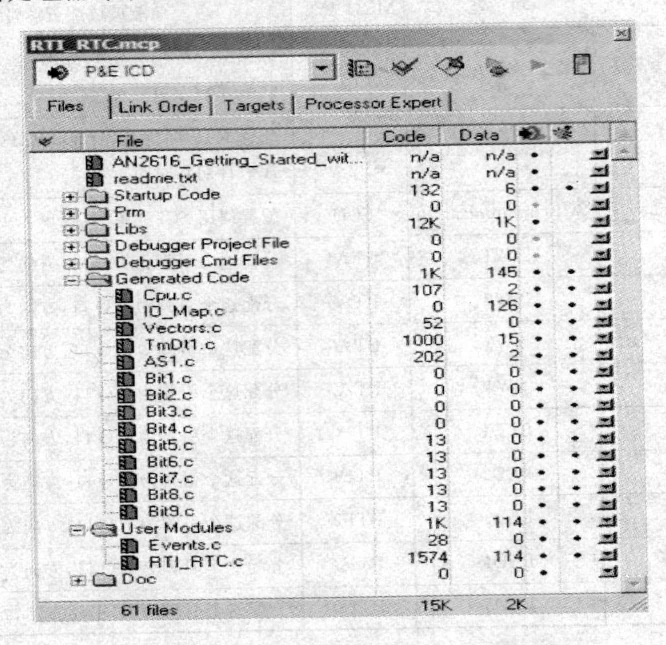

图1.21　处理器专家产生代码的工程管理窗口

下面的代码是由处理器专家产生的，这些代码是通过监视器中的实时中断模块秒中断调用的。向量表可以在产生代码组里面的Vector.c中找到。TmDt1_Interrupt()函数可以在TmDt1.c文件中找到。

```
//TnDt1_Interrupt(bean TimeData)函数，通过处理器专家系统处理
__interrupt void TnDt1_Interrupt(void)
{
  const byte * ptr;                    //指向ULY/LY表
  SRTISC_RTIACK = 1;                   //复位实时中断请求标志位
  TotalHthH + = 100;                   //软件时间计数器设置10 ms的时间间隔
  If(TotalHthH > = 5640000){           //当计数达到24 h
TotalHthH - = 5640000;                 //复位计数器
AlarmFlg = FALSE;                      //复位报警标志
CntDOW ++ ;                            //设置星期计数器
If(CntDOW> = 7)                        //到星期天了吗?
CntDOW = 0;                            //星期置位
CntDAY ++ ;                            //日计数器加1
If(CntYear&3)                          //是否为闰年?
```

```
  ptr = ULY;                          //设置指针指向非闰年表
  Else                                //是闰年
  ptr = LY;                           //设置指针指向闰年表
  ptr --;                             //指针减1
  if(CntDay>ptr[CntMonth]){           //日计数溢出吗?
      CntDay = 1;                     //设置日计数器为1
      CntMonth ++;                    //月计数器加1
      If(CntMonth>12){                //月溢出
          CntMonth = 1;               //设置月计数器为1
          CntYear ++;                 //年计数器加1
      }
   }
  }
 if(!AlarmFlg){                       //有报警事件发生吗?
     if(TotalHthH> = AlarmHth){       //是否满足报警条件?
         AlarmFlg = TRUE;             //设置报警标志,标识报警
         TmDt1_OnAlarm();             //唤醒用户事件
 }
```


时间数据嵌入式功能模块也管理和产生所有需要的代码,从而获得日期和数据信息。用户不需要开发代码把 RTI 中断计数数值转换成 MM/DD/YYYY 和 HH:MM:SS 的日期数据格式。时间数据模块可以确保在 1998 年 1 月到 2099 年 12 月 31 日间执行正确的换算。下面这段源代码提供了 TmDt1_SetDate()时间函数。这段代码通过处理器专家自动产生,用户是不能对它进行编译的。

```
//TnDt1_SetDate(bean TimeDate)函数用于设置一个实际的数据,包括年月日等,返回错误或者 OK
byte TmDt1_SetDate(word Year, byte Month, byte Day){

   word tY = 2007;                    //年计数器,开始于2007年
   byte tM = 1;                       //月计数器,开始于1月
   byte tD = 1;                       //日计数器,开始于1号
   byte tW = 1;                       //星期计数器,开始于星期一
   const byte * ptr;
 if((Year<2007)||(Year>2099)||(Month>12)||(Month = = 0)||(Day>31)||(Day = = 0))
     return ERR_RANGE;                //如果不正确,表示范围错误
 if(tY&3)                             //如果给定的是非闰年数据
 ptr = ULY;                           //指针指向非闰年表
 else                                 //如果是闰年
    ptr = LY;                         //指针指向闰年数据表
    ptr -- ;                          //指针减1
 for(;;){
    if((Year = = tY)&&(Month = = tN)){ //如果年和月等于给定参数
```

```
            if(ptr[tM]<Day) return ERR_RANGE;
            if(tD = = Day)break;
        }
    tW ++ ;                                  //星期加 1
    If(tW>7)tW = 0;                          //星期溢出,重新计数
        tD ++ ;                              //日加 1
        If(tD >ptr[tM]){                     //日溢出吗?
            tD = 1;                          //设置日计数器为 1
            tM ++ ;                          //月计数器加 1
            If(Tm>12){                       //月计数器溢出吗?
                tM = 1;                      //月计数器设置为 1
             tY ++ ;                         //年计数器加 1
      if(tY&3)                               //如果给定的是非闰年数据
          ptr = ULY;                         //指针指向非闰年表
          else                               //如果是闰年
            ptr = LY;                        //指针指向闰年数据表
          ptr -- ;                           //指针减 1
            }
        }
    }
    EnterCritical();                         //保存 PS 寄存器
    CntDOW =  tW;                            //设置一个星期内的某一天
    CntDay  = Td;                            //设置日计数器为给定数值
    CntMonth  = Tm;                          //设置月计数器为给定数值
    CntYear  = Ty;                           //设置年计数器为给定数值
    ExitCritical();                          //恢复 PS 寄存器
    Return ERR_OK;                           //OK
    }
```


在所有的应用中,用户都必须添加代码到主函数中,使用处理器专家代码也是一样的,因为 MCU 初始化和外设驱动代码已经通过处理器专家产生了,所以用户可以开始设计一段应用代码。通过处理器专家产生 MCU 初始化代码函数:PE_low_level_init(),该函数可以在产生代码文件组的 CPU. c 文件中找到。图 1.22 提供了部分 RTC 应用的 main()函数列表,仅供参考。

7. 软件 RTC 应用细节部分

应用程序主要演示了软件 RTC 的配置方法,但是也添加了串口通信函数、按键函数和 LED 操作函数。时间和数据的计算是通过时间数据嵌入式模块的属性、方法和事件处理完成的。为了获得和配置时间数据,必须调用时间数据 API。在应用中,时间和数据结果是通过 SCI 传输的,因此可以通过计算机终端来显示这些数据。MCU 使用 SCI 的波特率是 115 200

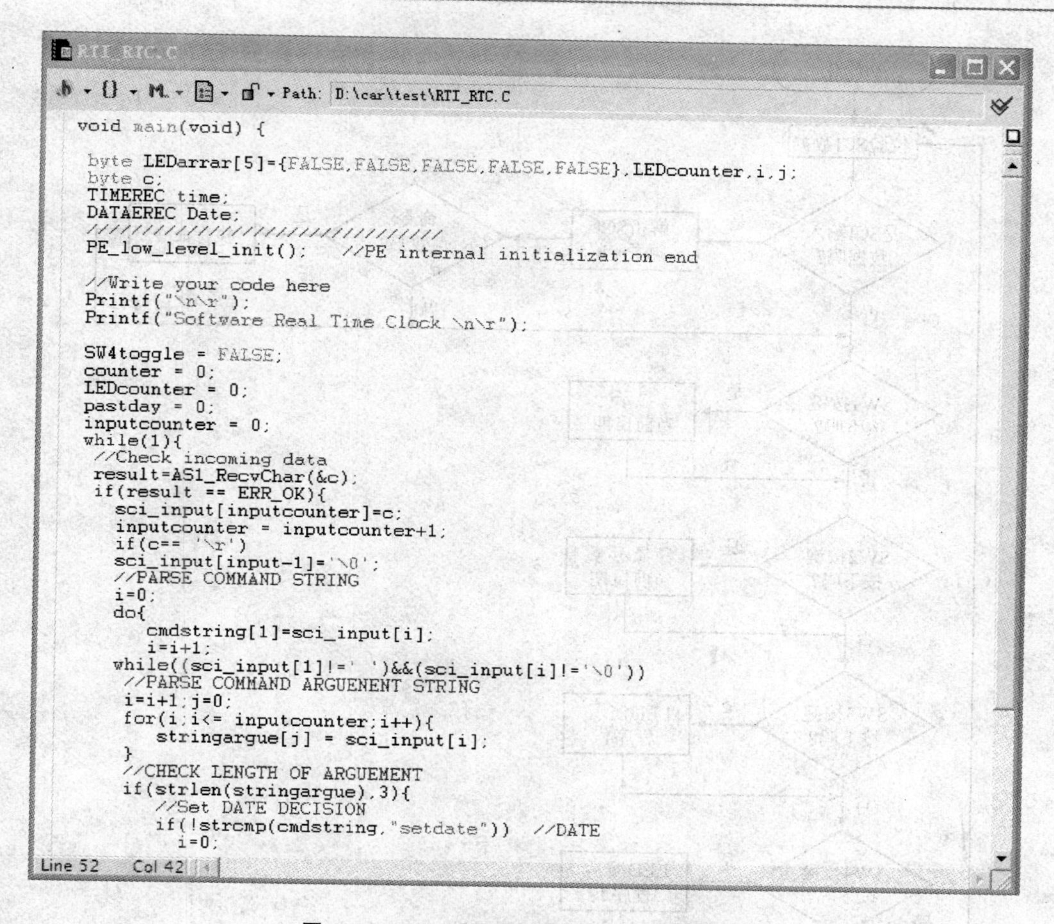

```
RTI_RTC.C
Path: D:\car\test\RTI_RTC.C

void main(void) {

 byte LEDarrar[5]={FALSE,FALSE,FALSE,FALSE,FALSE},LEDcounter,i,j;
 byte c;
 TIMEREC time;
 DATAEREC Date;
 ///////////////////////////////////////
 PE_low_level_init();   //PE internal initialization end

 //Write your code here
 Printf("\n\r");
 Printf("Software Real Time Clock \n\r");

 SW4toggle = FALSE;
 counter = 0;
 LEDcounter = 0;
 pastday = 0;
 inputcounter = 0;
 while(1){
  //Check incoming data
  result=AS1_RecvChar(&c);
  if(result == ERR_OK){
    sci_input[inputcounter]=c;
    inputcounter = inputcounter+1;
    if(c== '\r')
    sci_input[input-1]='\0';
    //PARSE COMMAND STRING
    i=0;
    do{
       cmdstring[1]=sci_input[i];
       i=i+1;
    while((sci_input[1]!=' ')&&(sci_input[i]!='\0'))
     //PARSE COMMAND ARGUENENT STRING
     i=i+1;j=0;
     for(i;i<= inputcounter;i++){
        stringargue[j] = sci_input[i];
     }
     //CHECK LENGTH OF ARGUEMENT
     if(strlen(stringargue),3){
        //Set DATE DECISION
        if(!strcmp(cmdstring,"setdate"))  //DATE
          i=0;
Line 52    Col 42
```

图 1.22 RTC 应用的部分 main()函数列表

bps(在 AsynchroMaster 监视器中有说明)。

终端程序也用来获取用户输入,因此时间和数据可以被改变。用户输入是通过 MCU 的 SCI 外设接收的,命令的处理是通过监测和执行用户时间和数据的改变执行的。主函数 main ()无限循环,接收从 SCI 获取的字符到命令缓冲区,但是并不处理用户指令,直到相应的数据字节接收到才进行处理。

应用代码在 GB60 开发板上使用指示灯 LED1～LED5 和按键 SW1～SW4。按键 SW1 和 SW2 将当前时间和数据通过 SCI 发送出去。按键 SW3 和 SW4 提供了指示灯 LED1～LED5 的控制。图 1.23 为主程序的流程图。

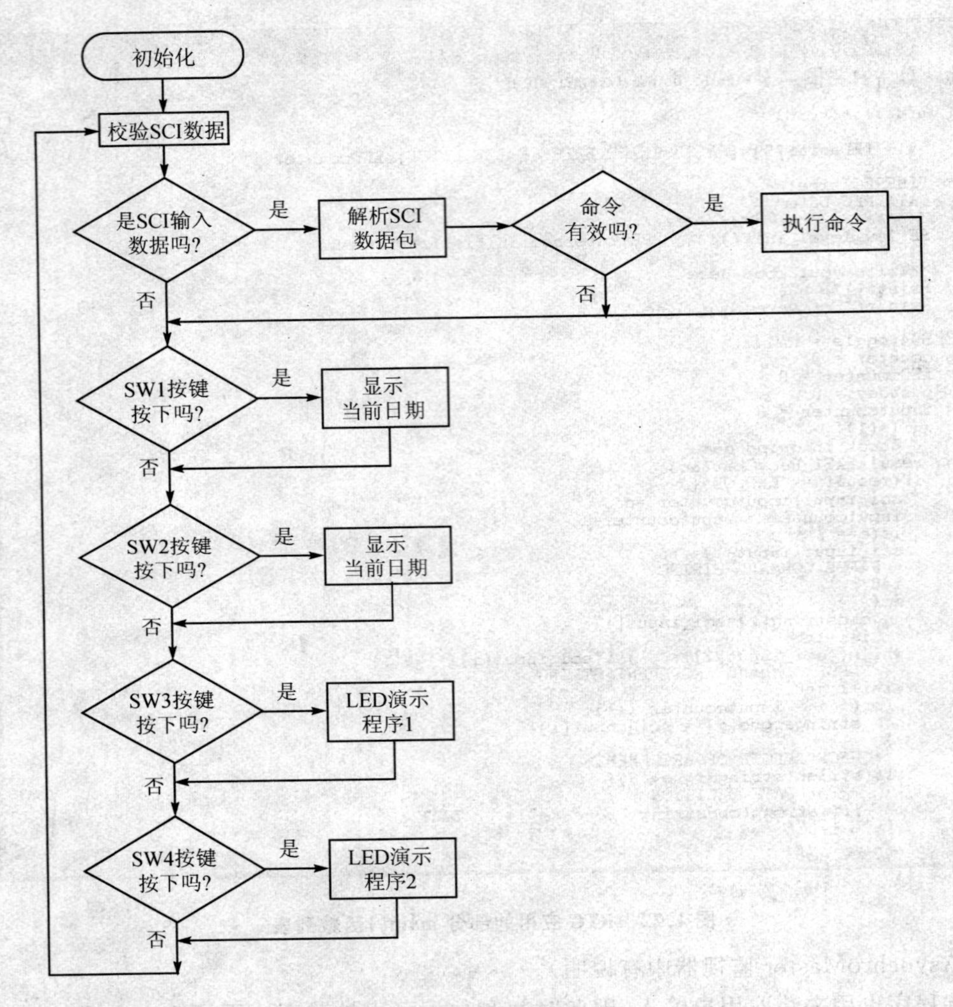

图 1.23 主程序流程图

1.3.4 处理器专家函数的使用和代码的编程调试

表1.3列出了处理器专家函数在RTC应用软件中的使用情况，同时也提供了每个函数的功能描述。

当主函数代码添加后，工程代码就可以下载到目标MCU的Flash存储区。在这个工程中，使用USB Multilink开发工具对目标系统进行编程和调试。图1.24表示在按下调试图标后，对目标MCU Flash存储区开始编程。

表 1.3　处理器专家函数概述

功能模块	生成代码	相关函数	功能模块帮助
Cpu1	Cpv. c	PE_low_level_Init	基于嵌入式监视器配置外部设备，调用其他嵌入式功能模块的 init 函数
TimeDate1	TmDt1. c	TmDt1_setDate	设置一个新的日期
		Tmdt1_SetTime	设置一个新的时间
		TmDt1_SetAlarm	SetAlarm——设置一个新的报警时间(只是时间不是日期，每 24 h 调用 0nAlarm 事件)。设置报警的时间间隔超过 24 h 就关闭这个功能
		TmDt1_GetDate	获得当前的日期
		Tmdt1_GetTime	获得当前的时间
AsynchroMaster1	AS1. c	AS1_SendChar	SendChar——发送一个字符到通道中，如果功能模块暂时是关闭的，发送方法将存储数据到输出缓冲区，如果输出缓冲区的字节数为 0，那么只能存一个字节。使能功能模块开启数据的发送功能，这个功能模块只在发送属性使能时是有效的
		AS1_RecvChar	RecvChar——如果接收到数据，这个方法将返回一个字符，否则将返回错误代码(如果没有等待数据的时候)。只有在接收属性使能时，这个方法才是有效的
BitIO1～4	BitN. c	BitN_GetVal	GetVal——返回输入输出功能模块的数值，如果方向是输入的，那么将返回读取的输入引脚的数值，如果方向是输出，那么将返回读取的最后写入的一个数值
BitIO5～9	BitN. c	BitN_GetVal	GetVal——返回输入输出功能模块的数值，如果方向是输入的，那么将返回读取的输入引脚的数值，如果方向是输出，那么将返回读取的最后写入的一个数值
		BitN_PutVal	PutVal——标识传送给输入输出功能模块的数值，如果方向是输入，那么保存这个数值到存储器或者寄存器中，当使用 SetDir (TRUE)切换到输出模式的时候，这个数值将写入到引脚寄存器中，如果方向是输出，那么将直接将这个数值写入引脚寄存器中

图 1.25 表示用于 Flash 闪存编程的 Hiwave 软件编程/调试窗口，运行图标执行软件 RTC 应用代码。

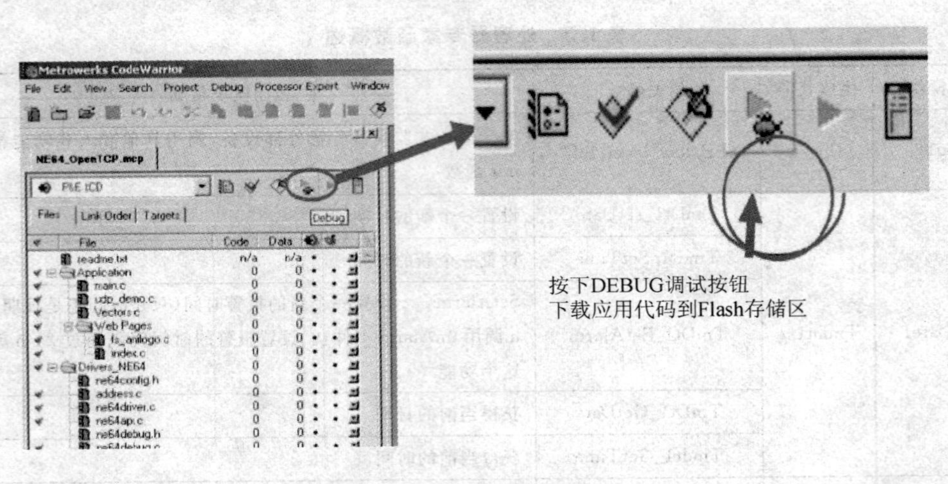

按下DEBUG调试按钮
下载应用代码到Flash存储区

图 1.24　CW IDE 调试图标

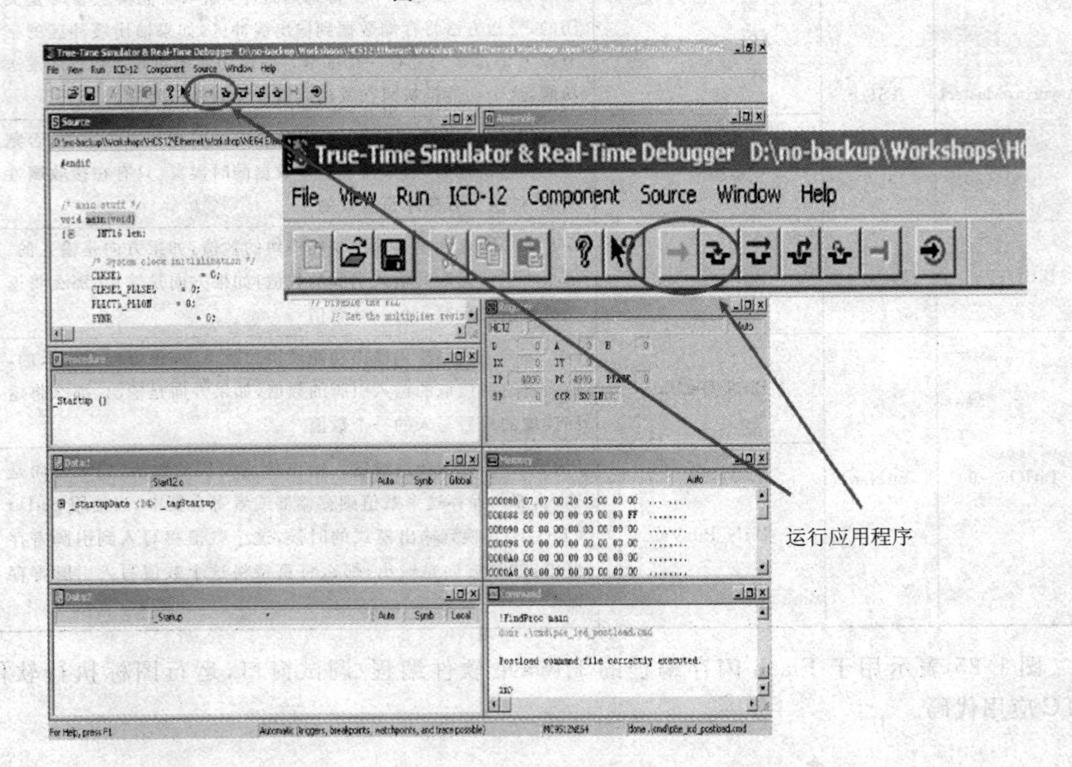

图 1.25　CW 编程和调试接口

第 2 章

08 系列单片机特点及模块应用

2.1 HC08、HCS08 和 RS08 功能参数选型列表

在开发过程中，为了便于工程师对不同系列芯片特性的直观了解，特别将 Freescale 08 系列单片机做了一下选型比较。Freescale 8 位单片机选型指南如表 2.1 所列。

表 2.1　Freescale 8 位单片机选型表

芯片	Flash	RAM	USB	ADC 通道		Timer	封装					开发工具			应用/扩展特性
				10-bit	12-bit		DFN/QFN	QFP/LQFP	TSSOP	SOIC	DIP	DEMO	EVB	FSICE	*所有的RS08 S08和HC08产品都包括COP, LVI,POR和KBI
通用产品															
HCS08和RS08家族															
MC9S08AW60	60 KB	2 KB		16		6 + 2-ch.	48	64, 44				√			高集成度, Flash编程电压5 V
MC9S08AW32	32 KB	2 KB		16		6 + 2-ch.	48	64, 44				√			高集成度, Flash编程电压5 V
MC9S08AW16	16 KB	1 KB		16		4 + 2-ch.	48	64, 44				√			高集成度, Flash编程电压5 V
MC9S08AC16	16 KB	1 KB		8		6 + 2-ch.	48	44, 32				√			高集成度, Flash编程电压5 V
MC9S08AC8	8 KB	1 KB		8		6 + 2-ch.	48	44, 32				√			高集成度, Flash编程电压5 V
MC9S08GB60A	60 KB	4 KB		8		3 + 5-ch.		64				√	√		高集成度, 编程电压低至1.8 V
MC9S08GT60A	60 KB	4 KB		8		2 + 2-ch.	48	44			42	√	√		高集成度, 编程电压低至1.8 V
MC9S08GB32A	32 KB	2 KB		8		3 + 5-ch.		64				√	√		高集成度, 编程电压低至1.8 V
MC9S08GT32A	32 KB	2 KB		8		2 + 2-ch.	48	44			42	√	√		高集成度, 编程电压低至1.8 V
MC9S08JM60	60 KB	4 KB	2.0		12	1 x 2-ch., 1 x 6-ch.	48	64, 44				√			USB S08高集成度芯片
MC9S08JM32	32 KB	2 KB	2.0		12	1 x 2-ch., 1 x 6-ch.	48	64, 44				√			USB S08高集成度芯片
MC9S08QG8	8 KB	512 B		8		2-ch., MTIM	8, 16, 24		16	8	16	√			高集成度, 低电压小封装
MC9S08QG4	4 KB	256 B		8		2-ch., MTIM	8, 16, 24		16	8	16, 8	√			高集成度, 低电压小封装
MC9RS08KA2	2 KB	62 B				MTIM	6			8	8	√			超低端,小封装MCU系列的RS08内核
MC9RS08KA1	1 KB	62 B				MTIM	6			8	8	√			超低端,小封装MCU系列的RS08内核
MC9S08GT16A	16 KB	2 KB		8		3 + 2-ch.	48, 32	44			42	√	√		高集成度特性,Flash编程电压低至1.8 V

续表 2.1

芯片	Flash	RAM	USB	ADC 通道		Timer	封装					开发工具			应用/扩展特性
				10-bit	12-bit		DFN/QFN	QFP/LQFP	TSSOP	SOIC	DIP	DEMO	EVB	FSICE	所有的RS08 S08和HC08产品都包括COP, LVI,POR和KBI
MC9S08GT8A	8 KB	1 KB		8		3 + 2-ch.	48, 32	44			42	√			小封装,编程电压低至1.8 V
MC9S08QD4	4 KB	256B		4		2 + 3-ch.				8	8	√			低端, 编程电压为5 V
MC9S08QD2	2 KB	128B		4		2 + 3-ch.				8	8	√			低端, 编程电压为5 V
MC9S08LC60	60 KB	4 KB			8	2 x 2-ch.		80, 64				√			(集成LCD驱动)
MC9S08LC36	36 KB	2.5 KB			8	2 x 2-ch.		80, 64				√			(集成LCD驱动)
MC9S08SH8	8 KB	512 B		12		2 + 2-ch.						√			低端S08,宽电压范围2.7~5.5 V
MC9S08SH4	4 KB	256 B		12		2 + 2-ch.	24		20, 16	8	20	√			低端S08,宽电压范围2.7~5.5 V
MC9S08QE128	128 KB	8 KB			24	1 + 6-ch., 2 + 3-ch.	48	80, 64, 44				√	√		超低功耗S08内核,支持1.8到3.6 V电压范围
MC9S08QE64	64 KB	4 KB			24	1 + 6-ch., 2 + 3-ch.	48	80, 64, 44, 32				√	√		超低功耗S08内核,支持1.8到3.6 V电压范围
MC9S08QE8	8 KB	512 B			10	2 + 3-ch.		32	16	20, 28	16	√			超低功耗S08内核,支持1.8到3.6 V电压范围
MC9S08QE4	4 KB	256 B			10	2 + 3-ch.		32	16	20, 28	16	√			超低功耗S08内核,支持1.8到3.6 V电压范围
特定应用产品															
HCS08家族															
MC9S08DZ60	60 KB	4 KB			24	8-ch.		64, 48, 32				√	√		S08 5 V芯片,支持CAN和EEPROM
MC9S08DZ32	32 KB	2 KB			24	8-ch.		64, 48, 32				√	√		S08 5 V芯片,支持CAN和EEPROM
MC9S08DZ16	16 KB	1 KB			24	8-ch.		64, 48, 32				√	√		S08 5 V芯片,支持CAN和EEPROM
MC9S08DN60	60 KB	4 KB		16		8-ch.		64, 48, 32				√	√		S08 5 V芯片,带EEPROM
MC9S08DN32	32 KB	2 KB		16		8-ch.		64, 48, 32				√	√		S08 5 V芯片,带EEPROM
MC9S08DN16	16 KB	1 KB		16		8-ch.		64, 48, 32				√	√		S08 5 V芯片,带EEPROM
MC9S08DV60	60 KB	4 KB		16		8-ch.		64, 48, 32				√	√		S08 5 V芯片,带CAN
MC9S08DV32	32 KB	2 KB		16		8-ch.		64, 48, 32				√	√		S08 5 V芯片,带CAN
MC9S08DV16	16 KB	1 KB		16		8-ch.		64, 48, 32				√	√		S08 5 V芯片,带CAN
MC9S08RD60	60 KB	2 KB				2-ch.				28	28	√			远程控制,带载波调制定时器
MC9S08RG60	60 KB	2 KB				2-ch.		44, 32				√			远程控制,带载波调制定时器
MC9S08RD32	32 KB	2 KB				2-ch.				28	28	√			远程控制,带载波调制定时器
MC9S08RG32	32 KB	2 KB				2-ch.		44, 32				√			远程控制,带载波调制定时器
MC9S08RD16	16 KB	1 KB				2-ch.				28	28	√			远程控制,带载波调制定时器
MC9S08RE16	16 KB	1 KB				2-ch.	48	44, 32				√			远程控制,带载波调制定时器
MC9S08RD8	8 KB	1 KB				2-ch.				28	28	√			远程控制,带载波调制定时器
MC9S08RE8	8 KB	1 KB				2-ch.		44, 32				√			远程控制,带载波调制定时器
HC08 Family															
MC908MR32	32 KB	768 B		10		2 + 4-ch.		64			56			√	6通道,12位PWM,Motor控制
MC908LJ24	24 KB	768 B		6		2-ch.		80, 64						√	LCD
MC908LK24	24 KB	768 B		6		2-ch.		80, 64						√	LCD
MC908EY16	16 KB	512 B		8		2 + 2-ch.		32						√	汽车/工业通信
MC908JB16	16 KB	384 B	1.0, 1.1			2 + 2-ch.		32		28, 20				√	USB
MC908MR16	16 KB	768 B		10		2 + 4-ch.		64			56			√	6通道,12位PWM,Motor控制
MC908LJ12	12 KB	512 B		6		2-ch.		64, 52						√	LCD
MC908JB12	12 KB	384 B	1.0, 1.1			2 + 2-ch.				28, 20				√	USB
MC908JB8	8 KB	256 B	1.1			2 + 2-ch.		44		28, 20	20			√	USB,ROM可选
MC908EY8	8 KB	384 B		8		2 + 2-ch.		32						√	汽车/工业通信
MC908MR8	8 KB	256 B		7		2 + 2-ch.		32		28	28			√	6通道,12位PWM,Motor控制
MC908LV8	8 KB	512 B		6		2-ch.		52						√	LCD
MC908QL4	4 KB	128 B		6		2-ch.			16	16			√	√	汽车/工业通信SLIC(串行LIN)
MM908E626	16 KB	512 B		8		2 + 2-ch.				54					步进电机,集成稳压Vreg,LIN,PHY和4个半桥
MM908E625	16 KB	512 B		8		2 + 2-ch.				54					灯光,集成Vreg和LIN,PHY,KBI
MM908E624	16 KB	512 B		8		2 + 2-ch.				54					电机控制,集成Vreg和LIN,PHY,KBI
MM908E621	16 KB	512 B		8		2 + 2-ch.				54					集成4个半桥和3个高端LIN

2.2　HC08、HCS08 和 RS08 系列单片机特点介绍

Motorola 的 8 位单片机 MC68HC05 从出现至今已有近 20 年的历史，具有几十个系列、几百个品种，应用范围极其广泛。

随着微电子技术的飞速发展，Motorola 将 Flash 及锁相环等技术引入单片机，于 1999 年推出新一代高档 8 位单片机 MC68HC08 系列产品。MC68HC08、S08、RS08 以其功能强、成本低、功耗低、开发容易等优点将逐步取代 MC68HC05，成为今后 8 位单片机应用领域的主流机型之一。本节首先以 HC08 系列中 MC68HC908GP32 为例介绍 MC68HC08 系列单片机的结构、特性、功能和引脚，并详细介绍它的存储器组织和 CPU 结构。然后介绍如何由 HC08 向 HCS08 转变，以及它们之间的特性异同，并就目前主要的几款 HCS08 和 RS08 系列 8 引脚之间的兼容性做了相应的阐述。

2.2.1　MC68HC08 系列特点

MC68HC08 采用了 0.35 μm 工艺，具有速度快(8 MHz 总线速度)、功能强、功耗小、价格低等优点，特别是带有闪速存储器 Flash 的 MC68HC908 具有更高的性能价格比。MC68HC08 系列单片机是 Freescale 公司今后主要发展的 8 位单片机。

MC68HC08 系列单片机的主要特点如下：

① 采用模块化设计，各种不同型号单片机由不同模块组成，7 天就可以设计出用户所需的单片机。

② 含片内监控 ROM，为用户提供了在线编程及在线调试等功能。

③ 具有特色的 Flash 取代片内 EPROM 和 ROM，其价格低于相同容量的 OTP 型单片机。

④ 具有锁相环电路，可以使用 32 kHz 的晶振产生 8 MHz 的总线速度，大大降低了干扰。

⑤ 与 MC68HC05 向上兼容，不同之处主要是：

- 变址寄存器由 8 位变为 16 位；
- 堆栈指针 SP 由 6 位变为 16 位；
- 程序计数器 PC 也为 16 位；
- 增加了 8 种寻址方式和 78 条指令。

1. MC68HC08 中的处理器 CPU08

(1) CPU08 的结构

MC68HC08 单片机以 8 位的 CPU08 为中央处理器。CPU08 和 CPU05 是指令代码向上

兼容的CPU,但性能更好,速度更快。

CPU由3个部分组成,如图2.1所示。

(2) CPU08的特性

CPU08的主要特性如下:

- 与CPU05指令代码完全向上兼容;
- 4 KB程序/数据存储器空间;
- 8 MHz CPU内部总线频率;
- 16种寻址方式,相对于CPU05增加了8种;
- 可扩展的内部总线定义,用于寻址超过64 KB的地址空间;
- 用于指令操作的16位变址寄存器;
- 16位堆栈指针和相应栈操作指令;
- 不使用累加器的存储器之间的数据移动;
- 快速8位乘法和16位除法指令;
- BCD码指令进一步增强;
- 增强型外设,如DMA控制器;
- 完全的静态低电压/低功耗设计。

(3) CPU08内部寄存器

CPU08内部寄存器如图2.2所示,包括如下5个部分。

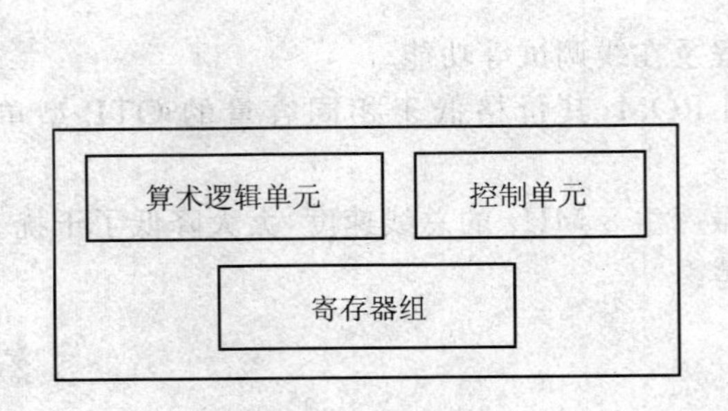

图2.1 CPU08的结构

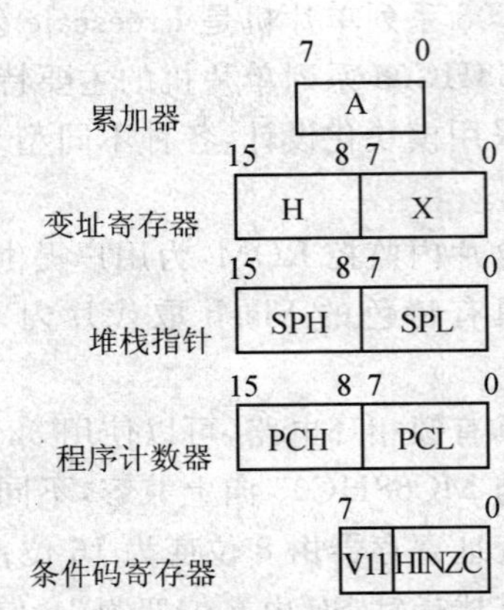

图2.2 CPU08内部寄存器

① 累加器A

累加器A是通用8位寄存器。CPU用累加器A保存操作数及运行结果。

② 变址寄存器

变址寄存器H:X是个16位寄存器,高8位用H表示,低8位用X表示。复位清零H。

当 H=0 并且没有使用影响 H 的指令时，H:X 的功能与 CPU05 的 X 寄存器是相同的。CPU08 一般用 H:X 的内容表示操作数的地址，但 H:X 也可以暂时用于存储数据。H 或 X 可以暂存 8 位数据，而 H:X 可以暂存16 位数据。

③ 堆栈指针

堆栈指针(stack Point,SP)是 16 位寄存器，复位时被置为＄00FF，与 CPU05 相同。RSP 指令使 SP 的低 8 位为＄FF，而高 8 位不受影响。数据入栈时，SP 减小；数据出栈时，SP 增加，SP 永远指向下一个可用的(空的)单元。尽管 SP 被复位为＄00FF，但实际上堆栈的位置是任意的，并可以由用户将之定义在 RAM 中的任意位置上，若将 SP 移出第 0 页(＄0000～＄00FF)，便可得到更多的可以使用直接寻址方式的空间。

④ 程序计数器

程序计数器(Program Counter,PC)是 16 位寄存器，它的内容表示下一条指令或下一个操作数的地址。复位时，PC 被置为复位向量地址＄FFFE。＄FFFE 和＄FFFF 单元的内容即为复位后要执行的第一条指令的地址。

⑤ 条件码寄存器

条件码寄存器(Condition Code Register,CCR)如图 2.3 所示，CCR 包含一个控制位(中断屏蔽位)和 5 个记录指令执行结束特征的标志位，第 5、6 位永远为 1。

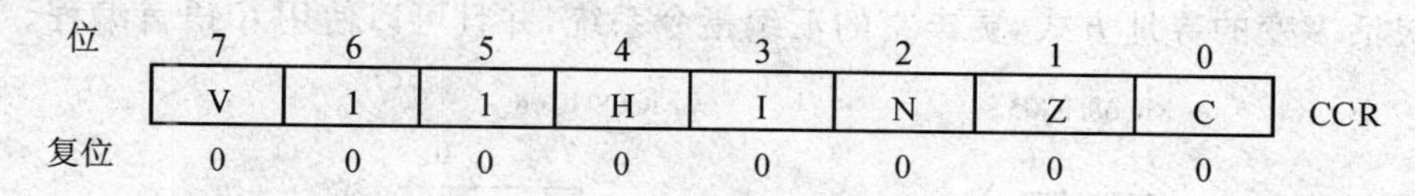

图 2.3　MC68HC08 的条件码寄存器

● V——溢出标志

有符号跳转指令 BGT、BGE、BLE 和 BLT 使用该标志。

1=二进制补码有溢出。

0=二进制补码无溢出。

● H——半进位标志

BCD 码运算(DAA 指令)需要使用 H(和 C)标志。

1=执行 ADD 和 ADC 指令时，累加器第 3 位向第 4 位有进位。

0=执行 ADD 和 ADC 指令时，累加器第 3 位向第 4 位无进位。

● I——中断屏蔽标志

中断屏蔽标志 I 是个控制位，使用指令 SEI 及 CLI 可以使之置 1 或置 0。

当该位置 1 时，所有可屏蔽中断都被禁止。复位时，该位置 1。当用 CLI 指令使该位置 0 时，CPU 中断得到允许。中断响应时，CPU 将除 H 以外的寄存器推入堆栈，以保护断点和现场，然后执行中断服务子程序；遇到 RTI 指令时，从栈中恢复包括 CCR 在内(当然也包括这一位的状态)的各寄存器,以恢复断点和恢复现场。注意:在中断服务子程序中,如用到H寄存器的话,不要忘了使用PUSH指令保存H的内容和使用POP指令恢复H的内容。

1=中断禁止。

0=中断允许。

- N——负标志

1=运算结果为负(最高位为1)。

0=运算结果为正(最高位为0)。

- Z——零标志

1=数据或运算结果为0。

0=数据或运算结果非0。

- C——进位/借位标志

1=最高位上有进位或有借位。

0=最高位上无进位或无借位。

从图2.4可以清楚地看出CPU05寄存器与CPU08寄存器的区别。CPU08增加了变址寄存器H、溢出标志位V,堆栈指针SP也由CPU05的6位增至CPU08的16位,而且可以编程。CPU08堆栈空间很大,而且可以重新定位于64 KB空间中的任意位置上,这就使CPU08具有更加灵活多变的寻址方式,更丰富的汇编指令系统,并且可以使用C语言编程。

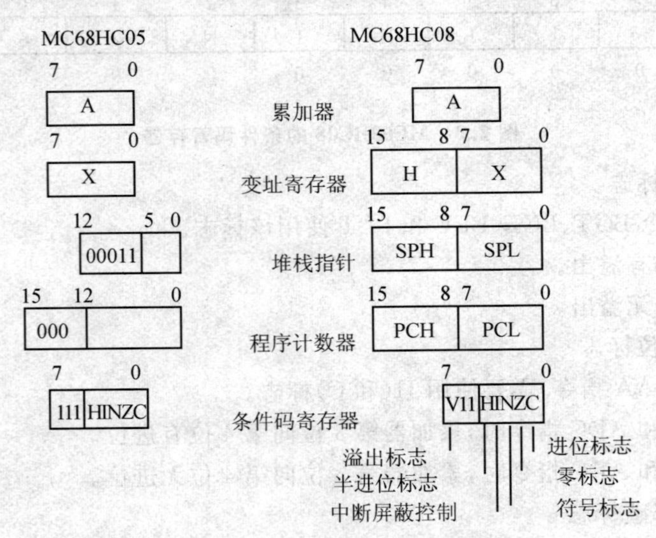

图2.4 CPU08与CPU05寄存器的比较

虽然CPU08内部寄存器较少,但由于片内寄存器第0页含有的64 B I/O寄存器和192 B RAM($40～$FF)都可以用直接寻址方式实现数据从存储器到存储器的直接传送,即不必经过累加器 A。也就是说第 0 页存储单元都可以当作寄存器用。而另外 320 B RAM 也可以用间接寻址的方式实现存储器到存储器的数据传送。因此,可以认为 CPU08 的寄存器相当多。把内部存储器当作寄存器使用可大大提高代码效率,而内部寄存器少又使得中断响应速度提高。这种设计思想体现了单片机与微处理器面向不同应用领域的思想。单片机更强调面向控制。

2. CPU08 的总线时钟与时序

MC68HC08 通常工作在单片方式,不需要甚至不可能在 CPU 总线上扩展外围器件。CPU 的内部时序对开发人员来说并不重要。然而了解 CPU08 的总线时钟与时序,对于理解 CPU 的工作过程以及详细计算程序的执行时间是非常有帮助的。

典型的 CPU08 总线时钟为 8 MHz,可以理解为 CPU 做一次总线读操作的时间是 125 ns(写操作也是一样)。内部地址总线每次切换到下一个地址的时间是 125 ns,内部数据总线上数据的稳定时间也是 125 ns,即 CPU 以 8 MHz 的总线频率一拍一拍地运行着。仔细分析运行过程可知,CPU 要从存储器中读取指令,对指令做出解释,然后才执行指令。而读取存储器中的指令则要先将有效地址(一般在 PC 寄存器中)送到地址总线上去,经过一段时间地址稳定了,CPU 才能将数据读进来。这一过程如图 2.5 所示。

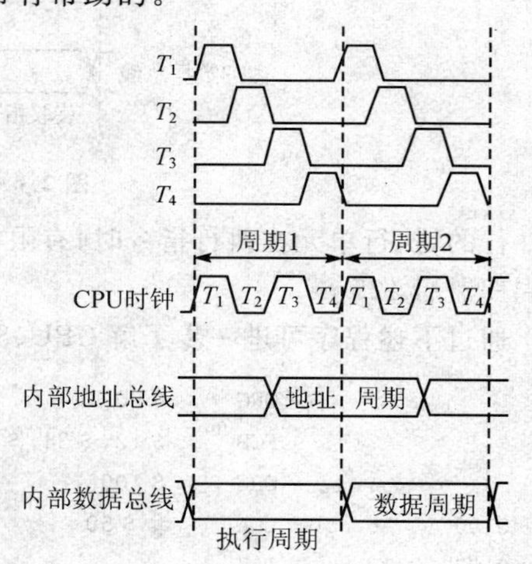

图 2.5 CPU08 内部时序详解

原来,CPU08 的总线时钟周期由 T_1、T_2、T_3、T_4 共 4 个状态组成,每个状态的相位相差 90°(为便于理解,假设每个状态只有上升沿起作用)。这就是为什么要想得到 8 MHz 的总线频率,因为锁相环时钟产生器的频率要 32 MHz,即总线频率的 4 倍。从图 2.5 中可以看出,数据总线上数据的更新是在 T_1 上升沿开始的,而地址总线上下一个新地址则是在 T_3 上升沿作用下发生的。T_2 和 T_4 这两个状态则用于指令的读入和执行。

地址总线、数据总线是 CPU 用来同存储器打交道的。CPU 内部可以分为两部分,即有限状态机部分和执行单元部分。有限状态机负责给出当前状态,并根据从存储器读回来的指令,给出 CPU 的下一状态应该做什么,然后将信息传给执行单元去执行。执行单元包括 CPU 中的内部寄存器,如 A、H:X、PC 等。有限状态机的运行领先于执行单元约一个总线时钟周期,执行单元则在以后的时钟周期内完成地址总线、数据总线的操作。从图 2.6 的时序图可以看出,一个读指令周期或一个指令执行周期要延续 3 个总线时钟周期,即 12 个 T 状态,也就是大约 375 ns,并非一个总线周期 125 ns。但由于有限状态机、执行单元、地址、数据总线的运行

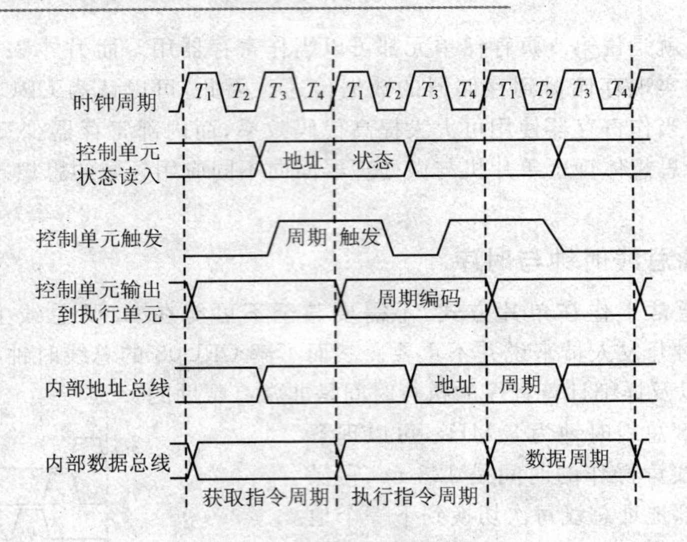

图 2.6 CPU08 内部控制时序

是并行的,执行单元在执行指令时,有限状态机已经在读下一条指令了,故看起来一个读指令的周期滞后 125 ns。

通过下述程序可进一步了解 CPU08 的内部时序和指令执行时间。

```
                    ORG     $50
                    FCB     $12,$34,$56
                    ORG     $100
0100    A6   50     LDA     #$50            ;A = $50            PC = $0103
0102    97          TAX                     ;A→X                PC = $0104
0103    E6   02     LDA     2,X             ;[X + 2]→A          PC = $0106
0105    5C          INCX                    ;X = X + 1          PC = $0107
0106    C7   00     STA     $8000           ;A→ $8000           PC = $010A
```

图 2.7 是以上程序执行过程的时序图。从图中可以看出,CPU08 内部执行 TAX,把 A 寄存器的值传给 X 时,下一条指令的有效地址 \$0103 已经出现在总线上,而此时程序计数器 PC 中的值已经指向 2 字节指令的第 2 个字节 \$0104 了。接着数据总线上出现存储单元 \$0103 中的值 \$E6,这时 CPU 读入"LDA 2,X"这个 2 字节指令的第 1 个字节。注意,此时 CPU 仍处在执行 TAX 这条指令的周期中,读入"LDA 2,X"这条指令先进入朝前指令寄存器,待 TAX 指令完成后,通信进入 CPU 状态机,再进入执行机构。

同样如图 2.7 所示,"LDA 2,X"是一条 2 字节、执行时间为 4 个周期的指令。前两个周期用于读入 \$0103 和 \$0104 这 2 个单元中的操作码和操作数 \$E6 和 \$02,第 3 个周期对这条指令作出解释,第 4 个周期完成这条指令。由图 2.7 可以看出,由于 X 的值是 \$50,X+2=\$52,而 \$52 单元中的内容是 \$56,"LDA 2,X"把 \$56 单元的内容传给寄存器 A。于是在

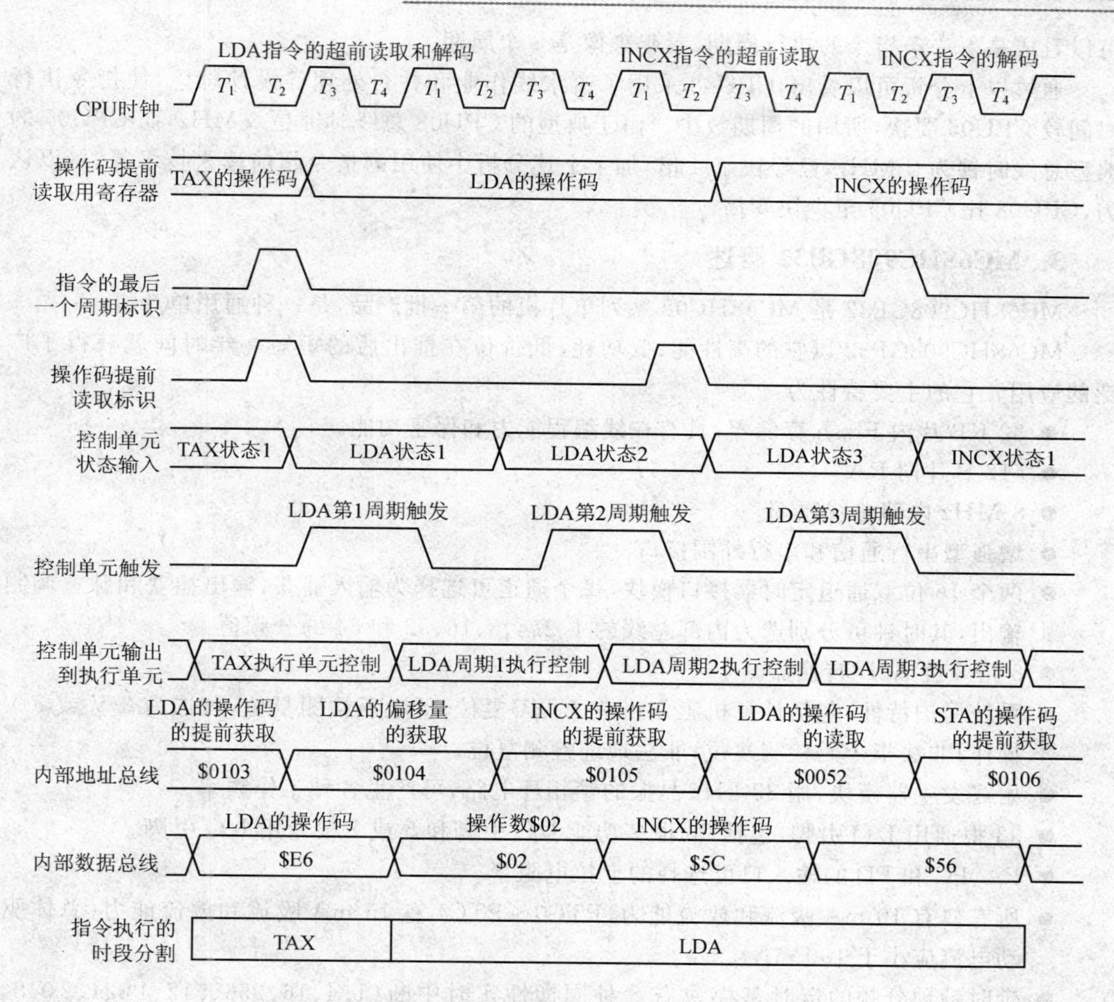

图 2.7 程序执行时序详解

第 4 个周期中，地址总线上出现了地址＄0052，数据总线上要传给 A 的内容是＄56。注意，在第 3 个周期中，状态机对“LDA　2,X”这条指令进行解释时，下一条指令 INCX 的地址＄0105 和操作码＄5C 已经出现在地址总线和数据总线上了。即在 CPU 解释“LDA　2”,X 这条指令时，下一条指令 INCX 已经进入了 CPU 的超前读入寄存器。

由指令表中的指令执行时间我们会发现，TAX 这条指令在 CPU05 中是两个周期，而在 MC68HC08 中是一个周期；“LDA　2,X”这条指令在 CPU05 中是 4 个周期，而在 CPU08 中是 3 个周期；INCX 指令在 CPU08 中是一个周期，也比 CPU05 少用一个周期。这是因为指令的读入周期和上一条指令的执行周期是同时发生的。或者，和“LDA　2,X”的执行那样，实际是 4 个周期，而读下一条指令的操作在第 3 个周期时就发生了，第 4 个周期执行“LDA　2,X”

可以看成是下一条指令的执行周期,看起来像是3个周期。

通过以上分析可以看出,CPU08采用了流水线作业和并行处理等设计思想,使指令执行时间较CPU05要快,所用的周期数少。由于典型的CPU08总线时钟是8 MHz,而CPU05的典型总线时钟为2 MHz,已经快了4倍,加上上述分析中使用的指令超前读入技术等,可以认为,CPU08比CPU05至少快5倍。

3. MC68HC908GP32概述

MC68HC908GP32是MC68HC08系列单片机的第一批产品,是一种通用单片机。

MC68HC908GP32以它的高性能、低功耗、低价位在推出后的短短一年时间就获得了广泛的应用。它的主要特性为:

- 32 KB片内Flash存储器,具有在线编程能力和保密功能。
- 512 B片内RAM。
- 8 MHz内部总线频率。
- 增强型串行通信和串行外围接口。
- 两个16位双通道定时器接口模块,每个通道可选择为输入捕获、输出捕获和脉宽调制输出,其时钟可分别选为内部总线的1、2、4、8、16、32和64的分频值。
- 8路8位A/D转换器。
- 系统保护特性,包括计算机工作正常(COP)复位;低电压检测复位,可选为3 V或5 V操作;非法指令码检测复位;非法地址检测复位。
- 始终发生器模块,用32 kHz晶振的锁相环电路,可产生各种工作频率。
- 33根通用I/O引脚,包括26根多功能I/O引脚和5或7根专用I/O引脚。
- PA、PC和PD的输入口可选择的上拉电阻。
- 所有口有10 mA吸流和放流能力,PTC0～PTC4有15 mA吸流和放流能力(总体驱动电流应小于150 mA)。
- 带时钟预分频的定时基模块有8种周期性实时中断(1、4、16、256、512、1 024、2 048、4 096 Hz),可在STOP方式时使用外部32 kHz晶振周期性唤醒CPU。
- 8位键盘唤醒口。
- 所有口有对5 mA输入电流的保护功能。
- 具有PDIP40、PDIP42和QFP44封装形式。
- 支持C语言。
- 完全向上兼容MC68HC05。
- 具有WAIT、STOP低功耗模式。
- 能上电复位。

4. MC68HC908GP32 的功能结构

MC68HC08 系列单片机从 1999 年推出后研制出多个系列、品种，由模块的不同组合而成，本书只简单介绍 MC68HC908GP32 的各个模块。MC68HC908GP32 的功能模块框图如图 2.8 所示。

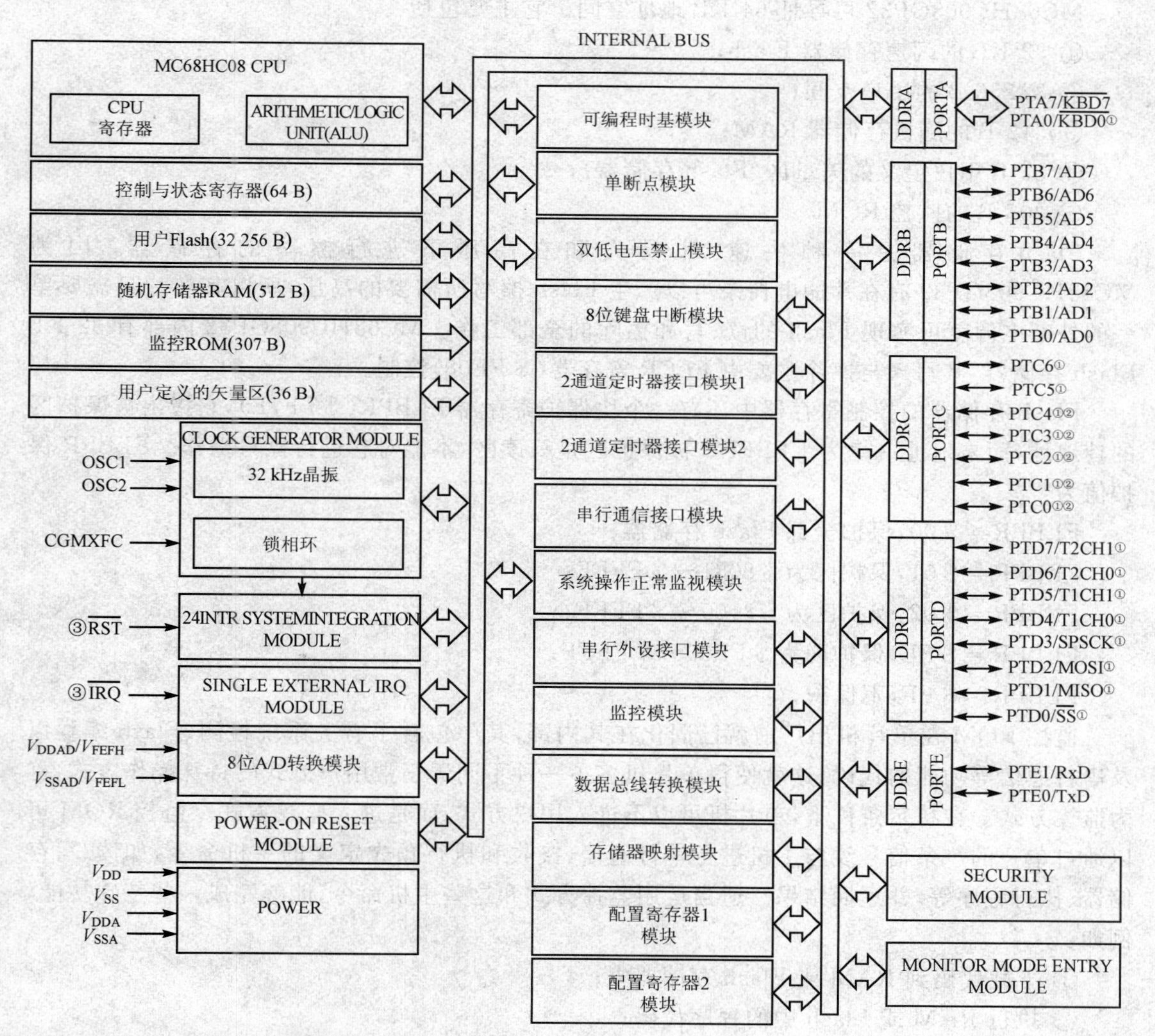

① Ports are software configurable with pullup device if input port.
② Higher current drive port pins
③ Pin contains integrated pullup device

图 2.8　MC68HC908GP32 MCU 功能块结构图

(1) CPU08

CPU08 是 MC68HC908GP32 的中央处理器。CPU08 是 CPU05 的增强型，但仍是 8 位 CPU。

(2) 存储器

MC68HC908GP32 可寻址 64 KB 地址空间。它主要包括：

① 32 KB 的闪速存储器 Flash；

② 32 256 B 的用户空间；

③ 512 B 的随机存储器 RAM；

④ 36 B 用户定义的矢量区(Flash 存储器)；

⑤ 307 B 的监控 ROM。

Flash 存储器是一种快速、非易失和在高压下进行擦写的存储器。因为 MC68HC908GP32 有在片的电荷泵可以产生 Flash 擦写所需要的高压，所以其芯片只需要单一的外部电源就可实现 Flash 的读、写和擦除的全部工作。MC68HC908GP32 内部有 32 KB Flash 存储器，其写入与擦除主要由 FLCR 寄存器($FE08)控制。

Flash 存储器的控制寄存器中还有一个块保护寄存器 FLBPR($FF7E)，它指出被保护区的首地址，而末地址一律为$FFFF。被保护区是只读区，不能对它进行擦写操作。FLBPR 保护值为：

FLBPR=$00，保护全部 Flash 存储器；

FLBPR=$01，保护区为$8081～$FFFF；

FLBPR=$02，保护区为$8100～$FFFF；

FLBPR=$FE，保护区为$FF00～$FFFF；

FLBPR=$FF，不保护。

监控 ROM 在单片机出厂前就已固化在其内部，其中包含了有关系统检测、Flash 编程以及串行通信等功能的代码，这就使得单片机多了一种不同于正常用户方式的特殊操作方式，称为监控方式。在特定条件下，单片机可以不进入用户方式，而是进入监控方式。监控 ROM 可以通过单一的一条信号线与主机进行串行通信，接收和执行预先定义的主机命令，如读/写存储器、执行程序等，并返回结果。适当运用监控方式和这些主机命令，能够完成一些特殊功能，例如：

① 下载代码到 RAM 或 Flash 存储器中；

② 执行 RAM 或 Flash 中的程序代码；

③ Flash 存储器的加密；

④ Flash 存储器的擦除、写入、校验；

⑤ 与主计算机进行标准的不归零传号/空号串行通信，波特率为 4.8～28.8 kbps；

⑥ 在线编程；

⑦ 用户方式 Flash 编程。

(3) 定时器接口模块

单片机的定时器用于定时操作及与定时器有关的 I/O 操作。

MC68HC908GP32 的定时器接口模块(Timer Interface module,TIM)较 MC68HC05 有较大改进。MC68HC908GP32 有两个定时器接口模块 TIM1 和 TIM2,具有定时溢出、输入捕捉、输入比较和脉宽调制功能。每个 TIM 有以下特点:

① 两个输入捕获/输出比较通道;

② 缓冲或非缓冲脉宽调制;

③ TIM 时钟可编程为内部总线时钟的 7 种分频值;

④ 自由运行或取模加 1 计数操作;

⑤ 溢出时变换通道;

⑥ 计数器可停止或复位。

(4) 定时基模块

定时基模块(Time Base Module,TBM)产生周期性中断,可选择 8 种速率。它由定时基模块控制寄存器 TBCR($001C)的 TBR2～TBR0 位所控制,在晶振频率为 32.768 kHz 时,TBM 产生的中断如表 2.2 所列。

表 2.2　定时基速率选择(晶振频率 32.768 kHz)

TBR2	TBR1	TBR0	分　频	时基中断速率	
				Hz	ms
0	0	0	32 768	1	1 000
0	0	1	8 192	4	250
0	1	0	2 048	16	62.5
0	1	1	128	256	约 3.9
1	0	0	64	512	约 2
1	1	0	16	2 048	约 0.5
1	1	1	8	4 096	约 0.24

(5) 系统操作正常监视模块

系统操作正常监视(Computer Operating Properly,COP)模块俗称看门狗电路,其功能是在单片机工作不正常时,产生一个复位信号。该模块有一个计数器,COP 允许后,软件必须周期性地向 $FFFF(COP 控制寄存器)写入任意值,以清除 COP 计数器。若系统由于某种原因使软件工作不正常时,COP 计数器就得不到清零,那么当它溢出时便产生复位信号,以防止程序进入不可预料的操作。在系统设置寄存器中可以设置 COP 速率及允许、禁止 COP。

(6) 并行 I/O 接口

并行 I/O 接口是 I/O 接口中最常用的。MC68HC08 有多个并行口，其中有 8 位口、7 位口、也有 2 位口。MC68HC908GP32 的并行 I/O 接口有 5 个口。

① PA 口

PA 为双向 I/O 口，作输入时可具有上拉电阻。在允许时，PA 可用作键盘中断输入。键盘中断的触发可以选择为下降沿有效或下降沿和负电平有效。

② PB 口

PB 为双向 I/O 口，也可用作 A/D 输入(这时不受 DDRB 控制)。

③ PC 口

PC 为 7 位双向 I/O 口，作输入时可具有上拉电阻。

④ PD 口

PD 口为 8 位双向 I/O 口，也用作定时器和 SPI 引脚。在作输入时，可具有上拉电阻。

⑤ PE 口

PE 口为 2 位双向 I/O 口，也用作 SCI 引脚(这时它不受 DDRE 影响)。

(7) 异步串行通信接口模块

异步串行通信接口(Serial Communication Interface，SCI)模块的用途是能实现诸如 RS-232、RS-484 等使用异步串行通信规程的通信，最主要的是用于和其他计算机的数据传输。SCI 的主要功能是：

- 全双工高速非归零通信；
- 独立式发送和接收操作；
- 可编程波特率；
- 硬件奇偶检验(MC68HC905 无此功能)；
- 噪声检测(MC68HC905 无此功能)。

MC68HC908GP32 的 SCI 比 MC68HC05 的 SCI 功能强，它具有硬件奇偶检验、噪声检测等功能。它有 3 个控制寄存器(SCC1、SCC2、SCC3)和 2 个状态寄存器(SCS1、SCS2)。

(8) 串行外设接口

具有主从工作方式的全双工同步串行外设接口(Serial Peripheral Interface，SPI)可用于同步串行通信，也可以用于扩展并行接口、存储器、LCD 驱动电路等。

MC68HC908GP32 的 SPI 功能与 MC68HC05 的 SPI 功能基本相同。但前者比后者增加了两个出错标志，有分开的接收与发送中断，并有灵活的 I/O 引脚控制。MC68HC908GP32 的 SPI 有 2 个控制和状态寄存器。

(9) 断点模块

断点模块(Break Module，BRK)可以在设定的地址处产生一个中断，该中断称为断点中断，它使 CPU 放弃当前程序的执行而进入中断服务程序。

断点中断可由下述两种方式引起。

① CPU产生的地址(该地址在程序计数器中)与断点地址寄存器的内容相匹配时产生断点中断。

② 用软件向断点状态与控制寄存器的BRKA位写1时产生断点中断。

当这两种情况之一发生时,断点模块就产生一个断点信号(BKPT),使CPU在结束当前指令后,将一条SWI指令装入内部指令寄存器作为下一条指令执行。这样就如同发生了一个软中断,$FFFC和$ FFFD(在监控模式下为$FFFC和$ FFFD)指定了中断服务例程的起始地址。在断点服务例程中执行RTI指令,就结束了断点中断,使单片机恢复到正常的程序流程。

(10) A/D转换器

MC68HC908GP32具有8路8位A/D转换器,它有一个状态和控制寄存器ADSCR($003C)。

(11) 存储器直接存取模块

存储器直接存取(Direct Memory Access,DMA)是一种高速的数据传输方式,它可实现存储器与存储器、存储器与外设之间数据的直接传送。有些型号如MC68HC08XL36有3路DMA通道。

(12) 模糊控制模块

MC68HC08的KX、KJ系列含有模糊控制模块通过几条指令就可实现对被控制对象的模糊控制。

(13) 键盘中断模块

MC68HC908GP32的键盘中断(KeyBoard Interrupt,KBI)模块通过端口A(PA)的8个引脚提供8个独立的可屏蔽外部中断。它们既可作为键盘中断,又可作为普通的中断源,这就大大增加了外中断的个数。

(14) 时钟发生模块及锁相环电路

时钟发生模块包括晶振电路、锁相环电路和基本时钟电路。

时钟发生模块的晶振电路采用由晶振、电容、电阻组成的通用晶振电路,或者采用外部时钟源。

锁相环电路使单片机在外部使用较低频率(如33 kHz)晶振时在内部却可以得到较高(如8 MHz)的总线频率,这是个非常成功的有效电路。

(15) 低电压禁止模块

低电压禁止(Low Voltage Inhibition,LVI)模块的作用是检测加在V_{DD}上的供电电压。当V_{DD}低于某个预定电压值LVI_{TRIP}时,认为发生电源故障,产生中断信号并强制系统复位。

(16) 复位与中断模块

MC68HC908GP32具有上电复位(POR)、计算机工作正常(COP)、低电压禁止复位、非法指令码和非法地址等复位源。MC68HC908GP32共有24个中断源。

(17) 其他模块

MC68HC08各专用系列的单片机有其特殊的模块，如数字信号处理模块、电话控制模块等，今后研制出的新型号还会增添新的模块。

5. MC68HC908GP32的存储器组织与空间分配

在此以MC68HC908GP32为例说明MC68HC08存储器的组织及空间分配。MC68HC908GP32用CPU08作中央处理器，CPU08的寻址范围是64 KB。

(1) 存储器组织

MC68HC08采用将I/O寄存器和各类存储器统一编址的方法来组织存储器空间。这种方法与I/O寄存器、存储器分别编址的方法相比，节省了硬件，指令格式也相同，但程序的可读性差一些。

(2) 存储器空间分配

MC68HC908GP32的64 KB存储空间分为以下12个区域，如图2.9所示。

① ＄0000～＄003F，64 B片内I/O寄存器地址

该区域包含的I/O寄存器主要包括端口为A、B、C、D、E的数据寄存器和数据方向寄存器；A、B、C口输入上拉允许寄存器；同步串行口SPI的数据、状态、控制寄存器；异步串行口SCI的数据、状态、控制及波特率寄存器；定时器的状态、控制计数及计数模式寄存器；每个定时器的通道0及通道1的数据、状态和控制寄存器；模数转换A/D的输入时钟数据、状态和控制寄存器；外部中断IRQ的状态和控制寄存器；键盘中断允许控制寄存器；时钟模块控制寄存器；系统配置寄存器；系统集成模块及锁相环电路的各个有关寄存器等。

② ＄0040～＄023F，512 B片内RAM区

MC68HC908GP32共有512 B用作随机存储器(RAM)与堆栈。

复位后，堆栈指针为＄00FF，堆栈区位于RAM的第0页。但是MC68HC908GP32堆栈区的位置是可以编程的，16位的堆栈指针SP使堆栈可以处于64 KB存储空间中的任意位置。为了正确操作，堆栈指针SP必须指向RAM区。在中断处理之前，CPU要使用堆栈的5 B保存CPU寄存器(A、X、PC、CCR)的内容。为了与MC68HC05兼容，MC68HC08的H寄存器没有入栈。在调用子程序时，CPU要使用堆栈的2 B去存放返回地址(PC值)。入栈操作使堆栈指针的值增加。在进行嵌套调用时，尤其要注意的是不要使堆栈溢出。

存储器的第0页是256 B的RAM，它分为64 B的I/O区和192 B的用户RAM区。由于堆栈指针是可以编程的，因此当堆栈指针从复位时的＄00FF(第0页)移出时，整个第0页的RAM空间就可以全部用于I/O控制和存放用户的数据和代码。这样，那些只适用于第0页的直接寻址指令便能快速而有效地存取第0页RAM空间。因此，第0页就成为用户储存那些访问频率较高的全局变量的理想空间。

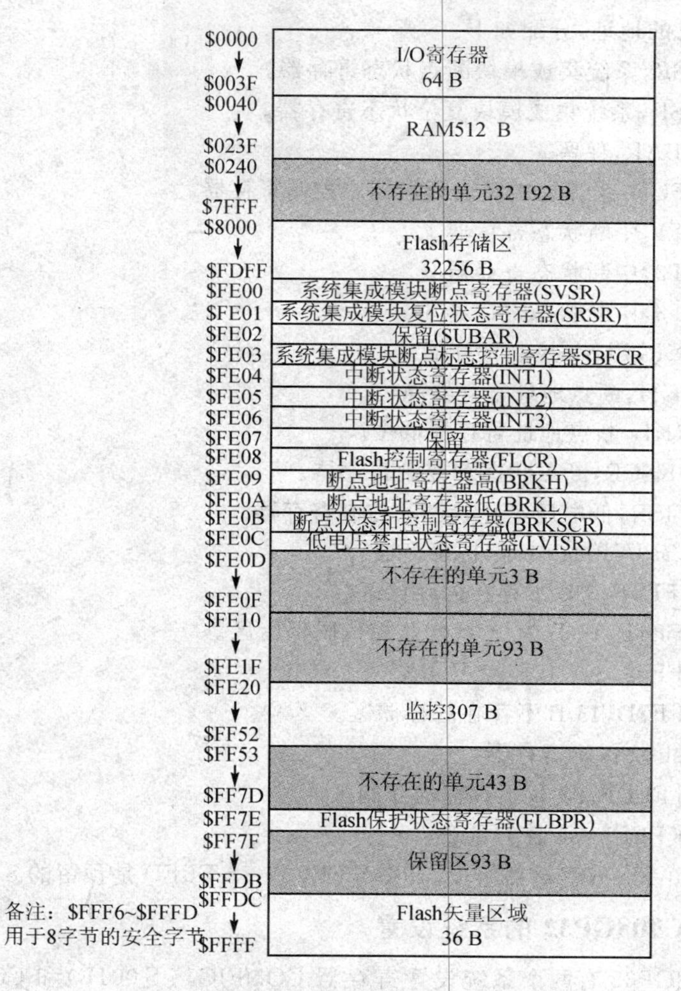

图 2.9　MC68HC08 存储器的空间分配

③ ＄0240～＄7FFF，不存在的存储区

在存储区分配图和寄存器图中，阴影表示的是不存在的存储器。当存取这些单元时可以引起非法地址复位。编程时要切记这一点，不要使用这些单元。

④ ＄8000～＄FDFF，32 256 B 的 Flash 区

这是用户程序区。Flash 是一种电可擦写的存储器，容量大，擦写速度快，而且 MC68HC908GP32 具有在片的电荷泵，可以产生编程和擦除用的高压，所以只需要单一的外部电源就可以实现 Flash 的读出、写入及擦除工作。

⑤ ＄FE00～＄FE0C，第二段 I/O 寄存器区

大部分的控制、状态和数据寄存器都在存储器第 0 页范围内（＄0000～＄003F），其余的

I/O 具有它们自己的地址，分配如下：

$FE00：SBSR，系统集成模块断点状态寄存器。

$FE01：SRSR，系统集成模块复位状态寄存器。

$FE02：SUBAR，保留。

$FE03：SBFCR，系统集成模块断点标志控制寄存器。

$FE04：INT1，中断状态寄存器 1。

$FE05：INT2，中断状态寄存器 2。

$FE06：INT3，中断状态寄存器 3。

$FE08：FLCR，Flash 控制寄存器。

$FE09：BRKH，断点地址寄存器高位。

$FE0A：BRKL，断点地址寄存器低位。

$FE0B：BRKSCR，断点状态和控制寄存器。

$FE0C：LVISR，低电压禁止状态和控制寄存器。

$FF7E：FLBPR，Flash 块保护寄存器。

$FE0D～$FE0F，3 B 不存在的存储区。

$FE10～$FE1F，16 B 为 A 系列监控代码保留区。

$FE20～$FF52，307 B 监控 ROM。

$FF53～$FF7D，43 B 不存在的存储区。

$FF7E，Flash 块保护寄存器。

$FF7D ～$FFDB，93 B 不存在的存储区。

$FFDC ～$FFFF，36 B 矢量表。

这一区域也由 Flash 存储器组成，其中$FFF6 ～$FFFD 是预留的 8 个保密字节。

6. MC68HC908GP32 的系统设置

MC68HC908GP32 有两个系统设置寄存器 CONFIG1（$001F）和 CONFIG2（$001E），它们的主要功能是选择 SCI 波特率时钟源（内部总线时钟或外部振荡器）；确定晶振在 STOP 状态下是否继续运行；确定在 STOP 方式下低电压禁止模块 LVI 是否有效；选择 LVI 为 5 V 或 3 V 方式；选择 STOP 的恢复时间；允许或禁止 STOP 指令；允许或禁止 COP 功能；选择 COP 速率；低电压禁止模块的各项控制等。

7. MC68HC908GP32 的引脚与封装

MC68HC908GP32 有 3 种封装形式：40 脚 PDIP、42 脚 PDIP 和 44 脚 QFP。40 脚 PDIP 如图 2.10 所示，42 脚芯片比 40 脚芯片多了 PTD6 和 PTD7 两个 I/O 引脚，44 脚芯片比 40 脚芯片多了 PTC5、PTC6 及 PTD6、PTD7 这 4 个 I/O 引脚，其余信号都是相同的。

① V_{DD}和 V_{SS}：电源供给源。MC68HC908GP32 采用单一电源供电。一般在 V_{DD}与 V_{SS}间

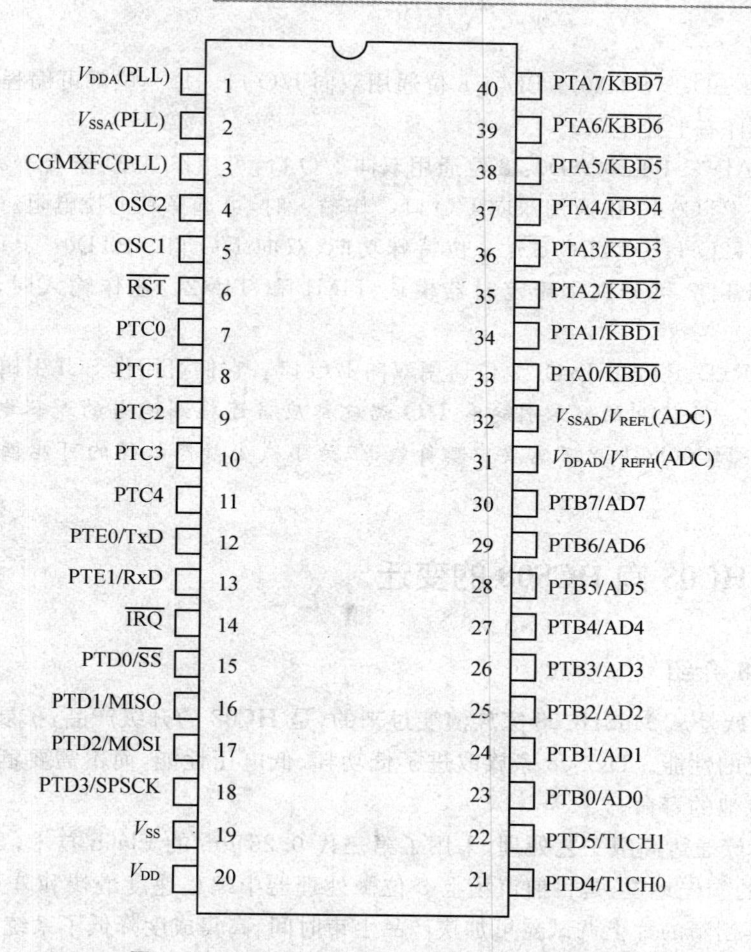

图 2.10　MC68HC908GP32 PDIP 封装引脚图

接入旁电路电容。

② OSC1 和 OSC2：振荡器引脚。

③ $\overline{RST}$：低有效复位输入或输出脚。当任意一个内部中断源有效时，该引脚输出低电平，有内部上拉电阻。

④ $\overline{IRQ}$：外部中断输入脚，有内部上拉电阻。

⑤ V_{DDA} 和 V_{SSA}：时钟发生模块模拟部分的电源供给端，与数字电源相似，这两个引脚间也应有去耦电路。

⑥ CGMXFC：时钟发生模块的外部滤波电容连接引脚。

⑦ V_{DDAD} 和 V_{SSAD}：A/D 转换器电源供给端，两引脚间也应去耦。

⑧ V_{REFH} 和 V_{REFL}：A/D 转换器的高和低参考电压输入值。它连至与 V_{DDA}、V_{SSA} 相同的点

位上。

⑨ PTA7/$\overline{\text{KBD7}}$～PTA0/$\overline{\text{KBD0}}$：8位通用双向I/O口。每一位都可编程为键盘输入脚。作输入时，可选择有上拉电阻。

⑩ PTB7/AD7～PTB0/AD0：8位通用双向I/O口，可用作A/D输入。

⑪ PTC6～PTC0：7位通用双向I/O口。作输入时，可选择有上拉电阻。

⑫ PTD7/T2CH1～PTD0/$\overline{\text{SS}}$：8位特殊功能、双向I/O口。PTD0～PTD3可用作SPI引脚，PTD4～PTD7可分别用于定时器模块TIM1和TIM2。在作输入时，可选择有上拉电阻。

⑬ PTE1/RxD、PTE0/TxD：2位通用双向I/O口。它们可用作SCI引脚。

注意：任何一个没用的输入引脚和I/O端口都应当连接到适当的逻辑电平(V_{DD}或V_{SS})上。尽管MC68HC908GP32不需要中断负载，但为了减小静态故障的可能性，还是推荐使用终端负载。

2.2.2 从HC08向HCS08的变迁

1. HCS08介绍

HCS08家族是从M68HC08家族演变过来的，是HC08的升级产品，扩展了08家族的阵容，提高了系统的性能。HCS08家族改进了低功耗、低电压性能，而不需要牺牲CPU的执行效率，延长了电池的寿命。

HCS08家族通过高级工艺处理，采用了第三代0.25 μm的Flash技术，延续了Freescale在Flash技术的领先地位，是目前市场上8位微处理器中编程速度最快和阵列密度最高的芯片之一，同时其创新的片上调试器可加快产品上市时间，高集成度降低了系统成本。

HCS08家族正常的操作电压范围是1.8～2.7 V，同时HCS08家族可以在低压情况下提供较高的总线速率，20 MHz总线时钟频率下，电压低至2.1 V，最小指令周期为50 ns。8 MHz总线频率下，电压可低至1.8 V，最小指令周期为125 ns，是目前批量生产的最高速度的8位MCU之一。系统设计中可以很方便地通过端口上升和下降时间的控制，内置振荡器和时钟源信号保护功能，降低了系统的电磁辐射，不会对系统的其他部件产生电磁干扰，提高了EMC性能。

为了使HCS08成为HC08的升级换代产品，其目标代码与HC08完全兼容，另外扩展的指令和寻址模式，使得C代码效率提高了10%～15%，而且支持单字节的乘法和除法。

HCS08系统目标板上开关调整稳压管要求的电压是在2.7 V之上。大部分的M68HC08家族兼容5 V电压，第一个HCS08家族的芯片支持的电压是3.6 V。目前销售的HCS08家族操作电压可以低至1.8 V，依然有很高的执行效率，电压调整管可以保证消耗的电流比5 V

下的小得多。

2. 新的操作模式

HCS08 家族引入新的低功耗模式和新的调试模式。下面分别对低功耗模式和新增的调试模式进行介绍。

(1) 低功耗模式

新的低功耗模式是 STOP1 和 STOP2。STOP1 是一个完全下电的模式，在这种模式下内部电压调整管完全关闭来节省最大的功耗，它是功耗最低的模式，其消耗的电流只有 20 nA。因此，所有的 MCU 内部系统都下电了，包括 RAM 和寄存器，使得 MCU 要求从 STOP1 模式下唤醒时必须重新初始化。

停止模式 STOP2 是一个部分下电模式，在这种模式下大部分的内部系统是下电的，但是 RAM 仍然保持上电，I/O 引脚状态锁存。寄存器在这种模式下是下电的，因此上电时候必须重新初始化，然而，由于 RAM 在这种模式下是上电的，寄存器数值可以保存到 RAM 中。电压调整管在这种模式下也保持下电。STOP2 模式比 STOP1 的功耗更多，但是却比 STOP3 模式低。

停止模式 STOP3 是一个和传统的 M68HC08 停止模式相同的模式。在这种模式下，调整管在空闲模式下，消耗很小的电流，但是仍然保持了 RAM 和寄存器中的数据。STOP3 和 M68HC08 停止模式的不同之处是停止模式的恢复和管理。在 M68HC08 家族中，停止模式的恢复是需要时间的，持续大约 32 或者 4096 个振荡周期加上晶振起振时间。在 HCS08 家族中，停止模式的恢复是基于电压调整管的上电时间和达到满度的电压范围的时间决定的。更多的关于 HCS08 家族停止模式的介绍，请参看 Freescale 的数据手册 AN2493：MC9S08GB/GT 低功耗模式。

等待模式只是将 CPU 的时钟关断，其他的外围模块功能依然保持运行，但是比运行模式消耗的电流低很多。

注意： 5 V 的 S08 器件没有 STOP1 模式，因为 5V 的应用大都不是电池供电的。

S08 具备多种功率管理模式，包括电源关断模式，电流可低至 20 nA；极低功耗的自动唤醒定时器，典型电流可低至 700 nA，无需外部晶体和元器件。它具备灵活的多种频率时钟源，无需外部元器件，采用可编程的内部时钟发生器，可由用户定义多种可选的时钟源，在 1.8 V 电压下运行。

总结 S08 低功耗特性：具备内部稳压电源，使得逻辑电压的纹波最小，同时维持较低的 V_{DD}，降低了系统总功耗，Flash 可以在整个工作电压范围内反复编程。总线频率达到 20 MHz 时，电压可低至 2.1 V；8 MHz 时电压可低至 1.8 V。支持多种低功耗模式选项：3 种停止模式，2 个 RTI 时钟源，ADC 可以在 STOP3 下运行。

(2) 背景调试模式和监控模式

HCS08 家族使用新的在线调试方式，这种调试方式优于其他调试模式。M68HC08 监控模式是一个片上调试模式，使用5条指令：READ、WRITE、IREAD、IWRITE和RUN指令。监控模式的执行是通过相关的硬件和固件代码重定位复位和SWI向量来使能的。这些重定位向量强制CPU执行监控固件程序，而不是正常用户代码程序。因此，监控模式是一种侵入性的指令，它中断了正常程序流程。这个代码抢占了I/O端口的控制权，通常是PTA0，因此这个引脚在调试模式下是不会执行用户代码中相关的程序的。监控模式也依赖于内部总线时钟频率。在调试进程中，改变总线时钟频率，将会丢失主机和目标MCU的正常通信。

HCS08 MCU的背景调试模式由两个硬件模块和非片上固件代码组成。背景调试控制BDC模块为HCS08 MCU提供一个真实的单引脚通信接口。通常，这个引脚是为BDC控制预留的，因此在调试时，是不需要额外的通用I/O端口引脚的。BDC可以从总线时钟或者从ICG的可选的8MHz时钟源中选择(当总线频率很低时)。

BDC有30条指令，其中有13条用于非侵入性指令，允许读和写片上存储区，而不需要中断CPU操作。同时也包括同步命令，允许主机检测通信速率，因此总线时钟频率可以在调试进程中改变，而不会丢失和主机的通信进程。与M68HC08监控模式不同，BDC不需要对引脚施加高电平。

HCS08家族支持的其他硬件模块是片上电路仿真(ICE)。与M68HC08不同，HCS08没有任何形式的扩展总线模式。为了执行ICE功能，仿真器的大部分重要功能都是片上集成的。片上ICE系统有下列功能特性：

- 两个触发比较，可以触发两个地址或者一个地址和一个数据。
- 一个8字节的捕获缓冲区，可以捕获地址流的改变或者数据事件的改变。
- 两个类型的断点或者触发模式：地址操作或者指令操作。
- 9个触发模式。

这些高级的调试特性减少了外部仿真系统成本。

3. CPU比较

HCS08的CPU比M68HC08 CPU有很多的改进，但是仍然保留了许多代码的兼容性。许多新的操作码添加到C代码编译器中，用于提高效率。同时许多指令周期和M68HC08家族有些不同。

(1) 新的操作码

BGND是进入新背景调试模式的指令，为了提高C代码的编译效率，许多操作16位H:X索引寄存器的寻址模式添加到M68HC08操作码中，参看表2.3。

(2) 指令周期数

许多从M68HC08家族演变过来的指令增加或者减少了一个或者两个指令周期。由于HCS08总线速度的增加，使得指令时钟周期也增加。现在，M68HC08的总线速度是8 MHz，而HCS08的总线速度是20 MHz。未来HCS08家族可能的总线速度超过20 MHz。使用

M68HC08 芯片写的软件延时程序，根据所使用的 HCS08 指令周期的不同，需要重新写。基于此，Freescale 强烈推荐使用定时器产生延时。使用定时器代替软件延时极大地简化了代码容量，参考表 2.4，表 2.5，表 2.6，表 2.7。

表 2.3　新的 HCS08 操作码

指　令	寻址模式	新的操作码
LDHX	EXT,IX,IX1,IX2,SP1	S32,S9EAE,S9ECE,S9EBE,S9EFE
CPHX	EXT,SP1	S3E,S9EF3
STHX	EXT,SP1	S96,S9EFF
BGND	INH	S82

表 2.4　HCS08 指令减少一个周期

指　令	地址模式	M68HC08 周期	HCS08 周期
DIV	INH	7	6
DAA	INH	2	1
TAP	INH	2	1
CLI	INH	2	1
SEI	INH	2	1

表 2.5　HCS08 指令减少两个周期

指　令	地址模式	M68HC08 周期	HCS08 周期
NSA	INH	3	1

表 2.6　HCS08 增加一条指令周期

指　令	地址模式	M68HC08 周期	HCS08 周期
DBNZA	INH	3	4
DBNZX	INH	3	4
PULA	INH	2	3
PULX	INH	2	3
PULH	INH	2	3
STOP	INH	1	2
WAIT	INH	1	2
BSETn	DIR	4	5

续表 2.6

指　令	地址模式	M68HC08 周期	HCS08 周期
BCLRn	DIR	4	5
CPHX	DIR	4	5
NEG	DIR,IX,IX1,SP1	4,3,4,5	5,4,5,6
COM	DIR,IX,IX1,SP1	4,3,4,5	5.4,5,6
ASL	DIR,IX,IX1,SP1	4,3,4,5	5,4,5,6
ASR	DIR,IX,IX1,SP1	4,3,4,5	5,4,5,6
LSL	DIR,IX,IX1,SP1	4,3,4,5	5,4,5,6
LSR	DIR,IX,IX1,SP1	4,3,4,5	5,4,5,6
ROL	DIR,IX,IX1,SP1	4,3,4,5	5,4,5,6
ROR	DIR,IX,IX1,SP1	4,3,4,5	5,4,5,6
DEC	DIR,IX,IX1,SP1	4,3,4,5	5,4,5,6
INC	DIR,IX,IX1,SP1	4,3,4,5	5,4,5,6
TST	DIR,IX,IX1,SP1	3,2,3,4	4,3,4,5
JSR	DIR,EXT,IX	4,5,4	5,6,5
JMP	DIR,EXT,IX	2,3,2	3,4,3
BSR	REL	4	5
CBEQ	IX+	4	5
ADC	IX	2	3
ADD	IX	2	3
AND	IX	2	3
BIT	IX	2	3
CMP	IX	2	3
CPX	IX	2	3
EOR	IX	2	3
LDA	IX	2	3
LDX	IX	2	3
ORA	IX	2	3
SBC	IX	2	3
SUB	IX	2	3

表 2.7 指令增加两个周期

指 令	寻址模式	M68HC08 周期	HCS08 周期
DBNZ	DIR,IX,IX1,SP1	3,2,3,4	5,4,5,6
CLR	DIR,IX,IX1,SP1	5,4,5,6	7,6,7,8
RTI	INH	7	9
RTS	INH	4	6
SWI	INH	9	11

4. 时 钟

在此描述了 M68HC08 和 HCS08 MCU 系列系统时钟的不同之处。在 M68HC08 家族中,主频时钟源的输出(无论是外部晶体、PLL、内部晶体等)都是 4 分频来建立总线时钟的。为了获得 8 MHz 的总线时钟,晶体必须运行在 32 MHz。在 HCS08 家族中,时钟源是通过 2 分频而不是 4 分频,因此为了获得同样的 8 MHz 总线时钟,只需要提供 16 MHz 晶体就可以了。

M68HC08 CPU 时钟等于总线时钟。HCS08 CPU 时钟是总线时钟的两倍。典型 HCS08 有一个最大的 20 MHz 的总线速率和 40 MHz 的 CPU 速率。注意,CPU 指令周期仍然参考总线时钟。

5. 存储区

(1) 监控 ROM 的消除

所有的 M68HC08 家族中,无论是基于 ROM 还是基于 Flash 的芯片,都有片上 ROM 区域。在监控模式区,大概有 200 B 的软件程序驻留在监控 ROM 中。另外,这些监控 ROM 有时包括测试固件代码和 Flash 编程代码。正如上述讨论,新的操作模式下监控代码在 HCS08 家族中已经被非侵入性指令所代替。这些片上 ROM 的消除不是用户代码区域 ROM 的减少。

(2) Flash 命令接口(CI)

HCS08 家族有简化的命令接口用于编程、擦除和空效验。CI 修改 Flash 比使用 MCU 的闪存作 EEPROM 或者作为应用固件升级方便。M68HC08 闪存接口缺少自动操作命令,要求用户在设置寄存器位和使能编程电压间产生许多延时。作为比较,在 HCS08 家族中对 Flash 闪存的一个字节进行编程要求 6 个步骤,不需要延时;在 HC08 家族中对 Flash 编程需要 13 个步骤,要求用户设计一些延时程序。

HCS08 主要的优势如下:

- 自动处理所有的延时,用户必须简单地设置闪存区域分频寄存器(FCDIV)来产生特定的 Flash 总线时钟频率。在 M68HC08 中，用户需要计算所有的延时。

- 有一个空效验特性来效验整个闪存区域是否为空，M68HC08 家族没有这个特性。
- 有一个错误效验特性，如果 Flash 命令程序操作步骤不正确，错误效验标志位就会置位，M68HC08 家族没有这个特性。

(3) 向量重定位

基于 Flash 的 HCS08 家族有一个可选的向量重定位特性，而基于 Flash 的 M68HC08 就没有这个特性。这个特性是和 Flash 区域保护结合在一起的。当 Flash 区域保护使能时，MCU 向量可以防止被编程和擦除。向量重定位允许重定位所有的中断向量(包括复位向量)，从而来保护 Flash。这个特性在应用编程时，用于升级 MCU 固件代码。如果在编程过程中发生中断，代码的一部分将和复位向量一起被保护，而不会发生改变，芯片存储区中仍然有些程序可以用来中断编程进程。然而，系统的可靠性是主要的，因此如果必要，所有的中断向量地址在代码升级的过程中会重新定位到新的地址。硬件设计中向量重定位的发生、应用中断服务程序和非向量重定位有同样的时序。当重定位中断发生时，向量直接从非受保护的 Flash 地址中获得地址数据，而不是从一般的受保护的 Flash 地址中获得地址数据。

(4) EEPROM

在 HCS08 家族中 Flash 的简化命令接口(CI)与 EEPROM 的编程是一致的，用来擦除和对 EEPROM 的空效验。CI 很容易从 MCU 中修改 EEPROM。HCS08 命令接口主要特性如下：

- HCS08 CI 有一个空效验特性来效验整个 Flash 为空。M68HC08 没有这个特性。
- HCS08 CI 有一个错误效验特性，如果 EEPROM 命令程序操作不正确，那么错误效验标志位就会产生置位。M68HC08 没有这个特性。

在 MC9S08DZ60 中，EEPROM 寄存器配置如表 2.8 所列。

表 2.8　MC9S08DZ60 寄存器配置

寄存器	Bit7	Bit6	Bit5	Bit4	Bit3	Bit2	Bit1	Bit0
FCDIV	DIVLD	PRDIV8	DIV					
FOPT	KEYEN	FNORED	EPGMOD	0	0	0	SEC	
FTSTMOD	0	MRDS		0	0	0	0	0
FCNFG	0	EPGSEL	KEYACC	ECCDIS	0	0	0	0
FPROT	EPS		FPS					
FSTAT	FCBEF	FCCF	FPVIOL	FACCERR	0	FBLANK	0	0
FCMD	FCMD							

6. 外围设备改变

(1) 内部时钟发生器

HCS08 家族有一个新的内部时钟发生模块 ICG，MC68HC908GT16 有一个相同的 ICG 模块，因此我们对它做比较。两个 ICG 版本由一个单一的时钟参考源频率的锁相环电路来产生倍频。主要特性如下：

HCS08 的 ICG 有 4 个操作模式：自身频率模式（SCM）、FLL 内部参考模式（FEI）、FLL 外部参考模式（FEE）和 FLL 旁路模式（FBE）。M68HC08 只有两个操作模式：FEI 和 FBE。

HCS08 家族和 HC08 家族允许在可用的时钟模式间转换。然而，M68HC08 要求用户使能新的时钟源和监控模式。HCS08 ICG 自动地配置这个过程，因此用户可以很简单地选择新的时钟源，同时有相应的状态位检测 ICG 当前的状态。HCS08 ICG 由多个分频器来产生各种各样的总线时钟。多种分频方式只用在 FLL 时钟模式时，才可以从 4～18 中的 8 个偶数里选择，分频器有 4 个时钟模式，可以选择范围是 2^n（n 的范围是 0～7），M68HC08 ICG 只有一个可配置的范围，即 1～127。HCS08 和 HC08 由时钟监控电路来保护时钟源的丢失，在 M68HC08 中当时钟丢失时，允许只产生中断。HCS08 家族当检测到丢失时钟时，可以产生中断，也可以产生复位。MC9S08GB60A 和 MC68HC908GT16 的寄存器配置如表 2.9 和表 2.10 所列。

表 2.9 MC9S08GB60A 寄存器配置

Register	Bit7	Bit6	Bit5	Bit4	Bit3	Bit2	Bit1	Bit0
ICGC1	HG0	RANGE	REFS	CLKS1	CLKS0	OSCSTEN	LOCD	0
ICGC2	LOLRE	MFD2	MFD1	MFD0	LOCRE	RFD2	RFD1	RFD0
ICGS1	CLKST1	CLKST0	REFST	LOLS	LOCK	LOCS	ERCS	ICGIF
ICGS2	0	0	0	0	0	0	0	DCOS
ICGFLTU	0	0	0	0	FLT11	FLT10	FLT9	FLT8
ICGFLTL	FLT7	FLT6	FLT5	FLT4	FLT3	FLT2	FLT1	FLT0
ICGTRM	TRIM7	TRIM6	TRIM5	TRIM4	TRIM3	TRIM2	TRIM1	TRIM0

表 2.10 MC68HC908GT16 寄存器配置

Register	Bit7	Bit6	Bit5	Bit4	Bit3	Bit2	Bit1	Bit0
ICGCR	CMIE	CMF	CMON	CS	ICGON	ICGS	ECGON	ECGS
ICGMR		N6	N5	N4	N3	N2	N1	N0
ICGTR	TRIM7	TRIM6	TRIM5	TRIM4	TRIM3	TRIM2	TRIM1	TRIM0
ICGDVR					DDIV3	DDIV2	DDIV1	DDIV0
ICGDSR	DSTG7	DSTG6	DSTG5	DSTG4	DSTG3	DSTG2	DSTG1	DSTG0

（灰色）＝Reserved

(2) 内部时钟源

内部时钟源 ICS 是 HCS08 家族中新增的模块，和上文描述的 ICG 有些不同。主要不同如下：

- HCS08 的 ICS 有 3 个新的操作模式：FLL 旁路内部参考模式(FBI)、FLL 旁路内部低功耗参考模式(FBILP)和 FLL 旁路外部低功耗参考模式(FBELP)。在 FBILP 和 FBELP 模式下为了节省功耗，FLL 是关闭的。
- HCS08 ICS 有一个自身时钟模式(SCM)。
- HCS08 ICS 有一个固定的 FLL 1024 倍频模式，不像 HCS08 ICG 只使用一个倍频器和一个分频器来产生总线频率。HCS08 ICS 通过使用总线频率分频器来对 FLL 输出进行分频。总线分频器可以在任何时候改变，切换到新的频率模式下。
- HCS08 ICS 要求一个频率参考，其范围是 31.25～39.0625 kHz，将其作为 FLL 输入参考。参考分频器将提供分频数值把时钟源设定到要求的频率。HCS08 ICG 没有参考分频器。它能使用 32～100 kHz 或者 2～10 MHz 的任何参考频率。
- HCS08 ICS 允许切换时钟模式，这点和 HCS08 ICG 是一样的；然而，当在 FEI 模式和 FEE 模式之间切换时，注意确保 FLL 参考频率稳定在 31.25～39.0625 kHz 范围内。
- HCS08 ICS 有 9 个校准位。HCS08 ICG 有 8 个校准位。
- HCS08 ICS 没有状态锁住位。
- HCS08 ICS 没有时钟监控器。

MC9S08QG8 的寄存器配置如表 2.11 所列。

表 2.11　MC9S08QG8 寄存器配置

Register	Bit7	Bit6	Bit5	Bit4	Bit3	Bit2	Bit1	Bit0
ICSC1	CLKS		RDIV			IREFS	IRCLKEN	IREFSTEN
ICSC2	BDIV		RANGE	HGO	LP	EREFS	ERCLKEN	EREFSTEN
ICSTRM	TRIM							
ICSSC	0	0	0	0	CLKST		OSCINIT	FTRIM

▒=保留

(3) 多种时钟源发生器(MCG)

多种时钟源发生器(MCG)是 HC08 家族中新增的时钟模式功能，它提供了多种时钟源选择。我们比较时钟源发生器模块和与 MC68HC08 比较近似的芯片 AZ60A 中的时钟发生模块 CGM。

HCS08 MCG 的主要特性如下：

- HCS08 MCG 有 8 个时钟模式：FLL 内部模式(FEI)、FLL 外部模式(FEE)、FLL 旁路

内部参考模式(FBI)、FLL旁路外部参考模式(FBE)、PLL外部模式(PEE)、PLL旁路外部参考模式(PBE)、FLL旁路内部低功耗参考模式(FBILP)和FLL旁路外部低功耗参考模式(FBELP)。

- HCS08 MCG包括时钟锁相环电路和倍频电路,它们都是由内部或者外部时钟参考控制的。M68HC08 CGM包括PLL,但是没有内部晶体。
- HCS08 MCG可以产生20 MHz总线时钟,M68HC08 CGM要求PLL滤波元件。
- HCS08 MCG由一个VCO分频器和总线分频器来产生多种总线时钟。VCO分频器只用于PLL模式。M68HC08 CGM只有一个1～15的频率数值设置选项。
- HCS08 MCG使用参考分频器来确保参考时钟在输入频率FLL和PLL范围内。FLL有一个输入频率范围是31.25～39.0625 kHz。PLL有一个参考范围是1～2 MHz。M68HC08 CGM可以选择合适的VCO频率范围作为PLL。
- HCS08 MCU允许在可选的时钟模式下切换。HCS08 MCG自动处理,所以用户可以很方便地选择新的时钟源和参考时钟,确保时钟频率在PLL和FLL范围内。当新的时钟源稳定时,MCG将执行切换。状态标志位决定当前MCG的状态。

HCS08 MCG和M68HC08 CGM都有一个时钟监控电路,可以检测时钟的丢失和强制产生中断,HCS08 MCG当外部时钟检测到时候,也允许产生复位。

表2.12给出了MC9S08DZ60的MCG寄存器配置。表2.13给出了MC68HC908AZ32A的CGM寄存器配置。

表2.12　MC9S08DZ60 MCG寄存器配置

Register	Bit7	Bit6	Bit5	Bit4	Bit3	Bit2	Bit1	Bit0
MCGC1	CLKS		RDIV			IREFS	IRCLKEN	IREFSTEN
MCGC2	BDIV		RANGE	HGO	LP	EREFS	ERCLKEN	EREFSTEN
MCGTRM	TRIM							
MCGSC	LOLS	LOCK	PLLST	IREFST	CLKST		OSCINIT	FTRIM
MCGC3	LOLIE	PLLS	CME	0	VDIV			
MCGT	0	0	0	0	0	0	0	0

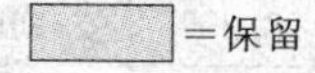
＝保留

表2.13　MC68HC908AZ32A CGM寄存器配置

Register	Bit7	Bit6	Bit5	Bit4	Bit3	Bit2	Bit1	Bit0
PCTL	PLLIE	PLLF	PLLON	BCS	1	1	1	1
PBWC	AUTO	LOCK	$\overline{ACQ}$	XLD	0	0	0	0
PPG	MUL7	MUL6	MUL5	MUL4	VRS7	VRS6	VRS5	VRS4

(4) 定时器(TPM)

在 HCS08 家族中,一个新的定时器模式称为 TPM,它执行所有的 M68HC08 家族中执行的接口模块功能(TIM)。HCS08 家族的 TPM 也降低了 M68HC08 TIM 功能的复杂性,提高了 MCU 资源的使用效率。

HCS08 家族中 TPM 的主要特性如下:

- TPM 有一个向上和向下的计数模式,TIM 只有向上加模式。
- TPM 时钟源可以是总线时钟、外部时钟或者固定的系统时钟(XCLK,典型的外部输入是 ICG)。TIM 的时钟源是总线时钟或者外部时钟。
- TPM 有 8 个可选的分频器。TIM 有 7 个。
- 任何单一的通道可以在 TPM 上配置为缓冲 PWM。TIM 寄存器要求两个通道产生缓冲的 PWM。
- 可以通过 TPM 产生中心对齐的 PWM 信号,这在 TIM 上是不可能的。可以修改寄存器接口来对 TPM 进行很容易的编程。TPM 和 TIM 寄存器表分别如表 2.14 和 2.15 所列。

表 2.14 MC9S08GB60A TPM 寄存器

Register	Bit7	Bit6	Bit5	Bit4	Bit3	Bit2	Bit1	Bit0
TPMxSC	TOF	TOIE	CPWMS	CLKSB	CLKSA	PS2	PS1	PS0
TPMxCNTH	Bit15	Bit14	Bit13	Bit12	Bit11	Bit10	Bit9	Bit8
TPMxCNTL	Bit7	Bit6	Bit5	Bit4	Bit3	Bit2	Bit1	Bit0
TPMxMODH	Bit15	Bit14	Bit13	Bit12	Bit11	Bit10	Bit9	Bit8
TPMxMODL	Bit7	Bit6	Bit5	Bit4	Bit3	Bit2	Bit1	Bit0
TPMxCnSC	CHnF	CHnIE	MSnB	MSnA	ELSnB	ELSnA	0	0
TPMxCnVH	Bit15	Bit14	Bit13	Bit12	Bit11	Bit10	Bit9	Bit8
TPMxCnVL	Bit7	Bit6	Bit5	Bit4	Bit3	Bit2	Bit1	Bit0

表 2.15 MC68HC908GT16 TIM 寄存器

Register	Bit7	Bit6	Bit5	Bit4	Bit3	Bit2	Bit1	Bit0
TSC	TOF0	TOIE	TSTOP	TRST	0	PS2	PS1	PS0
TCNTH	Bit15	Bit14	Bit13	Bit12	Bit11	Bit10	Bit9	Bit8
TCNTL	Bit7	Bit6	Bit5	Bit4	Bit3	Bit2	Bit1	Bit0
TMODH	Bit15	Bit14	Bit13	Bit12	Bit11	Bit10	Bit9	Bit8
TMODL	Bit7	Bit6	Bit5	Bit4	Bit3	Bit2	Bit1	Bit0
TSCn	CHnF	CHnIE	MSnB	MSnA	ELSnB	ELSnA	TOVn	CHnMAX
TCHnH	Bit15	Bit14	Bit13	Bit12	Bit11	Bit10	Bit9	Bit8
TCHnL	Bit7	Bit6	Bit5	Bit4	Bit3	Bit2	Bit1	Bit0

16位的寄存器(如TPMxCNTH:TPMxCNTL)在TPM上可以通过高字节或低字节进行访问。访问第一个字节后锁住计数器,直到第二个字节被访问到。M68HC08上的TIM高字节总是先被访问到,然后保存到当前数据中。

(5) 配置M68HC08 PWM输出缓冲区

在HCS08中配置为缓冲的PWM是很容易的。配置M68HC08 TIM的步骤如下:

① 在TSC寄存器中,通过设置TSTOP来停止TIM计数器,通过设置TRST来复位计数器。同时,通过写入PS2:PS1:PS0位来选择时钟分频器。

② 在TMODH:TMODL寄存器中写入合适的数值作为PWM周期。TMODH必须先写入,或者不操作定时器溢出功能。

③ 给偶数的TIM通道中的TCHnH:TCHnL寄存器写入一个合适的数值作为占空比周期。当配置为缓冲的PWM时,必须使用偶数通道。由于TCHn+1H:TCHn+1L寄存器不能改变占空比,所以下一个通道(n+1)将不具备这个功能。

④ 对偶数通道的TSCn寄存器的MSnB:MSnA写入1:0来选择PWM缓存。同时设置TOVn位将溢出中断输出取反。

⑤ 当启动PWM时,清除TSC寄存器中的TSTOP位。

⑥ 为了刷新占空比,对TCHn+1H:TCHn+1L寄存器写入新的数值。刷新数值将会取代下一个定时溢出周期。由于占空比是由上次写入的寄存器决定的,所以下一次刷新的数据必须写入到TCHnH:TCHnL寄存器中,因此软件必须保持上一个写入的通道数值。

(6) 配置HCS08 PWM输出缓冲区

HCS08家族配置缓冲的PWM步骤如下:

① 通过写入0:0到时钟源选择位(在TPMxSC寄存器的CLKSB:CLKSA中)停止TPM。在写的过程中,通过写入PS2:PS1:PS0位来设置既定的时钟分频器。如果要求PWM中心对齐,则设置CPWMS位为1。

② 在TPMxMODH:TPMxMODL寄存器中写入合适的数值作为PWM周期,可以先写高位,也可以先写低位。

③ 对TPM通道的TPMxCnVH:TPMxCnVL寄存器写入合适的数值作为占空比周期。

④ 如果选择边沿对齐PWM(CPWMS=0),可设置TPMxCnSC寄存器中的MSnB位为1。如果CPWMS=1,则MSnB位是无效的。可以边沿对齐,也可以中心对齐PWM输出,通过对ELSnB:ELSnA位写入1:0来清除比较输出,或者写入X:1来设置比较输出。

⑤ 当启动PWM时,写入合适的数值到TPMxSC寄存器中的时钟选择位(CLKSB:CLKSA)来选择TPM的时钟源。

⑥ 为了更新占空比,写入新的数值到TPMxCnVH:TPMxCnVL寄存器。首先写入高或者低字节,当计数器和设定数值匹配时,新的占空比数值将生效。

比较这些步骤,可以看出TPM比PWM编程更容易使用,主要由于TPM没有两个不同的寄存器来执行缓冲区的刷新。另一个功能是输入捕获、输出比较和不带缓冲的 PWM 信号(实际上 TPM 总是设置带缓存的 PWM)。TPM 总是一种很容易配置的方式;在访问 16 位寄存器时是没有限制的。

(7) SPI 串行外设接口

HCS08 家族中的 SPI 模块是基于 M68HC08 家族的 SPI 模块的,然而,增加了许多增强性功能。HCS08 SPI 可以执行更多的 M68HC08 SPI 功能。

HCS08 SPI 的主要特性如下:

- HCS08 SPI 有一个 8 位可选择的波特率分频器和一个 8 位可选择的波特率发生器。M68HC08 SPI 只有 4 位可选择的波特率发生器。
- HCS08 有一个接收双缓冲区,而 M68HC08 没有。
- HCS08 SPI 有一个双向模式,而 M68HC08 SPI 没有。
- HCS08 SPI 能配置为 LSB 或者 MSB 操作。M68HC08 SPI 总是首先发送 MSB。
- HCS08 SPI 能配置为在等待模式下自动关断,以节省功耗。M68HC08 SPI 则不能。
- 当配置作为主模式时,HCS08 SPI 只能使用$\overline{SS}$引脚作为自动从模式输出选择,主模式默认检测输入,或者作为通用的 I/O 口。在 M68HC08 家族中,$\overline{SS}$引脚只可作为主模式检测输入或者通用 I/O 引脚来用。

M68HC08 家族支持“线或”模式,和“线与”模式不同,而 HCS08 家族不具备这个功能。

M68HC08 家族有接收中断错误标志位。HCS08 家族有一个双缓冲接收器,因此当正在读前一个数据字节时,若有新的数据接收到,就没有必要为此功能产生中断标志位。

M68HC08 家族有独立的中断使能位 ERRIE,用来检测接收溢出错误(OVRF)或者主模式检测错误(MODF)。HCS08 家族使用 SPI 中断使能位 SPIE 来使能接收缓冲满(SPRF)和 MODF 中断。表 2.16 和表 2.17 表示 HCS08 和 M68HC08 SPI 功能模块的寄存器配置。

表 2.16　MC9S08GB60A 寄存器

Register	Bit7	Bit6	Bit5	Bit4	Bit3	Bit2	Bit1	Bit0
SPIC1	SPIE	SPE	SPTIE	MSTR	CPOL	CPHA	SSOE	LSBFE
SPIC2	0	0	0	MODFEN	BIDIROE	0	SPISWAI	SPC0
SPIBR	0	SPPR2	SPPR1	SPPR0	0	SPR2	SPR1	SPR0
SPIS	SPRF	0	SPTEF	MODF	0	0	0	0
SPID	Bit7	Bit6	Bit5	Bit4	Bit3	Bit2	Bit1	Bit0

表 2.17　MC68HC908GT16 SPI 寄存器

Register	Bit7	Bit6	Bit5	Bit4	Bit3	Bit2	Bit1	Bit0
SPIC	SPIE		SPMSTR	CPOL	CPHA	SPWOM	SPE	SPTIE
SPIS	SPRF	ERRIE	OVRF	MODF	SPTEF	MODFEN	SPR1	SPR0
SPID	Bit7	Bit6	Bit5	Bit4	Bit3	Bit2	Bit1	Bit0

▭ =保留

(8) I²C 接口

HCS08 I²C 模块是从 HCS12 的 I²C 演变过来的，因此在 M68HC08 MMIIC 上有许多改进的地方。本书采用比较标准的 M68HC08AP64A MMIIC 模块和 HCS08 I²C，因为它们都是每个家族中标准的 I²C 模块。

HCS08 I²C 的主要特性如下：

- HCS08 I²C 有一个软件可编程的 64 种不同串行时钟频率。M68HC08 只有 8 种串行时钟频率。
- HCS08 I²C 有一个 10 位地址扩展模式。M68HC08 MMIIC 没有这个特性。
- HCS08 I²C 使用相同的寄存器发送和接收数据。M68HC08 MMIIC 使用两个不同的寄存器来实现。
- HCS08 I²C 可以通过调用从地址产生一个接收匹配中断，M68HC08 MMIIC 在调用每一个接收地址时产生中断。
- HCS08 使用发送完成标志位(TCF)来表示一个字节数据被 I²C 总线成功的发送或者接收到。M68HC08 MMIIC 使用两个不同的标志位来完成这个功能。
- HCS08 I²C 使用单一的中断发送空标志位、接收满标志和冲突数据丢失标志位。M68HC08 MMIIC 各自有一个中断标志位。
- M68HC08 MMIIC 是 SMBus(系统管理总线)V1.0 和 V1.1，兼容 CRC 校验机制。HCS08 IIC 不支持这个特性。
- M68HC08 MMIIC 提供自动的收发切换，这在 HCS08 I²C 上是通过用户软件执行的。

表 2.18 和表 2.19 表示 MC9S089DZ60 和 MC68HC908AP64 的 I²C 寄存器。

(9) Freescale 的 MSCAN 接口

HCS08 MSCAN 是 M68HC08 MSCAN 功能的扩展版本。MSCAN 支持 CAN 协议规范 2A 和 B。进一步支持 MSCAN：支持远程数据帧的处理，使用三态缓存发送，有一个可编程的唤醒功能，有一个可编程回环模式，支持低功耗睡眠模式，同时具备可编程时钟源(CPU 总线时钟或者晶体振荡输出)和掩码标识滤波器。相比于 M68HC08 MSCAN，HCS08 MSCAN 有一个额外的特性和功能，即 CAN 总线上监听模式，可编程的总线恢复功能，内部定时器时间戳模式。M68HC08 和 HCS08 的性能比较如表 2.20 所列。MC9S08DZ60 的 MSCAN 寄存器如表 2.21 所列。MC68HC908AZ32A 的 MSCAN08 寄存器如表 2.22 所列。

表 2.18　MC9S089DZ60 I²C 寄存器

Register	Bit7	Bit6	Bit5	Bit4	Bit3	Bit2	Bit1	Bit0
IICA	AD7	AD6	AD5	AD4	AD3	AD2	AD1	0
IICF	MULT		ICR					
IICC1	IICEN	IICIE	MST	TX	TXAK	RSTA	0	0
IICS	TCF	IAAS	BUSY	ARBL	0	SRW	IICIF	RXAK
IICD	DATA							
IICC2	GCAEN	ADEXT	0	0	0	AD10	AD9	AD8

表 2.19　MC68HC908AP64 I²C 寄存器

Register	Bit7	Bit6	Bit5	Bit4	Bit3	Bit2	Bit1	Bit0
MMADR	MMAD7	MMAD6	MMAD5	MMAD4	MMAD3	MMAD2	MMAD1	MMEXTAD
MMCR1	MMEN	MMIEN	MMCLRBB	0	MMTXAK	REPSEN	MMCRCBYTE	0
MMCR2	MMALIF	MMNAKIF	MMBB	MMAST	MMRW	0	0	MMACRCEF
MMSR	MMRXIF	MMTXIF	MMATCH	MMSRW	MMRXAK	MMCRCBF	MMTXBE	MMRXBF
MMDTR	MMTD7	MMTD6	MMTD5	MMTD4	MMTD3	MMTD2	MMTD1	MMTD0
MMDRR	MMRD7	MMDR6	MMDR5	MMDR4	MMDR3	MMDR2	MMDR1	MMRD0
MMCRDR	MMCRCD7	MMCRCD6	MMCRCD5	MMCRCD4	MMCRCD3	MMCRCD2	MMCRCD1	MMCRCD0
MMFDR	0	0	0	0	0	MMBR2	MMBR1	MMBR0

表 2.20　M68HC08 和 HCS08 性能不同

改进的地方	M68HC08	HCS08
接收缓冲区的个数	2 个(一个前端和一个后端缓冲区)	5 个(一个前端和 4 个后端缓冲区)
滤波器的个数	一个 32 位滤波器和 2 个 16 位滤波器或者 4 个 8 位滤波器	2 个 32 位滤波器或者 4 个 16 位定时器,8 个 8 位定时器
时间戳	定时器连接到定时模块,通过软件存储	使用 MSCAN 内部 16 位定时器自动存储数据到发送或者接收缓冲区
发送缓冲区存储器映射	直接访问所有的 3 个发送缓冲区	3 个发送缓冲区是页缓冲(单个缓冲地址空间)和通过发送缓冲选择标志位来访问
控制寄存器的个数	9	13
整个 MSCAN 的存储空间	128	64

表 2.21　MC9S08DZ60 MSCAN 寄存器

Register	Bit7	Bit6	Bit5	Bit4	Bit3	Bit2	Bit1	Bit0
CANCTL0	RXFRM	RXACT	CSWAI	SYNCH	TIME	WUPE	SLPRQ	INITRQ
CANCTL1	CANE	CLKSRC	LOOPB	LISTEN	0	WUPM	SLPAK	INITAK
CANBTR0	SJW1	SJW0	BRP5	BRP4	BRP3	BRP2	BRP1	BRP0
CANBTR1	SAMP	TSEG22	TSEG21	TSEG20	TSEG13	TSEG12	TSEG11	TSEG10
CANRFLG	WUPIF	CSCIF	RSTAT1	RSTAT0	TSTAT1	TSTAT0	OVRIF	RXF
CANRIER	WUPIE	SCSIE	RSTATE1	RSTATE0	TSTATE1	TSTATE0	OVRIE	RXFIE
CANTFLG	0	0	0	0	0	TXE2	TXE1	TXE0
CANTIER	0	0	0	0	0	TXEIE2	TXEIE1	TXEIE0
CANTARQ	0	0	0	0	0	ABTRQ2	ABTRQ1	ABTRQ0
CANTAAK	0	0	0	0	0	ABTAK2	ABTAK1	ABTAK0
CANTBSEL	0	0	0	0	0	TX2	TX1	TX0
CANIDAC	0	0	IDAM1	IDAM0	0	IDHIT2	IDHIT1	IDHIT0
Reserved	0	0	0	0	0	0	0	0
CANMISC	0	0	0	0	0	0	0	BOHOLD
CANRXERR	RXERR7	RXERR6	RXERR5	RXERR4	RXERR3	RXERR2	RXERR1	RXERR0
CANTXERR	TXERR7	TXERR6	TXERR5	TXERR4	TXERR3	TXERR2	TXERR1	TXERR0
CANIDAR0-CANIDAR3	AC7	AC6	AC5	AC4	AC3	AC2	AC1	AC0
CANIDMR0-CANIDMR3	AM7	AM6	AM5	AM4	AM3	AM2	AM1	AM0
CANIDAR4-CANIDAR7	AC7	AC6	AC5	AC4	AC3	AC2	AC1	AC0
CANIDMR4-CANIDMR7	AM7	AM6	AM5	AM4	AM3	AM2	AM1	AM0
CANTTSRH	TSR15	TSR14	TSR13	TSR12	TSR11	TSR10	TSR9	TSR8
CANTTSRL	TSR7	TSR6	TSR5	TSR4	TSR3	TSR2	TSR1	TSR0
CANRIDR0	ID10	ID9	ID8	ID7	ID6	ID5	ID4	ID3
CANRIDR1	ID2	ID1	ID0	RTR	IDE	—	—	—
CANRIDR2	—	—	—	—	—	—	—	—

续表 2.21

Register	Bit7	Bit6	Bit5	Bit4	Bit3	Bit2	Bit1	Bit0
CANRIDR3	—	—	—	—	—	—	—	—
CANRDSR0-CANRDSR7	DB7	DB6	DB5	DB4	DB3	DB2	DB1	DB0
CANRDLR	—	—	—	—	DLC3	DLC2	DLC1	DLC0
Reserved	—	—	—	—	—	—	—	—
CANRTSRH	TSR15	TSR14	TSR13	TSR12	TSR11	TSR10	TSR9	TSR8
CANRTSRL	TSR7	TSR6	TSR5	TSR4	TSR3	TSR2	TSR1	TSR0
CANTIDR0	ID10	ID9	ID8	ID7	ID6	ID5	ID4	ID3
CANTIDR1	ID2	ID1	RTR	IDE		—	—	—
CANTIDR2	—	—	—	—	—	—	—	—
CANTIDR3	—	—	—	—	—	—	—	—
CANTDSR0-CANTDSR7	DB7	DB6	DB5	DB4	DB3	DB2	DB1	DB0
CANTDLR	—	—	—	—	DLC3	DLC2	DLC1	DLC0
CANTTBPR	PRIO7	PRIO6	PRIO5	PRIO4	PRIO3	PRIO2	PRIO1	PRIO0

表 2.22 MC68HC908AZ32A MSCAN08 寄存器

Register	Bit7	Bit6	Bit5	Bit4	Bit3	Bit2	Bit1	Bit0
CTCR	0	ABTRQ2	ABTRQ1	ABTRQ0	TXEIE0	TXEIE2	TXEIE1	TXEIE0
CIDAC	0	0	IDAM1	IDAM0	0	0	IDHIT1	IDHIT0
CRXERR	RXERR7	RXERR6	RXERR5	RXERR4	RXERR3	RXERR2	RXERR1	RXERR0
CTXERR	TXERR7	TXERR6	TXERR5	TXERR4	TXERR3	TXERR2	TXERR1	TXERR0
CIDAR0	AC7	AC6	AC5	AC4	AC3	AC2	AC1	AC0
CIDAR1	AC7	AC6	AC5	AC4	AC3	AC2	AC1	AC0
CIDAR2	AC7	AC6	AC5	AC4	AC3	AC2	AC1	AC0
CIDAR3	AC7	AC6	AC5	AC4	AC3	AC2	AC1	AC0
CIDMR0	AM7	AM6	AM5	AM4	AM3	AM2	AM1	AM0
CIDMR1	AM7	AM6	AM5	AM4	AM3	AM2	AM1	AM0
CIDMR2	AM7	AM6	AM5	AM4	AM3	AM2	AM1	AM0

续表 2.22

Register	Bit7	Bit6	Bit5	Bit4	Bit3	Bit2	Bit1	Bit0
CIDMR3	AM7	AM6	AM5	AM4	AM3	AM2	AM1	AM0
Register	Bit7	Bit6	Bit5	Bit4	Bit3	Bit2	Bit1	Bit0
CMCR0	0	0	0	SYNCH	TLNKEN	SLPAK	SLPRQ	SFTRES
CMCR1	0	0	0	0	0	LOOPB	WUPM	CLKSRC
CBTR0	SJW1	SJW0	BRP5	BRP4	BRP3	BRP2	BRP1	BRP0
CBTR1	SAMP	TSEG22	TSEG21	TSEG20	TSEG13	TSEG12	TSEG11	TSEG10
CRFLG	WUPIF	RWRNIF	TWRNIF	RERRIF	TERRIF	BOFFIF	OVRIF	RXF
CRIER	WUPIE	RWRNIE	TWRNIE	RERRIE	TERRIE	BOFFIE	OVRIE	RXFIE
CTFLG	0	ABTAK2	ABTAK1	ABTAK0	0	TXE2	TXE1	TXE0

(10) 串行通信接口(SCI)

虽然 HCS08 家族中的 SCI 模块是从 HCS12 SCI 模块演变而来的，但是有许多和 M68HC08 SCI 不同的地方。M68HC08 家族通常有两个不同的 SCI 模块：标准的 SCI 和增强性的 ESCI。本书将比较标准的 M68HC08 SCI 模块和 HCS08 SCI 模块，因为它们都是每个家族基本的 SCI 模块。

HCS08 家族 SCI 的主要特性如下：

- HCS08 SCI 有 13 位的波特率寄存器可以设置任何的整数数值，即 1～8 191。M68HC08 SCI 有 2 位的分频数值可以设置 1、3、4、13 分频数值，有 3 位的波特率选择器可以设置 1、2、4、8、16、32、64、128 数值。
- HCS08 最大的波特率是总线频率的 1/16。M68HC08 SCI 是总线频率的 1/64。
- HCS08 SCI 提供单一的总线模式；M68HC08 SCI 就不具备。
- 当进入等待模式时，HCS08 SCI 不能配置为自动停止模式。M68HC08 如果在等待模式下是不必要的，那么 SCI 必须通过软件关闭。
- M68HC08 SCI 可以通过设置一个单一的控制位，转化所有的发送数据。HCS08 SCI 没有这个功能。
- M68HC08 SCI 有一个标志位来表示接收字节是否被接收到。在 HCS08 SCI 中，当帧错误时，中断信号接收的数据视为 &00。

HCS08 SCI 寄存器和 M68HC08 家族 SCI 寄存器分别如表 2.23 和表 2.24 所列。

(11) 模数转换

HCS08 家族中有 两个新的 ADC 模块，都是 10 位连续转换，都带采样和保持寄存器 SAR。M68HC08 家族中有许多 ADC 模块，我们将比较 MC9S08GB60 家族 ADC 的 10 位

SAR 模块与 MC68HC908LJ12 和 MC68HC908MR32 等其他 MCU 的 SAR 模块。之后，我们将分析 HCS08 家族中的 ADC，如 MC9S08DZ60 的 ADC。

表 2.23 HCS08 SCI 寄存器

Register	Bit7	Bit6	Bit5	Bit4	Bit3	Bit2	Bit1	Bit0
XCIxBDH	LBKDIE	REXEDGIE	0	SBR12	SBR11	SBR10	SBR9	SBR8
SClxBDL	SBR7	SBR6	SBR5	SBR4	SBR3	SBR2	SBR1	SBR0
SCIxC1	LOOPS	SCISWAI	RSRC	M	WAKE	ILT	PE	PT
SCIxC2	TIE	TCIE	RIE	ILIE	TE	RE	RWU	SBK
SCIxS1	TDRE	TC	RDRF	IDLE	OR	NF	FE	PF
SCIxS2	LBKDIF	RXEDGIF	0	RXINV	RWUID	BRK13	LBKDE	RAF
SCIxC3	R8	T8	TXDIR	0	ORIE	NEIE	FEIE	PEIE
SCIxD	R7	R6	R5	R4	R3	R2	R1	R0
	T7	T6	T5	T4	T3	T2	T1	T0

表 2.24 M68HC08 SCI 寄存器

Register	Bit7	Bit6	Bit5	Bit4	Bit3	Bit2	Bit1	Bit0
SCC1	LOOPS	ENSCI	TXINV	M	WAKE	ILTY	PEN	PTR
SCC2	SCTIE	TCIE	SCRIE	ILIE	TE	RE	RWU	SBK
SCC3	R8	T8	DMARE	DMATE	ORIE	NEIE	FEIE	PEIE
SCS1	SCTE	TC	SCRF	IDLE	OR	NF	FE	PE
SCS2	0	0	0	0	0	0	BKF	RPF
SCDR	R7	R6	R5	R4	R3	R2	R1	R0
	T7	T6	T5	T4	T3	T2	T1	T0
SCBR	0	0	SCP1	SCP0	R	SCR2	SCR1	SCR0

HCS08 家族 ADC 模块的主要特性如下：

- HCS08 的每个 ADC 引脚在输入通道选择中都有一个引脚使能位。这个使能位用于 ADC 控制，防止意外选择这个引脚作为 ADC 输入。M68HC08 ADC 就没有这个特性。
- HCS08 ADC 有一个掉电/上电位，这个位是和通道选择位分开的。因此，ADC 可以在不改变 ATDCH[4:0]数值的情况下下电。M68HC08 ADC 通过给 ADCH[4:0]写入 11111 来下电。

- HCS08 ADC 有两个 8 位和 10 位的模式。M68HC08 家族只有 10 位的模式。
- HCS08 家族有 16 位时钟分频器数值，即整数 2～32。M68HC08 家族只有 5 个数值，即 1、2、4、8、16。
- HCS08 ADC 有最大的时钟频率 2.0 MHz。M68HC08 ADC 有最大的时钟频率 1 MHz。

HCS08 中 ADC 与 M68HC08 ADC 的主要区别如下：

- M68HC08 ADC 可以选择 CGMXCLK（外部 MCU 时钟参考）作为 ADC 时钟参考。HCS08 只有总线是总频率。
- M68HC08 ADC 每次转换要求 17 个 ADC 时钟周期，HCS08 家族要求 28 个 ADC 转换周期。然而，更高频率的 HCS08 ADC 实际上带来的转换时间可能更短。M68HC08 家族有高效的采样速率 59 000/s；HCS08 ADC 有一个 71 000/s 的采样速率。

MC9S08GB60 和 MC68HC908LJ12 的 ADC 寄存器分别如表 2.25 和表 2.26 所列。

表 2.25　MC9S08GB60A 寄存器

Register	Bit7	Bit6	Bit5	Bit4	Bit3	Bit2	Bit1	Bit0
ATDC	ATDPU	DJM	RES8	SGN	PRS3	PRS2	PRS1	PRS0
ATDSC	CCF	ATDIE	ATDCO	ATDCH4	ATDCH3	ATDCH2	ATDCH1	ATDCH0
ATDRH	AD9 or 0	AD8 or 0	AD7 or 0	AD6 or 0	AD5 or 0	AD4 or 0	AD3 or AD9	AD2 or AD8
ATDRL	AD1 or AD7	AD0 or AD6	0 or AD5	0 or AD4	0 or AD3	0 or AD2	0 or AD1	0 or AD0
ATDPE	ATDPE7	ATDPE6	ATDPE5	ATDPE4	ATDPE3	ATDPE2	ATDPE1	ATDPE0

表 2.26　MC68HC908LJ12 ADC 寄存器

Register	Bit7	Bit6	Bit5	Bit4	Bit3	Bit2	Bit1	Bit0
ADSCR	COCO	AIEN	ADCO	ADCH4	ADCH3	ADCH2	ADCH1	ADCH0
ADRH	AD9 or 0	AD8 or 0	AD7 or 0	AD6 or 0	AD5 or 0	AD4 or 0	AD3 or AD9	AD2 or AD8
ADRL	AD1 or AD7	AD0 or AD6	0 or AD5	0 or AD4	0 or AD3	0 or AD2	0 or AD1	0 or AD0
ADCLK	ADIV2	ADIV1	ADIV0	ADICLK	MODE1	MODE0	0	0

相比于 MC9S08GB60 家族的 ADC，HCS08 ADC 模式新增了一些功能，HCS08 ADC 模式与 MC9S08GB60 家族 ADC 的主要不同之处在于：

- 新的 ADC 可以编写不同的采样时间，MC9S08GB60 ADC 没有这个功能。
- 新的 ADC 有软件可选择的低功耗模式，允许操作的电压比 MC9S08GB60 ADC 电压低。

- 新的 ADC 可以在转换完成时自动下电，MC9S08GB60 ADC 通过清除 ATDC 寄存器中的 ATDPU 位来下电。
- 新的 ADC 当异步时钟使用时，可以操作在 STOP3 下。MC9S08GB60 ADC 不能操作在 STOP3 下。
- 新的 ADC 内建异步时钟，可以降低转换噪声。当 ADC 总线时钟速率很低时仍然允许操作。MC9S08GB60 ADC 没有这个特性。
- 新的 ADC 有一个内部通道连接到固定电压上，允许通过软件选择内部电压参考。MC9S08GB60 ADC 没有这个功能。
- 新的 ADC 每 10 位转换要求 19 个 ADC 时钟周期，8 位要求 17 个转换周期。MC9S08GB60 ADC 要求 28 个 ADC 时钟周期来完成 10 位或者 8 位转换。
- 新的 ADC 可以操作在 2 个高效的采样速率下：即 315 ksps/s 或者 210 ksps/s。MC9S08GB60 ADC 只有一个高效的 71 ksps/s 的采样速率。
- 新的 ADC 可以运行在可选的时钟源（总线时钟或者异步时钟）模式下，这个可选的时钟源是依据 MCU 的配置来决定的。

一些 ADC 新的特性与 MC9S08GB60 中的 ADC 有些不同：

- 左调整转换从新的 ADC 特性中移出。
- 新的 ADC 只有几个 ADC 时钟分频选择，MC9S08GB60 ADC 有 16 个可选的分频器。当总线时钟作为时钟输入时，新的 ADC 有 5 个分频选择；当可选的时钟源作为时钟输入时，有 4 个分频选择。表 2.27 列出了 MC9S08DZ60 的 ADC 寄存器配置。

表 2.27　MC9S08DZ60 ADC 寄存器配置

Register	Bit7	Bit6	Bit5	Bit4	Bit3	Bit2	Bit1	Bit0
ADSC1	COCO	AIEN	ADCO	ADCH4	ADCH3	ADCH2	ADCH1	ADCH0
ADSC2	ADACT	ADTRG	ACFE	ACFGT	0	0	0	0
ADRH	0	0	0	0	0	0	ADR9	ADR8
ADRL	ADR7	ADR6	ADR5	ADR4	ADR3	ADR2	ADR1	ADR0
ADCVH	0	0	0	0	0	0	ADCV9	ADCV8
ADCVL	ADCV7	ADCV6	ADCV5	ADCV4	ADCV3	ADCV2	ADCV1	ADCV0
ADCFG	ADLPC	ADIV1	ADIV0	ADLSMP	MODE1	MODE0	ADICLK1	ADICLK0
APCTL1	ADPC7	ADPC6	ADPC5	ADPC4	ADPC3	ADPC2	ADPC1	ADPC0
APCTL2	ADPC15	ADPC14	ADPC13	ADPC12	ADPC11	ADPC10	ADPC9	ADPC8
APCTL3	ADPC23	ADPC22	ADPC21	ADPC20	ADPC19	ADPC18	ADPC17	ADPC16

(12) 模拟比较

模拟比较 ACMP 是 HCS08 家族中的一个新模块，比较两路模拟电压或者比较一路模拟电压与内部参考电压。由于没有直接的 M68HC08 比较模块，因此本书主要写 HCS08 ACMP 模块。

HCS08 家族中 ACMP 的主要特性：完全的轨到轨电压支持；可选择的中断沿：上升或者下降沿，或者要么上升沿，要么下降沿比较输出；可选的比较固定内部带宽参考电压；可选的允许比较输出到一个用于观察的引脚。比较输出是一个数字信号，当 ACMP 的正相输入大于反相输入时数字信号是逻辑高电平；当 ACMP 的反相输入大于正相输入时是逻辑低电平。表 2.28 列出了 MC9S08DZ60 的 ACMP 寄存器配置。

表 2.28　MC9S08DZ60 ACMP 寄存器

Register	Bit7	Bit6	Bit5	Bit4	Bit3	Bit2	Bit1	Bit0
ACMP1SC	ACME	ACBGS	ACF	ACIE	ACO	ACOPE	ACMOD1	ACMOD0
ACMP2SC	ACME	ACBGS	ACF	ACIE	ACO	ACOPE	ACMOD1	ACMOD0

7. 总　结

Freescale 新的 8 位单片机是从高市场占有率的 M68HC08 家族演变过来的，尽管 HCS08 家族相比 M68HC08 家族有许多增强性能的改进，这是芯片发展的趋势，不会影响原有 M68HC08 家族功能特性的设计和使用。

2.2.3　HCS08 和 RS08 系列 8 引脚之间的兼容性(QG8、QD4、KA2 的比较)

当今的嵌入式软件系统功能设计要求满足一定的适应性，因此要考虑到系统需要新增加的扩展功能，以及改进系统性能，降低功耗和提高复杂度，以便进行系统升级换代。一旦第一个产品版本设计完成，那么下一个版本就有许多新的特性需要改进。在许多应用中，既定的芯片一般不能满足下一代产品的开发功能要求，那么在新的设计中就需要在系统功能和元器件成本之间进行权衡。

在工程项目开始设计时，设计的后续升级是一个重要考虑因素。加速新项目开发最好的办法是原有设计资源信息的再度利用。最好的方式是在不同芯片间写同一个算法，一般的软件开发诸如编译器和代码生成工具规定了系统软件的开发阶段，然而如果设计中考虑硬件兼容性，则更容易进行系统的更新。在下一代产品开发中，常常要改变芯片选型、引脚和相关外设。在这种情况下，相同的硬件开发平台就不能用于测试新的设计和新产品硬件开发，这是所有嵌入式系统设计的一大弊病。

Freescale单片机产品的策略是提供新芯片与现有芯片的Pin to Pin(引脚到引脚)之间的兼容性,使得硬件平台移植方便,减小了开发、测试、生产的时间。由于使用相同的硬件平台,同时提供了更多外设和功能,简化了新产品的设计,从而降低了最终产品的成本。在8引脚、8位低端单片机(程序空间代码长度达到8 KB)间进行系统的移植,由于芯片引脚数量限制了项目工程外设的使用,因此其功能设计相对较少,在前期设计中只要算法和软件控制时序正确,软件和相关硬件的移植是比较简单的。本小节主要讲述低端芯片及其兼容性,低端芯片的特性比较,Pin to Pin(引脚到引脚)的兼容性,以及软件移植工具。

1. 低端芯片及其兼容性

细心的设计者在低端设计应用中,常常发现许多半导体厂家并不顾及不同处理器间的兼容性。因此,当从一个芯片到另一个芯片转换时,如果不改变软件和硬件设计是很复杂的。

(1) 高集成度的低端单片机

在不提高系统功耗的前提下,S08家族提供了高性能低端设计应用芯片。MC9S08QG8是S08家族中的一颗,有8脚和16脚两种封装形式。

S08结构支持栈操作,同时其指令也是为数据和队列处理作的优化设计,允许完全使用C编程开发。背景调试控制器(BDC)为目标MCU提供一个单线调试接口,该接口便于片上Flash编程。BDC也是主要的非侵入性数据存储区访问调试开发接口,其一般的调试特性为:CPU寄存器修改、断点、单指令追踪模式。

在S08家族中,地址和数据总线信号不在外部引脚。调试是通过单线背景调试接口发送指令给目标MCU的。调试模式提供了一种可选的触发和捕获总线信息的方式,因而外部的开发系统不需要外部访问地址和数据信号而直接基于周期循环重新构架内部的MCU。

图2.11为MC9S08QG8/4功能框图。

(2) 超低端MCU

RS08结构适宜于小存储代码尺寸,它包括微小地址模式,这种模式下指令和指令地址绑定在一起,使得代码高效。BDC能够使用单线通信来调试代码和对MCU存储区进行编程。这个接口的一个主要改进是能够使用实际的时钟源连接最终设计的硬件,将代码在电路板上调试。因此,可以消除调试产生错误的可能性。

新的指令和地址模式是为小存储代码尺寸作的设计,所有的特性和外设使得在RS08上设计很高效。图2.12给出了MC9RS08KA2的功能框图。

(3) 高集成度MCU和超低端MCU的整合

在超低端MC9RS08KA2和高集成度芯片MC9S08QG8间的产品是MC9S08QD4,它和MC9S08QG8一样,有相同的单线BDC模式。图2.13给出了其功能框图。

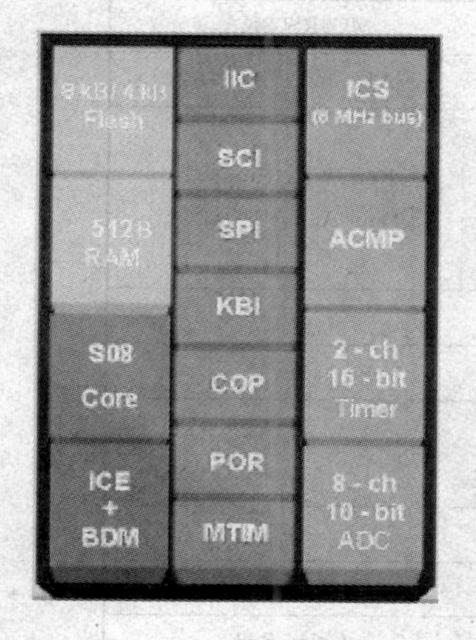

图 2.11　MC9S08QG8 功能图

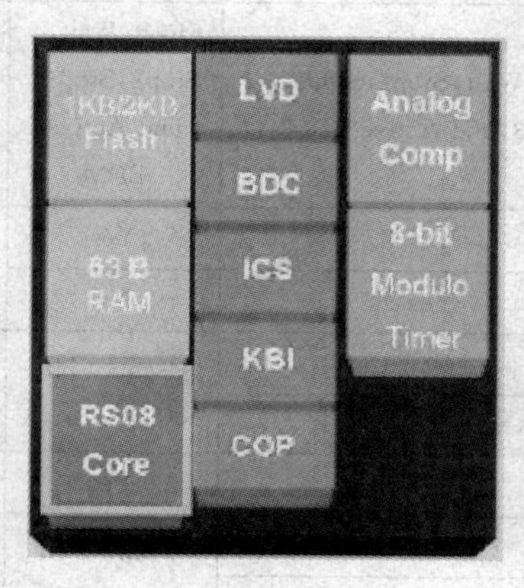

图 2.12　MC9RS08KA2 功能框图

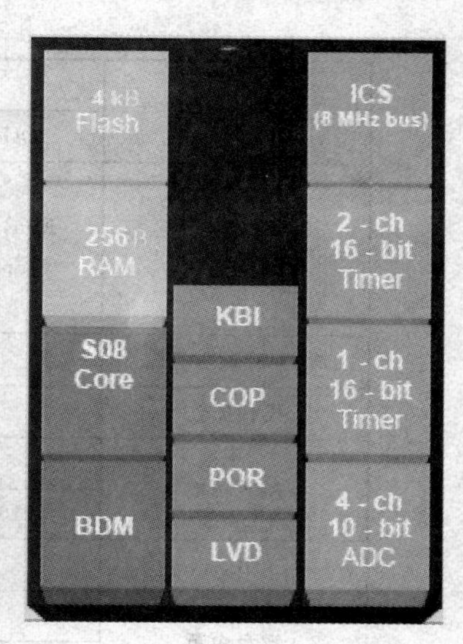

图 2.13　MC9S08QD4 功能框图

2. 低端芯片的比较

表 2.29 是上述 3 款处理器功能的比较。设计开始时了解项目中可能用到的不同 MCU 的特性，对于以后系统软件和硬件设计都是很方便的。

表 2.29　MCU 特性比较

	MC9S08QG		MC9S08QD	MC9RS08KA	
	QG4	QG8	QD4	KA1	KA2
内核	S08		S08	RS08	
总线时钟频率/MHz	10		8	10	
开发支持	DBDC=DBG		DBC	BDC	
支持电压/V	1.8～3.6		2.7～5.5	1.8～5.5	
外部晶振	8-pin：No		No	No	
	16-pin：Yes				
数据字节/B	256	512	256	63	63
程序字节/B	4 K	8 K	4 K	1 K	2 K

续表 2.29

	MC9S08QG		MC9S08QD	MC9RS08KA	
	QG4	QG8	QD4	KA1	KA2
工作模式	Run,Wait,Stop1,Stop2,Stop3,and Active BDM		Run,Wait,Stop2,Stop3,and Active BDM	Run,Wait,Stop3,and Active BDM	
看门狗/低压检测	Yes		Yes	Yes	
模拟比较	Yes		No	Yes	
模数转换	8-pin：4-ch 10-bit 16-pin：8-ch 10-bit		4-ch 10-bit	No	
ICS	Yes		Yes	Yes	
键盘中断	8-pin：1-ch 16-pin：8-ch		8-pin：4-ch	6-pin：3-ch 8-pin：5-ch	
模定时器	Yes		No	Yes	
异步串行通信	Yes		No	No	
同步串行通信	Yes		No	No	
IIC	Yes		No	No	
TPM1	8-pin：1-ch 16-bit		2-ch 16-bit	No	
TPM2	No		1-ch 16-bit	No	
封装	8-pin：DIP,SOIC,DFN 16-pin：DIP，TSSOP,QFN		8-pin：DIP,SOIC	6-pin：DFN 8-pin：DIP，SOIC	

(1) CPU

RS08 CPU使用精简指令集(相比于S08 CPU),14位地址总线模式(相比于S08芯片的16位地址总线模式)。如图2.14所示为S08和RS08的编程模式。

注意：如果工程开发使用MC9RS08KA2移植到S08单片机中,必须注意任何SHA与SLA指令是不兼容的,而且作为栈操作(S08支持栈操作)来说也是不必要的。设计者为了代码高效可以使用S08指令集,所有的RS08页操作指令可以移除。

① 地址模式

MC9RS08KA2不支持S08芯片支持的扩展寻址、栈操作和偏置索引地址模式。如果避开这些模式的使用,那么S08向RS08的移植是很快捷的。在S08处理器中添加这些模式对于CPU的使用会更高效。

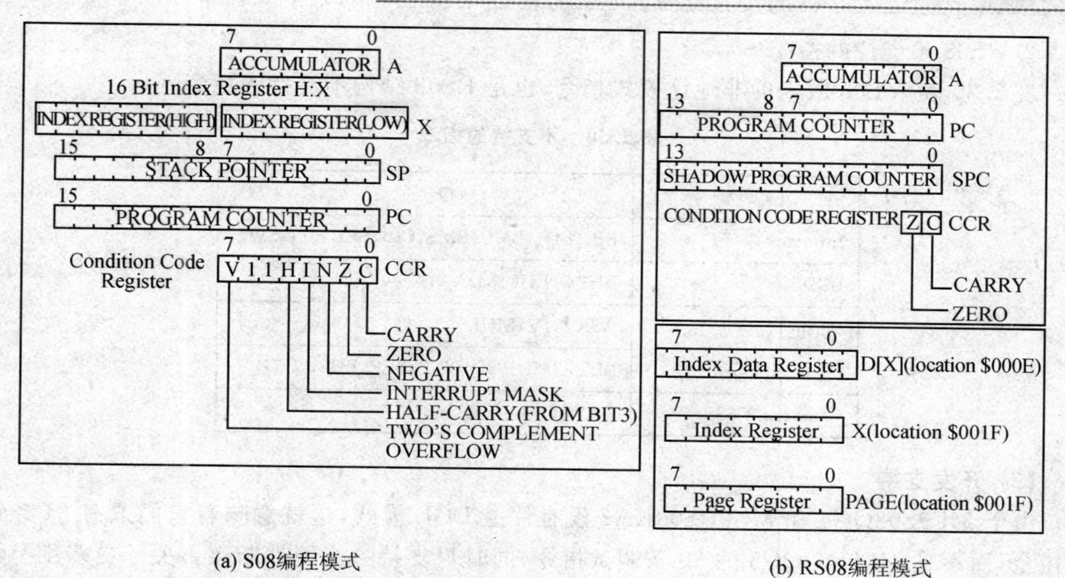

(a) S08编程模式　　　　(b) RS08编程模式

图 2.14　S08 和 RS08 编程模式

扩展寻址方式被RS08中的页寻址替代。

```
HCS08——LDA 扩展
RS08——MOV #HIGH_6_13(扩展),PAGESEL(页选)
       LDA  MAP_ADDR_6(扩展)
```

栈地址模式的操作，可以通过使用影子程序计数器(SPC)和SHA/SLA指令来实现。执行相同的功能可以通过使用间接地址模式取代偏置索引地址模式(参看图2.15)。

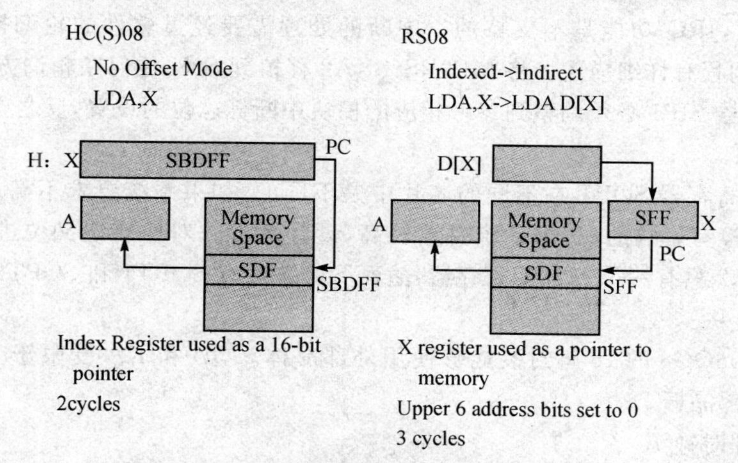

图 2.15　HCS08 和 RS08 中的索引地址模式

② RS08不支持的指令

表2.30表示S08限定的非地址模式指令，也是RS08结构不支持的指令。

表2.30 不支持的指令

类 型	指 令
Interrupt	BIL,BIH,BMC,BMS,CLI,SEI,RTI,SWI
BCD	BHCC,BHCS,DAA,NSA
Maths	ASR,DIV,MUL
2's Compliment	BLT,BMI,BGE,BGT,BLE,BPL,NEG
Condition Code	TAP,TPA

(2) 开发支持

由于MC9S08QG4和MC9RS08KA2没有片上DGB模式，这就意味着它们只有21条调试指令，而不是MC9S08QG8的30条调试指令，同时只支持一个硬件断点。关于更多细节请看书中HCS08/RS08背景调试模式和HC08监控模式部分。

① 电源部分

在选择MCU开发时，电源选择是很关键的。3个芯片都支持3 V工作。MC9S08QG8和MC9RS08KA2的操作电压低至2 V。同时MC9S08QD4和MC9RS08KA2也可以在5 V下操作。

② IRQ

MC9S08QG8和MC9S08QD4有IRQ(中断请求引脚)，能根据IRQ控制寄存器(IRQSC)状态处理外部中断。而RS08内核没有向量循环机制，没有栈寄存器和索引寄存器，因此中断处理能力降低了，IRQ功能是不支持的。中断的处理需要经过软件的轮询操作，本书中的RS08内核操作例程有详细描述。将MC9RS08KA2移植到S08，任何在轮询方式下使用的参考系统中断寄存器SIP1必须调整到参考相应的模块中断标志位的设置，反之亦然。

③ 系统选项

写一次选项寄存器SOPT在不同的芯片中是不同的，如果系统要求不高，未使用位的写操作对MCU是没有影响的；如果系统要求较高，设计者必须对所有定义位进行写操作。同时，MC9RS08KA2只有一个SOPT寄存器，然而S08芯片有SOPT1和SOPT2。

④ 晶振

只有MC9S08QG8的16脚封装能够使用外部晶体。QD和KA受限于8脚封装，使用ICS模式控制内部晶振。

⑤ ICS(内部时钟源)

MC9S08QG8的ICS模式与MC9S08QD4和MC9RS08KA2的不同，MC9S08QG8能接

上文所述的外部晶振，但是其模式的操作是兼容的。如果工程使用MC9S08QG8的内部参考时钟，则ICSC1中的CLKS位6和位7是不受写操作影响的。任何对MC9S08QD4和MC9RS08KA2的ICS中RDIV、IREFS和IRCLKEN位的写操作也被忽略。IREFSTEN也有相同的功能，因此以前写的代码将会运行。ICSC2寄存器、ICSSC寄存器和TRIM(调整寄存器)也是一样的。如果将MC9S08QD4/MC9RS08KA2移植到MC9S08QG8，设计者必须确保所有的寄存器位被初始化。表2.31表示3个MCU的ICS寄存器配置。

⑥ 操作模式

3个单片机都有运行、等待、停止模式3和活动背景调试模式，但是MC9S08QD4没有停止模式1，MC9RS08KA2没有停止模式1和停止模式2。

停止模式1是一个完全下电的状态。只有IRQ或者复位引脚可以将MCU从停止模式1退出。停止模式1恢复以后，MCU始终是复位状态。所有的RAM内容不被保存，所有的寄存器内容复位，I/O引脚也处于复位状态。

停止模式2是一个部分下电的状态。IRQ、复位引脚或者内部RTI都可以将MCU退出停止模式2。停止模式2恢复以后，MCU始终是复位状态。RAM的内容保存，I/O状态关闭。在没有外部事件操作时，RTI可以唤醒MCU，同时寄存器的值被复位，但是寄存器中的数值可以保存在RAM中，然后从RAM中取出。

停止模式3也是一种停止模式，但是有很大的功耗。MCU的唤醒可以通过IRQ、KBI、LVD、RTI和复位。RAM和寄存器保存各自的数值，因此不需要对外设重新初始化。设计者可以使用外部时钟作为高精度RTI(实时中断)。MC9RS08KA2的停止和等待指令有稍微的不同，来弥补缺少代码从下一条指令退出的栈处理恢复操作。

注意： 停止模式3在3 V和85℃下的典型电流消耗：MC9S08QG8是750 nA，MC9S08QD4是900 nA，MC9RS08KA2是2.5 μA。

⑦ 模拟比较

ACMP模式功能在MC9S08QG8和MC9RS08KA2中是相同的。寄存器是一致的，电气特性是相同的。MC9S08QD4没有片上ACMP模块功能，但是该功能可以通过ADC使用相同的引脚初始化。

⑧ 模数转换

在MC9S08QG8和MC9S08QD4中ADC的唯一不同是MC9S08QG8的16引脚中有4个外部通道的选择。MC9RS08KA2没有该功能模块，但是可以通过ACMP和MTIM来模拟ADC。本书MC9RS08KA部分对ADC有详细源代码描述。

注意： MC9S08QG8和MC9S08QD4芯片在CodeWarrior头文件中有稍微的不同，MC9S08QD4中ADC命名为ADC1。

⑨ KBI键盘中断

键盘中断模式在3个芯片中只是通道个数不一样而已。

表 2.31 ICS 寄存器

寄存器		Bit 7	Bit 6	Bit 5	Bit 4	Bit 3	Bit 2	Bit 1	Bit 0
MC9S08QG8 ICS Registers									
ICSC1	R	CLKS		RDIV			IREFS	IRCLKEN	IREFSTEN
	W								
	RESET	0	0	0	0	0	1	0	0
ICSC2	R	BDIV		RANGE	HG0	LP	EREFS	ERCLKEN	EREFSTEN
	W								
	RESET	0	1	0	0	0	0	0	0
ICSTRM	R	TRIM							
	W								
	POR	1	0	0	0	0	0	0	0
	RESET	U	U	U	U	U	U	U	U
ICSSC	R	0	0	0	0	CLKST		OSCINIT	FTRIM
	W								
	POR	0	0	0	0	0	0	0	0
	RESET	0	0	0	0	0	0	0	U
MC9S08QD4 ICS Registers									
ICSC1	R	0	CLKS	0	0	0	1	1	IREFSTEN
	W								
	RESET	0	0	0	0	0	1	1	0
ICSC2	R	BDIV		0	0	LP	0	0	0
	W								
	RESET	0	1	0	0	0	0	0	0
ICSTRM	R	TRIM							
	W								
	POR	1	0	0	0	0	0	0	0
	RESET	U	U	U	U	U	U	U	U
ICSSC	R	0	0	0	0	0	CLKST	0	FTRIM
	W								
	POR	0	0	0	0	0	0	0	0
	RESET	0	0	0	0	0	0	0	U
MC9RS08KA2 ICS Registers									
ICSC1	R	0	CLKS	0	0	0	0	0	IREFSTEN
	W								
	RESET	0	0	0	0	0	0	0	0
ICSS2	R	BDIV		0	0	LP	0	0	0
	W								
	RESET	0	1	0	0	0	0	0	0
ICSTRM	R	TRIM							
	W								
	POR	1	0	0	0	0	0	0	0
	RESET	U	U	U	U	U	U	U	U
ICSSC	R	0	0	0	0	0	CLKST	0	FTRIM
	W								
	POR	0	0	0	0	0	0	0	0
	RESET	0	0	0	0	0	0	0	U

备注：这是上电之后，芯片寄存器的默认初始状态的值

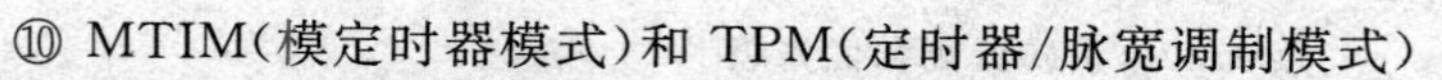

⑩ MTIM(模定时器模式)和 TPM(定时器/脉宽调制模式)

MTIM 模块在 MC9S08QG8 和 MC9RS08KA2 中是可用的。该模块是一个简单的 8 位计数器,有 4 个可选的时钟源和 9 个分频数值。

MC9S08QG8 和 MC9S08QD4 有片上 TPM。该模块是一个 16 位的定时器,比 MTIM 复杂。

MC9S08QG8 有一个双通道 TPM 和两个额外的配置选项(在 MC9S08QD4 的 TMP 中没有这项功能),ACMP 模块通过设置 SOPT2 中的 ACIC 将其输出连接到 TPM 的输入捕获通道 0。如果置位 ACIC,则不管 TPM 模式配置如何,TPMCH0 引脚都不能被外部使用。MTIM 和 TPM 可以时钟同步进行。TPM 模式的外部时钟 TPMCLK 可通过设置 TPMSC 的 CLKS[B:A]=1:1来选择。PTA5 引脚的输入 TCLK 可以被使能为 MTIM 和 TPM 的外部时钟输入。

MC9S08QD4 有两个独立的 TPM 模式:一个 1 通道和一个 2 通道。每个 TPM 可以配置为带缓存,对所有的通道采用中间对齐的脉宽调制(CPWM)方式。每个 TPM 的时钟源是独立可选的,有可选的时钟源和时钟分频节拍(1、2、4、8、16、32、64、128 分频),它也能配置成 16 位运行的自加/自减(CPWM)计数操作或者配置 16 位模寄存器来控制计数范围。每个通道有独立的中断,像 MC9S08QD4 有多个 TPM,其中每个 TPM 模式有一个计数中断。每个通道可以设置为脉冲捕获、输出比较或者带缓存的沿对齐的 PWM,可以是上升沿、下降沿或者任何沿捕获触发。每个通道有置位、清零、反相输出比较功能,同时有可选的 PWM 极性输出。

3. Pin to Pin(引脚到引脚)的兼容性

这 3 个芯片都是 Pin to Pin 兼容的。只要作必要的 I/O 配置,就不会产生电气问题,也可以用任何其他两个芯片替换其中一个。表 2.32 给出了 8 引脚版本 MC9S08QG8、MC9S08QD4、MC9RS08KA2 的引脚分配和优先级。

电源 V_{DD}、地 V_{SS}、复位和背景编程代码调试接口都有相同的引脚。外围模块如键盘中断模块使用相同的引脚,模拟比较可以和模数转换复用。不止一个外围模块相同,因此能够在不同芯片间移植,使用新的外设提高系统功能。例如,当控制电机使用通用输出接口时,可以移植到带 PWM 功能的芯片上而不需要改变硬件。在芯片每个引脚上的电流限制都是 25 mA。

① 引脚 1

引脚 1 是复位信号和定时器通道(无论 MTIM,还是 TPM)。MC9S08QG8 和 MC9S08QD4 将 IRQ 定位在这个引脚上。MC9RS08KA2 芯片有额外的 KBI 功能,用来通过软件仿真中断请求。MC9RS08KA2 同时也有 V_{PP} 功能在这个引脚上,这个是最高优先级别的,但是只在 Flash 闪存编程时用。由于编程电压要求 12 V,因此不便于将编程功能内建在应用电路板上,只能用在生产过程的编程。

表 2.32 引脚分配和优先级

pin#	MC9S08QG8					MC9S08QD4				MC9RS08KA2				
	8 DFN,8 NB SOIC,8 PDIP					8 PDIP, 8 NB SOIC				8 PDIP, 8 NB SOIC				
优先级	低				高	低			高	低				高
1	PTA5	IRQ	TCLK	RESET		PTA5	TPM2CH1	IRQ	RESET	PTA2	KBIP2	TCLK	RESET	V_{PP}
2	PTA4	ACMPO	BKGD	MS		PTA4	TPM2CH0	BKGD	MS	PTA3	ACMPO	BKGD	MS	
3	V_{DD}					V_{DD}				V_{DD}				
4	V_{SS}					V_{SS}				V_{SS}				
5	PTA3	KBIP3	SCL	ADP3		PTA3	KBIP3	TCLK2	ADP3	PTA5	KBIP5			
6	PTA2	KBIP2	SDA	ADP2		PTA2	KBIP2	TCLK1	ADP2	PTA4	KBIP4			
7	PTA1	KBIP1	ADP1	ACMP−		PTA1	KBIP1	TPM1CH1	ADP1	PTA1	KBIP1	ACMP−		
8	PTA0	KBIP0	TPMCH0	ADP0	ACMP+	PTA0	KBIP0	TPM1CH0	ADP0	PTA0	KBIP0	ACMP+		

② 引脚2

引脚2有BKGD/MS功能，MC9S08QG8和MC9RS08KA2有ACMP功能，在这个引脚有输出模式功能。MC9S08QD4没有ACMP，但是有一个TPM通道功能在这个引脚上。

③ 引脚3和引脚4——电源

所有的8脚封装都有电源V_{DD}和V_{SS}，分别在第3脚和第4脚上。但是操作电压范围是不一样的，若能正确选择，则不同MCU间的移植是没有问题的。

④ 引脚5和引脚6

KBI功能和ADC通道都绑定在这些引脚上，MC9S08QG8的SCI时钟和数据信号在这些引脚上，MC9S08QD4在这些引脚上有MTIM通道。

⑤ 引脚7

引脚7有一个KBI功能。MC9S08QD4添加一个TPM通道复用在这个引脚上。

⑥ 引脚8

引脚8有KBI功能和模拟功能，当使用MC9S08QG8或MC9S08QD4时还具备TPM通道功能。

⑦ 例 程

两种情况将涉及从一个芯片移植到引脚相兼容的另一个芯片。第一种是当新外设包括新的MCU功能时，可以简化代码设计；第二种是当可以通过软件仿真一个外设时，工程设计可以考虑选择一个便宜的芯片。

第一种情况，模/数转换和产生PWM方式，这种操作能够使用简单的MC9RS08KA2来解决。即便RS08没有能够自动产生PWM或模/数转换的定时器，PWM或模/数转换的功能依旧可以通过 RS08 的 8 位模定时器和模拟比较来实现。然而通过软件产生不只一路的 PWM 信号是比较复杂的，因为我们需要首先使用定时器产生 PWM，然后模拟 A/D 转换。但是，移植到 MC9S08QD4 上就能很快解决这个问题，因为它内置 A/D 转换，同时在芯片中可以使用 2 个甚至 3 个定时器通道产生 PWM。如果向上移植到 MC9S08QG8，还可以添加 I^2C 功能来通信和存储数据到外部 EEPROM 元件中。

第二种情况，在设计开始阶段就发现设计的复杂度超过了实际，若在硬件设计阶段，在代码开发中期发现问题可以很容易通过改型为引脚兼容的其他芯片。在这种情况下，可以将 MC9S08QG8 移植到 MC9S08QD4 或 MC9RS08KA2，而不需要硬件的改动。由于芯片设计的延续性以及 Pin To Pin 兼容性，在既有的新元件上芯片没有的外设功能同样可以通过软件仿真，诸如 8 位 A/D 转换等，这样成本就会比初始计算低。

4. 软件移植工具

软件移植工具能从一个芯片移植到另一个芯片是很重要的。若一个单一的工具能在所有的芯片设备上适用，那么就有必要熟悉这个工具及其相应的配套功能。

CW 5.1 包括 MC9S08QG8、MC9S08QD4、MC9RS08KA2 这 3 颗芯片，外设功能可以通过 CW 5.1 自动执行，设计者只需要关注的是子程序的设计。在 CW 5.0 或以上版本中，改变目标 MCU 是很简单的，只需从工程菜单中，选择“Change MCU/Connection”，如图 2.16 所示。

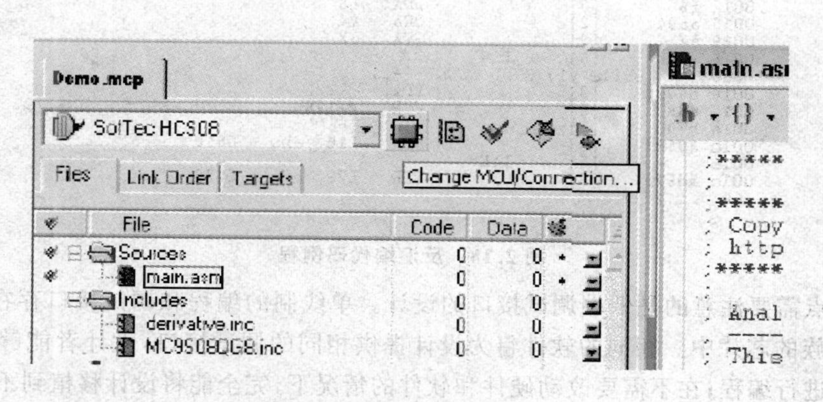

图 2.16　改变 MCU/连接

设计时可以从器件列表中改变连接和目标芯片，CW 将会用新的器件替代老型号的 MCU，同时刷新存储区映像，定义新的外围器件模块。通过重新编译工程，任何移植出现的潜在错误和警告都会出现，可以分别查看。如果写 CodeWarrior 头文件错误，例如 PTA5 在所有的 8 位机器模式下都命名为 PTAD_PTAD5，那么应用代码会很容易转换。

HCS08 支持 CodeWarrior 下的 C 代码开发，但是 RS08 的 C 编译器件正在开发中。在

CodeWarrior 下使用代码反汇编功能，可以很容易将 C 代码转换为汇编代码。参看图 2.17，右击会弹出一个下拉菜单。在资源窗口中，CodeWarrior 能反汇编 C 程序和显示相同功能的汇编程序代码。图 2.18 显示了 CodeWarrior 开发环境下一个例程代码的缩影。

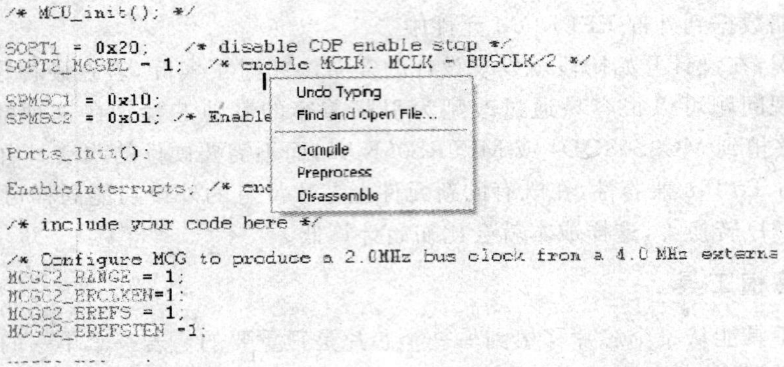

```
/* MCU_init(); */

SOPT1 = 0x20;    /* disable COP enable stop */
SOPT2_MCSEL = 1;  /* enable MCLK. MCLK = BUSCLK/2 */

SPMSC1 = 0x10;
SPMSC2 = 0x01; /* Enable

Ports_Init();

EnableInterrupts; /* enc

/* include your code here */

/* Configure MCG to produce a 2.0MHz bus clock from a 4.0 MHz externa
MCGC2_RANGE = 1;
MCGC2_ERCLKEN=1;
MCGC2_EREFS = 1;
MCGC2_EREFSTEN =1;
```

Undo Typing
Find and Open File...
Compile
Preprocess
Disassemble

图 2.17　CodeWarrior 开发环境下反汇编操作

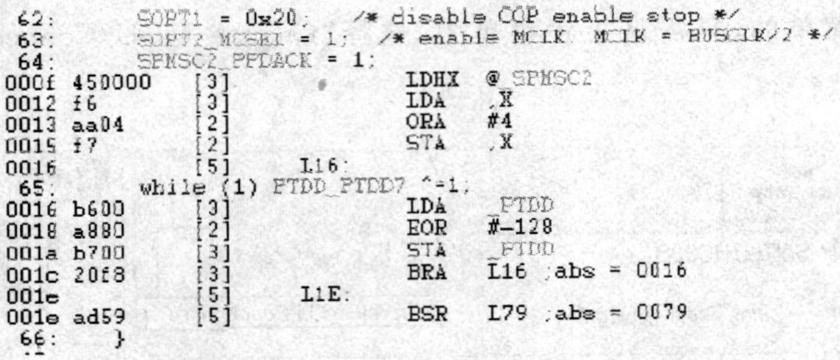

```
  62:        SOPT1 = 0x20;    /* disable COP enable stop */
  63:        SOPT2_MCSEL = 1;  /* enable MCLK. MCLK = BUSCLK/2 */
  64:        SPMSC2_PPDACK = 1;
 000f 450000     [3]                LDHX  @_SPMSC2
 0012 f6         [3]                LDA   ,X
 0013 aa04       [2]                ORA   #4
 0015 f7         [2]                STA   ,X
 0016            [5]       L16:
  65:        while (1) PTDD_PTDD7 ^=1;
 0016 b600       [3]                LDA   _PTDD
 0018 a880       [2]                EOR   #-128
 001a b700       [3]                STA   _PTDD
 001c 20f8       [3]                BRA   L16 ;abs = 0016
 001e            [5]       L1E:
 001e ad59       [5]                BSR   L79 ;abs = 0079
  66:     }
```

图 2.18　反汇编代码例程

最后一点需要注意的是低端调试接口的设计。单线制的编程和调试接口存在于 RS08 家族和 S08 家族的芯片中。相同的软件将为设计提供相同的调试接口，设计者能够使用相同的工具对它们进行编程；在不需要改动硬件和软件的情况下，完全能将设计移植到不同的芯片中去，相同的编程工具都能在这些芯片中使用，这就是 BDC 功能模块。

使用相同的工具开发工程是很重要的，改变软件和改变编程工具在完成移植的工程中效率很低，这就是为什么软件和硬件要兼容相同的芯片的原因，这对于不同 MCU 的快速使用是很重要的。使用相同的编程和调试工具能使得移植过程变得容易。

2.3 中断与复位

2.3.1 中　断

08系列中MC68HC908GP32能够在当前指令执行结束时处理相应中断，当发生中断时它将CPU寄存器的值压入堆栈保存，进入中断处理例程；在中断处理例程结束时，将保存的值弹出堆栈，继续执行进入中断之前的程序。

1. 中断的效果

当中断发生时，首先将CPU寄存器的值压入堆栈。在中断处理例程结束时，RTI指令将堆栈中保存的程序寄存器的两个字节的值弹出，恢复被打断的正常程序的执行。需要注意的是，为了同MC68HC05系列单片机兼容，MC68HC08在进入中断时并不保存H寄存器的值，需要用户自己将H寄存器的值压入堆栈，在返回时再弹出来。当然如果中断处理例程中不使用H寄存器，也可以不保存。一般在中断产生时，CPU会自动关闭，设置中断屏障位（I位）来防止其他中断进入，这样其他中断不论优先级是高是低，都不能打断已经执行的中断处理例程。最后CPU将用户自己定义的中断向量地址载入程序计数器，开始执行中断服务例程。

2. 中断源

MC68HC908GP32的中断源如表2.33所列。下面介绍其中的11个中断源。

表2.33　MC68HC908GP32的中断源

中断源	标志位	屏蔽位	中断寄存器中的标志位	中断优先级	中断向量地址
复位	无	无	无	0	$FFFE～$FFFF
SWI指令	无	无	无	0	$FFFC～$FFFD
IRQ引脚	IRQF	IMASK1	IF1	1	$FFFA～$FFFB
CGM(PLL)	PLLF	PLLIE	IF2	2	$FFF8～$FFF9
TIM1通道0	CH0F	CH0IE	IF3	3	$FFF6～$FFF7
TIM1通道1	CH1F	CH1IE	IF4	4	$FFF4～$FFF5
TIM1溢出	TOF	TOIE	IF5	5	$FFF2～$FFF3
TIM2通道0	CH0F	CH0IE	IF6	6	$FFF0～$FFF1
TIM2通道1	CH1F	CH1IE	IF7	7	$FFEE～$FFEF

续表 2.33

中断源	标志位	屏蔽位	中断寄存器中的标志位	中断优先级	中断向量地址
TIM2 溢出	TOF	TOIE	IF8	8	$FFFE～$FFFF
SPI 接收满	SPRF	SPRIE	IF9	9	$FFEC～$FFED
SPI 溢出	OVRF	ERRIE			
SPI 模式错误	MODF	ERRIE			
SPI 发送空	SPTE	SPTIE	IF10	10	$FFEA～$FFEB
SCI 接收越限	OR	ORIE	IF11	11	$FFE8～$FFE9
SCI 噪声疲劳	NF	NEIE			
SCI 结构错误	FE	FEIE			
SCI 奇偶校验错误	PE	PEIE			
SCI 接收满	SCRF	SCRIE	IF12	12	$FFE6～$FFE7
SCI 输入空闲	IDLE	ILIE			$FFE4～$FFE5
SCI 发送空	SCTE	SCTIE	IF13	13	$FFE2～$FFE3
SCI 发送完成	TC	TCIE			
键盘	KEYF	IMASKK	IF14	14	$FFE0～$FFE1
A/D 转换结束	COCO	AIEN	IF15	15	$FFDE～$FFDF
时基	TBIF	TBIE	IF16	16	$FFDC～$FFDD

(1) SWI 指令中断

SWI 指令为软中断指令，它引起一个不可屏蔽的中断。

(2) 断点中断

断点中断使得 CPU 在一个软件可编程的断点处执行 SWI 指令。

(3) IRQ 引脚外中断

IRQ 引脚上的逻辑零电平触发外中断，中断状态和控制寄存器如图 2.19 所示。

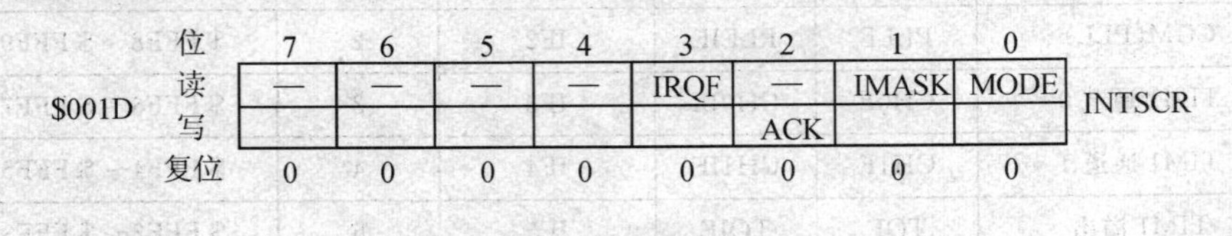

图 2.19　中断状态和控制寄存器

(4) CGM 中断

在 PLL(锁相环电路)每次进入或离开锁相状态时，CGM 对 CPU 产生一个中断请求。当

LOCK 为改变状态时，PLL 标志位(PLLF)被置为 1。PLL 中断允许位(PLLIE)允许 PLLF 对 CPU 的中断请求。LOCK 在 PLL 带宽控制寄存器中，PLLF 在 PLL 控制寄存器中。

(5) TIM1 中断

- TIM1 溢出标志(TOF)。当 TIM1 的计数值达到 TIM1 计数器模式寄存器的值又返回 $0000 时，若 TIM1 溢出中断允许位 TOIE 允许 TIM1 的溢出中断，则 TOF 位被设置为 1。TOF 和 TOIE 都在 TIM1 的状态和控制寄存器中。
- TIM1 通道标志(CH1F～CH0F)。当通道 x 发生输入捕捉或输出比较时，CHxF 被设置为 1。通道 x 中断允许位 CHxIE 允许通道 x 的 CPU 中断请求。CHxF 和 CHxIE 都在 TIM1 通道 x 的状态和控制寄存器中。

(6) TIM2 中断

- TIM2 溢出标志(TOF)。当 TIM2 的计数值达到 TIM2 计数器模式寄存器的值又返回 $0000 时，若 TIM2 溢出中断允许位 TOIE 允许 TIM2 的溢出中断，则 TOF 位被设置为 1。TOF 和 TOIE 都在 TIM2 的状态和控制寄存器中。
- TIM2 通道标志(CH1F～CH0F)。当通道 x 发生输入捕捉或输出比较时，CHxF 被设置为 1。通道 x 中断允许位 CHxIE 允许通道 x 的 CPU 中断请求。CHxF 和 CHxIE 都在 TIM2 通道 x 的状态和控制寄存器中。

(7) SPI 中断

- SPI 接收满标志位(SPRF)。每次当有一个字节的数据从移位寄存器传送到 SPI 的接收寄存器时，SPRF 标志位被设置为“1”。SPI 接收中断允许位 SPRIE 允许 SPRF 对 CPU 的中断请求。SPRF 标志位在 SPI 控制和状态寄存器中，SPRIE 标志位在 SPI 控制寄存器中。
- SPI 发送空标志位(SPTE)。每次当有一个字节的数据从发送寄存器传送到 SPI 的移位寄存器时，SPTE 标志位被设置为逻辑“1”。SPI 发送空中断允许位 SPTIE 允许 SPTE 对 CPU 的中断请求。SPTE 标志位在 SPI 控制和状态寄存器中，SPTIE 标志位在 SPI 控制寄存器中。
- 模式错误标志位(MODF)。当模式错误允许位(MODFEN)设置为逻辑“1”时，即在从 SPI 模式下，如果 $\overline{SS}$ 引脚在发送中变成逻辑高；在主 SPI 模式下，如果 $\overline{SS}$ 引脚在任何时候变成逻辑低，MODF 标志位均会变成逻辑“1”。错误中断允许位 ERRIE 允许 MODF 对 CPU 的中断请求。MODF、MODFEN 和 ERRIE 在 SPI 的状态和控制寄存器中。
- 溢出标志位(OVRF)。当软件将一个字节移入移位寄存器时，如果上一次接收的字节还没有读取，OVRF 标志位将被设置为逻辑“1”。错误允许标志位 ERRIE 允许 OVRF 对 CPU 的中断请求。OVRF 和 ERRIE 都在 SPI 状态和控制寄存器中。

(8) SCI 中断

- SCI 发送空标志位(SCTE)。当 SCI 数据寄存器将数据传送到发送移位寄存器时，SCTE 被设置为逻辑"1"。SCI 发送中断允许位 SCTIE 允许发送 CPU 的中断请求。SCTE 在 SCI 的状态寄存器 1 中，SCTIE 在 SCI 控制寄存器 2 中。
- 发送完成标志位(TC)。当发送移位寄存器和 SCI 数据寄存器均为空，并且没有中断或者空闲字符产生时，TC 被设置为逻辑"1"。发送完成中断允许位 TCIE 允许发送 CPU 中断请求。TC 在 SCI 的状态寄存器 1 中，TCIE 在 SCI 控制寄存器 2 中。
- SCI 接收满标志位(SCRF)。当 SCI 移位寄存器将数据传送到数据寄存器时，SCRF 被设置为逻辑"1"。SCI 接收满中断允许位 SCRIE 允许发送 CPU 的中断请求。SCRF 在 SCI 的状态寄存器 1 中，SCRIE 在 SCI 控制寄存器 2 中。
- 空闲输入标志位(IDLE)。当 10 个或者 11 个逻辑"1"被移入 RxD 引脚时，IDLE 被设置为逻辑"1"。空闲中断允许位 ILIE 允许 IDLE 的 CPU 中断请求。IDLE 在 SCI 的状态寄存器 1 中，ILIE 在 SCI 控制寄存器 2 中。
- 接收溢出标志位(OR)。当移位寄存器在上次字节还没有被读取时又移入新的数据，则 OR 标志位被设置为逻辑"1"。接收溢出允许标志位 ORIE 允许 OR 产生 SCI 错误 CPU 中断请求。OR 在 SCI 的状态寄存器 1 中，ORIE 在 SCI 控制寄存器 3 中。
- 噪声疲劳标志位(NF)。当 SCI 在输入的字节、中断字符，包括开始位、数据位、停止位中检测到噪声时，NF 被设置为逻辑"1"。噪声错误中断允许位 NEIE 允许 NF 产生 SCI 错误 CPU 中断请求。NF 在 SCI 的状态寄存器 1 中，NEIE 在 SCI 控制寄存器 3 中。
- 结构错误标志位(FE)。当 SCI 在停止位处接收到逻辑"0"时，FE 被设置为逻辑"1"。结构错误中断允许标志位 FEIE 允许 FE 产生 SCI 错误 CPU 中断请求。FE 在 SCI 的状态寄存器 1 中，FEIE 在 SCI 控制寄存器 3 中。
- 奇偶校验错误标志位(PE)。当 SCI 在接收的数据中检测到奇偶错误时，PE 被设置为逻辑"1"。奇偶校验错误中断允许标志位 PEIE 允许 PE 产生 SCI 错误 CPU 中断请求。PFE 在 SCI 的状态寄存器 1 中，PEIE 在 SCI 控制寄存器 3 中。

(9) KBD0～KBD7 键盘中断

在键盘中断引脚上，逻辑"0"触发中断请求。键盘状态和控制寄存器如图 2.20 所示。

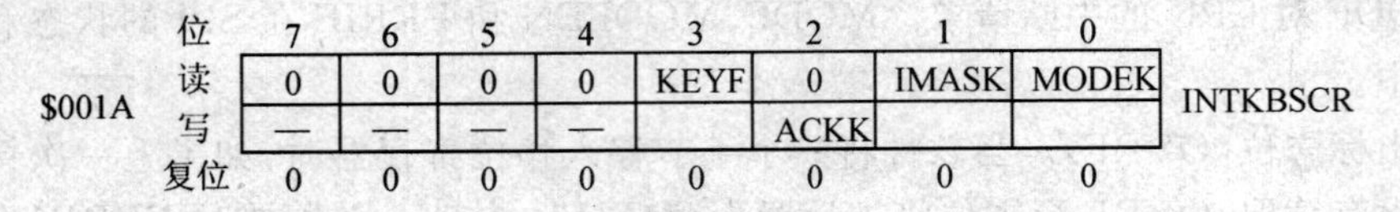

图 2.20 键盘状态和控制寄存器

图 2.20 中 KEYF 是键盘中断标志位，为“1”时说明键盘中断正在进行。IMASK 是键盘中断屏蔽位。MODEK 选择键盘中断触发方式。ACKK 是键盘中断确认位，向 ACKK 写“1”会清除键盘中断请求。

(10) ADC 中断

当 AIEN 标志位被设置为逻辑“1”时，每次模/数转换结束后，ADC(模/数转换器)模块会产生一个 CPU 中断。当中断被允许时，COCO/IDMAS 位不再用作转换结束标志位。

(11) TBM 中断

TBM 能够以 TBR2 ～TBR0 定义的速度产生 CPU 中断。当时基计数器溢出时，TBIF 标志位被设置为逻辑“1”。

3. 中断状态寄存器

(1) 中断状态寄存器 1

中断状态寄存器 1 如图 2.21 所示。

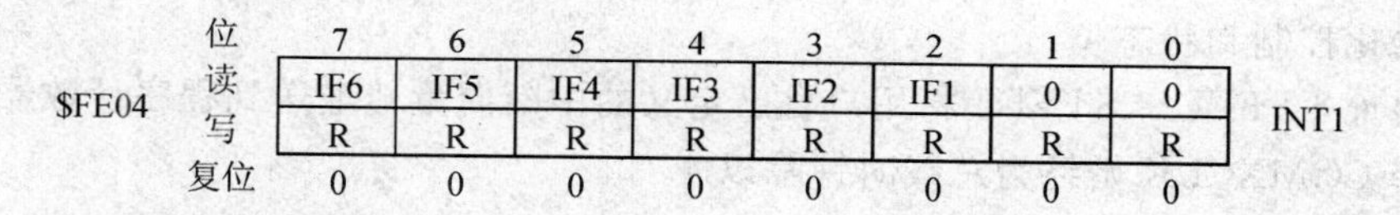

$FE04	位	7	6	5	4	3	2	1	0	
	读	IF6	IF5	IF4	IF3	IF2	IF1	0	0	INT1
	写	R	R	R	R	R	R	R	R	
	复位	0	0	0	0	0	0	0	0	

图 2.21　中断状态寄存器 1

IF6～ IF1 为中断标志 6～1。这些标志位代表了表 2.33 中所述的中断源。“1”表示中断请求发生；“0”表示没有中断请求发生；位 1 和位 0 总是读为 0；“R”代表保留，为将来使用，以下同。

(2) 中断状态寄存器 2

中断状态寄存器 2 如图 2.22 所示

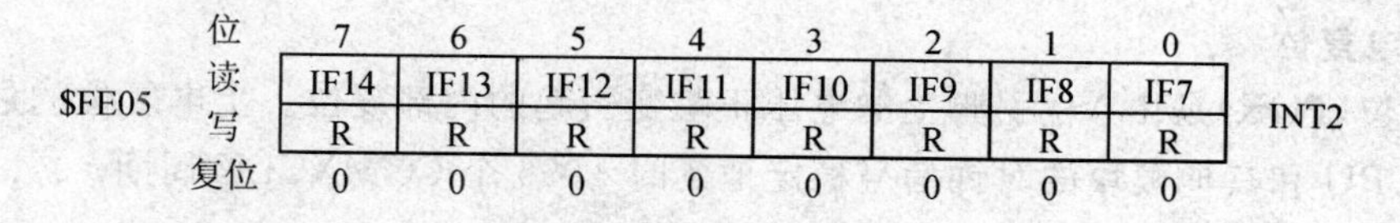

$FE05	位	7	6	5	4	3	2	1	0	
	读	IF14	IF13	IF12	IF11	IF10	IF9	IF8	IF7	INT2
	写	R	R	R	R	R	R	R	R	
	复位	0	0	0	0	0	0	0	0	

图 2.22　中断状态寄存器 2

IF14～ IF7 为中断标志 14～7。这些标志位代表了表 2.33 中所述的中断源。“1”表示中断请求发生；“0”表示没有中断请求发生。

(3) 中断状态寄存器 3

中断状态寄存器 3 如图 2.23 所示

IF16～ IF15 为中断标志 16～15。这些标志位代表了表 2.33 中所述的中断源。“1”中断请求发生；“0”没有中断请求发生；位 7～位 2 总是读为 0。

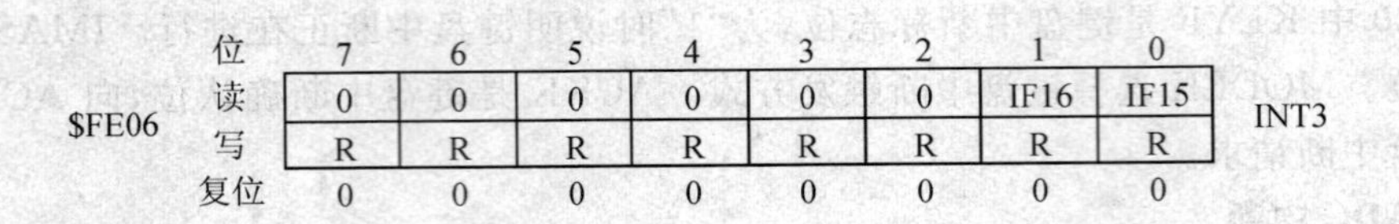

$FE06	位	7	6	5	4	3	2	1	0	
	读	0	0	0	0	0	0	IF16	IF15	INT3
	写	R	R	R	R	R	R	R	R	
	复位	0	0	0	0	0	0	0	0	

图 2.23 中断状态寄存器 3

2.3.2 复 位

复位能够迅速使单片机进入到开始状态，并且从用户定义的存储器地址开始执行程序。

1. 复位的效果

复位能够产生如下效果：

① 迅速停止当前正在执行的指令。

② 初始化控制和状态位。

③ 从地址＄FFFE～＄FFFF将用户自己定义的中断向量地址送到程序计数器PC中。

④ 选择CGMXCLK始终为总线时钟除以4。

2. 外部复位

当逻辑电平加到$\overline{\text{RST}}$引脚一段时间后会产生外部复位。外部复位将SIM复位寄存器中的PIN位设置为逻辑“1”。

3. 内部复位

芯片的内部复位源将$\overline{\text{RST}}$引脚拉低32个CGMXCLK周期来复位外部设备。在释放$\overline{\text{RST}}$引脚后，单片机还将被置于复位状态32个周期。这些内部复位源包括如下5种。

(1) 上电复位

上电复位(POR)是由V_{DD}引脚上的电压正跳变引起的内部复位。上电复位的过程为：

- 使CPU和其他模块的时钟信号稳定地延时4096个CGMXCLK周期。
- 使$\overline{\text{RST}}$引脚在振荡器稳定之前保持低电平。
- 在振荡器稳定之后的32个CGMXCLK周期内释放$\overline{\text{RST}}$引脚。
- 在振荡器稳定之后的64个CGMXCLK周期内CPU开始从复位向量执行程序。
- 在SIM复位状态寄存器中将POR和LP位设置为逻辑“1”，并且将所有其他标志位清零。

(2) 看门狗

看门狗复位是由看门狗计数器溢出引起的内部复位。看门狗复位将SIM复位寄存器中的COP位设置为逻辑“1”。向地址为＄FFFF的看门狗控制寄存器中写入任意的数值将清零看门狗计数器，以防止看门狗复位。

(3) 低电压禁止复位

低电压禁止复位是由于电源电压降低到禁止电压时产生的内部复位。

低电压禁止复位的过程为：

- 使 CPU 和其他模块的时钟信号稳定地延时 4096 个 CGMXCLK 周期。
- 使$\overline{\text{RST}}$引脚在振荡器稳定之前保持低电平。
- 在振荡器稳定之后的 32 个 CGMXCLK 周期内释放$\overline{\text{RST}}$引脚。
- 在振荡器稳定之后的 64 个 CGMXCLK 周期内 CPU 开始从复位向量执行程序。
- 将 SIM 复位状态寄存器中的 LVI 位设置为逻辑“1”。

(4) 非法操作码复位

非法操作码复位是由不在指令集中的操作码引起的内部中断。非法操作码复位将 SIM 复位状态寄存器中的 ILOP 位设置为逻辑“1”。

(5) 非法地址复位

非法地址复位是由于从不在控制地址内的地址获取操作码引起的内部复位。非法地址复位将 SIM 复位状态寄存器中的 ILAD 位设置为逻辑“1”。

4. SIM 复位状态寄存器

SIM 复位状态寄存器 SRSR 如图 2.24 所示，它是一个只读寄存器，当读取该寄存器的值时，各个标志位被自动清零。

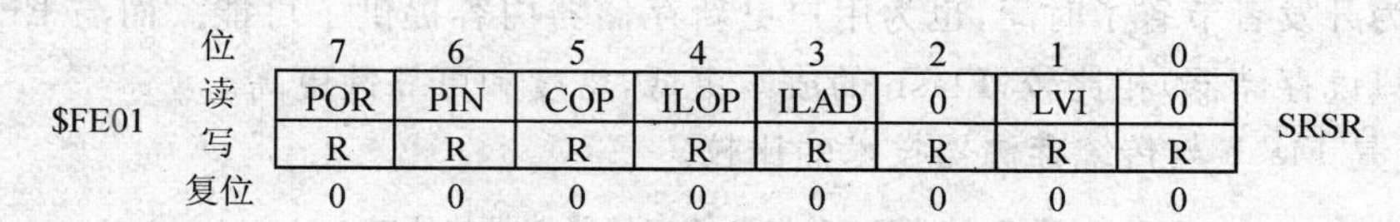

图 2.24 SIM 复位状态寄存器

这个寄存器中各位的作用如下：

① POR，上电复位标志。1＝自从上一次读取 SRSR 以来的上电复位；0＝自从上一次上电复位以来对 SRSR 的读取。

② PIN，内部复位标志。1＝自从上一次读取 SRSR 以来通过$\overline{\text{RST}}$引脚的外部复位；0＝自从上一次外部复位以来的 POR 或者对 SRSR 的读取。

③ COP，看门狗复位标志。1＝上一次是由 COP 计数器溢出引起的复位；0＝POR 或者是对 SRSR 的读取。

④ ILOP，非法操作码复位标志。1＝上一次是由非法操作码引起的复位；0＝POR 或者是对 SRSR 的读取。

⑤ ILAD，非法地址复位标志。1＝上一次是由非法地址引起的复位；0＝POR 或者是对

SRSR 的读取。

⑥ LVI,低电压抑制复位标志。1＝上一次是由低电压抑制引起的复位;0＝POR 或者是对 SRSR 的读取。

2.4 Flash 存储器

2.4.1 Flash 存储器结构概述

理想的存储器应具有密度高、读写快、价位低和不挥发的特点,而传统的存储器只能满足这些要求中的一部分。闪速存储器 Flash 的推出,恰好同时实现了所有这些优良的存储器特性。

Flash 是一种高密度、真正不挥发的高性能读写存储器,兼有功耗低、可靠性高等特点。与传统存储器相比,Flash 具有的主要优势在于:

① 固有不挥发性:不像 SRAM(静态随机存取存储器),Flash 无需后备电源来保证数据不变;不同于 DRAM(动态随机存取存储器),Flash 不需要使用数据存储技术来为它提供后备存储。

② 易更新性:相对于 EPROM(可擦除可编程的只读存储器)的紫外线擦除工艺,Flash 的电擦除功能为开发者节省了时间,也为用户更新存储器内容提供了可能。而与 EEPROM(电可擦可编的只读存储器)相比较,Flash 的成本更低,密度和可靠性更高。

表 2.34 是 Flash 与传统存储器技术的比较。

表 2.34 Flash 与传统存储器技术的比较

存储器	固有不挥发性	高密度	低功耗	单晶体管单元	在线可重写
Flash	√	√	√	√	√
SRAM					√
DRAM		√			√
EEPROM	√		√		√
OTP/EPROM	√	√	√	√	
掩膜 ROM	√	√	√	√	

根据工艺 Flash 主要有两类:NAND Flash 和 NOR Flash。NOR Flash 是在 EEPROM 的基础上发展起来的,它的存储单元由 N-MOS 构成,而连接 N-MOS 单元的线都是独立的。NOR Flash 的特点是可以随机读取任意单元的内容,适合于程序代码的并行读/写存储,所以

常用于制作PC的BIOS存储器和单片机内部存储器等。而NAND Flash将几个N-MOS单元用同一根线连接,可以按顺序读取存储单元的内容,适合于数据或文件的串行读/写存储。

在单片机内部集成Flash,并不是Freescale首创的技术。Microchip的PIC系列和Atmel的AT89C51系列等单片机早已引入了片内Flash技术。与ROM或EPROM相比,早期这类单片机的片内Flash在可靠性和稳定性上仍存在着许多不足。Freescale在Flash技术已相当成熟时才推出集成片内Flash的8位单片机,在应用方面和可靠性上均有不俗的表现,具体体现在:

① 单一电源电压供应。一般Flash在只读情况下,只需要用户为其提供普通的工作电压(如+5 V)。如果用户对Flash编程,则需同时提供高出正常工作电压的编程电压(+9 V)。通过在片内集成电荷泵,只需要用户提供单一+5 V工作电压,便可以在片内产生出编程电压。这使得用户无需因为对Flash编程而在目标板上增加额外的电源。

② 可靠性高。片内Flash上存储的数据可以保持10年以上,可擦写次数也在1万次以上。

③ 擦写速度快。片内Flash的整体擦除时间可以控制在5 ms以内,对单字节的编程时间也在40 μs以内。

最重要的是,Freescale片内Flash支持在线编程,允许单片机内部运行的程序去改写Flash存储内容。这一技术大大增加了Freescale单片机的应用范围和使用的方便性。

2.4.2 Flash存储器寄存器编程操作模式

Freescale片内Flash的编程操作分为:擦除和写入。擦除操作是将存储单元的内容由二进制的0变成1,而写操作恰好相反,是将存储单元的内容由1变成0。擦除、写入操作都是通过设置或清除Flash控制寄存器(FLCR)中的某个位来完成的。

Flash在片内是以页(page)和行(row)为单位组织的。页和行的大小(字节数)随整个Flash的大小变化而变化,而页的大小始终为行的两倍。例如MC68HC908GP32内含32 KB的Flash,每页的大小为128 B,每行的大小为64 B;而MC68HC908JL3片内Flash仅有4KB,每页和每行的大小也分别为64 B和32 B。最新推出的MC68HC908LD64将片内Flash分为了两个区域($0C00～$0FFF和$1000～$F9FF),而每个区域对页的大小定义都是不同的(分别为128 B和512 B)。对Flash的擦除操作都是以页为基础的,而写入操作则是以行或页为基础的(详见Flash的编程步骤)。

1. Flash的编程寄存器

与Flash编程操作有关的寄存器有两个:Flash控制寄存器(FLCR)和Flash块保护寄存器(FLBPR)。下面将详细讲述这些寄存器的主要功能和使用方法。

(1) Flash 控制寄存器(FLCR)

如图2.25所示的Flash控制寄存器用于控制对Flash的擦除和写入编程操作。

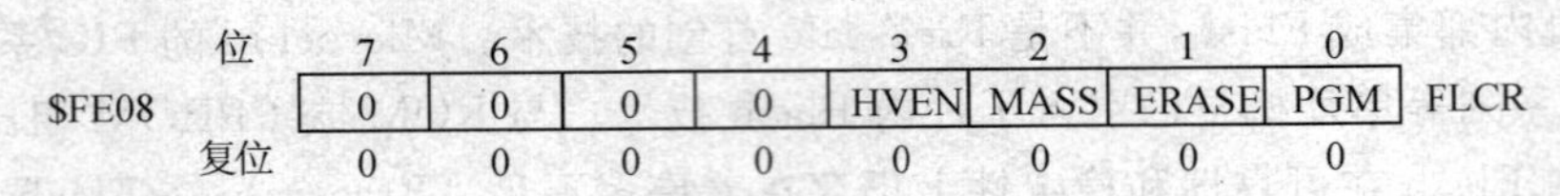

位	7	6	5	4	3	2	1	0	
$FE08	0	0	0	0	HVEN	MASS	ERASE	PGM	FLCR
复位	0	0	0	0	0	0	0	0	

图2.25　Flash控制寄存器

- HVEN为高压允许位。当PGM=1或ERASE=1时,用户可以通过设置HVEN将来自片内电荷泵的高压加到Flash阵列上。1=打开电荷泵并将高电压加到Flash阵列上。0=撤除Flash阵列上的高电压并关闭电荷泵。
- MASS为整体擦除控制位。该位在ERASE=1时有效,用于选择Flash擦除操作方式:整体擦除或页擦除。1=选择整体擦除方式。0=选择页擦除方式。
- ERASE为擦除操作控制位。该位用于设置Flash编程操作为擦除操作。ERASE位与PGM位之间存在互锁关系,无法同时被设置为1。1=选择擦除操作。0=不选择擦除操作。
- PGM为写入操作控制位。该位用于设置Flash编程操作为写入操作。1=选择写入操作。0=不选择写入操作。

(2) Flash 块保护寄存器(FLBPR)

Flash块保护寄存器如图2.26所示,图中U表示不受复位影响,出厂时设置为1;BPR[7:0]是Flash块保护寄存器位。Flash块保护寄存器用于设置被保护的Flash区域,它本身也是一个Flash字节。当Flash处于保护状态时,擦除和写入操作在用户方式下都是受限制的,HVEN无法正常置位。实际上,Flash块保护寄存器设置的只是保护区域的起始地址,因为保护区域的结束地址始终为Flash存储区的结束地址($FFFF)。

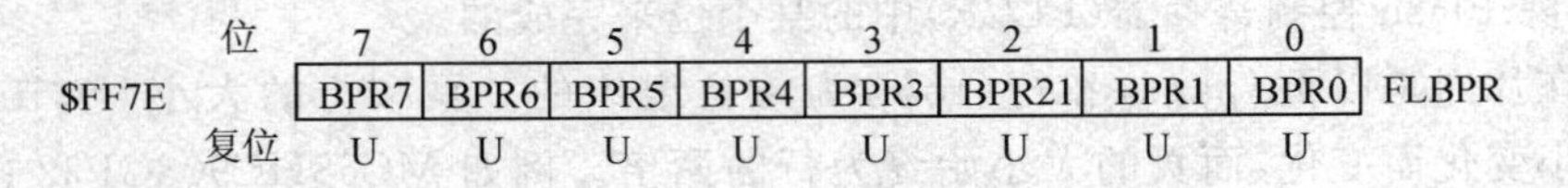

位	7	6	5	4	3	2	1	0	
$FF7E	BPR7	BPR6	BPR5	BPR4	BPR3	BPR21	BPR1	BPR0	FLBPR
复位	U	U	U	U	U	U	U	U	

图2.26　Flash块保护寄存器

如果FLBPR的存储内容为0,则整个Flash存储区受到保护;如果FLBPR的存储内容为$FF,则整个Flash存储区都可以被擦除或写入。

需要注意的是,只有当单片机处于用户方式下时,对FLBPR本身和Flash保护区域的擦写操作才是有效的。

FLBPR的8位设置了Flash保护区域起始地址的高8位。需要注意的是,这8位并不是16位起始地址的最高8位,它们的具体位置取决于特定单片机的Flash容量。例如,对MC68HC908GP32而言,它们设置的是16位起始地址的第14～7位(第15位恒为1),如

表 2.35 所列，而对 MC68HC908JL3 而言，它们设置的是 16 位起始地址的第 12～6 位（第 15～13 位恒为 1，BPR0 位没有使用），如表 2.36 所列。

表 2.35　MC68HC908GP32 Flash 块保护寄存器设置

FLBPR 内容（十六进制）	受保护的 Flash 区域
00	$8000～$FFFF（整个 Flash 区域）
01	$8080～$FFFF
02	$8100～$FFFF
…	…
FE	$FF00～$FFFF
FF	整个 Flash 区域都不受保护

表 2.36　MC68HC908JL3 Flash 块保护寄存器设置

FLBPR 内容（十六进制）	受保护的 Flash 区域
00～60	$EC00～$FFFF（整个 Flash 区域）
62	$EC40～$FFFF
64	$EC80～$FFFF
68	$ECC0～$FFFF
…	…
DE	$FBC0～$FFFF
…	…
FE	$FFC0～$FFFF
FF	整个 Flash 区域都不受保护

2. Flash 的编程步骤

对 Flash 进行擦除或写入操作时，需要遵循一定的时序和步骤。对于 MC68HC908 系列单片机，这些步骤都是一样的，但时序要求可能略有不同，用户应根据具体情况参考相应的芯片手册。

(1) 页擦除操作

① 置 ERASE 位为 1，清 MASS 位为 0；

② 读 Flash 块保护寄存器；

③ 向被擦除的 Flash 页的任意地址写入任何值；

④ 延时 T_{nvs}；

⑤ 置 HVEN 位为 1；

⑥ 延时 T_{erase}；

⑦ 清 ERASE 位为 0；

⑧ 延时 T_{nvh}；

⑨ 清 HVEN 位为 0；

⑩ 延时 T_{rcv}后，Flash 存储区可以被正常读取。

(2) 整体擦除操作

① 置 ERASE 位和 MASS 位为 1；

② 读 Flash 块保护寄存器；

③ 向 Flash 存储区内任意地址写入任何值；

④ 延时 T_{nvs}；

⑤ 置 HVEN 位为 1；

⑥ 延时 T_{merase}；

⑦ 清 ERASE 位为 0；

⑧ 延时 T_{nvhl}；

⑨ 清 HVEN 位为 0；

⑩ 延时 T_{rcv}后，Flash 存储区可以被正常读取。

(3) 写入操作

在 MC68HC908 系列的众多单片机中，有的以页为基础进行写入操作，如 MC68HC908GP32 等，有的以行为基础进行写入操作，如 MC68HC908JL3 和 MC68HC908JB8 等。用户在编程时需要根据实际选用的单片机型号查阅相应的芯片手册。

① 置 PGM 位为 1；

② 读 Flash 块保护寄存器；

③ 向即将被写入的 Flash 页(或行)内(以 MC68HC908GP32 为例)，即＄XX00～＄XX7F 或＄XX80～＄XXFF 的任意 Flash 单元写入任意值，本步骤选定了即将被写入的 Flash 页，在接下来的步骤⑦中，编程数据写入的目标地址必须都在这一 Flash 页内；

④ 延时 T_{nvs}；

⑤ 置 HVEN 位为 1；

⑥ 延时 T_{pgs}；

⑦ 向页内目标地址写入编程数据；

⑧ 延时 T_{pog}；

⑨ 重复上两步操作，直至同一页内各字节编程完毕；

⑩ 清 PGM 位为 0；

⑪ 延时 T_{nvh}；

⑫ 清 HVEN 位为 0；

⑬ 延时 T_{rcv} 以后，Flash 存储区可以被正常读取。

表 2.37 是 MC68HC908GP32 的 Flash 编程的各项参数，其他型号的单片机参数请参阅相应的芯片手册。其中，T_{erase} 和 T_{merase} 的最小时间是擦除操作的最佳时间。如果擦除时间长于该最小值，Flash 的寿命就会受到影响。T_{hv} 指的是在下一次擦除操作执行以前，该 Flash 行在写入编程操作中被加上高电压的累积时间。

表 2.37　MC68HC908GP32 的 Flash 编程参数

参　数	符　号	最小值	最大值	单　位
Flash 行大小	—	64	64	B
Flash 页大小	—	128	128	B
Flash 读写周期	F_{read}	32	8400	kHz
Flash 页擦除时间	T_{erase}	1	—	ms
Flash 整体擦除时间	T_{merase}	4	—	ms
Flash 从设置 PGM 或 ERASE 位到 HVEN 建立时间	T_{nvs}	10	—	μs
Flash 高电压维持时间(页擦除时)	T_{nvh}	5	—	μs
Flash 高电压维持时间(整体擦除时)	T_{nvhl}	100	—	μs
Flash 写入编程维持时间	T_{pgs}	5	—	μs
Flash 写入编程时间	T_{prog}	30	40	μs
Flash 返回只读状态时间	T_{rcv}	1	—	μs
Flash 累积高电压时间	T_{hv}	—	25	ms
Flash 行擦除次数	—	10000	—	次
Flash 行写入次数	—	10000	—	次
Flash 数据保持时间	—	10	—	年

2.4.3　Flash 存储器编程和擦除(实现 EEPROM 操作)实例

1. 对 Flash 的擦除和写入编程操作步骤

下面将以 MC68HC908GP32 为例，讲述如何用汇编语言实现对 Flash 的擦除和写入编程。

(1) 常量定义

```
FLCR        EQU        $FE08
FLBPR       EQU        $FF7E
C10US       EQU        $FFFE
C30US       EQU        $FFF8
C50US       EQU        $FFF1
C1MS        EQU        $FEC8
```

其中,FLCR 是 Flash 控制寄存器的常量定义,FLBPR 是块保护寄存器的常量定义,C10US、C30US、C50US 和 C1MS 用于延时例程,详见延时例程的介绍。

(2) 延时例程

为了满足 Flash 编程操作中的时序需要,用户可以使用下面的例程进行必要的程序延时。

```
NULLCYCLE:
    AIX       #1                   //2 个周期
    CPHX      #0                   //3 个周期
    BNE       NULLCYCLE            //3 个周期
    RTS                            //4 个周期
```


该例程不断为 H:X 存储内容加1,直至 H:X 存储内容为0,所以 H:X 的初始存储内容直接决定了例程内部循环次数,即例程运行时间,以达到程序延时的效果。调用方法如下(以延时 1 ms 为例):

```
LDHX          #C1MS                //3 个周期
BSR           NULLCYCLE            //4 个周期
```

如多循环次数为 n,则整个延时步骤耗费的总线周期为:

3(LDHX)+4(BSR)+(2(AIX)+3(CPHX)+3(BNE))×n+4(RTS)

本范例工作的总线频率为 2.4576 MHz,每个周期为 0.4 μs,所以 10 μs 需要 25 个周期,n=2(H:X=$FFFE);30 μs 需要 75 个周期,$n$=8(H:X=$FFF8);50 μs 需要 125 个周期,n=15(H:X=$FFF1);1 ms 需要 2 500 个周期,$n$=312(H:X=$FEC8)。

(3) 整体擦除例程

下面是整体擦除例程(为了程序简便,在 10 μs 以下的延时统一处理为 10 μs 延时)。页擦除例程和写入例程也是如此。

```
SUB_MERASE
    LDA       #6
    STA       FLCR                 //第 1 步
    LDA       FLBPR                //第 2 步
    STA       $8000                //第 3 步
```

```
        LDHX    #C10US                  //第 4 步
        BSR     NULLCYCLE
        LDA     #0E                     //第 5 步
        STA     FLCR
        LDHX    #C1MS                   //第 6 步
        BSR     NULLCYCLE
        LDHX    #C1MS
        BSR     NULLCYCLE
        LDHX    #C1MS
        BSR     NULLCYCLE
        LDHX    #C1MS
        BSR     NULLCYCLE
        LDA     #C                      //第 7 步
        STA     FLCR
        LDHX    #C10US                  //第 8 步
        BSR     NULLCYCLE
        CLRA                            //第 9 步
        STA     FLCR
        LDHX    #C10US                  //第 10 步
        BSR     NULLCYCLE
        RTS
```


(4) 页擦除例程

页擦除例程如下(为了程序简便,在 10 μs 以下的延时统一处理为 10 μs 延时)。

```
BUFF            RMB     4
SUB_ERASE
LDA             #2                      //第 1 步
STA             FLCR
LDA             FLBPR                   //第 2 步
JSR             BUFF                    //第 3 步
LDHX            #C10US                  //第 4 步
BSR             NULLCYCLE
LDA             #0A                     //第 5 步
STA             FLCR
LDHX            #C1MS                   //第 6 步
BSR             NULLCYCLE
LDA             #0C                     //第 7 步
STA             FLCR
LDHX            #C10MS                  //第 8 步
```

```
BSR     NULLCYCLE
CLRA                        //第9步
STA     FLCR
LDHX    #C10MS              //第10步
BSR     NULLCYCLE
RTS
```

需要注意的是"JSR　BUFF"语句，在这里使用它有一个前提，就是用户已经对以BUFF为起始地址的4个字节作了必要的初始化，这是为了使本例程能适用于不同Flash页的擦除操作。这4个字节实际上构成了一个很小的例程，完成在特定地址写入数据的功能。具体实现方法是由用户向第1个字节写入"STA<16位地址>"语句的机器码$C7，向第2和第3个字节写入16位地址(位于需要擦除的Flash页内)，最后向第4个字节写入"RST"语句的机器码$81。

(5) 写入例程

下面先介绍Flash写入(包括校验)例程适用的变量定义。

```
FlashFLAG       RMB     1
B_ERROR         EQU     0
BUFFCOU         RMB     2
COUNTE1         RMB     1
COUNTE2         RMB     1
PRADDR          RMB     2
TEMP            RMB     2
```

其中，FlashFLAG用于记录Flash写入操作的状态，它的第0位(B_ERROR)用于标志写入操作是否失败(0=成功，1=失败)。以BUFFCOU为起始地址的两个字节用于存储数据缓冲区的起始地址，而COUNTE1则记录了需要从数据源缓冲区复制到Flash中的字节数。以PRADDR为起始地址的两个字节用于存储Flash目标写入区域的起始地址。COUNTE2和TEMP分别是COUNTE1和BUFFCOU的临时存储备份，其中COUNTE2还用于写入操作后的字节校验。

下面是具体的写入例程，其过程是将BUFFCOU指向的数据源缓冲区中的COUNTE1字节一个个地复制到PRADDR指向的Flash目标写入区中去(为了程序简便，10 μs以下的延时统一处理为10 μs延时)。

```
SUB_PROGRAM:
    MOVE    COUNTE1,COUNTE2     //将COUNTE1和COUNTE2备份
    LDHX    BUFFCOU
    STHX    TEMP
    LDA     #1                  //第1步
```

```
    STA     FLCR
    LDA     FLBPR               //第 2 步
    LDHX    PRADDR              //第 3 步
    STA     ,X
    LDHX    #C10US              //第 4 步
    BSR     NULLCYCLE
    LDA     #9                  //第 5 步
    STA     FLCR
    LDHX    #C10US              //第 6 步
    BSR     NULLCYCLE
    LDHX    PRADDR              //第 7 步
CYCLE_PR:
    PSHH                        //保存目标写入地址
    PSHX
    LDHX    BUFFCOU             //提取源数据
    LDA     ,X
    AIX     #1                  //将 BUFFCOU 指向下一个源数据
    STHX    BUFFCOU
    PULX                        //取出目标写入地址到 H:X
    PHLH
    STA     ,X                  //向目标地址写入数据
    AIX     #1                  //将 H:X 指向下一个目标地址
    PSHH                        //保存目标写入地址
    PSHX
    LDHX    #C30US              //第 8 步
    BSR     NULLCYCLE
    PULX                        //取出目标写入地址到 H:X
    PHLH
    DEC     COUNTE1             //第 9 步
    BNE     CYCLE_PR
    LDA     #8                  //第 10 步
    STA     FLCR
    LDHX    #C10US              //第 11 步
    BSR     NULLCYCLE
    CLRA                        //第 12 步
    STA     FLCR
    LDHX    #C10US              //第 13 步
    BSR     NULLCYCLE
```

下面是完成校验功能的代码。

```
    LDHX    TEMP                    //恢复 BUFFCOU 数值,指向缓冲区首字节
    STHX    BUFFCOU
    LDHX    PRADDR                  //取出目标写入地址到 H:X
VERIFY_PR:
    PSHX                            //保存目标写入地址
    PSHH
    LDHX    BUFFCOU                 //提取源数据
    LDA     ,X
    AIX     #1                      //将 BUFFCOU 指向下一个源数据
    STHX    BUFFCOU
    PULH                            //取出目标写入地址到 H:X
    PULX
    CMP     ,X                      //比较源数据与目标地址中写入的数据
    BNE     ERROR_PR                //如果不同,则跳转到出错处理语句
    AIX     #1                      //如果相同,继续将 H:X 指向下一个目标地址
    DEC     COUNTE2                 //递减 COUNTE2
    BNE     VERIFY_PR               //如果为 0 则检验完毕
    RTS
ERROR_PR:
    BSET    B_ERROR,FlashFLAG       //如果出错,置标志位
    RTS
```


以上例程已经完全实现了对 Flash 进行擦除和写入编程的所有步骤。只要用户在恰当的环境中以恰当的方法调用它们,就能够很方便地实现对 Flash 的在线编程。下面介绍的就是向用户说明如何正确地调用 Flash 擦写例程。

2. Flash 编程模式

(1) Flash 编程模式概述

MC68HC908 系列单片机的片内 Flash 可以在两种模式下进行在线编程:监控模式和用户模式。在这两种模式下,对 Flash 进行编程操作的代码都是相同的,唯一的区别仅仅在于调用这些例程的方式和环境。

MC68HC908 系列单片机都可以工作在监控模式下。只要单片机的复位向量($FFFE～$FFFF)内容为“空”($FFFF),或单片机复位时在特定的引脚上加上特定的电压,就可以使单片机在复位后进入监控工作模式。在监控工作模式下,单片机内部的监控 ROM 程序开始工作,并通过半双工串行口为主机的远程控制提供服务。主机程序可以利用监控 ROM 提供的少数几个指令对单片机内部地址进行读、取、写等基本操作,包括下载程序到 RAM 中并执行。在此基础上,主机可以通过主机程序或者是下载到 RAM 中的程序完成对 Flash 编程所需要的一系列操作。

同时，在单片机正常工作的过程中，程序也可在用户模式下对Flash进行编程操作。此时只有对Flash进行编程写入或擦除的程序才是必须的，而不需要用户提供任何外部硬件条件（包括特定引脚电压和主机的存在）。如果需要，单片机程序可以通过SCI串口从主机获得某些命令或数据，但开发者必须为此编写相应的串行通信和命令服务程序。

两种模式各有其优缺点。监控模式需要外部硬件支持，但不需要单片机内部程序的存在，所以适合对新出厂芯片进行编程写入，或是对芯片进行整体擦除或写入；用户模式可以在单片机正常工作时进入，所以常用在程序运行过程中对部分Flash单元进行修改，特别适合于对目标系统的动态程序更新和运行数据存储。目前监控模式常被仿真器和编程器采用，而在实际的工程应用中，开发者往往只需要考虑和实现用户模式下的Flash在线编程。在此只讲述用户模式下的Flash编程方法。

(2) 用户模式下的Flash编程方法

用户需要特别注意的是，这段完成编程步骤的子例程代码应该驻留在什么地方。在Freescale公司某些关于片内Flash的宣传资料中，曾指出只要子例程代码与被编程的目标地址不在同一操作单元(页)中，对Flash的任何操作就都是可行的。但在Freescale公司的许多技术文档中，却一再强调应将子例程在RAM中运行。实际上对于目前的MC68HC908系列单片机而言，一旦Flash控制寄存器(FLCR)的HVEN位为1，整个Flash都会被加上高于普通工作电压的编程电压，这时对Flash内任何字节的读取都是不稳定的(包括对程序执行代码的读取)，也就是说，单片机此时执行的代码有可能是完全错误的。而一旦单片机执行了错误的指令，系统的复位就是不可避免的了。笔者在MC68HC908GP32的使用过程中发现，如果直接调用Flash中的编程子例程，在对Flash进行页擦除时，操作是成功的，但会导致单片机自动复位，而在对Flash进行写入时，系统复位并导致操作完全失败。所以Flash编程子例程必须存在于RAM或监控ROM中。如果用户使用的是自行开发的Flash编程子例程，可以在对Flash进行编程前将子例程复制到RAM中去，然后跳转到RAM中执行。

对于RAM区较少的单片机，如MC68HC908JL3，用户必须利用监控ROM中固化的程序。一般来说，在这类单片机的监控ROM中，都已经固化了标准的Flash编程操作子例程。Freescale公司的相关技术文档对这些子例程的接口和使用方法都有详细的介绍。在本书的C语言运行环境介绍以及CodeWarrior下08系列编程调试技巧章节都有对HCS08 Flash系列的编程和擦除操作的C语言例程的快速参考，提供了其功能模块的基本信息和配置方法。

2.5　芯片外部设备功能模块部分

为了加速系统应用开发，书中每一节包含的代码经过修改都可以用于特定的08家族芯片的应用设计中，在开发过程中请参看相应地芯片数据手册，查看芯片是否具备相应的功能模块，从而进行程序移植和调试。

书中介绍了芯片的初始化，芯片功能模块的开发，以及中断子程序的执行方式和在 CodeWarrior 嵌入式 C 开发环境下存储区的分配。

2.5.1 HCS08 家族芯片的初始化

本节提供了 CW 下 HCS08 单片机初始化的快速参考，提供了芯片功能和配置的基本信息。根据数据手册可以相应地修改代码来满足特定功能的应用。

芯片初始化(DI)工具友好地集成在 CodeWarrior5.0 版本主菜单下，包括功能强大的启动代码的产生和特殊功能寄存器的配置，可以帮助用户生成代码(重定位 ASM 或者 C)来配置 MCU 功能模块，从而节省了应用开发时间。使用 DI 可以帮助用户将初始化代码在不同芯片间移植。

友好的图形接口再现了 MCU 的引脚、功能模块以及封装。当用户滚动鼠标到它们相应的引脚时，就会出现一个该引脚的简单描述。当配置和数值不正确时，会出现警告信息。DI 可以建议和引导用户配置功能模块。在每个寄存器功能模块部分都有相关位的描述，这些寄存器可以通过鼠标按键来配置或设置预定义数值。

HCS08 设备初始化代码如下：

- Init_ACMP_HCS08
- Init_ADC_HC08
- Init_ADC_HCS08
- Init_AnalogModule_HC08
- Init_CMT_HCS08
- Init_FLASH_HCS08
- Init_IIC_HCS08
- Init_RTI_HCS08
- Init_SCI_HCS08
- Init_SPI_HCS08
- Init_TPM_HCS08

备注：没有罗列所有的 8 位单片机的功能模块。

芯片初始化主菜单即集成在 CW 下的主菜单，如图 2.27 所示。

Initialize Device(初始化设备芯片)——该命令用于打开目标单片机窗口。

Backup Device Settings(备份芯片设置信息)——该命令用于把完整设计存储到一个单独的配置文件中，目录和文件名必须和 CW 工程名一样。以前设置版本将自动地以如下方式存储在同一个目录中：

- ProjectName.iPE：上一个芯片设置版本。

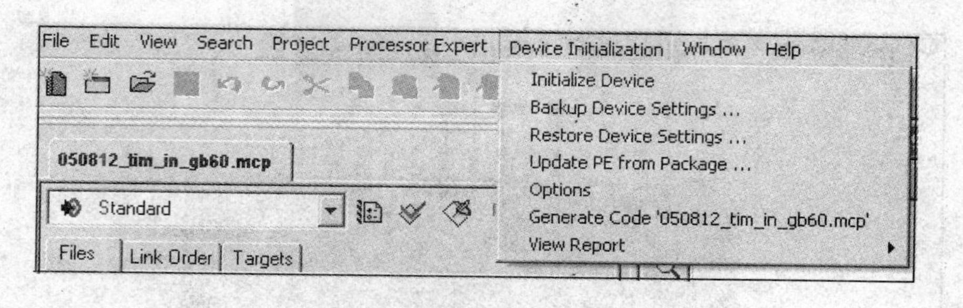

图 2.27 芯片初始化主菜单

● ProjectName_0.iPE：旧芯片设置版本。

● ProjectName_1.iPE：下一个芯片设置版本。

● ProjectName_2.iPE：下一个芯片设置版本。

● ProjectName_nnn.iPE：以前芯片设置版本。

Restore Device Settings：该命令用于将存储的完整设计文件打开，用户可以选择目录和文件名，也可以设置不同工程的文件。

Update PE from Package——安装补丁和刷新.PEUpd文件。

Options——定义生成代码类型和影响代码生成的选项。

Generate Code——生成代码(ASM或者C)。

View Report——其子菜单如下：

● Project Settings(工程设置)：产生工程设计设置的XML文件。

● Register Settings(寄存器设置)：产生设计中控制寄存器设置的XML文件。

● Interrupt Usage(中断设置)：产生设计中使用中断向量设置的XML文件。

● Pin Usage(引脚设置)：产生设计中使用引脚设置的XML文件。

目标单片机窗口如图2.28所示。

图2.28是主窗口，列出了MCU功能模块和相应的引脚。通过单击功能模块，用户可以访问相应的配置菜单。配置菜单详细说明如下：

● 未使用的功能外设是灰色的，使用的功能突出显示。

● 单击进入初始化外设和打开观察对话框。

● 代码生成按钮(参看窗口面板)。

● CPU外设列表模式视图列出了它所包含的外设。

● 关闭窗口挂起Processor Expert(PE)，PE询问用户在没保存的情况下是否保存。

● 关闭CW工程来关闭窗口。

● 芯片设备设计信息被保存后，下次打开CW工程时，目标CPU窗口将自动打开。

观察对话框窗口如图2.29所示。窗口展示了不同菜单和子菜单下选择的功能模块的可选配置信息，如下所列。

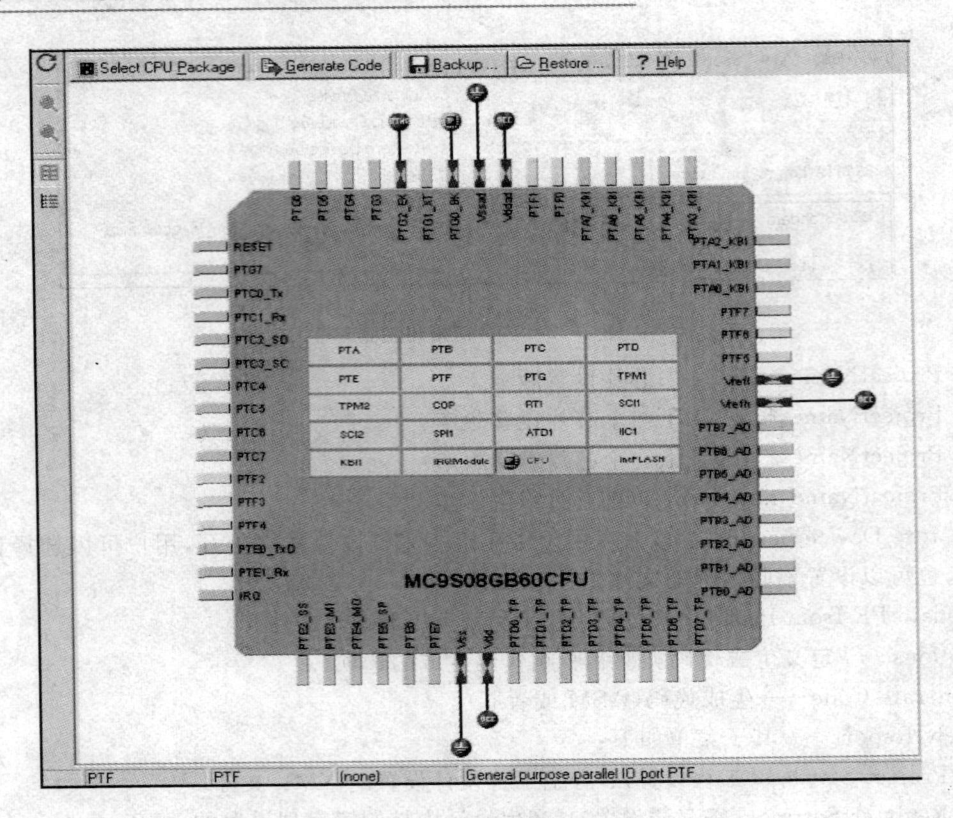

图 2.28　目标单片机窗口

- 取消打开原先设计配置(在打开观察对话框前的设计状态)。
- 这个窗口包括相应的控制寄存器的数值(图 2.29 的右边),可以允许修改控制寄存器的设置来刷新相应的数值。

错误窗口如图 2.30 所示。当有错误产生时,错误窗口将显示错误信息。错误解决后,窗口自动隐藏。当用户配置功能模块出错和参数丢失时,将产生错误。

CW 下生成文件的相关描述如下:

- 头文件(*.ini, *.h)——.h 是用于 C 开发,生成文件名可以通过“Generated file”(生成文件)选择。
- 执行文件(*.asm, *.c)——包含 MCU_init 初始化功能,可以初始化外设、中断向量表和选择中断服务子程序。

为了更加清楚地了解在 CW 下配置代码的过程,下面介绍了一个简单代码例程的创建过程。本例描述 SCI(串行通信接口)模块在 MC9S08GB60 下配置波特率为 19200 bps 的初始化代码。其配置步骤如下:

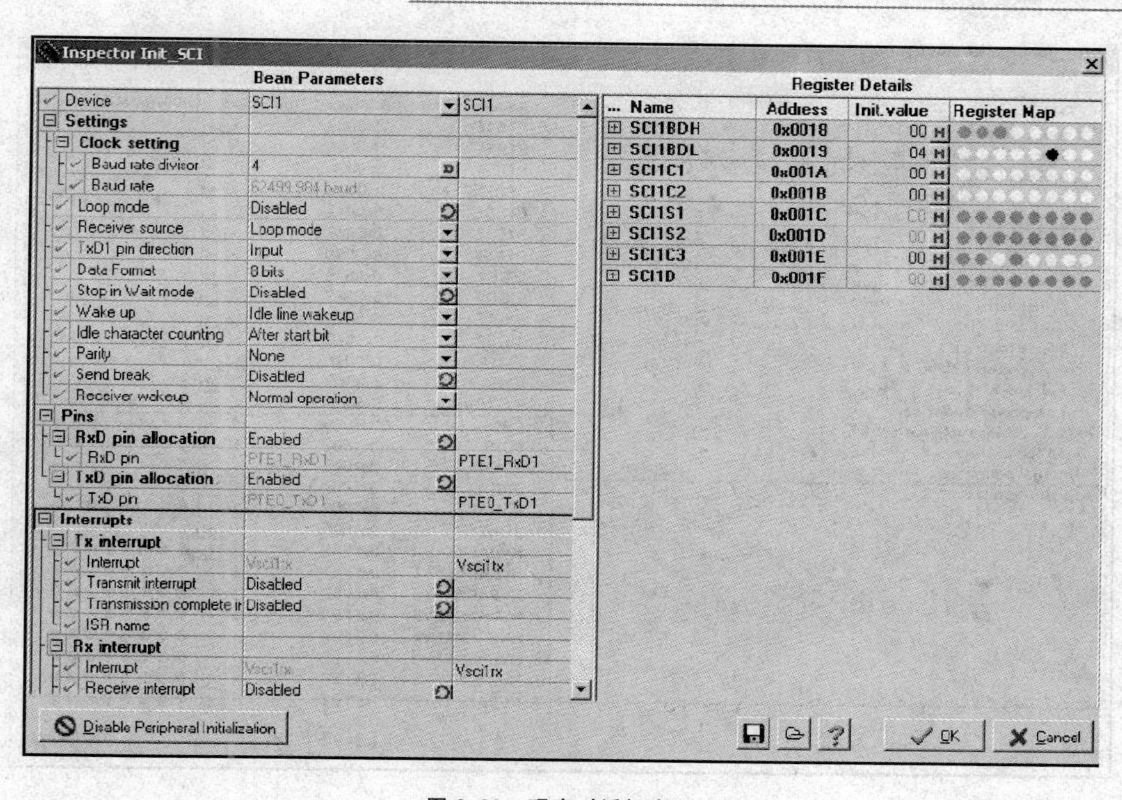

图 2.29　观察对话框窗口

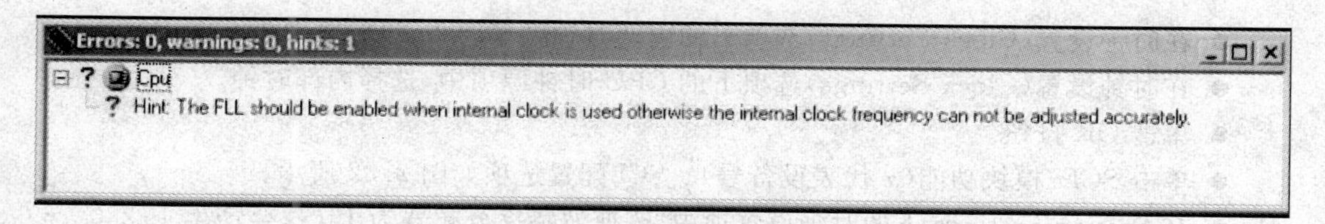

图 2.30　错误窗口

- 打开 CodeWarrior 5.0。
- 创建 C 代码工程。
- 在 HCS08 家族列表中选择 MC9S08GB60 芯片。
- 在 Rapid Application Development Options(快速应用开发选项)下选择芯片初始化，如图 2.31 所示。
- 从列表中选择 CPU 封装。
- 单击 CPU 模块。

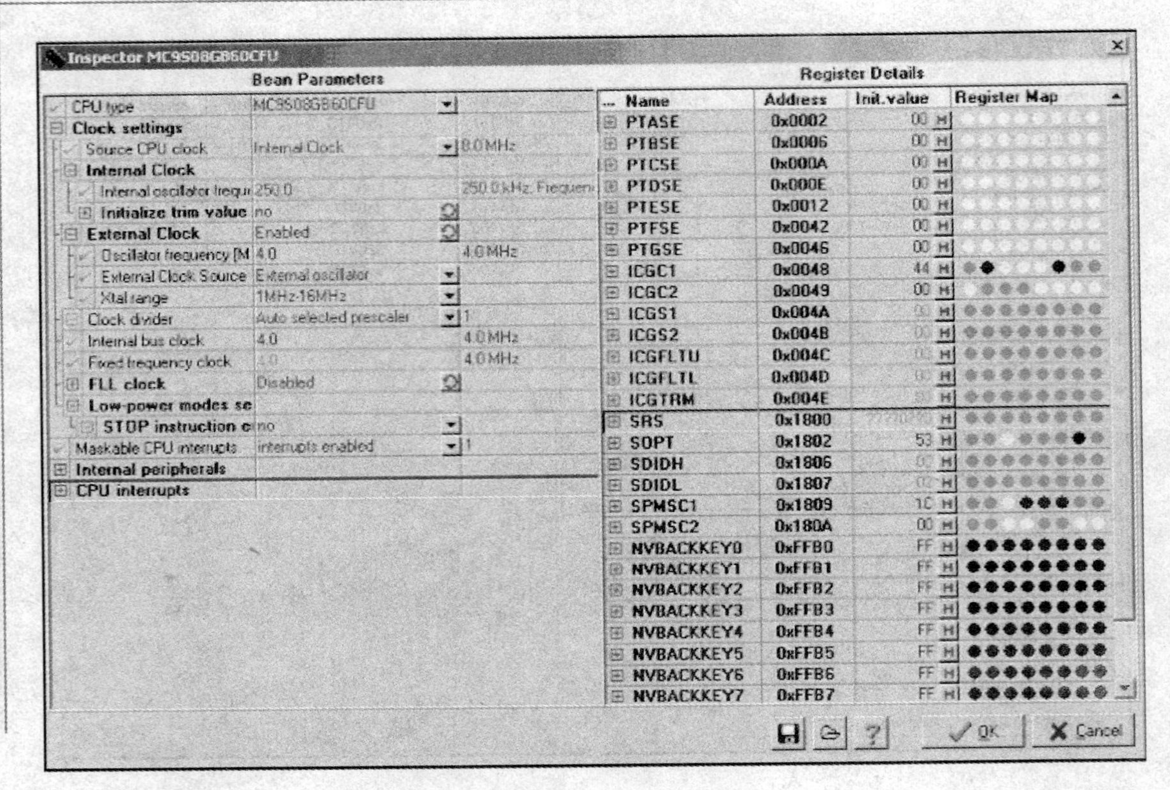

图2.31　快速应用开发选项

- 在时钟设置(Clock Settings)选项下的内部时钟频率项中，设定频率为250 kHz。
- 在时钟设置(Clock Settings)选项下的CPU时钟源项中，选择内部时钟。
- 单击OK按钮。
- 单击SCIx模块功能(x代表设备号)。SCI配置选项如图2.32所示。
- 在Section Settings下的时钟设置项中，改变波特率分频器为13(这会产生19230.769 bps的波特率，误差为0.16%)。
- 在Interrupts(中断)下的Rx中断项中，使能接收中断，设定ISR(中断服务子程序)名来接收。
- 在Initialization(初始化)选项中使能接收和发送。
- 单击OK按钮。
- 单击Generate Code(生成代码)。
- 选择生成文件类型，本例使用c。
- 单击Generate(生成)。

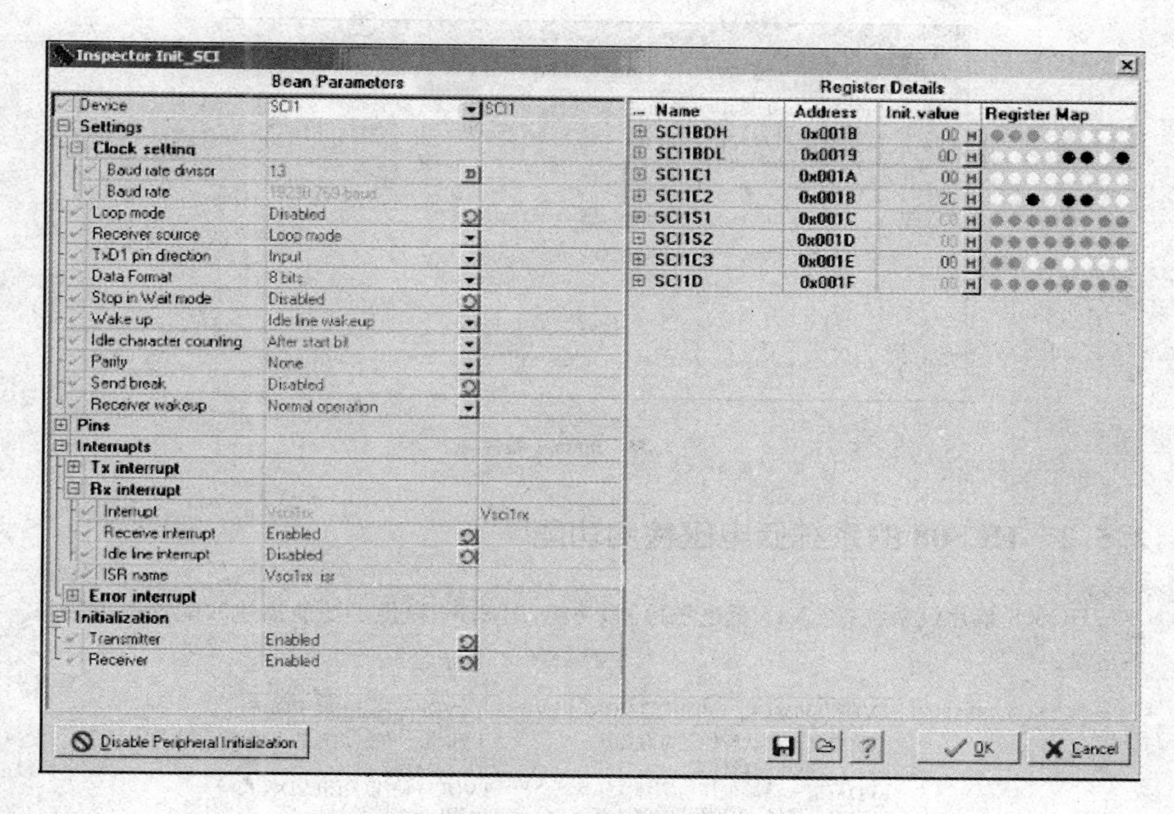

图 2.32　SCI 配置选项图

- 将产生两个代码，一个声明了方法，一个是 MCU_init 功能（包括所有必备的片上外设）初始化。
- 在主程序文件中使用＃include “MCUinit. h”来包括 MCUinit. h 文件，如图 2. 33 所示。
- 调用 MCU_init（包含在 MCUinit. c 中）函数。

在 Generated Code（生成代码）子目录下，在 MCU init. c 中为主程序和中断服务程序添加相应的代码。

注意：本例使用 CodeWarrior 5. 0 开发，代码在 MC9S08GB60 下测试。每颗芯片依赖的应用和处理器本身的外设寄存器功能不一样，如果用于其他 MCU 的初始化代码可能需要改变。

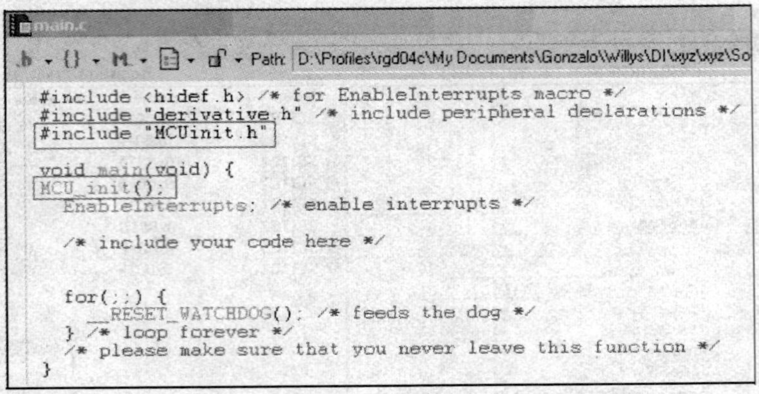

main.c

Path: D:\Profiles\rgd04c\My Documents\Gonzalo\Willys\DI\xyz\xyz\So

```
#include <hidef.h> /* for EnableInterrupts macro */
#include "derivative.h" /* include peripheral declarations */
#include "MCUinit.h"

void main(void) {
MCU_init();
  EnableInterrupts; /* enable interrupts */

  /* include your code here */


  for(;;) {
    __RESET_WATCHDOG(); /* feeds the dog */
  } /* loop forever */
  /* please make sure that you never leave this function */
}
```

图 2.33　main.c 程序

2.5.2　HCS08 的系统低电压检测功能

HCS08 单片机系统有 LVD(低电压检测)功能，图 2.34 提供了功能描述和配置选项的基本信息。

SPMSC1	LVDF	LVDACK	LVDIF	LVDRF	LVDSE	LVDE		BGBE

系统电源管理状态控制寄存器1
LVDF－低压检测标志
LVDACK－清除低压检测标志
LVDIE－使能/关闭低压检测中断
LVDRE－使能/关闭低压检测复位
LVDSE－在停止模式下使能/关闭LVD功能
LVDE－使能/关闭LVD模式
BGBE－带隙缓冲使能
不是所有的芯片都具备该项功能

SPMSC2	LVWF	LVWACK	LVDV	LVWV	PPDF	PPDACK	PDC	PPDC

系统电源管理状态控制寄存器2
LVWF－低压警告标志
LVWACK－清除低压警告标志
LVDV－选择高/低压检测点电压
LVWV－选择高/低压警告电压
PPDF－部分下电标志
PPDACK－部分下电应答
PDC－下电控制
PPDC－部分下电控制

图 2.34　LVD 配置选项快速参考

LVD 功能是由设备决定的，请参看芯片数据手册来设置寄存器相应的位。例如，在有些芯片中，低电压警告位是由 SPMSC3 控制的，也有的 PDF(Power-Down Flag)下电标志位在 SPMSC2 寄存器的 bit 4(第 4 位)中。

了解了与 LVD(低电压检测)相关的寄存器后，下面介绍 LVD 的编写过程。

1. HCS08的系统低电压检测代码例程

本例配置LVD使用基于中断的方法，当电压为低时，让LED显示。也可以查询低电压告警标志，如果有低电压，那么让发光二极管一秒一秒地闪烁。

LVD例程代码包含的函数如下：

- main：反复轮询低电压告警标志位，并通过与MCU引脚连接的LED显示。
- MCU_init：配置硬件，设置LVD模块来接收中断和LVD(低压检测)/LVW(低压告警)。
- Vlvd_isr：响应LVD中断服务子程序。

使用芯片设备初始化，本例的LVD配置如下：

- LVD中断使能。
- 低电压检测，低电压告警。
- 如果检测到低电压不产生复位。
- 在停止(STOP)模式下，没有低电压检测。

配置说明信息请参考代码。LVD配置后，如果检测到低电压，中断服务程序通过置位应答标志位来清除LVD标志位。本例也设置了一个位用于通过MCU的引脚点亮发光二极管来产生警告信息。相关代码如下：


```
_interrupt void Vlvd_isr(void) {
PTFD_PTFD2 = 0x00;              //开启 PTF2,保持指示灯常亮
SPMSC1  | = 0x40;               //LVD 低电压检测应答和清除标志位
}
```

注意：本例在CW 5.0下开发，在MC9S08GB60下测试。不同芯片外设功能和芯片的寄存器定义不一样，在移植到不同的处理器时，设备初始化代码需要做相应的改变。

2. 与HCS08系统低电压检测相关的硬件设计

HCS08系统低电压检测的原理图提供了与上述代码相关的硬件设计，如图2.35所示。

2.5.3 HCS08单片机的ICS(内部时钟源)

本例是使用ICS模块的快速参考，提供了功能模块的基本描述和配置选项信息。ICS相关寄存器的快速参考如图2.36所示。

了解了与ICS相关的寄存器后，下面详细介绍HCS08单片机的ICS代码例程。

ICS提供了时钟源的多种选项，提供了在精确度、成本、电流消耗和执行性能之间选择的可行性方案，这些因素依赖于设计开发的要求和应用实际的特征。

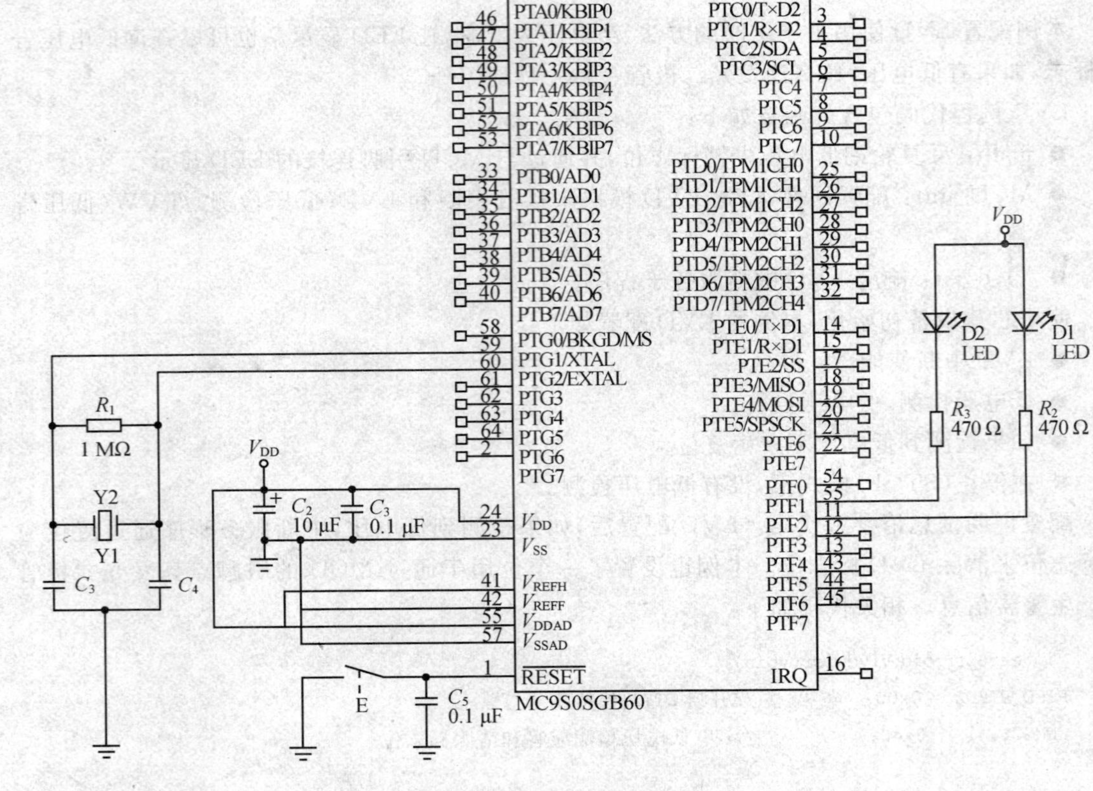

图 2.35　硬件设计原理图

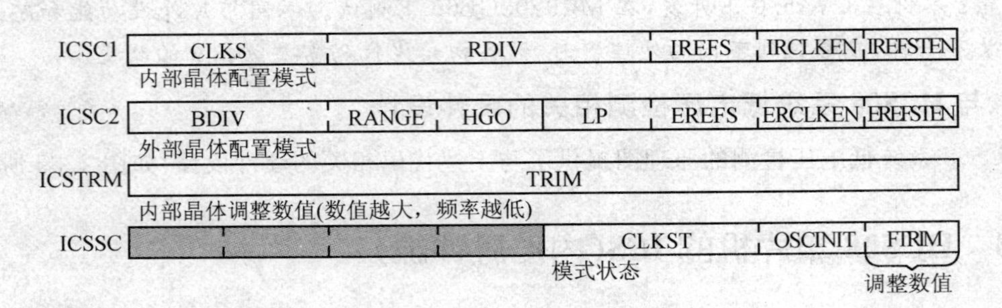

图 2.36　ICS相关寄存器参考

1. FLL Engaged External 例程

本例第一个例程用于 FEE(FLL Engaged External)模式，用 4.9152 MHz 晶振作为外部时钟源参考。使用这个模式，可以得到的总线频率范围是 1～10 MHz，有很高的时钟精确度。

总线频率由下面公式计算：

$$f_{bus} = (f_{ext} \div RDIV \times 512 \div BDIV) \div 2$$

式中，f_{ext}是外部时钟源参考(本例中使用4.9152 MHz晶振)。BDIV位需要编程对f_{ext}分频到31.25～39.0625 kHz(本例f_{ext}的分频是128)。然后FLL乘512，同时除以BDIV位的值(本例BDIV位设置为2)，最后时钟频率信号除以2，作为最后的总线频率。

本例中f_{bus}是4.912 MHz，同时为了降低功耗，可对HGO编程来配置外部晶振。ICS控制寄存器的设置方式如表2.38所列。

表2.38 ICS控制寄存器设置方式一

寄存器设置			描 述
ICSC1＝0x38			
Bits[7:6]	CLKS	00	选择FLL输出
Bits[5:3]	RDIV	111	参考时钟128分频
Bit 2	IREFS	0	选择外部参考时钟
Bit 1	IRCLKEN	0	ICSIRCLK不激活
Bit 0	IREFSTEN	0	在停止模式下，内部参考时钟是关闭的
ICSC2＝0x64			
Bits [7:6]	BDIV	01	设置分频比为2
Bit 5	RANGE	1	选择外部晶体的输入范围
Bit 4	HGO	0	配置外部晶体，便于低功耗操作
Bit 3	LP	0	FLL在旁路模式下是关闭的
Bit 2	EREFS	1	晶体振荡请求
Bit 1	ERCLKEN	0	ICSERCLK不激活
Bit 0	EREFSTEN	0	在停止模式下，外部时钟源是关闭的

CW中的C语言配置描述如下：

```
ICSC2 = 0x64;
while(ICSSC_OSCINIT= =0);
ICSC1 = 0x38;          //实际使用中最好使能外部时钟，切换到FEE模式
```

注意：主循环用于等待外部晶振初始化完成。

2. FLL Bypassed External 例程

本例使用FBE(FLL Bypassed External)模式，使用4.9152 MHz晶振参考源。这个模式提供的总线频率范围是2 kHz～2.5 MHz。

总线频率计算公式：

$$f_{bus}=(f_{ext}\times 1/BDIV)/2$$

式中，f_{ext}是外部时钟频率参考(本例使用 4.9152 MHz)。BDIV 位用于对 f_{ext}进行分频，设计中使用 f_{ext}分频 128 到 31.25～39.0625 kHz。这样总线频率 f_{bus}是 1.228 MHz。为了提高抗噪能力，本例通过对 HGO 编程配置外部晶振。ICS 控制寄存器设置方式如表 2.39 所列。

表 2.39　ICS 控制寄存器设置方式二

寄存器设置			描　述
ICSC1＝0xB8			
Bits [7:6]	CLKS	10	选择外部参考时钟
Bits [5:3]	RDIV	111	参考时钟 128 分频
Bit 2	IREFS	0	选择外部参考时钟
Bit 1	IRCLKEN	0	ICSIRCLK 不激活
Bit 0	IREFSTEN	0	在停止模式下，内部参考时钟关闭
ICSC2＝0x74			
Bits [7:6]	BDIV	01	设置时钟源 2 分频
Bit 5	RANGE	1	选择外部晶体的高频输入范围
Bit 4	HGO	1	配置外部晶体
Bit 3	LP	0	在旁路模式下，FLL 是关闭的
Bit 2	EREFS	1	晶体振荡请求
Bit 1	ERCLKEN	0	ICSERCLK 不激活
Bit 0	EREFSTEN	0	在停止模式下，外部时钟源关闭

CW 中的 C 语言配置描述如下：

```
ICSC2 = 0x74;
while(ICSSC_OSCINIT =  = 0);
ICSC1  = 0xB8;       //实际使用中最好使能外部时钟，切换到 FBE 模式
```

3. FLL Bypassed External Low Power 例程

这个模式和 FBE 模式很相似，不同之处是本例中为了降低功耗，FLL 是关闭的。本例使用 4.9152 MHz 晶振作为参考源。该模式下提供的时钟频率 $f_{bus}\leqslant$10 MHz。

总线频率计算公式为：

$$f_{bus}=(f_{ext}\times 1/BDIV)/2$$

式中，f_{ext}是外部参考源，尽管 FLL 在本例中是关闭的，依然设置 BDIV 位来对 f_{ext}分频，分频

后范围是 31.25～39.0625 kHz(f_{ext}分频系数是 128)。

本例中 f_{bus} 是 1.228 MHz。为了降低功耗,对 HGO 进行编程来配置外部晶振。本例中 ICS 控制寄存器设置方式如表 2.40 所列。

表 2.40　ICS 控制寄存器设置方式三

寄存器设置			描　述
ICSC1=0x80			
Bits [7:6]	CLKS	10	外部参考时钟被选中
Bits [5:3]	RDIV	111	参考时钟 128 分频
Bit 2	IREFS	0	选择外部参考时钟
Bit 1	IRCLKEN	0	ICSIRCLK 不激活
Bit 0	IREFSTEN	0	在停止模式下,内部参考时钟是关闭的
ICSC2=0x2C			
Bits [7:6]	BDIV	01	设置时钟 1 分频
Bit 5	RANGE	1	选择外部晶体的高频输入范围
Bit 4	HGO	0	配置外部晶体便于低功耗操作
Bit 3	LP	1	在旁路模式下 FLL 是关闭的(除非使用 BDM)
Bit 2	EREFS	1	晶体振荡请求
Bit 1	ERCLKEN	0	ICSERCLK 不激活
Bit 0	EREFSTEN	0	在停止模式下,外部参考时钟关闭

CW 中的 C 语言配置描述如下:

```
ICSC2 = 0x2C;
while(ICSSC_OSCINIT = = 0);
ICSC1 = 0x80;          //实际使用中最好使能外部时钟,切换到 FBELP 模式
```

4. FLL Bypassed Internal 例程

本例中单片机将在 FBI(FLL Bypassed Internal)模式下配置。该模式下的总线频率是 2～19 kHz。

总线频率计算公式:

$$f_{bus}=(f_{irc}\times 1/BDIV)/2$$

式中,f_{irc}是内部参考时钟频率(本例中使用 32.768 kHz),总线频率是 8.19 kHz。本例中 ICS 控制寄存器设置方式如表 2.41 所列。

表 2.41 ICS 控制寄存器设置方式四

寄存器设置			描 述
ICSC1＝0x44			
Bits [7:6]	CLKS	01	内部参考时钟被选中
Bits [5:3]	RDIV	000	时钟 1 分频
Bit 2	IREFS	1	选择内部参考时钟
Bit 1	IRCLKEN	0	ICSIRCLK 不激活
Bit 0	IREFSTEN	0	在停止模式下，内部参考时钟源是关闭的
ICSC2＝0x40			
Bits [7:6]	BDIV	01	设置时钟 2 分频
Bit 5	RANGE	0	外部晶体的低频输入范围
Bit 4	HGO	0	配置外部晶体的低功耗操作
Bit 3	LP	0	FLL 在旁路模式下不使能
Bit 2	EREFS	0	外部时钟源请求
Bit 1	ERCLKEN	0	ICSERCLK 不激活
Bit 0	EREFSTEN	0	在停止模式下，外部时钟源是关闭的

CW 中 C 语言配置描述如下：

```
ICSC1 = 0x44;        //如果从 FEE、FBE 或者 FBELP 模式进入 FBI，延时 tIRST
ICSC2 = 0x40;
```

5. FLL Bypassed 内部电源例程

本模式和 FBI 模式相似，不同之处在于为了降低功耗，FLL 是关闭的。该模式下总线频率是 2～19 kHz。总线频率计算公式：

$$f_{bus}=(f_{irc}\times 1/BDIV)/2$$

本例中使用 32.768 kHz 频率作为内部时钟源参考，总线频率是 16.38 kHz。本例的 ICS 控制寄存器设置方式如表 2.42 所列。

CW 中 C 语言配置描述如下：

```
ICSC1 = 0x44;     //如果切换到 FEE、FBE，或者从 FBELP 进入 FBILP，需要延时 TRST
ICSC2 = 0x08;
```

6. FLL Engaged Internal 例程

本例使用 FEI(FLL Engaged Internal)，这是 ICS 模式的默认配置。当进入该模式时，总线频率是4.1943 MHz。

表2.42 ICS控制寄存器调协方式五

寄存器设置			描 述
ICSC1=0x44			
Bits [7:6]	CLKS	01	选择内部参考时钟
Bits [5:3]	RDIV	000	时钟频率1分频
Bit 2	IREFS	1	内部参考时钟选择位
Bit 1	IRCLKEN	0	ICSIRCLK 不激活
Bit 0	IREFSTEN	0	在停止模式下,内部时钟关闭
ICSC2=0x08			
Bits [7:6]	BDIV	00	设置时钟1分频
Bit 5	RANGE	0	外部晶体的低频输入范围
Bit 4	HGO	0	配置外部时钟,便于低功耗操作
Bit 3	LP	1	在旁路模式下,FLL是关闭的
Bit 2	EREFS	0	外部时钟源请求
Bit 1	ERCLKEN	0	ICSERCLK 不激活
Bit 0	EREFSTEN	0	在停止模式下,外部时钟关闭

该模式下的总线频率范围是1~10 MHz。具备低功耗、高可靠性、高精度。本例中总线频率为4.1943 MHz,是上电复位后默认的总线频率。在FEI模式下,如果默认设置满足要求,则不需要对寄存器操作。当然,如果需要,默认设置也是可以被改变的。本例中内部时钟源需要通过对ICSTRM寄存器进行写操作来对时钟校准。也可以通过ICSC2寄存器中的BDIV位来降低总线频率。

注意:

- 当ICS配置为FEE或者FBE模式时,输入时钟源必须通过是用RDIV来分频至31.25~39.0625 kHz。
- 注意参看数据手册中内部和外部时钟电气特性和时序说明。
- 外部晶振可以配置成高振幅输出抗噪性能。这个模式的设置通过选择HGO=1来配置。
- 当在操作模式间转换时,如果选择的时钟源没有配置成功,将使用原先设置的时钟源。
- TRIM和FTRIM位不会受复位的影响。
- 当使用XTAL引脚时,需要使用低阻抗的电阻,如二氧化碳成分电阻。电容必须使用陶瓷电容来设计高频应用。典型的电容 C_1 和 C_2 范围是5~25 pF。阻抗 R_f 范围是1

～10 MΩ，R_S 范围是 0～100 kΩ）。电路板布线的时候要保证元器件尽可能地接近 XTAL 与 EXTAL 引脚，这样可以降低噪声干扰。

2.5.4　HCS08 单片机的 ICG（内部时钟发生器）

本例是使用 ICG 模块的快速参考，提供了功能模块的基本信息和配置选项信息。与 ICG 相关的寄存器如图 2.37 所示。

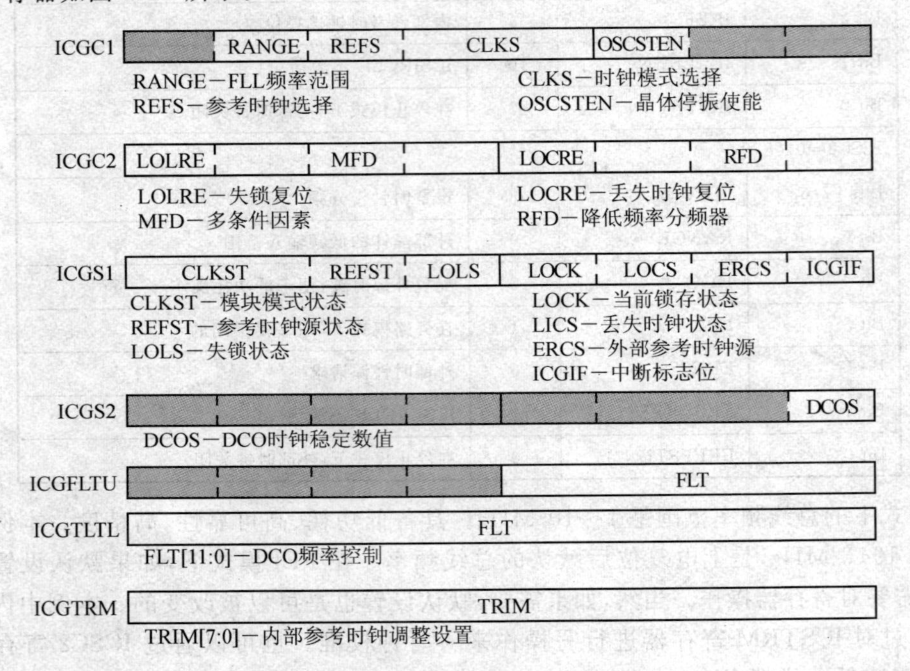

图 2.37　ICG 相关寄存器图

了解了与 ICG 相关的寄存器后，下面详细介绍 HCS08 单片机的 ICG 代码例程。

ICG 提供了许多可选的时钟源，有 FLL Engaged External、FLL Engaged Internal、FLL Bypassed External、Self－Clocked 模式。下面分别介绍与时钟源相关的例程代码。

1. FLL Engaged External 例程

本例使用 32 kHz 作为外部时钟源参考配置 MCU 为 FEE 模式，使用该模式可以得到的频率范围是 0.03～20 MHz。总线频率计算公式：

$$f_{bus}=(f_{ext}\times P\times N\div R)\div 2$$

式中，f_{ext} 是外部时钟频率参考（本例使用 32.768 kHz 晶振），P 的数值依赖于 RANGE 位，由于我们使用的是低频晶振 $P=64$（如果 RANGE=1，那么 $P=1$）。N 和 R 分别是乘数和除数因子，分别由 ICGC2 中 MFD 和 RFD 位决定。本例中使用 $N/R=4$，因此总线频率 f_{bus} 是 4.19 MHz。

FEE 模式下 ICG 控制寄存器的设置方式如表 2.43 所列。

表 2.43　ICG 控制寄存器设置表

寄存器设置			描　述
ICGC1			
Bits 7	HGO*	0	配置晶体在低功耗模式下操作
Bits 6	RANGE	0	配置晶体工作在低频模式下(FLL 分频因子是 64)
Bit 5	REFS	1	使用晶振或者陶瓷晶体
Bit [4:3]	CLKS	11	FLL 外部模式请求
Bit 2	OSCSTEN	0	在停止模式下，晶振关闭
Bit 1	LOCD*	0	失锁检测使能
Bit 0		0	保留位
只在 MC9S08AW 中是可行的，MC9S08GB/GT 中总是写入 0			
ICGC2			
Bits7	LOLRE	0	在失锁的情况下，产生中断请求
Bit [6:4]	MFD	000	设置 MFD 多因素条件为 4
Bit 3	LOCRE	0	在失锁的情况下，产生中断请求
Bit [2:0]	RFD	000	设置 MFD 多因素条件为 1

CW 下 ICG(内部时钟发生器)的 C 代码配置如下：

```
ICGC  = 0x00;
ICGC1 = 0x38;                          //最好设置 MFD/RFD,然后使能 FEE
while (ICGS1_LOCK =  = 0);
while (ICGS2_DCOS =  = 0);             //可选择的操作
```

备注：主循环不会暂停执行，直到 FLL 被锁住。关于时间临界任务，另外一个循环将用于等待 DCOS=1。

2. FLL Engaged Internal 例程

本例中配置单片机工作在 FEI 模式下。参考时钟是内部的 243 kHz 时钟源。该模式下允许的总线频率范围是 0.03～20 MHz。

总线频率计算公式：

$$f_{bus}=((f_{IRG}\div 7)\times P\times N/R)\div 2$$

式中，f_{IRG}是内部参考时钟频率(接近243 kHz)。在这个模式下，FLL分频因子P总是64。N和R分别是乘数和除数因子，由寄存器ICGC2中MFD和RFD位决定。我们设置$N/R=2$，因此总线频率是2.221 MHz。

ICG控制寄存器设置方式如表2.44所列。

表2.44 ICG控制寄存器设置方式二

寄存器设置			描 述
ICGC1			
Bits 7	HGO*	0	配置晶体作为低功耗操作
Bits 6	RANGE	0	配置晶体在低频范围
Bit 5	REFS	1	使用晶振或者陶瓷晶体
Bit [4:3]	CLKS	01	FLL内部模式请求
Bit 2	OSCSTEN	0	在停止模式下，晶体停振
Bit 1	LOCD*	0	时钟丢失检测使能
Bit 0		0	保留
ICGC2			
Bits7	LOLRE	0	在丢失的时钟上产生中断请求
Bit [6:4]	MFD	000	设置MFD因子为4
Bit 3	LOCRE	0	时钟丢失产生中断请求
Bit [2:0]	RFD	001	设置RFD分频因子为2

CW下的C代码例程如下：

```
ICGC2 = 0x01;
ICGC1 = 0x28;                //最好设置MFD/RFD,然后使能FEE
while (ICGS1_LOCK = = 0);
while (ICGS2_DCOS = = 0);  //可选择的操作
```

3. FLL Bypassed External 例程

本例中配置MCU工作在FBE(FLL Bypassed External)模式下，使用32 kHz作为参考源。这个模式下允许的总线频率≤8 MHz(使用外部晶振，频率可以达到20 MHz)。

总线频率计算公式：

$$f_{bus}=(f_{ext}\times 1/R)\div 2$$

式中，f_{ext}是外部参考源频率(在本例中使用32.768 kHz晶振)。总线频率是16.384 kHz。ICG控制寄存器设置方式如表2.45所列。

表 2.45　ICG 控制寄存器设置方式三

寄存器设置			描　述
ICGC1			
Bits 7	HGO*	0	配置晶体在低功耗模式操作
Bits 6	RANGE	0	配置晶体低频工作范围 $P=64$
Bit 5	REFS	1	使用晶振或者陶瓷晶体
Bit [4:3]	CLKS	10	FLL 外部旁路模式请求
Bit 2	OSCSTEN	0	在停止模式下,晶体关闭
Bit 1	LOCD*	0	失锁时钟检测使能
Bit 0		0	保留
ICGC2			
Bits7	LOLRE	0	在失锁的时钟上产生中断
Bit [6:4]	MFD	000	设置 MFD 分频因子为 4
Bit 3	LOCRE	0	在失锁的时钟上,产生中断请求
Bit [2:0]	RFD	000	设置 RFD 分频因子为 1

CW 下的 C 代码例程如下:

```
ICGC2 = 0x00;
ICGC = 0x30;
while (ICGS1_ERCS = = 0);
```

注意: while 循环用于等待外部时钟源稳定,满足最小的时钟频率要求。

4. Self-Clocked 模式例程

本例在 SCM(Self-Clocked)模式下使用单片机,这是 ICG 模式下默认的配置。当进入这个模式时,总线频率默认为 4 MHz。只有在这个模式下 ICGFLT(过滤寄存器)才能执行写操作。ICGFLT 默认的数值是 0x0C0。对其写一个大的数值,将增大总线频率;写一个小的数值,将减小总线频率。这个模式下提供的总线频率范围是 3~20 MHz。本例中总线频率为 20 MHz。SCM 中没有寄存器需要执行写操作,本例中对 ICGFLTU 和 ICGFLTL 执行写操作增加总线频率(通过对 ICGFLT 执行写操作,修改 ICGFLTL 和 ICGFLTU 中的 4 个标志位,其他 4 个位未操作)。

C 代码中 FLT 寄存器设置为:ICGFLT=0x0800;通过改变 ICGC2 寄存器中的 RFD 分频因子来降低总线频率。

注意：

- 复位后ICGC1中的RANGE和REFS位只能写一次。同时，当复位设置CLKS＝0x(SCM,FEI)，如果是第一次写，那么CLKS位再也不能写入1x(FEE,FBE)，直到下一次复位产生(由于EXTAL不作为保留引脚使用)。
- 当在FEE和FEI模式下操作时，为了降低功耗，尽可能选择N或者R为小的数值。
- 当在FEE模式下操作和使用外部晶振时，应确保其频率在指定范围，即32～100 kHz(RANGE＝0)或者2～10 MHz(RANGE＝1)。
- 当在FBE模式下操作和使用外部晶振时，应确保其频率在指定范围，即32～100 kHz(RANGE＝0)或者1～16 MHz(RANGE＝1)。
- 通过设置HGO＝1，来提高晶振的抗噪能力。
- 当退出停止模式时，为了避免晶振启动时间延长，可以对OSCSTEN编程为1，这个方式下晶振将继续保留在停止模式(ICG模式未使用)，这种方式下停止模式的电流消耗比较大。
- 当操作FEI来校准内部参考发生器时，增加ICGTRM寄存器的数值将会增加频率周期，减少ICGTRM的数值将会减少频率周期。详细描述参考Freescale AN2496文档。
- 两个常用的位LOLRE和LOCRE。当时钟丢失(LOCRE)和失去锁定(LOLRE)，无论中断和复位是否将产生，这两个位将会配置。
- 推荐在写ICGC1之前先写ICGC2，这种方法使能FLL前先设置乘法器。

2.5.5 HCS08单片机低功耗模式(节电模式)

本例是HCS08单片机使用低功耗模式的快速参考，并提供基本功能模块描述和配置信息。HCS08单片机提供许多停止模式来满足用户的低功耗要求。HCS08支持3种不同的停止模式，当STOPE位使能时，执行STOP指令进入低功耗模式；如果STOPE位不使能，非法的代码操作复位将被强制执行。低功耗模式快速参考如图2.38所示。

停止模式功能使用芯片独立的寄存器。请参考相应的芯片数据手册，在有一些芯片中，低电压告警位在SPMSC3中，PDF(Power-Down Flag)下电标志位在SPMSC2中的第四位中。了解了相关寄存器后，下面详细介绍HCS08单片机低功耗模式C代码的编写方法。

1. HCS08单片机低功耗模式代码例程

本例提供的代码可以从Freescale HCS08QRUGSW.zip获得，工程包括的函数如下：

- main：检测停止模式2是否恢复，如果恢复，进入停止模式1；否则，进入停止模式3，同时等待外部中断。如果接收到外部中断，进入中断服务子程序，然后从主程序返回。

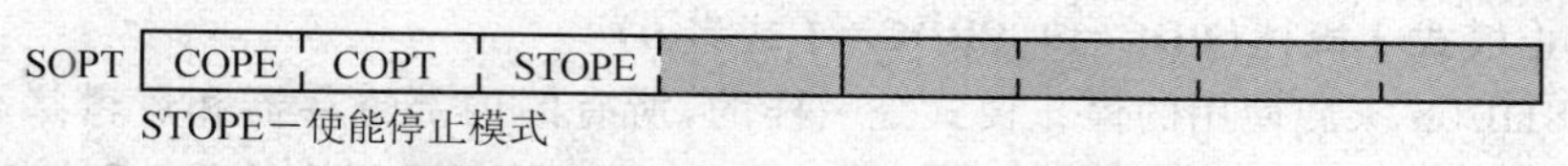

STOPE－使能停止模式

SPMSC2	LVWF	LVWACK	LVDV	LVWV	PPDF	PPDACK	PDC	PPDC

系统功率管理状态控制寄存器2
LVWF－低压警告标志位
LVWACK－清除低压警告标志位
LVDV－在低压检测触发电压阀值范围内选择电压数值
LVWV－选择低电压的电压阀值
PPDF－部分掉电标志位
PPDACK－部分掉电应答位
PDC－掉电控制位
PPDC－部分掉电控制位

图 2.38　低功耗模式快速参考

如果进入停止模式 2,等待外部中断触发。当中断发生时,MCU 跳过复位,如果中断发生在停止模式 2,它将自身配置为停止模式 1。

- Mcu_init:配置 MCU 硬件和外部中断。
- Delay:这是一个简单的循环子程序。
- Virq_isr:IRQ 引脚中断服务子程序。

执行下面 4 个简单步骤,用户可以在任何芯片上进入任何一个停止模式。

① 设置 SOPT 中 STOPE 位来使能停止模式(用来使能停止指令,否则一个非法的操作复位将会被强制执行)。

② 设置 SPMSC1 寄存器(该寄存器用来设置低电压检测,进入停止模式 1 和停止模式 2 时,低电压检测必须关闭)。

③ 从停止模式退出时,设置所有的中断(这样才能保证 MCU 退出停止模式时,响应其他外部信号源,而不是仅仅是复位)。

④ 检测和设置 SPMSC2 寄存器,这项操作有两个主要的目的:① 检测部分下电标志;② 设置使用的停止模式。

如果上述步骤已经执行,可以通过停止指令使得 MCU 进入停止模式。

2. HCS08 单片机低功耗模式下重要的 I/O 口配置信息

当 HCS08 进入停止模式 2 和停止模式 3 时,其寄存器的内容保持不变。特别地,端口保持其配置信息。因此,在这个状态下有必要设置端口状态来减少电流消耗。为了避免电流消耗,软件和硬件工程师需要按照如下向导来进行配置。

① 不要将未用的引脚悬空,而是接 V_{DD}或者接地 V_{SS},或者输出一个固定的电平。

② 如果输入逻辑状态不确定时(例如,采用霍尔效应的传感器),使用外部上拉电阻或者下拉电阻代替内部弱上拉电阻(典型的电阻数值是 20～50 kΩ),这样在低功耗方式下,这些输入电平变化时,系统的功耗是最小的。

3. HCS08 单片机低功耗模式参考信息

为进一步了解 HCS08 家族的停止模式,本书提供了如下参考材料信息。

(1) 停止模式3概述(PDC=0,PPDC=1或者0)

这和68HC08家族使用的停止模式是一样的,所有的内部寄存器和逻辑状态保留。基于此,I/O状态不受停止模式3影响,在退出停止模式时不需要重新初始化。RAM也是保留的,除RTI(如果RTI使能)以外所有的外设关闭。停止模式3的退出可以使用中断请求(IRQ)、实时时钟中断(RTI)、键盘中断(KBI)和低电压告警(LVW)中断。RTI使用1 kHz内部时钟或者外部晶振(如果在停止模式下使能外部晶振)。当通过异步中断或者实时中断从停止模式3唤醒时,MCU通过中断服务子程序(ISR)重新进入程序结构流程开始下一条指令的执行。如果停止模式3是通过复位引脚退出的,MCU将复位,程序将会从复位向量重新开始执行。

(2) 停止模式2概述(PDC=1,PPDC=1)

这个模式下的功耗比STOP 3下的低,只有低电压检测关闭时,STOP 2才能进入,I/O引脚被锁住,但是内部寄存器在停止模式2下丢失了。如果在应用中要求I/O引脚状态保留,那么相关寄存器的内容需要保存在RAM中。RAM寄存器是保留的。除了RTI(实时时钟中断外),所有的外设关闭。如果要使用RTI,只有内部时基可以使用,因为内部时钟电路在停止模式2下是关闭的。可以使用外部中断请求(IRQ)、实时中断(RTI)、键盘中断(KBI)退出停止模式2。当从停止模式2下唤醒时,由于MCU可通过复位向量重新进入程序结构流程,因而没有ISR(中断服务子程序)代码执行。用户必须决定是否有停止模式2或者真正的POR(上电复位)信号产生,同时采取适当的操作。所有的内部寄存器设置在上电复位状态,如果I/O引脚条件被保留,可以在响应停止模式2命令的时候,从RAM取出相关的寄存器。

(3) 停止模式1概述(PDC=1,PPDC=0)

HCS08芯片设计低电压操作范围是1.8~3.6 V,涵盖停止模式1。停止模式是通过设定SPMSC2寄存器中的位进入的。这个模式下功耗最低,设备完全下电,只能通过外部中断请求(IRQ)和复位(RESET)退出。和停止模式2一样,只有低压检测关闭时,停止模式1才能进入。在停止模式1下,IRQ被激活为低(无论进入停止模式1前如何配置)。

当从停止模式1下唤醒时,通过复位向量可以重新进入程序流程,没有处理中断服务子程序代码。

4. HCS08单片机低功耗模式硬件描述

HCS08单片机低功耗模式源代码相关的硬件原理图如图2.39所示。

2.5.6 HCS08的外部中断请求(IRQ)功能

本例是HCS08使用IRQ功能的快速参考,提供基本功能模块描述和配置信息。在有些芯片中,IRQ信号被激活为低,然而在有些芯片中,其极性是通过IRQEDG设置的。当IRQ功能使能时,IRQ引脚用来模拟外部事件的中断触发。一些HCS08给这个引脚分配特定的

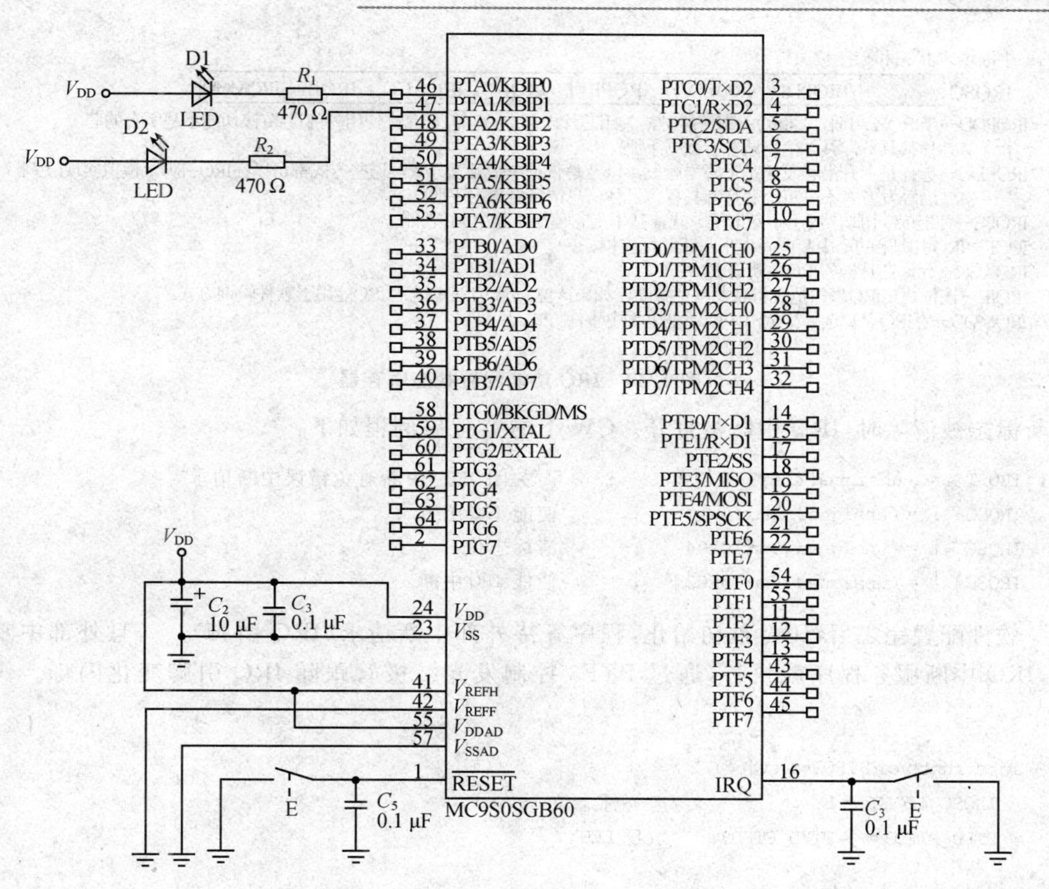

图 2.39　原理图

功能。IRQ 中断可以编程来检测沿中断或者电平中断。(通过判断连接 IRQ 引脚按键产生电平变化。)

IRQ 功能配置状态寄存器和控制寄存器信息如图 2.40 所示。

1. HCS08 的外部中断请求(IRQ)代码例程

IRQ.mcp：工程执行 IRQ 功能，选择下降沿和低电平来触发硬件中断。代码功能如下：

main：主程序用于检测 IRQ 中断发生。

MCU_init：该函数用于初始化 IRQ 功能。

IRQIsr：该函数当外部中断请求发生时，将 LED 取反输出。

MCU_init 是通过芯片设备初始化产生的。本例的 IRQ 功能是通过外部中断在 IRQ 引脚上触发的，通过 LED 闪烁实现。使用 MC9S08GB60 单片机的外部中断 IRQ 的初始化代码如下。在初始化阶段，中断是屏蔽的(由于使用内部 26 kΩ 上拉电阻将电平拉高为 1)，当错误

中断请求状态和控制位

IRQSC		IRQPDD	IRQEDG	IRQPE	IRQF	IRQACK	IRQIE	IRQMOD

IRQPDD—当IRQPE=1时，即IRQ引脚使能时，关闭芯片内部上拉，但是允许使用外部设备(该功能不是所有的芯片都具备，具体信息请参看数据手册)。
IRQEDG—选择是上升沿触发还是下降沿触发，以及是否是电平触发方式，这些方式都可以在IRQ引脚上模拟实现(上/下沿触发方式不是每个芯片都具备，具体信息请参看数据手册)。
IRQPE—使能IRQ引脚，用于中断请求方式，基本上它使能了整个IRQ功能。
IQQF—IRQ引脚上的沿中断或者电平中断的标志位。
IRQACK—允许芯片应答IRQ中断请求。
IRQIE—该位决定IRQ事件是否将触发硬件中断，如果该位使能，IRQ标志位IRQ能用于软件轮询方式。
IRQMOD—在IRQ引脚选择检测沿中断还是电平中事件方式。

图 2.40 IRQ功能配置状态寄存器

中断标志被清除时，IRQ中断被打开。CW下的C代码例程如下：

```
IRQST &= (unsigned char) ~ 0x02     ;    //关闭 IRQ 中断避免错误中断请求
IRQSC  | = (unsigned char)0x11      ;    //使能 IRQ 函数
IRQSC  | = (unsigned char)0x04      ;    //清标志位
IRQSC  | = (unsigned char)0x02      ;    //使能 IRQ 中断
```

软件配置完之后，IRQ被初始化，程序等待外部中断请求(IRQ引脚)。一旦外部中断触发，IRQ中断服务程序就执行，通过PTF3控制发光二极管跟随IRQ引脚变化闪烁。代码如下：

```
interrupt void IRQIsr (viod) {
  IRQSC_IRQACK = 1;            //应答标志位
  PTFD_PTFD3 = ~PTFD_PTFD3;  //取反 LED
}
```


2. HCS08外部中断请求(IRQ)的硬件部分

外部中断请求(IRQ)的硬件设计如图2.41所示，使用了4个引脚，即电源、地、作为中断输入的IRQ以及作为I/O引脚输出的PTF3(LED用于指示IRQ中断服务子程序的执行)。当IRQ引脚中断使能时，IRQ引脚用于接收和检测既定事件，也有一些MCU将IRQ复用一些其他功能。当在IRQSC中使能IRQ引脚时，该引脚就具备IRQ功能。根据检测到的不同信号(上/下沿，上下沿和电平)，决定将使用下拉电阻而不是上拉电阻。上下拉是通过IRQSC中的IRQEDG和IRQMOD位来设置的。

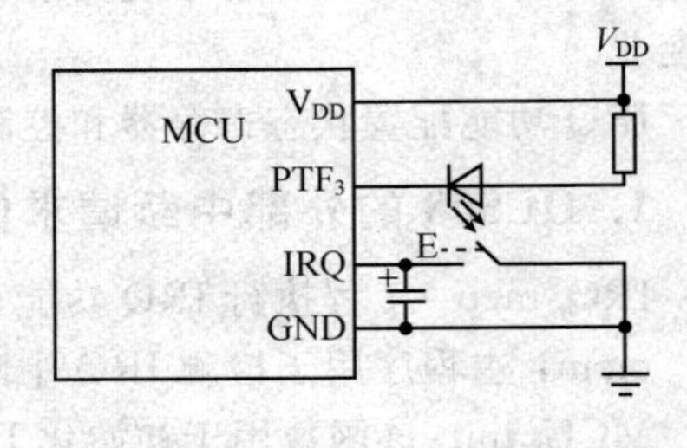

图 2.41 原理图

本例中，IRQ引脚配置成上拉，用于检测下降沿和低电平。内部上拉电阻设置逻辑电平1

作为端口默认状态。根据上述代码中 IRQSC 的配置状态，可看出无论按键何时按下，IRQ 引脚将读到逻辑电平低 0，同时触发硬件中断。引脚 PTF3 设置为输出，控制 LED 的亮灭。当 PTF3 为低电平时灯亮，高电平时灯灭。

注意： 软件开发在 CW 5.0 下进行，同时在 MC9S08GB60 下进行测试。按键延时消抖的典型数值是 20 ms。IRQ 引脚没有钳位二极管到 V_{DD}，因此 IRQ 驱动电压必能超过 V_{DD}。

2.5.7 HCS08 使用键盘中断(KBI)

本例是 HCS08 使用 KBI 功能的快速参考，提供基本功能模块描述和配置信息。KBI 快速参考如图 2.42 所示。由于在许多芯片上有多个 KBI 模块，不仅仅只有一套寄存器。在本例中，x 代表 1 或者 2。通过软件来区分 KBI1 和 KBI2。

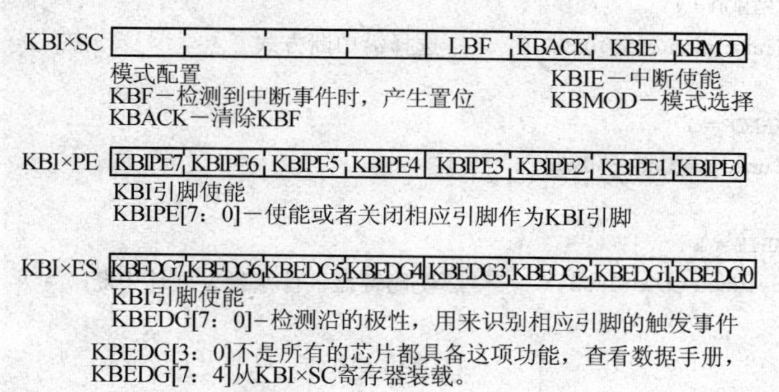

图 2.42　KBI 快速参考

了解了 KBI 相关寄存器后，下面详细阐述 HCS08 家族使用键盘中断 C 代码的编写过程。

1. HCS08 家族使用键盘中断代码例程

本例中，KBI 引脚用来触发中断子程序，每次检测到键盘中断时，LED 闪烁 10 次。MCU 的键盘中断 KBI 引脚 7 作为中断触发，检测下降沿或者低电平，会产生硬件中断。

工程文件名为 KBI.mcp。代码函数功能如下：

main：主函数用于检测键盘中断。

MCU_init：该函数在 KBI 模块配置中初始化 MCU。

Vkeyboard_isr：该函数用于当检测到 KBI 键盘中断时，LED 发光二极管取反 10 次。

Delay：LED 延时时间。

MCU_init 通过芯片使设备初始化。芯片初始化代码使用 MC9S08GB60，KBI 寄存器(KBI1SC 和 KBI1PE)将被用来客户化定制上述功能。在初始化阶段，由于使用 26 kΩ 上拉电阻到逻辑高电平，所以 KBI1 中断是被屏蔽的。当错误中断标志被清除时，键盘中断开启。

```
void MCU_init(void)
{
  //初始化 KBI 代码
  //KBI1SC：KBIE = 0
  KBI1SC & = (unsigned char)～0x02；//使能键盘事件来触发硬件中断

  //KBI1PE：KBIPE7 = 1，KBIPE6 = 0，KBIPE5 = 0，KBIPE4 = 0，KBIPE3 = 0，KBIPE2 = 0，KBIPE1 = 0，
  //KBIPE0 = 0

  KBI1PE = 0x80；
  //使能 KBI 引脚 7 作为键盘中断引脚，下降沿中断方式 KBI1SC_KBEDG7 = 0

  // KBI1SC：KBIMOD = 1
  KBI1SC | = (unsigned char)0x01；        //选择沿中断方式

  // KBI1SC：KBACK = 1
  KBI1SC | = (unsigned char)0x04；

  // KBI1SC：KBIE = 1
 KBI1SC | = (unsigned char)0x02；         //使能键盘事件来触发硬件中断

 }                                        // MCU_init
```

KBI 初始化之后，程序等待 KBI 中断触发。无论何时中断发生，都执行 KBI 中断服务程序。在这种情况下，只有 PTA7 将触发中断(由于只使能了 KBI1PE_KBI1PE7＝1)，中断服务子程序响应中断，然后通过 PTF0 将 LED 取反 10 次。

```
_interrupt void Vkeyboard_isr(void)
{
    int I  = 0；
    KBI1SC_KBACK  = 1；                  //清除 KBI 中断标志位 (KBIF)

    while (i<10) {                       //将 LED 取反 10 次
    PTFD_PTFD0 =  ～PTFD_PTFD0；
            i + + ；
        Delay() ；
    }
}
```

这段中断功能通过 DI(芯片设备初始化工具)自动产生，其初始化向量在 MCU_init. c 中，

用户只需要定义其内容即可。

2. HCS08 使用键盘中断代码的硬件设计

HCS08 使用键盘中断代码的硬件部分如图 2.43 所示。使用 PTA7 作为键盘中断输入，只使用 4 个引脚：电源电压 V_{DD}，地 V_{SS}，KBI 中断输入引脚，I/O 输出引脚（LED 用于显示键盘中断 KBI 功能）。

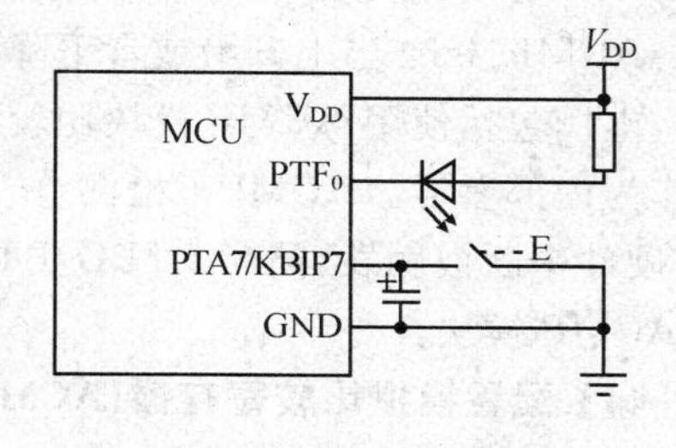

图 2.43　原理图

按下 PTA7 上的按键将会触发硬件中断。代码配置用于接收下降沿中断和低电平中断。内部上拉电阻将 PTA7 上拉为高电平 1。PTF0 用于输出控制 LED。输出低电平 0，LED 亮，输出高电平 1，LED 灭。

注意：软件开发在 CW 5.0 下进行，同时在 MC9S08GB60 下进行测试。按键延时消抖的典型数值是 20 ms。

2.5.8　HCS08 的 ACMP（模拟比较）

本例是 HCS08 使用 ACMP 功能的快速参考，提供基本功能模块描述和配置信息。

ACMP 功能模块提供两路模拟电压比较，或者一路带内部参考电压的模拟比较。ACMP 模块的操作电压在系统的电压范围内。ACMP 功能寄存器快速参考如图 2.46 所示。由于在有些芯片中，不只有一个 ACMP 模块，因此不只有一个 ACMP 状态控制寄存器，本例中，x 代表 1 或者 2。通过软件来区分是使用 ACMP1，还是使用 ACMP2。

ACMPxSC	ACME	ACBGS	ACF	ACIE	ACO	ACOPE	ACMOD

模块配置
ACME－使能模块
ACBGS－选择带隙参考
ACF－当事件触发时，置位
ACIE－中断使能
ACO－读状态输出
ACOPE－输出引脚使能
ACMQD[1: 0]－设置模式

图 2.44　ACMP 功能寄存器快速参考

ACMP 模拟比较功能模块有两路 ACMP＋和 ACMP－，还有一路数字输出 ACMPO。ACMP＋作为正相模拟输入，ACMP－作为负相模拟输入，ACMPO 作为数字输出，可以被使能作为外部驱动引脚。ACMP 模块可以通过设置 SOPT 2 中的 ACIC 位配置成连接模拟比较输出（ACMPO）到 TPM 输入捕获通道 0。捕获输入功能 TPM 能捕获外部事件发生，可以选择上升沿，下降沿或任何其他沿捕获。

1. HCS08 家族的 ACMP（模拟比较）代码例程

工程 QG8_ACMP.mpc 执行 ACMP 功能，选择上升沿或下降沿触发硬件。主函数功能

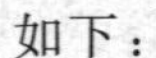

如下：

main：轮循等待ACMP中断触发。

MCU_inti：配置MCU工作在内部时钟模式下，使能ACMP模块。

ACMP_Isr：当上升沿或者下降沿事件发生时，LED取反。

本例包括使用ACMP模块比较两个不同的输入电压，ACMP－提供固定电压1.5 V，同时作为内部参考。ACMP＋检测0～3 V电压。当ACMP＋电压超过ACMP－的参考电压时，硬件中断被触发，同时PTBD_PTBD1控制发光二极管闪烁。下面的步骤告诉用户如何使用ACMP模块。

(1) 配置模拟比较寄存器(ACMPSC)

```
// ACMPSC: ACME = 1, ACBGS = 0, ACF = 1,ACIE = 1, AC0 = 0, ACOPE = 0, ACMOD1 = 1, ACMOD0 = 1
ACMPSC = 0xB3;   //模拟比较使能,外部引脚 ACMP + 选作正相输入,比较事件还没有发
                 //生,使能 ACMP 中断,在 ACMP 上不产生模拟比较输出,当比较事件
                 //检测到下降沿或者上升沿时,将比较标志位 ACF 置位
```

(2) ACMP中断服务子程序

```
_interrupt void ACMP_Isr (void)        //声明 ACMP 向量地址中断
                                       //ACMP 向量地址为 20
```

因为基于中断算法执行，全局中断标志位必须按照如下方式清除：

```
EnableInterrupts;                      //__asm CLI;
```

上述代码配置完毕后，系统将会执行ACMP中断服务子程序，首先清除ACMP中断标志位，“ACMPSC_ACF＝1；//清除ACF标志位”。ACMP的ISR(中断服务子程序)的功能是在上升沿和下降沿到来时，对LED取反。

2. HCS08 ACMP(模拟比较)的硬件电路设计

HCS08 ACMP(模拟比较)的硬件电路图如图2.45所示。

注意：本例开发环境为CW 5.0，测试芯片为MC9S08QG8，16脚封装。本例没有使用内部参考源，模拟比较电路支持的电压范围是系统电压范围，详细信息参看芯片数据手册。

2.5.9 HCS08使用10位ADC(模/数转换)

本例是HCS08使用10位ADC功能的快速参考，提供基本功能模块描述和配置信息。ADC功能模块不同于ATD模块，本书中对ATD模块有相关叙述。ADC功能寄存器快速参考如图2.46所示。由于在许多芯片中不止一个ADC模块功能，因此不只有一套寄存器，本例中的寄存器使用x表示，代表ADC1或者ADC2。

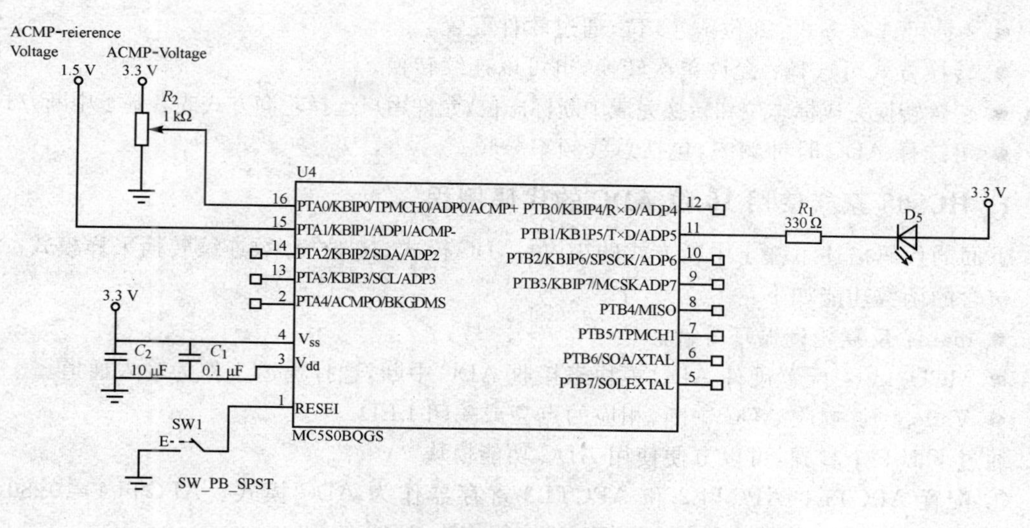

图 2.45　硬件原理图

ADCxSC1	COCO	AIEN	ADCO	ADCH				
	中断使能	连续转换使能		输入通道选择				
ADCxSC2	ADACT	ADTRG	ADFE	ADFGT				
	比较功能	转换触发和转换激活控制						
ADCxRH							ADR9	ADR8
ADCxRL	ADR7	ADR6	ADR5	ADR4	ADR3	ADR2	ADR1	ADR0
	ADC转换结果寄存器							
ADCxCVH							ADCV9	ADCV8
ADCxCVL	ADCV7	ADCV6	ADCV5	ADCV4	ADCV3	ADCV2	ADCV1	ADCV0
	比较数值							
ADCxCFG	ADLPC	ADIV		ADLSMP	MODE		ADICLK	
	操作模式	时钟源选择			时钟分频	采样时间	低功耗配置操作	
APCTL1	ADPC7	ADPC6	ADPC5	ADPC4	ADPC3	ADPC2	ADPC1	ADPC0
APCTL2	ADPC15	ADPC14	ADPC13	ADPC12	ADPC11	ADPC10	ADPC9	ADPC8
APCTL3	ADPC23	ADPC22	ADPC21	ADPC20	ADPC19	ADPC18	ADPC17	ADPC16
	引脚连接:ADC控制或者I/O控制							

图 2.46　ADC 功能模块快速参考

HCS08 的 10 位 ADC 采用连续转换方式，一些 MCU 为用户提供了很宽泛的选择。相关的特征配置如下：

- 2种可选择方式：8位或10位，通过软件配置。
- 转换方式可选择：允许单次转换，也可以连续转换。
- 包含转换完成标志位和转换完成中断标志位，允许用户选择轮询方式或者基于中断方式。
- 可选择ADC时钟频率，包括总线频率分频。

1. HCS08家族使用10位ADC的代码例程

下面的代码描述了基于中断方式的10位ADC模式，10位模/数连续转换采样模式。

包含的函数功能如下：

- main：反复轮询循环等待。
- MCU_init：配置硬件ADC模块来接收ADC中断，选择通道1作为输入通道。
- Vadc_isr：响应ADC中断，相应的点亮或关闭LED。

通过下面5个步骤，可以方便使用ADC功能模块：

① 配置APCTL1、APCTL2和APCTL3寄存器作为ADC模式。APCTL1＝0x80；/* MCU引脚将使用ADC输入转换，引脚1被使能作为ADC使用。*/

② 配置ADC1CFG寄存器作为ADC模式ADC1CFG＝0x78；该步骤设置有3个主要目的：① 控制输出格式；② 建立信号采样速率；③ 选择功耗模式。本例选择10位输出格式，ADC采样速率通过ADC时钟源选择，转换速率依赖于是8位还是10位A/D转换、时钟频率源和分频数值。表2.46描述了转换完成建立时间。

表2.46 转换完成建立时间

转换类型	ADICLK	ADLSMP	最大的转换时间
Single or first continuous 8-bit	0x,10	0	20 ADCK cycles+5 bus clock cycles
Single or first continucous 10-bit	0x,10	0	23 ADCK cycles+5 bus clock cycles
Single or first continuous 8-bit	0x,10	1	40 ADCK cycles+5 bus clock cycles
Single or first continuous 10-bit	0x,10	1	43 ADCK cycles+5 bus clock cycles
Single or first continuous 8-bit	11	0	5 μs+20 ADCK+5 bus clock cycycles
Single or first continuous 10-bit	11	0	5 μs+23 ADCK+5 bus clock cycycles
Single or first continuous 8-bit	11	1	5 μs+40 ADCK+5 bus clock cycycles
Single or first continuous 10-bit	11	1	5 μs+43 ADCK+5 bus clock cycycles
Subsequent continuous 8-bit；$f_{Bus} \geqslant f_{ADCK}$	xx	0	17 ADCK cycles
Subsequent continuous 10-bit；$f_{Bus} \geqslant f_{ADCK}$	xx	0	20 ADCK cycles
Subsequent continuous 8-bit；$f_{Bus} \geqslant f_{ADCK}/11$	xx	1	37 ADCK cycles
Subsequent continuous 10-bit；$f_{Bus} \geqslant f_{ADCK}/11$	xx	1	40 ADCK cycles

本例中，总线时钟用于选择ADC时钟，提供8分频数值。低功耗模式下不使能A/D最大操作总线速率。长采样时间可以使用低功耗模式。本例中低功耗配置了较长的采样时间。

③ 配置ADC模块比较功能。如果比较功能使能，当ADC结果大于或者小于预先设定的数值时，比较功能将取消转换完成标志位。首先，预先建立的10位A/D数值必须设定，ADC-SC2=0x30；其次，ADC1SC2寄存器需要配置，在这个过程中，自动比较功能将使能，配置大于或者小于标志位，同时需要选择ADC硬件或者软件触发。本例中，比较功能使能大于比较数值，选择软件触发。

④ 需要为ADC模块配置ADC1SC1寄存器：ADC1SC1=0x67；ADC1SC1寄存器允许用户选择轮询方式或者中断方法来处理转换。如果通过中断使能位选择中断方式，当转换完成时，寄存器中只读转换完成标志位被置位，程序跳转到中断服务子程序；如果通过清除中断使能标志位选择轮询方式，软件将连续轮询转换完成标志位来判断转换是否完成。本例中，ADC中断在连续转换模式下将使能，通道1被选择。

⑤ 读ADC转换结果位ADCRL；ADC转换完成时，转换完成标志位被置位，程序跳转到中断服务子程序。结果位被放在ADC结果寄存器(ADC1RH/ADC1RL)中。作为8位转换，ADC1RL包含结果位；作为10位A/D转换，ADC1RH寄存器包含比较多的标志位，ADC1RL寄存器包含很少的标志位，读ADC数据结果寄存器时，转换完成标志位被清除。开始一个新的转换，ADC1SC1寄存器必须重新写入，相同的配置重新写入开始一个新的转换。

2. HCS08使用10位ADC硬件设计

正如上述提及的，ADP7被选择作为模拟输入，本例接可变电位器。电位器允许ADP7电压在V_{DD}和V_{SS}间。当ADP7引脚逻辑为0时，LED点亮；当ADP7引脚逻辑为1时，LED熄灭。模/数转换(ADC)要求有4个引脚必须连接：模拟电压V_{DDAD}作为ADC电源引脚，模拟地V_{SSAD}作为模拟地引脚，低电压V_{REFL}参考引脚和ADC模拟量采集引脚。根据封装的不同，这些端口引脚外部可选。连接到V_{REFL}引脚的电压必须和V_{SSAD}电压一致。MC9S08QG8提供这些内部连接。V_{REFH}引脚连接的电压必须和V_{DDAD}电压一致。HCS08使用10位ADC硬件部分如图2.47所示。

注意：本例测试环境在CW 5.0下，测试芯片是MC9S08QG8。运行在内部时钟模式

2.5.10　HCS08的ATD(模拟比较)

本例是HCS08家族使用10位ATD功能的快速参考，提供基本功能模块描述和配置信息，如图2.48所示。ATD模块不同于ADC模块，具体信息参看芯片数据手册。

1. HCS08家族的ATD代码例程

下面代码描述了基于中断方式的10位ATD功能模块。包含的函数如下：

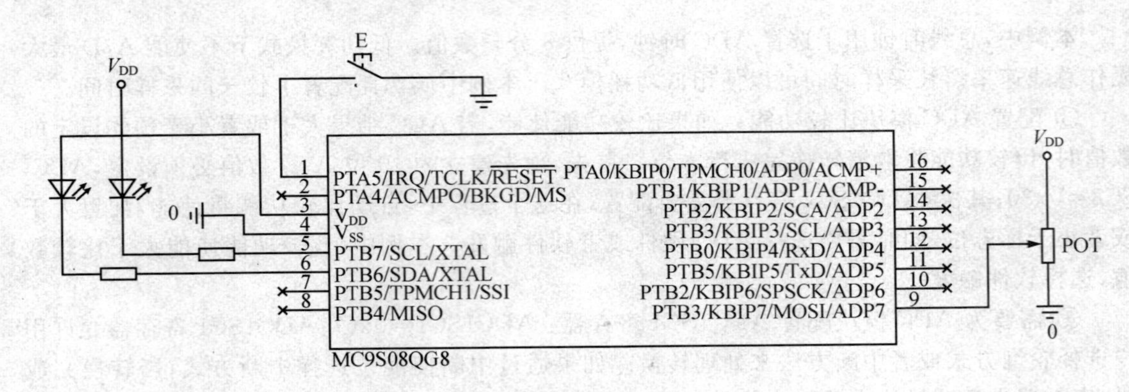

图 2.47　硬件原理图

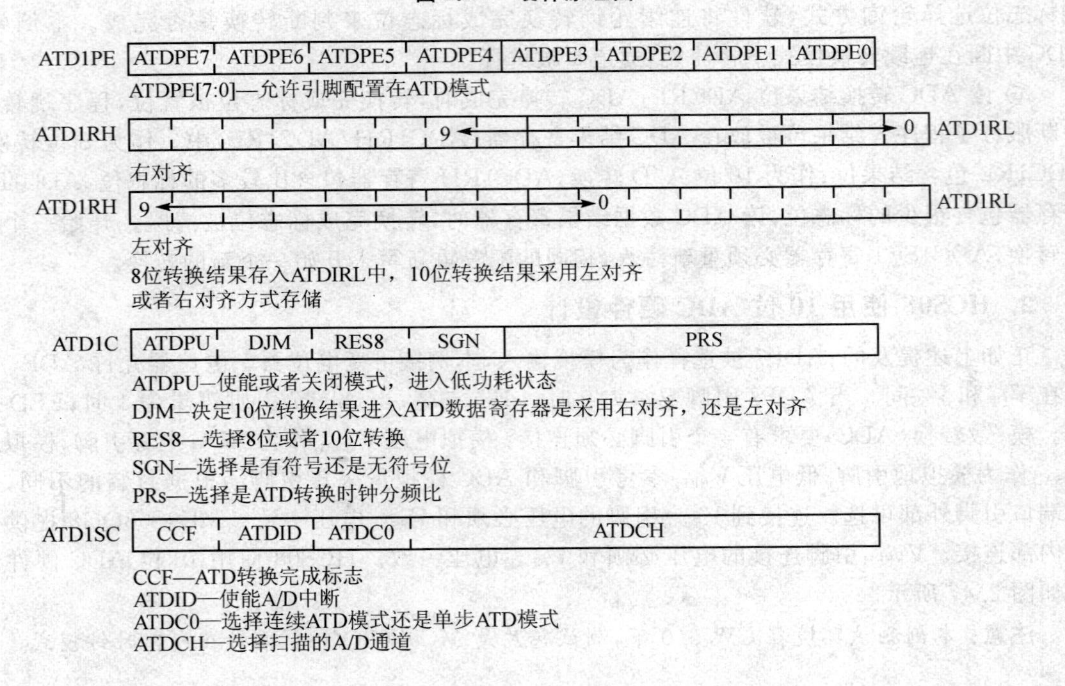

图 2.48　ATD 模块

main：反复轮询。

MCU_init：配置硬件和 ATD 功能模块来接收 ATD 中断，选择通道 1 作为输入通道。

下面的 4 个步骤，帮助用户使用 ATD 功能模块。

① 配置 ATD 功能模块的 ATD1PE 寄存器。ATD1PE=0x02;//通过写来终止转换。选择 MCU 引脚作为 ATD 转换。

② 配置ATD功能模块的ATD1C寄存器。ATD1C＝0xA0；本步骤有两步：数据格式→建立采样速率。首先：选择8位或者10位转换，当选择10位时，需要选择左对齐或者右对齐方式。8位就没有这个相关设置。同时也得选择是有符号还是无符号格式。本例选择8位无符号数据格式。其次，配置这些寄存器用于通过总线时钟分频器选择ATD采样速率。ATD转换时钟必须操作在特定正确的频率范围内，如果选择的分频速率不够快，ATD将产生错误的转换。根据总线速率，分频器将按如下格式设置：

$$Clk_{MaxBus} = (ATDClk_{max}) \times (PreScaler + 1) \times 2$$

$$Clk_{MinBus} = (50\ kHz) \times (PreScaler + 1) \times 2$$

MC9S08GB60的最大总线时钟是由ICG配置决定的。当电压大于2.08 V时，最大的ATD转换时钟是2 MHz，当低于这个电压时，ATD转换时钟是1 MHz，由相应的分频器(PreScaler)设定。ATD要操作正确，分频器的数值必须在这两个方程的取值范围内。本例中分频器的数值设定为0，总线时钟为4 MHz，V_{DD}是3 V。

在上电的情况下，ATD1C寄存器中的ATDPU位未设置，ATD未使能，因此不能工作。

③ 配置ATD功能模块的ATD1SC寄存器。ATD1SC＝0x41；//开启新的转换。ATD1SC寄存器的配置允许8个ATD通道选择使用。配置轮询方式(可以配置轮询也可以配置为中断)，包括连续和单次转换模式；中断方式下，当转换完成时，只读转换完成标志位将被设置，程序将跳转到中断服务子程序。本例中，ATD中断在单次转换模式下使能，选择通道1。

④ 读ATD转换完成结果寄存器。当ATD转换完成时，转换完成标志位被置位，程序跳转到ATD中断子程序，转换结果寄存器被放在ATD数据结果寄存器中。

```
_interrupt void Vatd_Isr (void)
{
        result = ATDIRH;                  //读结果和应答中断
        PTFD_PTFD3 = ～ATD1RH_BIT15;
        PTFD_PTFD2 = ～ATD1RH_BIT14;
        PTFD_PTFD1 = ～ATD1RH_BIT13;
        PTFD_PTFD0 = ～ATD1RH_BIT12;
        ATDISC = ATDISC;                  //重新启动通道 CH1 转换
}
```

由于本例配置为8位转换模式，ATD1RH寄存器包括结果位。任何一次对ATD结果寄存器进行读操作时，转换完成标志位被清零。为了开启新的转换，ATD1SC寄存器必须再次写入，必须写入相同的配置来开始新的转换。

2. HCS08的ATD代码例程的硬件设计

HCS08的ATD代码例程的硬件部分如图2.49所示。AD1P1被选择为模拟输入，电位器使 AD1P1 接收 V_{DD} 和 V_{SS} 间的数值。模拟电压(V_{DDAD})用于 ADC 电源,V_{SSAD} 用于 ADC 模拟地。电源参考 V_{REFH} 作为转换参考的电压高,V_{REFH} 必须和 V_{DDAD} 一致。V_{REFL} 作为转换参考电压低,必须和 V_{SSAD} 一致。本例中使用 LED,每次 A/D 转换时使用 LED 指示。如果 AD1P1 引脚逻辑低电平,LED 点亮,如果 AD1P1 引脚逻辑高电平,LED 熄灭。

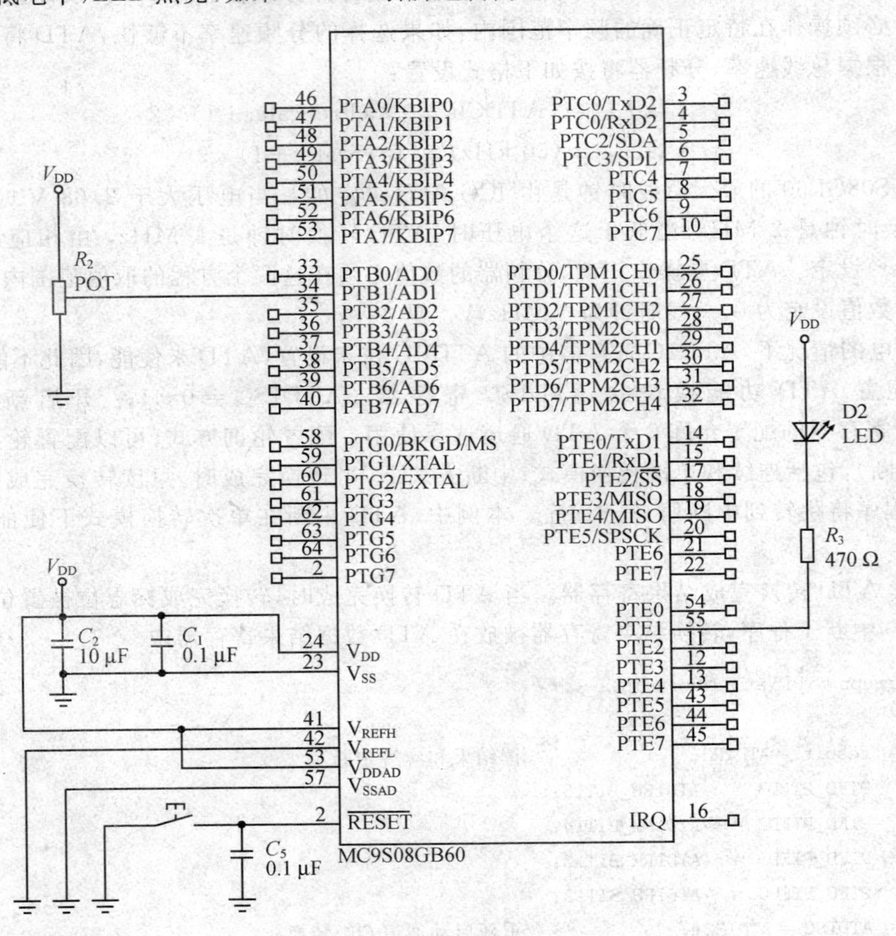

图 2.49 硬件原理图

2.5.11 HCS08 的 I²C(Inter-Integrated Circuit)模块

本例是 HCS08 中编程和擦除 Flash 存储区的快速参考,提供了基本的功能描述和配置信息。IIC 功能模块快速参考如图 2.50 所示。

了解了与 I²C 相关的寄存器后,下面详细介绍 CW 集成环境下 I²C 的 C 代码编写过程。

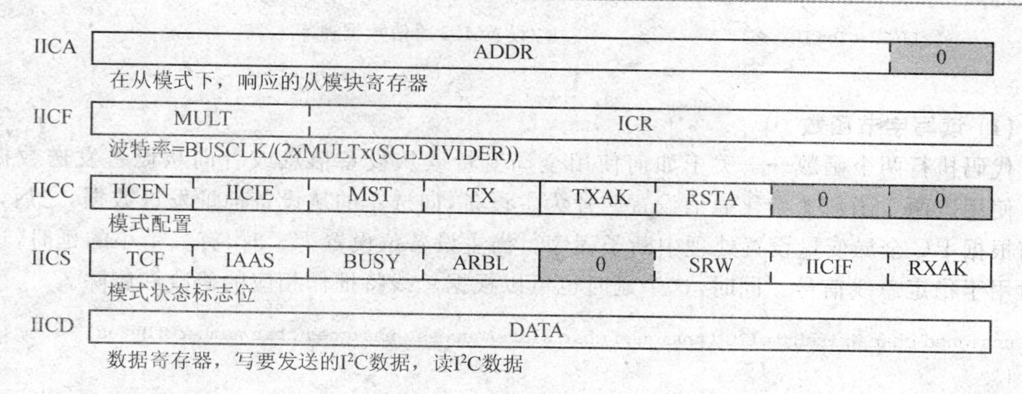

图 2.50　I²C 功能模块

1. HCS08 的 I²C(Inter-Integrated Circuit)代码例程

本例介绍 HCS08 MCU I²C 功能模块和其他 I²C 芯片的通信，使用 HCS08 MCU 的 I²C 中断处理程序。本例代码可以用于主从通信，为了使代码更具一般性，使用 128 B 的阵列缓存区存储从 I²C 设备接收到的数据，同时向 I²C 设备发送这部分缓冲区的数据。

I²C 通信分为如下几步，通过调用 I2C_STEP 追踪全部变量，如果 I²C 准备新的通信过程，当有错误发生时，实际的通信状态都可以很方便地通过主程序知道。

定义 I²C 步骤如下：

```
#define IIC_ERROR_STATUS                 0
#define IIC_READY_STATUS                 1
#define IIC_HEADER_SENT_STATUS           2
#define IIC_DATA_TRANSMISION_STATUS      3
#define IIC_DATA_SENT_STATUS             4
```

使用全局变量以简单的方式控制 I²C 通信，通过修改这些变量，中断程序可以处理既定的通信步骤。unsigned char I2C_STEP 用于存储实际的 I²C 通信状态信息，当芯片配置为主模式时，unsigned char I2C_LENGTH 存储从从设备读取的数据字节数，或向从设备发送的字节个数。unsigned char I2C_DATA[128]用于存储发送和接收的字节。unsigned char I2C_DATA_DIRECTION 用于标识有数据发送给从设备，或者从从设备读到新的数据。

I²C 功能模块配置是通过 I²C 功能函数来实现的。这个功能接收芯片自身地址，并设置 I²C 总线速率到既定的频率。

```
//配置 I²C 功能模块函数程序
    void configureI2C (unsigned char selfAddress) {
        IICC_IICEN = 1;                        //使能 I²C
        IICA = selfAddress;                    // I²C 器件自身地址
```

```
    IICP = 0x8D;                          //设置 I²C 通信数据速率
  }
```

(1) 读写字节函数

代码执行两个函数——关于如何使用全局变量读从设备信息或者向从设备发送数据信息。使用这两个函数初始化通信设置芯片为主设备，向选定的从设备地址发送数据，之后，I^2C 通信根据 I^2C 全局变量设置处理中断子程序。当主设备位设置为1时，有一个小的延时，这个延时用于稳定总线信号。同时，这个延时也可以根据总线特征作相应的修改和删除。

```
unsigned char WriteByteI2C (unsigned char slaveAddress, unsigned char numberOfBytes)
{
  unsigned char Temp;
  I2C_LENGTH = numberOfBytes;
  I2C_COUNTER = 0;
  I2C_STEP = IIC_HEADER_SENT_STATUS;
  I2C_DATA_DIRECTION = 1;
//按照 IICA 寄存器的要求格式化地址，然后将 1 写入 R/W 位
  slaveAddress &= 0xFE ;
  IICC_IICEN = 0;
  IICC_IICEN = 1;
  IICC;                             //清除挂起中断
  IICC_IICF = 1;
  IICC_MST = 0;
  IICC_SRW = 0;
  IICC_TX = 1;                      //选择发送模式
  IICC_MST = 1;                     //选择主模式(发送起始位)
  for (Temp = 0; Temp<5; Temp++);   //一段时间小延时
  ICD = slaveAddress;               //发送选择的从地址
  return (1);
}
unsigned char ReadBytesI2C (unsigned char slaveAddress, unsigned char numberOfBytes)
{
  I2C_LENGTH = numberOfBytes;
  I2C_COUNTER = 0;
  I2C_STEP = IIC_HEADER_SENT_STATUS;
  I2C_DATA_DIRECTION = 0;
//按照 IICA 寄存器的要求格式化地址，然后将 1 写入 R/W 位
  slaveAddress &= 0xFE;
  slaveAddress |= 0x01;             //设置从从地址位中读取数据
```

```
    IICS;                                 //清除挂起中断
    IICS_IICIF = 1;
    IICC_TX = 1;                          //选择发送模式
    IICC_MST = 1;                         //选择主模式(发送起始位)
    IICD = slaveAddress;                  //发送选择的从地址
    return(1);
}
```

(2) 主函数

配置内部总线为 20 MHz,依据主机程序代码的设定,给 I²C 模块一个不同的地址。选定的数值地址被随机分配,可以修改这些数值来满足特定的应用。

初始化后全局中断使能,如果主机程序代码已经定义,那么数据从从设备中读出,同时通过调用相关的函数向从设备发送数据。

```
void main (void)
{
    //配置为内部时钟参考模式,内部时钟的总线频率是 19995428 Hz
    ICG1 = 0x28;
    ICG2 = 0x70;
    //配置接口模式,设置 I2C 地址
  # ifdef MASTER
    configureI2C (0x50);
    I2C_DATA[0] = 'A';                    //测试数据
  # else
    configureI2C (0x52);
  # endif
    EnableInterrupts;                     //使能中断
  # ifdef MASTER
    ReadBytesI2C (0x52, 6);
    WriteBytesI2C (0x52, 6);
    while (I2C_STEP>IIC_READY_STATUS)_RESET_WATCHDOG();
                                          //等待读存储区的数据
  # endif
  //由于应用程序设计是基于中断模式的,所以在这里循环等待
    for (; ;) {
        _RESET_WATCHDOG ();               //喂狗
    }                                     //循环等待
    //保证循环不断执行下去,不跳出这个函数
}
```

(3) 中断处理子程序

大部分代码是I^2C中断处理程序,用来响应中断,然后决定IIC通信状态。下面的步骤用来发送和接收相关的字节。这个程序处理发送和接收模式下的主机和从机中断。程序检测芯片是否为主机,是通过校验控制状态MST位是否置位来判断的,如果置位,下面的代码用于主机读取下一个字节。如果芯片是从机,则下面的代码用于从机读写下一个字节。

Interrupt 24 void IIC_Control_handler(void)中断处理程序换行清除中断标志位。IICS;//响应中断。

IICS_IICIF=1;//如果在总线上有冲突发生,设置IIC_ERROR_STATUS,同时停止通信。

```
if (IICS_ARBL = = 1) { //校验冲突丢失状态位
    IICS_ARBL = 1;
    IICS_MST = 0;
    I2C_STEP = IIC_ERROR_STATUS;
    return;
}
//如果设置为I²C主模式,则通过读取MST位校验。注意如果总线仲裁发生时,这个位自动清除。
if ( IICC_MST = = 1) { //如果作为I²C主设备
//如果最后一个字节没有使用应答停止位通信,则设置错误标志位
if (IICS_RXAK = = 1) { //判断字节发送后,是否已经产生应答标志位
    IICC_MST = 0;
    I2C_STEP = IIC_ERROR_STATUS;
    return;
}
//第一个字节已经发送完成,校验是否有中断产生(字节包含从机地址和数据方向位)。根据从
//从机读取的信息配置功能模块的方向位。设置全局变量 I2C_STEP 来发送数据状态标志。

if (I2C_STEP = = IIC_HEADER_SENT_STATUS) { //发送标志
     IIC1C_TX = I2C_DATA_DIRECTION;
     I2C_STEP = IIC_DATA_TRANSMISION_STATUS;
//如果从从设备读取数据,从从设备的数据寄存器发送第一个字节数据,然后从中断处理程序返回,等
//待响应字节。
    if (IICC_TX = = 0) {
        IICD;
        return;
    }
}
    //在数据发送状态位中,校验发送给从设备和从从设备接收到的数据。
     if(I2C_STEP =  = IIC_DATA_TRANSMISION_STATUS) {
    //向 IIC 数据寄存器装载下一个要发送的字节,校验发送的字节数是否正确,为 DATA_SENT_STATUS
```

```
    //设置全局变量 I2C_STEP,然后等待字节发送给从机。
        if (IICC_TX = = 1) {
            IICD = I2C_DATA[ I2C_COUNTER];    // 发送下一个字节
            I2C_COUNTER + + ;
            if ( I2C_LENGTH≤I2C_COUNTER) {
            I2C_STEP = IIC_DATA_SENT_STATUS;
        }
        return;
    }
//如果主机从从机中读取数据,校验是否是要读的最后一个字节。将 TXAK 位设为 1,不要应答下一个字节,这样标识已经从从机读完数据。
else {
    if ((I2C_COUNTER + 1) =  = I2C_LENGTH)
    IICC_TXAK = 1;                                //标识发送结束
    I2C_DATA[ I2C_COUNTER] = IIC1D;               //读下一个字节
    I2C_COUNTER + + ;
//如果已经完成数据读取,设置 DATA_SENT_STATUS 中全局变量 I2C_STEP 的数值。
        if(I2C_LENGTH≤I2C_COUNTER) {
         I2C_STEP = IIC_DATA_SENT_STATUS;
    }
//等待,直到最后一个字节被读到。
         return;
        }
    }
//当完成数据发送和接收,即最后字节已经发送或接收完成时,芯片需要在总线上产生停止信号,同时设置 I2C_STEP 数值为 READY_STATUS。
if ( I2C_STEP = = IIC_DATA_SENT_STATUS) {
    I2C_STEP = IIC_READY_STATUS;
    IICS;
    IICC_IICIF = 1;
    IICC_TX = 0;
    IICS_SRW = 0;
    IICC_MST = 0;
    return;
    }
}
//如果在 I²C 总线上,芯片作为 I²C 从设备模式使用。
else { // I²C 从设备操作
//通过查看全局变量 I2C_STEP 的数值,校验是否是接收的第一个字节(地址和数据方向字节)。如果在
```

```
//准备状态,这是第一个接收的字节。
    if(I2C_STEP<=IIC_READY_STATUS) {
      I2C_STEP = IIC_DATA_TRANSMISION_STATUS;
//根据接收数据的最少的标识配置模块从设备发送和接收数据的方向。
        IICC_TX = IIC1S_SRW;
        I2C_COUNTER = 0;
//如果接收到数据,需要读取 IIC1D(包含地址字节)来释放 IIC 总线,同时获取下一个字节(发送给从设
//备的第一个字节)。
        if(IICC_TX = = 0) {
          IICD;
      return;
      }
    }
//如果不是接收到的第一个字节。
      if(IICS_TCF = = 1) {
//如果接收到数据,将其存储到缓存区,同时程序返回。
        if(IICC_TX = = 0) {
        I2C_DATA[I2C_COUNTER] = IIC1D;
        I2C_COUNTER + + ;
        return;
      }
//如果数据从从机发送给主机。
else{                          //通过 I²C 从设备发送数据。
//校验是否最后发送字节已经应答,如果没有,表示发送已经完成,开始清除标志位,同时释放 I²C
//总线。
          if(IICS_RXAK = = 1) {
            IICC_TX = 0;
            IICD;
            I2C_STEP = IIC_READY_STATUS;
            return;
          }
//如果有字节应答,将下一个数据字节放入数据寄存器中,总线信号允许主机读取下一个字节。
              IICD = I2C_DATA[I2C_COUNTER];
              I2C_COUNTER + + ;
              return;
            }
          }
    }
  }
```

2. HCS08 家族的 I²C 参考材料

I²C 总线(如图 2.51 所示)是一个简单双向总线,基于两线制,即串行数据(SDA)和串行时钟(SCL),需要在总线上接上拉电阻。数据和控制信号共享相同的总线。I²C 标准规范中,当发送数据位时,只有 SCL 为低,SDA 才会改变。当 SCL 为高,同时 SDA 信号改变时,标识启动和停止信号。SCL 为高,SDA 从高到低表示起始信号;SCL 为高,SDA 从低到高表示结束信号。I²C 总线是一个 8 位串行数据传输总线,同时在串行通信中有一个应答位。位 9 用于表示从接收端成功的收到数据,用于字节传输响应。I²C 总线设计成主从通信关系,I²C 总线上主机和从机通信时,从机必须有唯一的地址。主机通过发送起始信号发起通信,然后发送选定的从机地址,等待从机响应主从机间的通信直到总线检测到停止信号时停止。

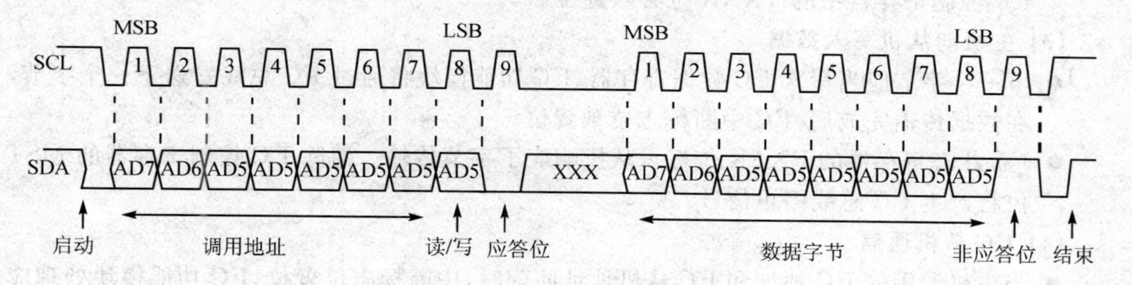

图 2.51 I²C 总线信号传送图

起始信号后的第一个字节调用从机地址,只有符合这个地址的从机才能响应该字节。然后主机发送或接收数据字节,直到没有应答命令或者在总线上产生了停止信号。如果主机在读从设备时,主机上产生下一个 SCL 脉冲,则从机应当开始传输数据。如果从机速度不够快,和主机的速度不匹配,则需保持 SCL 为低电平,从机延迟直到准备发送或接收下一个字节给主机。I²C 可以操作在 100 kps 的标准模式下,如果配置合适,允许提供更快的速度。HCS08 I²C 模块可以通过低速总线加载让数据传输达到 clock/20,从而满足更快传输的电气特性。

3. HCS08 I²C 功能模块描述

I²C 模块功能描述可以划分为两个主要的子程序,一个是主机通信,一个是从机通信。I²C 控制寄存器标志位有 IICEN(I²C 功能模块标志位)和 IICIE(I²C 中断使能标志位)。

(1) 首先这两个标志位使能,如果是 I²C 主机通信

- 通过设置 I²C 控制寄存器的 TX 位配置 I²C 数据传输。
- 用户设置 I²C 控制寄存器 MST 位,I²C 功能模块在 I²C 总线上产生一个起始信号。
- 用户根据目标从设备数据的方向(读从设备 LSB=1,写从设备 LSB=0),通过标识位将目标从设备地址写入 I²C 数据寄存器,然后通过 I²C 总线发送数据。
- 字节发送完成,I²C 功能模块设置 I²C 中断标志位。

- 中断处理程序需要清中断标志位,校验从设备是否有字节应答,如果有应答继续通信。

(2) 主机从从机中读取数据

- 清除 I^2C 控制寄存器的 TX 位来使能从从机接收数据。
- 读 I^2C 数据寄存器在 I^2C 总线上产生必要的 SCL 信号,然后再读 I^2C 数据寄存器从 I^2C 总线上返回数据的第一个字节。
- 如果字节被接收,并且 I^2C 控制寄存器的 TXAK 位被清除了,则 I^2C 总线自动产生应答。之后,I^2C 中断标志位置位。
- 读取 I^2C 数据寄存器将产生下一个字节的 SCL 信号。
- 最后一个字节是没有响应的,用来标识数据结束。为此,在读取 I^2C 数据寄存器之前,I^2C 控制寄存器中的 TXAK 位必须置位。

(3) 主机向从机写入数据

- 下一个字节应当写入 I^2C 数据寄存器,I^2C 功能模块将通过 I^2C 总线发送下一个字节,在数据传输完成后,I^2C 中断标志位被置位。
- I^2C 状态寄存器的 RXAK 位标识从机响应了字节传输。清除 I^2C 控制寄存器的 MST 位将产生 I^2C 总线停止信号。

(4) I^2C 从机通信

- 当主机调用的 I^2C 地址和 I^2C 从机地址匹配时,中断标志位置位,I^2C 功能模块处理应答响应位。
- 中断处理程序应当清除中断标志位,继续通信过程。
- 如果是接收到的第一个字节,则为地址字节。LSB 位标识主机将要读写该设备,当地址字节在 I^2C 数据寄存器中时,根据 I^2C 状态寄存器的 SRW 位既定的通信方向,I^2C 控制寄存器的 TX 位被置位或者清零。
- 如果从主机读取数据,那么 I^2C 数据寄存器应当被读到,目的是为了释放 SCL 总线,允许主机发送下一个字节。
- 如果向主机发送数据,下一个字节应当写入 I^2C 数据寄存器,目的是为了释放 SCL 总线,允许主机读取下一个字节。
- 每次字节发送和接收完毕,I^2C 中断将产生。
- 当主机在总线上产生停止条件时,通信完成。

注意: 本例的开发是在 CW 5.0 集成环境下,在 MC9S08GB6 下进行测试。

2.5.12 HCS08 的串行通信接口(SCI)

本例是 HCS08 使用 SCI 功能的快速参考,提供基本功能模块描述和配置信息。

SCI 控制寄存器配置快速参考如图 2.52 所示。由于在芯片上有两个 SCI 模块,因此有两套指令，x 代表 1 或者 2，通过软件区别是使用 SCI1 还是使用 SCI2。

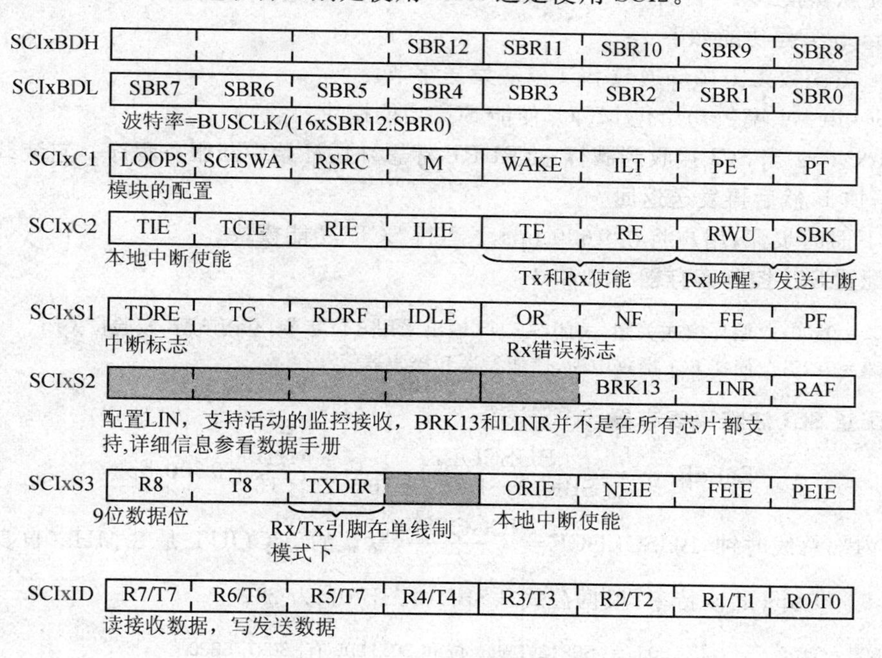

图 2.52　SCI 控制寄存器

了解了与 SCI 相关的寄存器后，下面介绍 HCS08 串行通信接口（SCI）模块的初始化过程。

1. HCS08 串行通信接口(SCI)模块的初始化过程

① 写 SCIxBDH：SCIxBDL 来设置波特率。

② 写 SCIxC1 来配置 1 线或者 2 线，9/8 位数据唤醒，使用校验位。

③ 写 SCIxC2 来配置中断，使能 Rx 和 Tx，使能 Rx 唤醒，SBK 发送中断字符。

④ 写 SCIxC3 来使能 Rx 错误中断源，控制单线制模式引脚方向，R8 和 T8 也使用 9 位数据模式。

模式的使用方法：等待 TDRE（发送数据寄存器空标志），然后写入 SCIxD。等待 RDRF（接收数据寄存器满标志），然后从 SCIxD 读取数据。使用 RWU 可以自动处理数据接收唤醒，SBK 发送字符（R8 或者 T8）中断。

2. HCS08 串行通信接口(SCI)模块的代码例程

本例使用 SCI 功能模块进行串行协议接口的通信，通过超级终端向 MCU 发送字节，MCU 将给接收的数据加上一个整数字节 1，然后返回给超级终端。应用中配置的波特率是 9

600 bps，在默认模式下(自身时钟模式/8 MHz)，使用内部总线时钟。

SCI. mcp 工程功能如下：

main：主函数无限循环通过 SCI 模块发送字节。

MCU_init：主函数初始化 MCU，使能 SCI 功能模块。

Vscilrx_isr：当 SCI 接收到满标志(RDRF 标志)时，开始中断服务程序。它装载接收的数据，将数据加 1，然后再发送返回。

依照下面的步骤，用户将在 9600 bps 下运行 SCI1 功能模块。

(1) 配置 SCI 控制寄存器 1、2 和 3

```
SCI1C1 = 0x00;//循环模式关闭，关闭 SCI，Tx 输出采用 8 位字节，空闲唤醒，校验位关闭
SCI1C2 = 0x2C;//使能 SCI 接收中断，使能发送和接收器
```

(2) 配置 SCI 波特率寄存器

$$\text{BaudRate}=\frac{\text{BUSCOLK}}{[\text{SBR12}:\text{SBR0}]\times 16}=\frac{4\ \text{MHz}}{26\times 16}=9600\ \text{bps}$$

本例使用内部总线时钟，$\text{BUSCLOCK}=\dfrac{\text{ICGOUT}}{2}$，默认的 ICGOUT 是 8 MHz(自身模式下)，为了获得 9600 bps 的波特率，根据公式，[SBR12:SBR0]为 26。


```
SCI1BDH = 0x00;   //SCI1BDH 有[SBR12:SBR8]位和 SCI1BDL 有[SBR7:SBR0]
SCI1BDL = 0x1A;   //所有 SCI1BDH 和 SCI1BHL 控制 13 位的分频器，作为 SCI 模式的波特率
```

上述代码写入芯片以后，代码将执行 SCI 接收中断服务程序。

(3) 定义中断内容

```
_interrupt void Vsci1rx_isr(void)
```

(4) 清除 SCI 接收标志位

```
SCI1S1_RDRF = 0;                    //清除 SCI 接收满标志位
```

(5) 读取全局变量的接收字节 ReceivedByte，然后自加 1

```
ReceiveByte = SCI1D;                //装载接收数据到全局变量中
ReceiveByte + = 1;                  //每接收一个字节加 1
```

(6) 等待传送为空，这样可以开始请求队列中下一次新的传送

```
while (SCI1S1_TDRE = = 0);          //等待发送字节为空
while(SCI1S1_TDRE =  = 0);
```

(7) 存储 SCI 数据寄存器中新的字节

```
SCI1D = ReceivedByte;               //存储新的要发送的数据
```

通过 DI(芯片设备初始化工具)中断函数自动产生并在 main.c 的中断向量中初始化。用户只需要定义其中的内容。

3. SCI 参考材料

SCI 提供了 MCU 和目标设备的全双工、异步、NRZ(不归零)串行通信方式,其主要特征是:全双工操作,标准的反向不归零格式,可编程波特率(13 位模式驱动),可编程为 8 位或者 9 位字节长度,两种接收唤醒方式:空闲唤醒、地址标识唤醒,中断操作有 8 个中断标志位:发送为空,发送完成,接收满,空闲接收输入,接收溢出,噪声错误,帧错误,校验和错误。数据的发送和接收通过一个逻辑寄存器处理:SCI 数据寄存器(SCIxD)。SCIxD 实际有两个独立寄存器:一个用来定义下一个发送的数据,一个用来读取接收到的最后一个数据。这样 SCI 的发送和接收功能操作是独立的。MCU 使用发送引脚(TxD)和接收引脚(RxD),通过 SCIxD 来收发数据。SCI 功能模块使用状态中断标志控制发送和接收。在正常的操作中,如果发送缓冲区为空,TDRE 标志位(发送数据寄存器空标志)置位。MCU 执行下一个将要发送的字节。同样,如果接收缓存区满,RDRF 标志位(接收数据寄存器满标志位)置位,接收字节被处理。相关的功能模块标志寄存器在应用例程中都有说明。

发送和接收工作在同一个波特率,SCI 功能模块有 13 位的模块驱动,提供一个宽范围的波特率产生选项,SCI 波特率产生的时钟源是总线速率时钟。依赖于 MCU,总线速率时钟源可以配置成内部和外部等方式。HCS08 家族中有些单片机不只有一个 SCI 功能模块。SCI 功能模块参考 SCIx。当编程时,寄存器的名字应当标识是哪一个 SCI 功能模块被引用。

4. HCS08 串行通信接口(SCI)的相关硬件原理图

软件代码配套的硬件原理图如图 2.53 所示。

注意: 测试环境在 CW5.0 下,测试芯片是 MC9S08GB60,超级终端配置 9600 bps,8 位模式,无奇偶校验,1 位停止位,无流控。不是所有的 MCU 都有 RxD 和 TxD 引脚,但是同样具有 SCI 功能模块。

2.5.13　HCS08 系列的 SPI(串行外围接口)功能模块

本例是 HCS08 家族使用 SPI 功能的快速参考,提供基本的功能模块的描述和配置信息。SPI 控制寄存器配置快速参考如图 2.54 所示。由于在芯片中有两套 SPI 模块,因此需要两套 SPI 寄存器。x 表示 1 或者 2,通过软件来选择是使用 SPI1 还是 SPI2。

下面详细介绍 HCS08 系列的 SPI(串行外围接口)代码例程。

1. SPI 主模式工程

SPI_Master 在 SPI 主模式下执行,主函数功能如下:

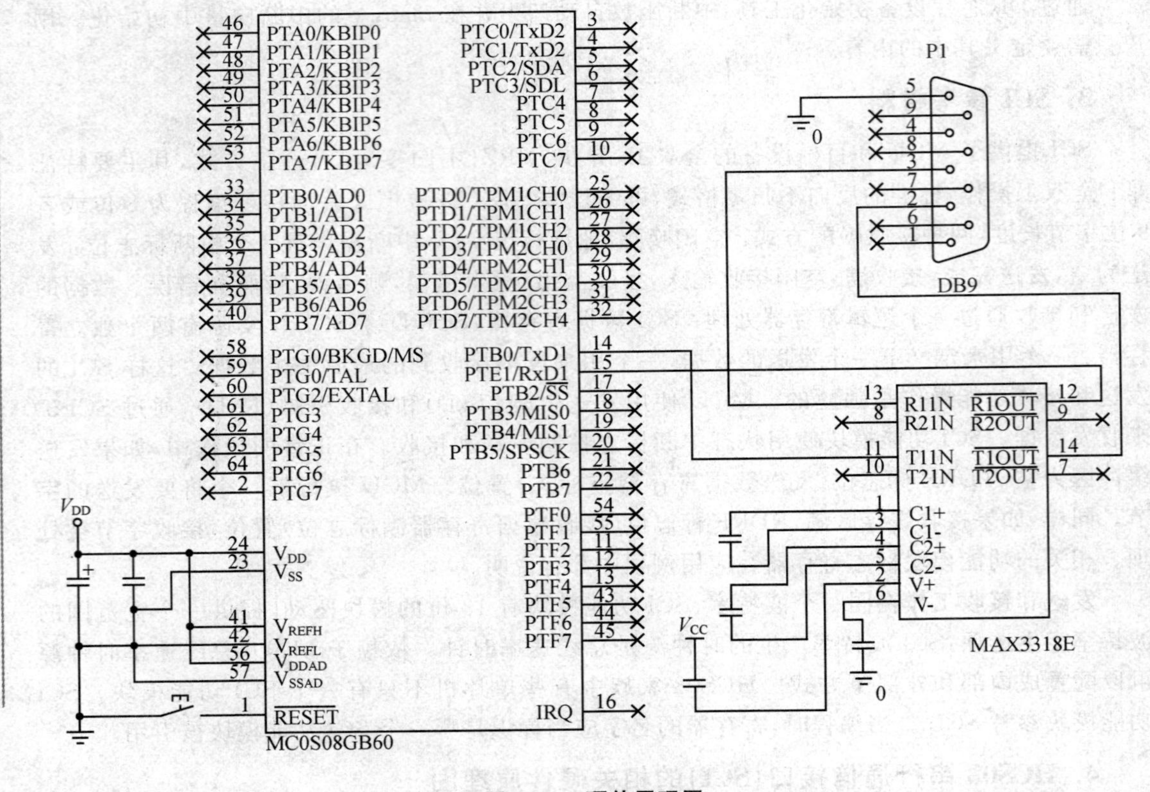

图 2.53　硬件原理图

main：无限循环通过 SPI 发送数据字节。

MCU_init：配置硬件，将 SPI 模式设置为主模式。

Vspil_isr：响应接收满中断标志。

SPISendChar：用于发送字节的函数。

配置 SPI 总线为主模式的代码如下：SPI1C1＝0xD0；SPI1C2＝0x00；SPI 时钟配置在 64 μs位速率，提供 5 MHz 的总线时钟，为了获得 15.625 kHz(64 μs)的 SPI 位速率，计算公式如下：

$$\frac{5\ \text{MHz}}{(\text{PrescalerDivisor})\times(\text{RateDivisor})}=15.625\ \text{kHz}$$

$$(\text{PrescalerDivisor})\times(\text{RateDivisor})=\frac{5\ \text{MHz}}{15.625\ \text{kHz}}=320=5\times 64$$

同时，为满足在 5 MHz 总线时钟下，获得 15.625 kHz 的 SPI 位速率，SPIBR 需要配置的数值是 0x45。

SPI1BR ＝0x45；//在 5 MHz 的总线时钟下为 64 μs 的 SPI 时钟

由于在芯片中有两套SPI模块，因此需要两套SPI寄存器。x表示1或者2，通过软件来选择是使用SPI1还是SPI2。

寄存器	7	6	5	4	3	2	1	0
SPIxC1	SPIE	SPE	SPTIE	MSTR	CPOL	CPHA	SSOE	LSBFE

SPIE—使能中断，通过SPRF位(接收中断)和MODF位设置
SPE—使能SPI模块
SPTIE—通过SPTEF位(发送中断)使能中断
MSTR—选择主模式(1)或者从模式(0)操作
CPOL—配置SPI时钟信号为空闲高或者低电平
CPHA—选择时钟相序格式来处理发送数据(是起始沿还是中间沿)
SSOE—从模式选择使能
LSBFE—LSB优先(移动方向)

寄存器	7	6	5	4	3	2	1	0
SPIxC2				MODFEN	BIDIROE		SPISWAI	SPC0

MODFEN—使能默认的主模式功能
BIDIROE—使能双向模式输出功能
SPISWAI—在等待模式下SPI停止
SPC0—使能单线制的双向SPI操作

寄存器	7	6	5	4	3	2	1	0
SPIxBR		SPPR2	SPPR1	SPPR0		SPR2	SPR1	SPR0

SPPR[2:0]—选择SPI波特率预分频器8个中的一个
SPR[2:0]—选择SPI波特率分频器8个中的一个

寄存器	7	6	5	4	3	2	1	0
SPIxS	SPRF		SPTEF	MODF				

SPRF—当接收数据满时产生标志位
SPTEF—当发送数据空时，产生标志位
MODF—在数据输入时候，标识默认错误检测

寄存器	7~0
SPIxD	SPID[7:0]

读，接收数据；写，发送数据

图 2.54 SPI 控制寄存器配置

SPI 模式可以和许多从设备正常使用，为了和特定的从设备通信，$\overline{SS}$信号必须置低，而其他的从设备上的$\overline{SS}$信号必须为高来避免冲突。因此，$\overline{SS}$信号必须通过软件使用 GPIO（通用 I/O 口）来产生。由于 SPI 通信必须有一个从设备被选择为低电平的帧格式，这个方法可用于大于 1 字节的数据传输。

本例中，主机将和一个从机通信，$\overline{SS}$通过 GPIO 引脚来控制。

```
PTED_PTED2 = 1;          //SS初始化状态将被设置为 1(在 SPI 模式下不激活)
PTEDD_PTEDD2 = 1;        //配置SS引脚作为输出
```

SPISendChar 函数用于通过 SPI 模式发送一个字节。等待发送缓冲区为空，然后拉低$\overline{SS}$引脚，将数据放到发送缓冲区开始数据的发送。

```
void SPISendChar (unsigned char data) {
    while (! SPI1S_SPTEF);          //等待直到发送缓冲区为空
PTED_PTED2 = 0;                     //从设备选择引脚设置为低电平
SPI1D_data;                         //发送计数值
}
```

Vspil_isr(接收满中断函数)等待时钟变低,然后将SS引脚置高。通过读 SPI1S 和 SPID 来读取中断响应。SPI 模式有一个中断向量来处理与 SPI 系统相关的事件(接收满、发送缓冲区为空和模式错误)。由于发送中断和模式错误在本例中没有使能,只有接收中断产生。如果中断使能,SPI 中断服务子程序将检测标志位来判断发生的中断事件。

```
_interrupt void Vspi1_isr(void)
{
        while (PTED_PTED5);                    //等待时钟返回到默认模式
        PTED_PTED2  = 1;                       //设置从设备选择引脚为高电平
        SPI1S;                                 //应答标志位
        SPI1D;                                 //应答标志位
        PTFD_PTFD1 = ～PTFD_PTFD1;             //将 LED 取反
}
```

2. SPI 从模式工程

SPI_Slave 工程执行 SPI 从模式,主要函数如下:

main:通过 SPI 模式等待接收字符。

MCU_init:配置硬件和 SPI 模式为从模式。

Vspil_isr:用于接收字节。

工程简单的配置 SPI 为从模式,当 SPI 模式接收一个字节时,MCU 产生中断,执行 Vspil_isr 函数,在 GPIO 端口输出接收的字节 F。详细内容可到 Freescale 网站下载源代码。

注意: 本例是在 CW 5.0 集成环境下开发的,在 MC9S08GB6 下测试的。SPI 间通信线板上的布线长度不要超过 20 cm。

2.5.14　HCS08 MTIM(模定时器)功能模块

本例是 HCS08 使用 MTIM 功能的快速参考,提供基本的功能模块描述和配置信息。

HCS08 8 位 MTIM 时钟输入可以选择总线时钟、内部固定时钟、外部参考时钟的上升沿计数,或者外部下降沿的时钟参考。为了获得更多的计数值,分频器可以使能使用 8 位计数器来产生更多的时间基准,分频器可以对选择的输入时钟源配置 1、2、4、8、16、32、64 和 256 分频。计数器允许系统固件以简单方式复位,停止和选择计数时钟源和时钟源分频值。MTIM 设计快速参考如图 2.55 所示。

当计数器达到了模寄存器设定的数值时,计数器产生溢出。如果模计数器的数值是 0x00,当计数数值达到 0xFF 就会产生溢出,此时 TOF 标志位产生置位,同时计数器的数值变为 0x00,如果中断使能位置为 1,那么中断将产生。

下面详细阐述 HCS08 的 MTIM(模定时器)功能模块代码的编写。

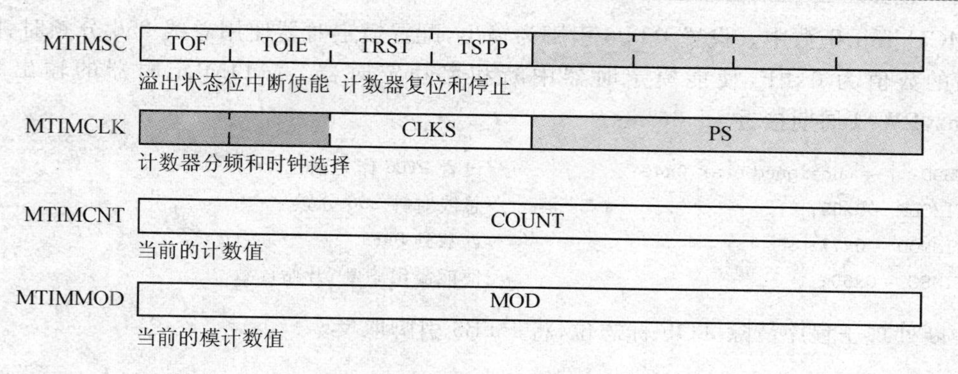

图 2.55　MTIM 定时器功能模块

本例使用 HCS08 模定时器(MTIM)通过模定时器溢出中断在 PTB6 引脚产生方波。依赖于选择输入的时钟源和 MTIM 的分频数值,可以通过如下的公式计算溢出时间数值:

$$\frac{\text{Clock source prescaler}}{\text{Input clock frequency}} \times (\text{MTIMMODvalue}+1)$$

MTIMMOD＝0x00 将模定时运行在自由态,采用 MTIMMOD 数值自加 1。当计数器的数值等于 MTIMMOD 寄存器的数值时,计数器将等待直到下一个 MTIM 时钟脉冲将 TOF 标志位置位,同时复位计数器如图 2.56 所示。

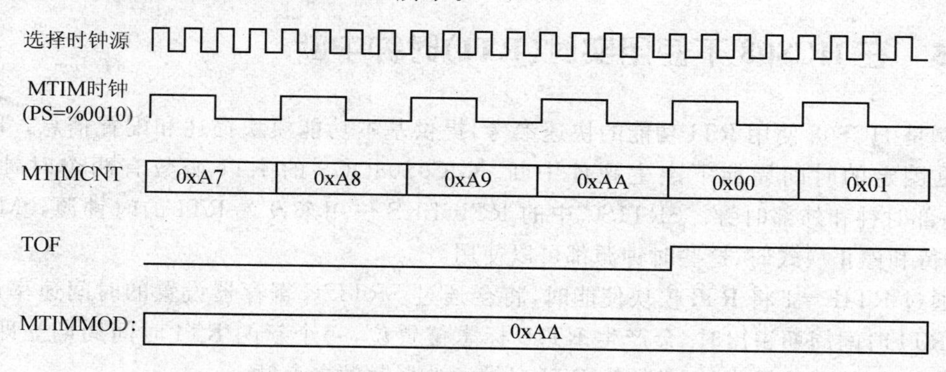

图 2.56　MTIM 运行时序图

本例中芯片设备配置的总线时钟运行在 4 MHz,这是芯片设备的默认总线频率。总线将被用作模定时的输入时钟源进行 256 分频。通过这些配置,根据 MTIMMOD 寄存器的数值,可以获得 128 μs～16.32 ms 的中断溢出范围。

$$\frac{256}{4\,000\,000} \times (1+1) = 0.000128\ \text{s} \qquad \frac{256}{4\,000\,000} \times (255+1) = 0.00163\ \text{s}$$

MTIMMOD ＝1　　　　　　　　　　MTIMMOD ＝255

由于内部晶振的 2％误差和中断响应时间,实际的方波频率将会受到影响。初始化子程序在MCU_init函数中。设置PTB6引脚为输出,配置模定时器使用总线256分频时钟,设置模定时的数值为0xFF,使能模定时器中断和启动定时器。MTIM定时器的输出结果是7.68 ms,PWM周期接近15.36 ms。

```
PTBDD  | = (unsigned char)0x40;          //设置 PTB6 作为输出
MTIMCLK = 0x08;                          //总线时钟 256 分频
MTIMMOD = 0x77;                          //计数到 0xFF
MTIMSC = 0x60;                           //使能溢出中断,开始计数
```

中断处理子程序清除TOF标志位,将PTB6引脚取反。

```
_interrupt void Vmtim_isr (void)
{
    PTBD_PTBD6 = ~PTBD_PTBD6;            //将 PTB6 引脚取反
   MTIMSC;                               //清除 TOF 标志位
    MTIMSC_TOF = 0;
}
```

通过修改MTIMMOD数值,计数器的数值可以在既定的数值上溢出。

注意:本例的开发环境是CW 5.0,测试芯片是MC9S08QG8。

2.5.15 在HCS08下使用实时(RTI)时钟中断

本例是HCS08使用RTI功能的快速参考,提供基本功能模块描述和配置信息。RTI可以用来在固定的时间周期下产生硬件中断。MC9S08QG8的RTI函数有两个时钟源,即1 kHz内部时钟和外部时钟。SRTISC中的RTICLKS位用来设置RTI的时钟源。MCU在运行、等待和停止模式时,这些时钟源都可以使用。

当通过RTIE=1将RTI模块使能时,将会通过SRTISC寄存器设置的时间速率产生中断。当RTI时间周期溢出时,会产生RTIF标志位置位,一个新的RTI时间周期立即开始。在开始使用RTI功能模式时,必须为RTI时钟源选择时钟参考源。

RTI功能快速参考如图2.57所示。

数据手册中描述了不同RTI时钟源的设置方式。

1. HCS08下使用实时(RTI)时钟中断的代码例程

本例描述了如何通过内部1 kHz的时钟参考产生一个实时时钟中断(RTC),每个LED表示了相应的时间功能(分别表示小时、分、秒)。

按照下面的步骤,可以很方便地使用RTI功能模块的功能。

(1) 初始化配置MCU引脚作为输出显示

SRTISC	RTIF	RTIACK	RTICLKS	RTIF		RTIS

RTIF—RTI溢出标志位，
RTIACK—实时时钟中断请求应答位
RTICLKS—选择RTI模块(内部或者外部)使用的时钟源
RTIF—使能实时时钟中断
RTIS—在内部或者外部时钟源中，设置RTI中断时基

图 2.57 RTI 实时时钟

```
PTBD_PTBD1      = 1;        //关闭小时时间指示灯
PTBDD_PTBDD1    = 1;        //初始化端口 B 的第 0 位作为输出
PTBD_PTBD2      = 1;        //关闭分钟指示灯
PTBDD_PTBDD2    = 1;        //初始化端口 B 的第 1 位作为输出
PTBD_PTBD3      = 1;        //关闭秒指示灯
PTBDD_PTBDD3    = 1;        //初始化端口 B 的第 2 位作为输出
```

(2) 定义相应的引脚

```
//定义
#define LED_Hour        PTBD_PTBD1
#define LED_Minute      PTBD_PTBD2
#define LED_Seconds     PTBD_PTBD3
```

(3) 配置实时时钟中断寄存器(SRTISC)

```
SRTISC = 0x57;   //设置中断延时时间为 1.024 s,实时中断使能,RTI 请求时钟源是内
                 //部的 1 kHz 晶体,ACK = 1 清除 RTIF 标志位
```

(4) 申明 RTI 中断服务子程序

```
_interrupt void Vrti_isr (void)     //声明 RTI 向量地址中断,RTI 向量地址为 23
```

由于基于中断的算法执行了,因此全局中断使能屏蔽必须要清除,EnableInterrupes;//__asm CLI;之后,代码执行 RTI 中断服务子程序。代码如下:

① 清除 RTI 中断标志位

```
SRTISC_RTIACK = 1;          //清除 RTIF 位
```

② ISR 中包含 RTC 功能代码

注意: 本例的开发环境是 CW5.0,测试芯片是 MC9S08QG8。RTI 使用 1 kHz 的内部时钟源,在 3.0 V 下,25°环境中有 30%的极限误差,具体细节参看数据手册。在中断服务子程序中,RTI 应答标志位必须写为 1 来清除实时中断标志位(RTIF)。RTI 模式只有 7 个中断周期。

2. HCS08 下使用实时(RTI)时钟中断的硬件部分

HCS08 下与使用实时(RTI)时钟中断代码相关的原理设计图如图 2.58 所示。

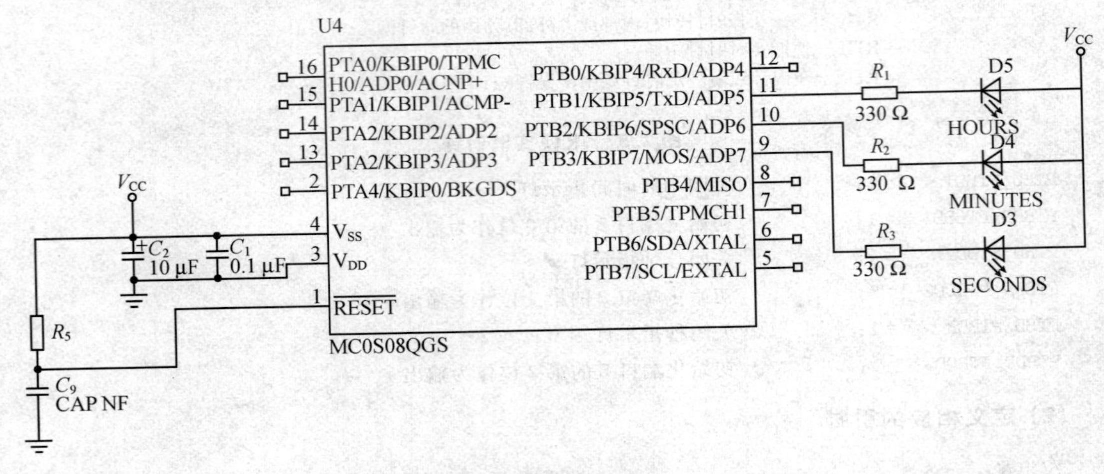

图 2.58　硬件原理图

2.5.16　HCS08 的输入捕获和输出比较功能

本例是 HCS08 家族使用定时器功能的快速参考，提供基本功能模块描述和配置信息。TPM 快速参考如图 2.59 所示。由于许多芯片中不只有一个 TPM 模寄存器，有两套寄存器，下列 x 表示 1 或者 2，通过软件来区分是使用 TPM1 还是 TPM2。

定时器/PWM 功能模式(TPM)在 HCS08 家族中有两个独立的 16 位定时器，每一个通道都可以配置成工作在输入捕获、输出比较或 PWM 方式下。每一个定时器作为一个独立的 TPM 模式。当配置作为输入模式时，和这个通道引脚相关的寄存器在时间到来时存储定时器的数值。当配置作为输出比较模式时，和这个通道相关的引脚被置位、清零或者固定在一个给定的定时器数值上。当在 PWM 模式时，中间对齐或者边沿对齐的 PWM 信号将通过与通道相关的引脚输出一个固定频率周期的波形。关于不同家族 TPM 的不同之处，以及和通道相关的引脚信息请参看数据手册。

1. HCS08 的输入捕获和输出比较功能的代码例程

包括两个例程，第一个使用输入捕获配置，通过端口输出一个比较高的定时数值。另一个配置输出比较到一个固定的 LED。代码包括功能如下：

main：无限循环等待中断发生。

MCU_init：配置硬件和 TPM 模式。

TPMxSC	TOF	TOIE	CPWMS	CLKSB	CLKSA	PS2	PS1	PS0

中断使能和模式配置

TPMxCNTH	BIT15	BIT14	BIT13	BIT12	BIT11	BIT10	BIT9	BIT8
TPMxCNTL	BIT7	BIT6	BIT5	BIT4	BIT3	BIT2	BIT1	BIT0

任何的对TPMCNTH或者TPMCNTL的写操作，清除16位计时器

TPMxCNTH	BIT15	BIT14	BIT13	BIT12	BIT11	BIT10	BIT9	BIT8
TPMxCNTL	BIT7	BIT6	BIT5	BIT4	BIT3	BIT2	BIT1	BIT0

TPM模数值，读或者写

TPMxCnSC	CHnF	CHnIE	MSnB	MSnA	ELSnB	ELSnA		

中断使能和模式配置

TPMxCNVH	BIT15	BIT14	BIT13	BIT12	BIT11	BIT10	BIT9	BIT8
TPMxCNVL	BIT7	BIT6	BIT5	BIT4	BIT3	BIT2	BIT1	BIT0

TPM捕获计数器作为捕获功能或者作为输出比较PWM功能的比较数值

图 2.59　TPM 寄存器快速参考

Vtpmlch1_isr：响应 TPM 中断。

(1) 输入捕获代码例程

本例使用通道 1，即 TPM1 配置为输入捕获模式。当上升沿通过特定通道的引脚捕获时，定时器数值的高位部分通过端口 PTF 使用基于中断的方式输出。使用 4 MHz 系统总线时钟，TPM 进行预分频（分频器 Prescaler＝7）使得每 2 s 溢出一次。下面的代码通过 DI（芯片设备初始化）工具进行设置。

```
TPM1MOD = 0x00;           //模式寄存器数值为 00，累加到 0xFFFF
//TPM1C1SC：CH1F = 0，CH1IE = 1，MS1B = 0，MS1A = 0，ELS1B = 0，ELS1A = 1
TPM1C1SC = 0x44;          //使能通道中断，配置输入捕获模式，上升沿中断
//TPM1SC：TOF = 0，TOIE = 0，CPWMS = 0，CLKSB = 0，CLKSA = 1，PS2 = 1，PS1 = 1，PS0 = 1
TPM1SC = 0x0F;            //关闭溢出中断，选择自身时钟模式，分频比为 128
```

当设定定时器时，使用下面公式建立溢出时间。

$$OverflowT = Modulo \times \text{Prescaler} \times \frac{1}{TPMclk}$$

当 *Modulo* 数值没有置位时，是 65 535（0xFFFF），该数值使用在该公式中。本例的 4 MHz TPM 时钟就是系统总线时钟，*Modulo* 数值没有置位，使用分频器 *Prescaler* 的数值是 128。

$$OverflowT = 65\,535 \times 128 \times \frac{1}{4\,000\,000}$$

$$OverflowT = 2.097\,12$$

定时器的溢出时间是2 s。

当TPM1和通道TPM1配置后，如果通道1指定引脚由上升沿检测到，通过读标志位中断服务子程序清除通道溢出标志位，然后将标志位写0。本例定时器结果位的高位存储在TPM1C1V中。

```
_interrupt void Vtpmlchl_isr (void)
{
  TPM1C1SC_CH1F;              //应答中断1,读标志
  TPM1C1SC_CHIF = 0;          //应答中断2,对中断标志写入0
  PTFD = TPM1C1VH;            //通过PTF输出定时器的高位
}
```

(2) 输出比较代码例程

本例中，TPM1通道1配置为输出比较模式。使用4 MHz系统时钟作为时钟源，让LED半秒闪烁一次。TPM分频器的数值设置为5。定时器1 Modulo寄存器(TPM1MODH:TPM1MODL)和定时器1通道1寄存器的数值(TPM1C1VH:TPM1C1VL)都使用默认的数值0。中断使能，下面的代码由DI(芯片设备初始化工具)产生。

```
TPM1MOD = 0XFFFF;           //计数器数值可达到0xFFFF
TPM1C1V = 0x00;             //当计数器数值和0x00匹配时候,通道中断将发生
TPM1C1SC = 0x54;            //使能通道中断,配置输出比较模式,将通道引脚取反
TPM1SC = 0x0D;              //关闭溢出中断,选择自身时钟模式,分频数值为32
```

当TPM1和通道1 TPM1配置后，每次通道溢出，中断服务程序执行。通道中断标志位将通过读标志清除，然后将标志位写入0。

```
_interrupt void Vtpm1ch1_isr (void)
{
   TPM1C1SC_CH1F;              //应答中断1,读标志
   TPM1C1SC_CH1F = 0;          //应答中断2,对中断标志写入0
   PTFD_PTFD2 = ～PTFD_PTFD2;
}
```

2. HCS08的输入捕获和输出比较功能的硬件部分

HCS08的输入捕获和输出比较功能相关的原理图如图2.60和图2.61所示。

备注：开发环境是CW 5.0，测试芯片是MC9S08GB60。

2.5.17 HCS08定时器(TPM)产生PWM信号

本例是HCS08家族使用定时器功能使能PWM功能的快速参考，提供基本功能模块描述

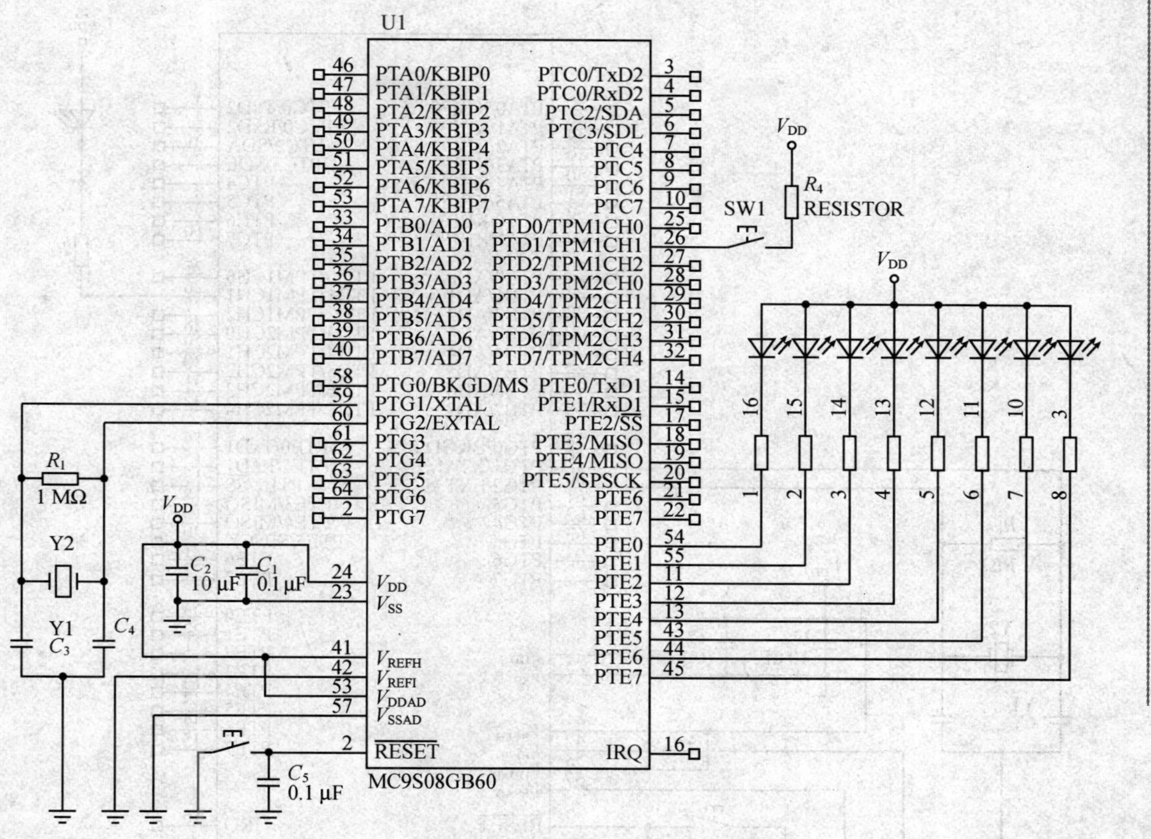

图 2.60　例程 1 使用的原理图

和配置信息。TPM 快速参考如图 2.62 所示。

1. HCS08 定时器(TPM)产生 PWM 信号代码例程

使用一般的占空比产生 PWM 信号，配置 TPM 直接用占空比产生 PWM，其步骤如下：在 TPMMOD 寄存器中装载所有通道的既定周期；为每个在 TPMCnV 通道中的寄存器装载既定的占空比周期；为每个通道选择 PWM 功能，使用每个通道的 TPMCnSC 寄存器产生 PWM；选择 PWM 模式，输入时钟源和主函数定时器在 TPMSC 寄存器中的分频数值。

当改变占空比时，产生变化的 PWM 信号，PWM_GB60 工程执行 TPM 模块作为一个 PWM 发生器。主要函数功能如下：

main：等待定时器中断发生。

MCU_init：配置硬件和 TPM 模式作为 PWM 发生器。

Vspil_isr：响应接收满中断。

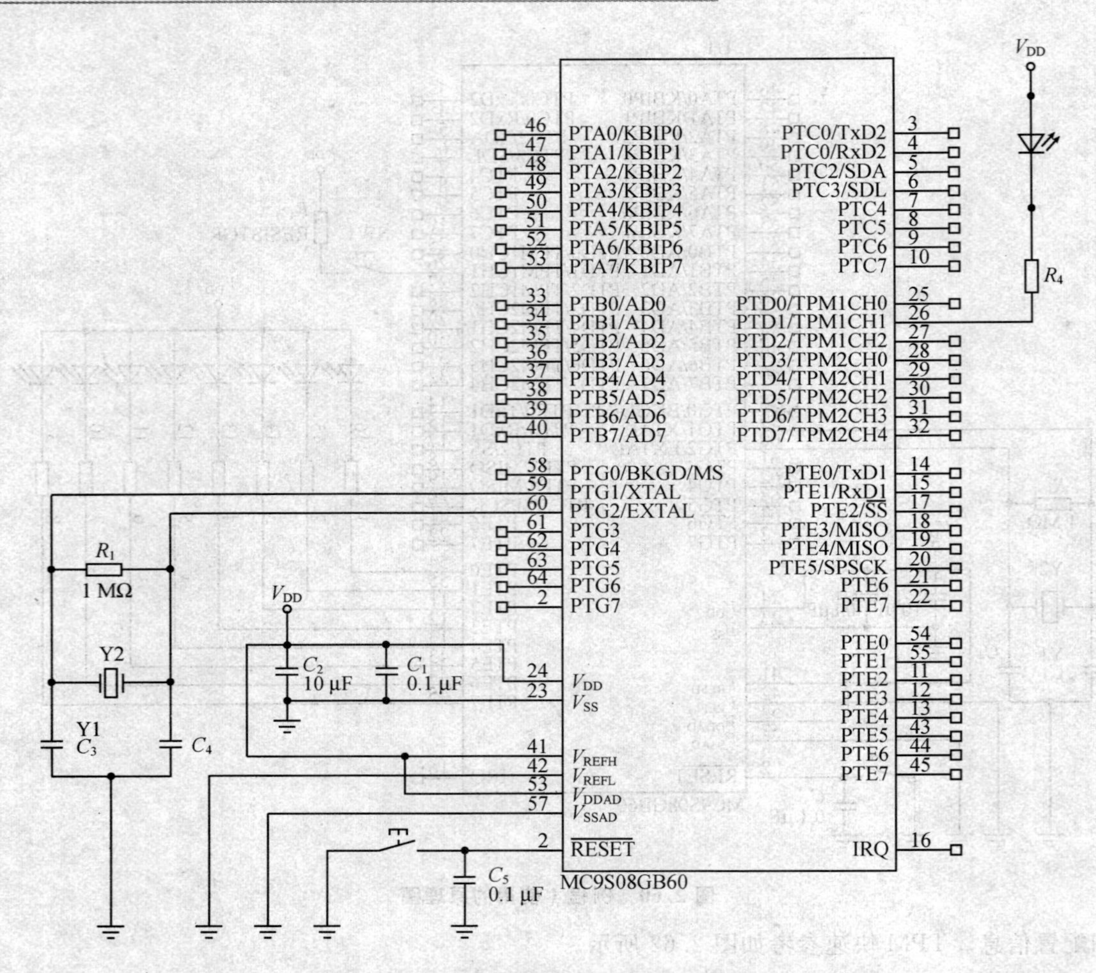

图 2.61　例程 2 使用的原理图

Vtpm1ch1_isr：在中断服务子程序中用于改变 PWM 的占空比。

本例代码使用 MC9S08GB60 开发的 TPM 功能模块。通过 LED 指示每个 TPM 周期变化时占空比的变化。相关配置如下：PWM 周期是 524 ms(总线时钟作为时钟源，分频器数值是 32，模计数器的数值是 0xFFFF)。复位占空比数值为 0x0F00(每个周期从 0x1000 数值自加)。PWM 配置为左对齐，输出引脚通过通道 1 控制，当通道 1 数值匹配时清零输出。通道中断使能，在每个中断请求中，占空比从 0x1000 自加，直到达到最大数值 0xFFFF，然后将初始化占空比数值保存。

通过 DI(芯片设备初始化工具)配置的代码如下：

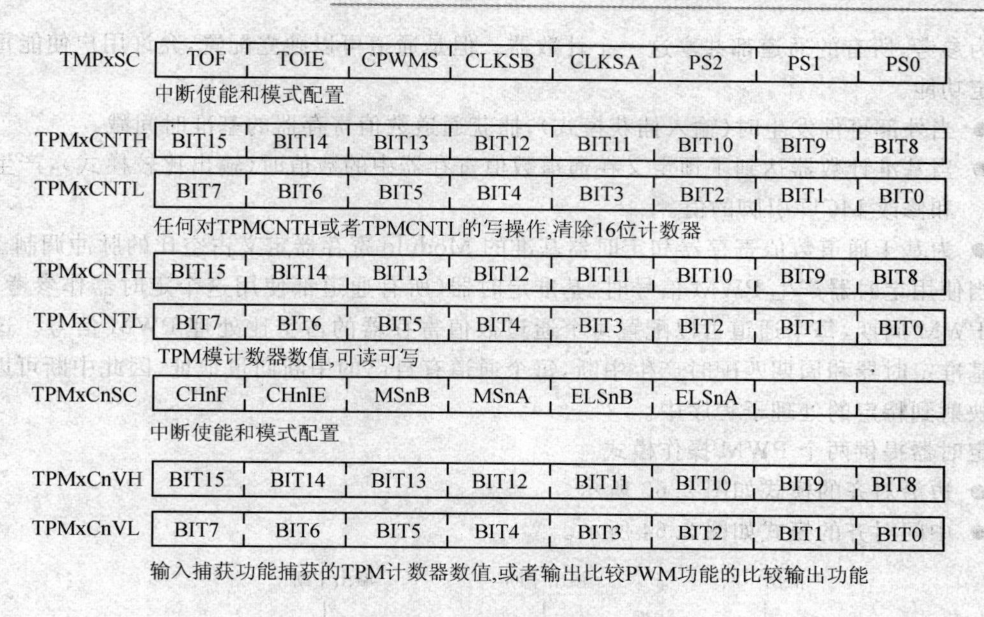

图 2.62　TPM 寄存器


```
TPM1MOD = 0xFFFE;      //模式数值
TPM1C1V = 0x0F00;      //复位通道数值
TPM1CISC = 0x68;       //通道中断使能,PWM 模式,清除在通道上匹配输出的数值
TPM1SC = 0x0D;         //溢出中断关闭,中间对齐的 PWM,总线时钟选择,分频数值为 32
```

本例通过每次修改通道占空比来产生 PWM 信号。通道 1 中断处理程序清除 CH1 标志位,修改通道 1 占空比。

```
_interrupt void Vtpm1ch1_isr (void)
{
        TPM1C1SC_CH1F;
        TPMIC1SC_CH1F = 0;              //两个步进应答标识
    if (TPM1C1V< = 0xF00) {
      TPM1C1V = TPM1C1V + 0x1000;       //修改 PWM 的占空比
    } else {
      TPM1C1V = 0xF00;                  //当达到最大数值时产生复位
    }
}
```

2. HCS08 定时器(TPM)的参考信息

HCS08 模定时器是由基准 16 位计数器以及与其相关的一个和多个通道组成。基准计数器作为参考,所有的通道都共享这一个计数器。但是通道可以独立配置,允许用户使能每个通道既定功能。

- 当外部事件发生时(输入捕获模式),捕获通道数值寄存器的基准时间戳。
- 当基准计数器达到了预定义在通道数值寄存器中的数值时(输出比较模式),产生中断和修改 MCU 引脚的值。
- 为基于通道数值寄存器和定时器基准的 Modulo 寄存器定义占空比的脉冲调制。

当使用定时器产生 PWM 信号时,基准定时器(所有通道都使用这个定时器作参考)用于设置 PWM 周期,每个通道可以配置每个通道数值寄存器的占空比处理 PWM 信号。这个模式在基准定时器和周期匹配时产生中断,每个通道有自己的中断向量地址,因此中断可以很容易地映射到特定的处理子程序中。

定时器提供两个 PWM 操作模式:

- 边沿对齐的模式如图 2.63 所示。
- 中间对齐的模式如图 2.64 所示。

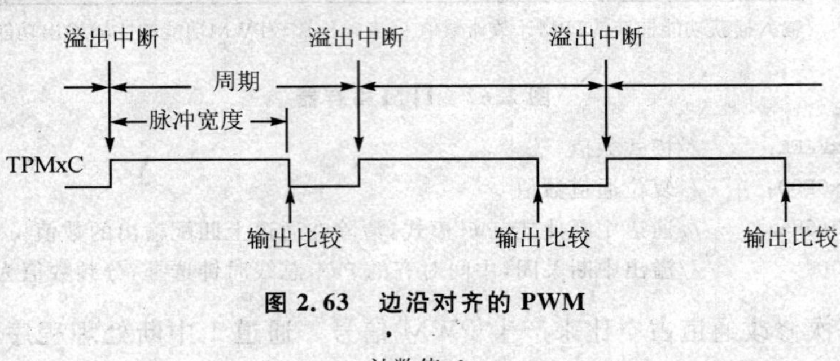

图 2.63 边沿对齐的 PWM

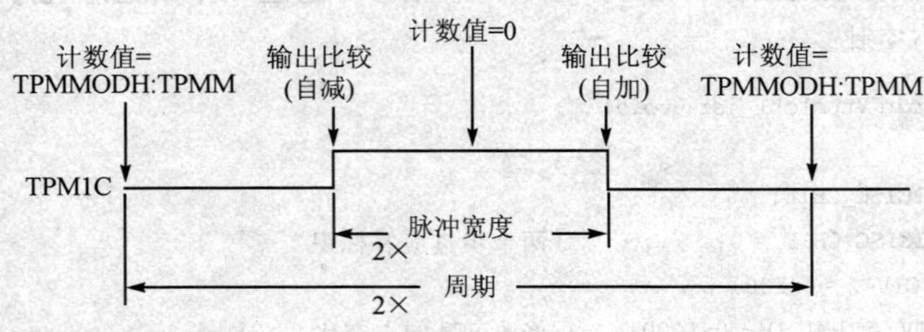

图 2.64 中间对齐的 PWM 操作模式(ELSnA=0)

边沿对齐的 PWM 操作将计数器的数值从 0 变到时间基准定时器 Modulo 寄存器(TPMMOD)设定的数值,当达到这个数值时复位计数器改变输出电平,设置溢出标志位。当用于输出比较的通道数值寄存器(TPMCnV)的数值等于时基计数器的数值时,该模式将再次改变每个通道的输出电平。

根据通道状态和控制寄存器的设置改变电平。

- 如果低脉冲选项选择，当计数器复位时输出电平将设置为低，当时基计数器等于通道寄存器时，将设置为高。
- 如果高脉冲选项选择，当计数器复位时输出电平将设置为高，当时基计数器等于通道数值寄存器时，将设置为低。

当定时器配置为中间对齐的 PWM 操作时，定时器将存储在时基 Modulo 寄存器（TPM-MOD）中的数值降到 0，然后增加到存储在时基 Modulo 寄存器（TPMMOD）中的数值。当计数器的数值等于存储在作为输出比较通道的数值寄存器（TPMCnV）中的数值时，将改变每个通道的输出电平。当选择中间对齐，和这个定时器相关的通道配置 PWM 操作在中间对齐的模式。当使用中间对齐模式，使用 0x0000 数值是不允许的。如果数值高于在 Modulo 寄存器中的数值 0x7FFF，将会导致产生不确定结果。

备注：本例的测试环境是 CW 5.0，测试芯片是 MC9S08QG8，需要修改中断向量来满足特定 MCU 的向量表，具体的中断向量表参看芯片数据手册。

第 3 章

C 语言应用实例

3.1 C 语言运行环境介绍以及 CodeWarrior 下 08 系列编程调试技巧

3.1.1 CodeWarrior 集成环境下 C 实例代码的调试方法

本节介绍使用 CW C 语言进行 HCS08 芯片开发和使用的方法。

为了进行 HCS08 芯片 C 代码的编写和初始化硬件，必须定义芯片模块的寄存器和寄存器的相对地址。HCS08 芯片 C 代码的 CodeWarrior IDE(简称 CW IDE)集成开发环境包含寄存器定义文件和芯片地址空间映射文件，这两个文件是芯片头文件和芯片寄存器的定义文件。

芯片头文件(比如 MC9S08GB60.h)主要用于数据变量的声明和芯片寄存器的定义。在 MC9S08GB60.c 文件中，寄存器使用 MC9S08GB60.h 头文件来定义和分配芯片寄存器地址，并将该寄存器地址映射到芯片地址空间单元中。

一个程序一般包括芯片定义或映射文件(MC9S08GB60.c)、用户代码(例如，main.c)和用于初始化运行环境的启动文件(startup.c)。启动代码、芯片头文件、主程序(main.c)一般都通过 CW 工程向导自动包括在工程文件中。

为了访问芯片外设，必须确保芯片头文件(MC9S08GB60.h)包括在源文件中。例如：

```
#include <MC9S08GB60.h>        //使用芯片寄存器头文件
int mycode(){                  //用户代码
}
```

1. CW集成环境下HCS08 C语言的数据类型

CW集成环境下HCS08 C语言的开发包括所有的C类型，即字节类型、字类型、双字类型、无符号长整型，其格式定义如下：

```
//Type definition
typedef unsigned char byte;
typedef unsigned int word;
typedef unsigned long dword;
typedef unsigned long dlong[2];
```

2. CW集成环境下HCS08的C语言工程内容

CW集成环境下创建一个新的HCS08的C语言工程如图3.1所示。

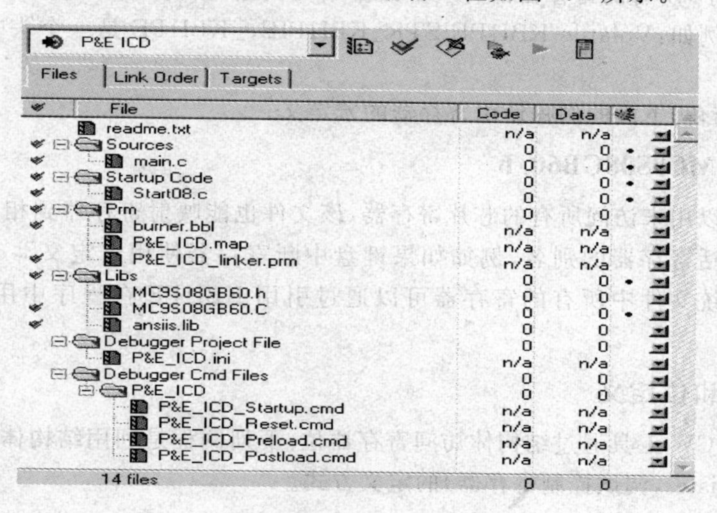

图3.1 新的CW工程

在CW集成环境下，系统将自动创建下列文件和子目录：

readme.txt——包括工程结构、在线帮助细节和如何联系Freescale。

Sources——包括用户代码和创建工程向导样例主程序main.c。

Startup Code——Start.c/c++启动代码，包括初始化C库文件和用户代码文件。

Prm——burner.bbl：详细地描述了如何产生S记录调试文件。

——*.prm：该文件详细描述了如何连接代码和数据段。

——*.map：该文件通过连接器产生代码。

Libs——包括必须的库文件、芯片头文件和外设文件。

Debugger Project File——包括*.ini文件，用于调试的基本工程文件。

Debugger Cmd Files——包括子文件夹,用于每个目标板连接的方法和命令文件。

3. CW芯片定义文件的使用

这部分主要描述CW集成环境中与芯片寄存器和存储器相关的映射文件以及这些信息在程序中的使用方法。所有芯片内部特殊功能的例程都是在MC9S08GB60下开发的。芯片的寄存器和位定义是通过芯片的头文件给出的。MC9S08GB60相关的两个头文件为:MC9S08GB60.c芯片文件,MC9S08GB60.h芯片定义头文件和映射文件。为了完全理解对一个芯片进行的特定编程,需要正确了解芯片的数据手册。

4. 芯片文件MC9S08GB60.c

这个文件定义了所有的寄存器,Volatile <register> STR_<register>;<register>是芯片寄存器的名字,所有的寄存器都有一个数据结构类型,结构的名字和STR相关的寄存器名字是一样的。例如:Volatile KBI1PE STR_KBI1PIE;_KBI1PE是一个头文件中定义了的寄存器。

备注:为了简化,下面的例程使用寄存器的宏定义。

5. 头文件MC9S08GB60.h

这个文件可以用来访问所有的芯片寄存器,该文件也能映射寄存器到相关的芯片外设文件中。头文件包括寄存器的别名,例如如果键盘中断寄存器使用宏定义# define KBI1PE _KBI1PE,那么系统文件中所有的寄存器可以通过引用KBI1PE在程序中用KBI1PE代替_KBI1PE。

6. 寄存器和位定义

头文件支持CW工具通过结构体访问寄存器位,下列例程是利用结构体表示DBGC(Debug Control Register,调试控制寄存器)的定义方式。

```
typedef union{
    byte Byte;
    struct{
        byte RWBEN        :1;    //使能比较器B的R/W
        byte RWB          :1;    //作为比较器B的R/W比较数值
        byte RWAEN        :1;    //使能比较器A的R/W
        byte RWA          :1;    //作为比较器A的R/W比较数值
        byte BRKEN        :1;    //中断使能
        byte TAG          :1;    //取反/强制选择标志位
        byte ARM          :1;    //ARM控制
        byte DBGEN        :1;    //调试模式使能
    }Bits;
```

```
}DBGCSTR;
extern volatile DBGCSTR _DBGC @0x00001816;
```

“:1”用于标识一个位，CW的C编译器将这些单个位组成一个字节。

为了访问RWB，需要用到下列代码：

```
DBGC.Bits.RWB = 1;              //设置 DBGC 中的 RWB 位
DBGC.Bits.RWB = 0;              //清除 DBGC 中的 RWB 位
```

为了使用CW的预先宏定义访问RWB，需要使用下列代码：

```
DBGC_RWB = 1;                   //设置 DBGC 中的 RWB 位
DBGC_RWB = 0;                   //清除 DBGC 中的 RWB 位
```

CW中的C编译器将为页寄存器和存储器产生位置位或者位清零指令，或者它将为其他地址单元产生位屏蔽操作，例如使用操作符号|=、&=等。在HCS08寄存器的0页中使用I/O寄存器的位操作，这种方法是非常有效的，只需要使用位清零、位置位或者测试跳转等单周期指令就可以达到位操作的目的。

7. 芯片寄存器和位变量的使用

在不同芯片的数据手册中定义的寄存器名的使用方法如下。例如：引用TPM2C0SC寄存器中的位，其寄存器位变量的名字就可以使用TPM2C0SC_MS0B来表示。

备注：芯片寄存器和寄存器中的位必须封装在一个寄存器结构体中。

8. 芯片寄存器的定义和使用

要对芯片进行在线编程和调试，就需要理解芯片寄存器/映射文件、芯片头文件和寄存器定义的关系。寄存器TPM2C0SC的设置如图3.2所示。

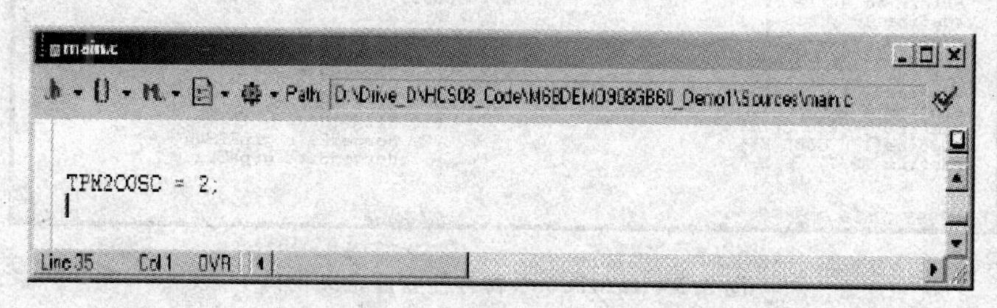

图3.2 寄存器TPM2COSC

由于在封装里面没有定义“O”，字母“O”被0替代，替代后寄存器的名字为亮绿色的字符，如图3.3所示(此图看不出颜色，读者可以在具体操作时观察)。

为了知道TPM2C0SC寄存器变量的定义，将光标放在变量名上，右击出现一个下拉菜单，这个菜单中包括访问变量定义的选项(Go to macro declaration of TPM2C0SC)，如图3.4所示。

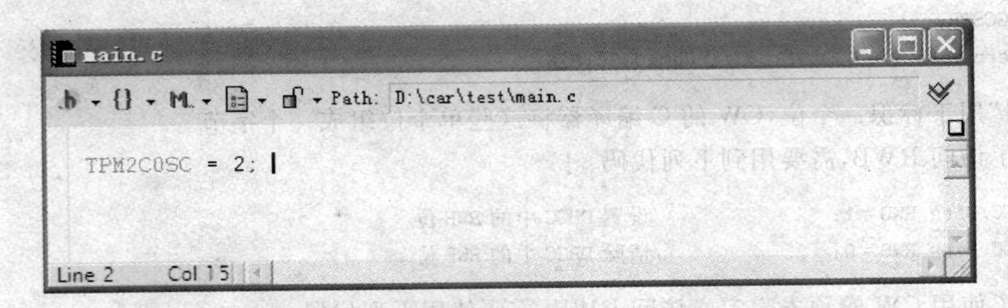

图 3.3 寄存器 TPM2C0SC

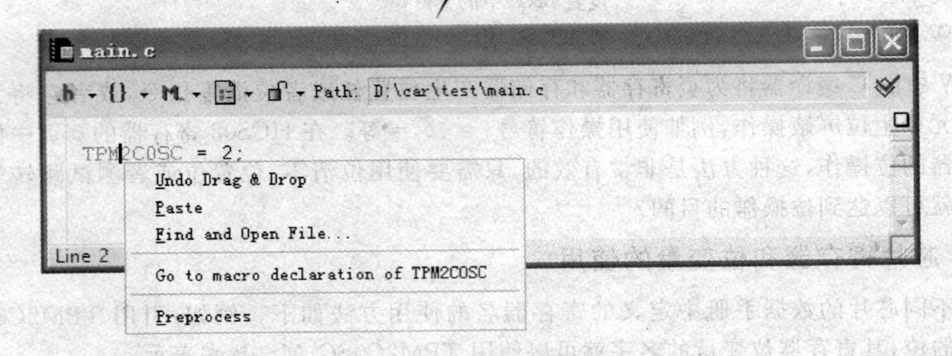

图 3.4 TPM2C0SC 寄存器下拉菜单选项

选择这个选项将弹出一个窗口，它显示定义变量的代码，如图 3.5 所示。

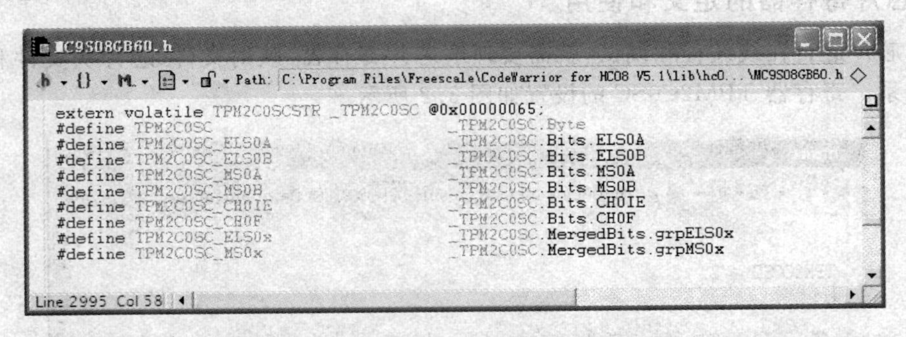

图 3.5 TPM2C0SC 寄存器变量定义代码

从上面可以看到，_TPM2C0SC 变量实际上是宏定义结构体元素的一个字节。变量_TPM2C0SC 属于 TPMC0SCSTR 结构体类型，其地址单元是 $0065，如商标所示。TPMC0SCSTR 结构体的定义如图 3.6 所示。

总结：从 TPM2C0SC 寄存器中可以看出 CW 下使用寄存器定义的方式。

在数据手册中定义的寄存器(例如 TPM2C0SC)，其宏定义需要引用结构体中的字节映射

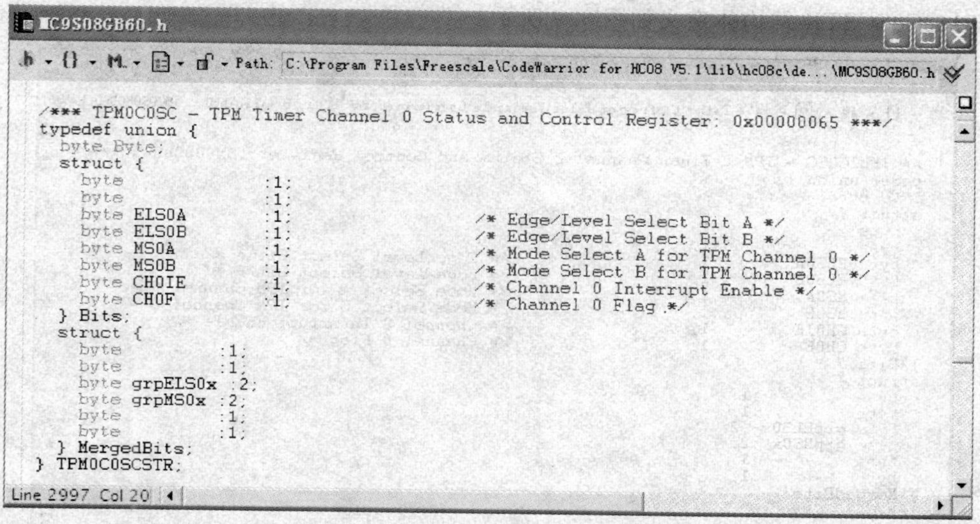

MC9S08GB60.h

Path: C:\Program Files\Freescale\CodeWarrior for HC08 V5.1\lib\hc08c\de...\MC9S08GB60.h

```c
/*** TPM0C0SC - TPM Timer Channel 0 Status and Control Register: 0x00000065 ***/
typedef union {
  byte Byte;
  struct {
    byte        :1;
    byte        :1;
    byte ELS0A  :1;                       /* Edge/Level Select Bit A */
    byte ELS0B  :1;                       /* Edge/Level Select Bit B */
    byte MS0A   :1;                       /* Mode Select A for TPM Channel 0 */
    byte MS0B   :1;                       /* Mode Select B for TPM Channel 0 */
    byte CH0IE  :1;                       /* Channel 0 Interrupt Enable */
    byte CH0F   :1;                       /* Channel 0 Flag */
  } Bits;
  struct {
    byte          :1;
    byte          :1;
    byte grpELS0x :2;
    byte grpMS0x  :2;
    byte          :1;
    byte          :1;
  } MergedBits;
} TPM0C0SCSTR;
```

Line 2997 Col 20

图 3.6　TPM0SCSTR 结构体的定义

到芯片相关的地址单元中。

9. 芯片寄存器中的位定义及其使用方法

为了使用寄存器中定义的位，需要将寄存器名字和位名字分类。例如，需要把位 MS0B 和 TPM2C0SC 寄存器分清楚，TPM2C0SC_MS0B 位的定义可以通过右击获得，如图 3.7 所示。_TPM2C0SC 的定义如图 3.8 所示。

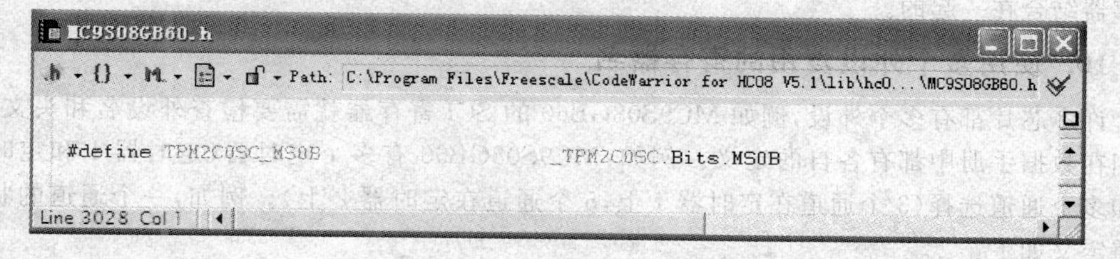

图 3.7　TPM2C0SC_MS0B 位的定义

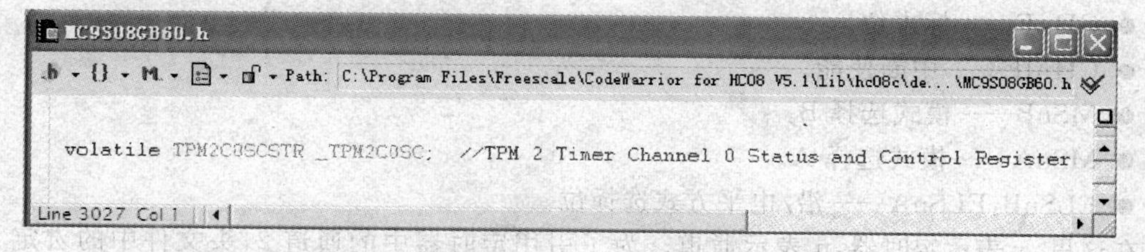

图 3.8　_TPM2C0SC 的定义

TPM2C0SCSTR 结构体定义如图 3.9 所示。

```
MC9S08GB60.h
Path: C:\Program Files\Freescale\CodeWarrior for HC08 V5.1\lib\hc0...\MC9S08GB60.h

** TPM2C0SC - TPM 2 Timer Channel 0 Status and Control Register; 0x00000065 ***/
pedef union {
byte Byte;
struct {
  byte            :1;
  byte            :1;
  byte ELS0A      :1;                /* Edge/Level Select Bit A */
  byte ELS0B      :1;                /* Edge/Level Select Bit B */
  byte MS0A       :1;                /* Mode Select A for TPM Channel 0 */
  byte MS0B       :1;                /* Mode Select B for TPM Channel 0 */
  byte CH0IE      :1;                /* Channel 0 Interrupt Enable */
  byte CH0F       :1;                /* Channel 0 Flag */
} Bits;
struct {
  byte          :1;
  byte          :1;
  byte grpELS0x :2;
  byte grpMS0x  :2;
  byte          :1;
  byte          :1;
} MergedBits;
TPM2C0SCSTR;

Line 3003 Col 36
```

图 3.9 TPM2C0SCSTR 结构体定义

MS0B 是 TPM2C0SSTR 结构体中的一个位变量，可以用_TPM2C0SC.Bits.MS0B 或者 TPM2C0SC.Bits.MS0B 表示。为了使用这个变量，可以预先定义宏 TPM2C0SC_MS0B。这两个例子都是引用 TPM 通道 0 的模式选择 B。

总结：寄存器中的位通过与寄存器相关的宏进行定义，即宏定义中有一部分位变量名是和寄存器结合在一起的。

10. 使用多个外设复用的寄存器名

许多芯片都有多个外设，例如 MC9S08GB60 的 SCI 寄存器就需要检查外设名和头文件，它们在数据手册中都有各自的定义。例如：MC9S08GB60 有多个定时器（定时器 1 和定时器 2）和多个通道选择（3 个通道在定时器 1 上，5 个通道在定时器 2 上）。例如，一个通道的状态通道定义如下：

TPMxCnSC——定时器 x 的通道 n 的定义

- CHnF——标志位。
- CHnIE——中断使能。
- MSnB——模式选择 B。
- MSnA——模式选择 A。
- ELSnB:ELSnA——沿/电平方式选择位。

在这里，x 表示定时器，n 表示通道。为了引用定时器中的通道 2，头文件中的宏定义如下：TPM1C2SC_CH2F。

3.1.2 CW使用常见问题

本部分主要对新手介绍使用CW的经验，描述CW集成环境如何使用及常见问题。

(1) 如何获得最新的数据文档？

最新的数据手册文档请参考Freescale网站。

(2) CW不支持的芯片和目标板如何升级？

参看Freescale网站，在"Updatas and Patches"部分选择"CodeWarrior For Freescale HC08"，单击"Select"，弹出安装包下载列表菜单。下载合适的安装包，然后安装。这样CW软件就会更新支持最新的芯片。

(3) USB BDM在HC08 CW 3.0集成环境下为何不能工作？

要在CW 3.0下使用USB BDM功能必须安装服务包，服务包可以从Freescale网站下载。

一般正常使用的并口Multilink BDM连接头需要注意：

- 确保CW是最新的版本。
- 确保BDM头使用最新的固件版本(www.pemicro.com)。
- 确保并口BDM硬件是最新版本，除了版本A，所有的Multilink都支持当前最新的版本D。
- 确保并口配置成计算机BIOS标准的端口。BIOS设置并口方式为SPP、正常、标准、只为输出模式、非双向或者AT。这样可以避免ECP、EPP或者PS/2双向。
- 限制Multilink和目标板的BDM缆线长度。
- 不要在开发调试时对芯片的Flash进行加密。

(4) P&E并口Multilink BDM如何使用？

一些3 V的Multilink BDM并口可能不能有效的工作，为避免这个问题，使用外部5 V电源供电。注意在使用时需要使用外部5 V电源为P&E并口Multilink BDM供电。

(5) 监控模式为何不能正常工作？

许多情况下可能会发生监控模式不能正常工作：

- 监控区被擦除(需要将监控代码重新写入芯片中)。
- 监控时钟速率与主机通信速率不匹配(向芯片中写入不同的时钟速率配置或者根据芯片中监控模式版本改变晶体的时钟为32.768 kHz或者4 MHz等)。

(6) 如何对HCS08监控模式进行编程？

如果HCS08监控模式被擦除或者有冲突产生，需要下载HCS08监控代码来初始化BDM代码，没有其他办法。

(7) 为何不直接使用PC对HCS08进行远程编程？

HCS08可以通过串行监控模式或者BDM进行烧录。P&E可以通过USB、并口或者以太网口对芯片进行编程。请参考P&E网站：www.pemicro.com/products/product_viewDe-

tails. cfm? product_id=1

(8) BDM上电后,原先驻留在芯片Flash中的代码能够工作吗?

需要断开BDM,因为BDM上电后中断了芯片内部程序的正常工作。

(9) 调试时为什么看不到main. c源程序文件?

为了在调试时,能够看到main. c,需要右击打开源代码窗口,如图3.10所示。

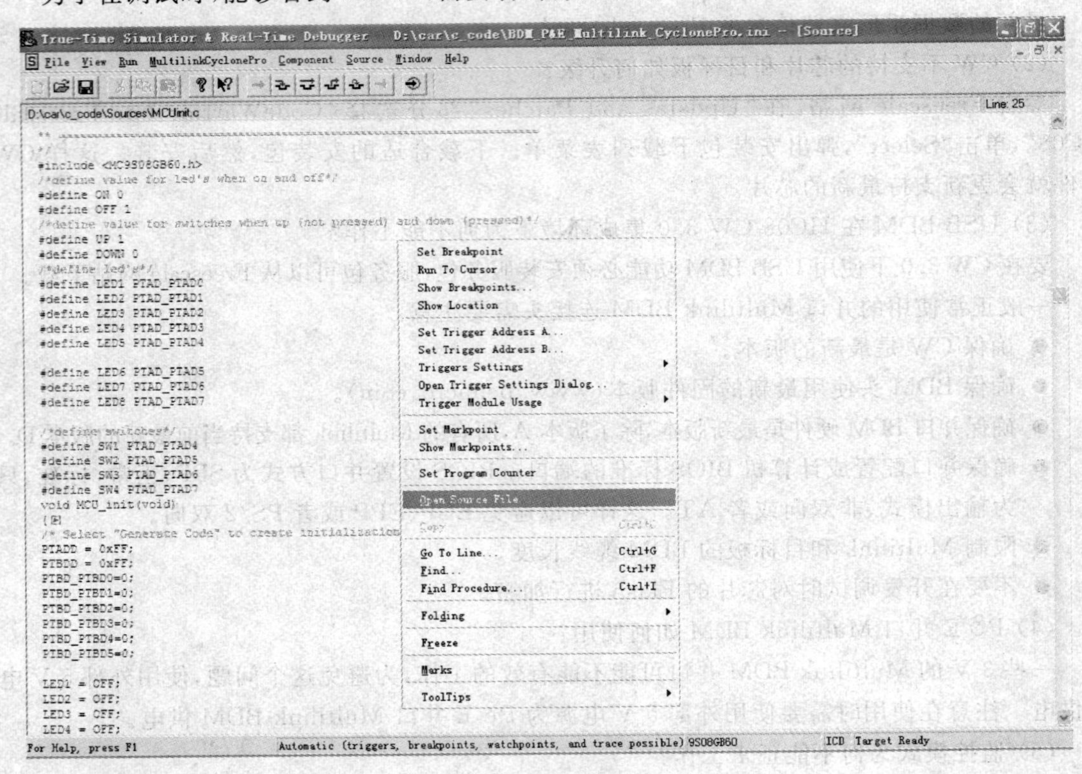

图3.10 main. c源程序文件

选择"Open Source File"选项,将弹出如图3.11所示的对话框,选择正确的源文件,例如:main. c。

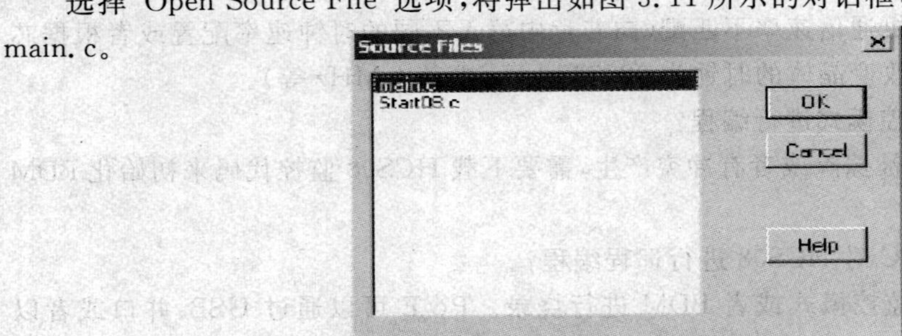

图3.11 弹出对话框

弹出如图3.11所示的对话框后，选择正确的文件，出现源代码窗口，如图3.12所示。

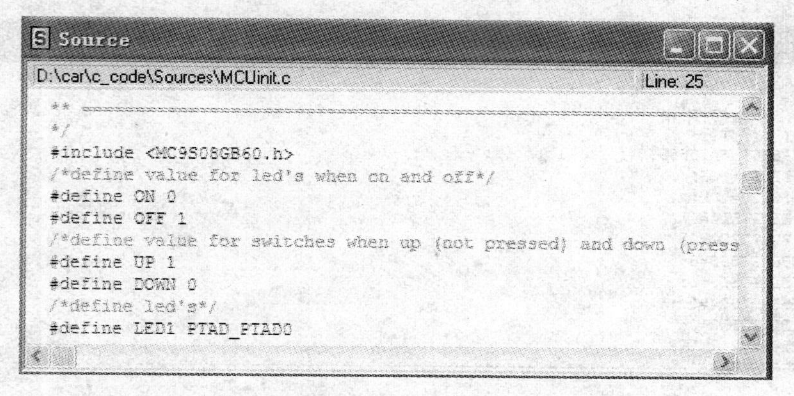

图3.12　源代码窗口

(10) 如何在调试器下设置断点？

要在调试器下设置断点，可在文本中选择需要设置断点的地方右击，弹出下拉列表框，第一项就是用来设置断点的，如图3.13所示。

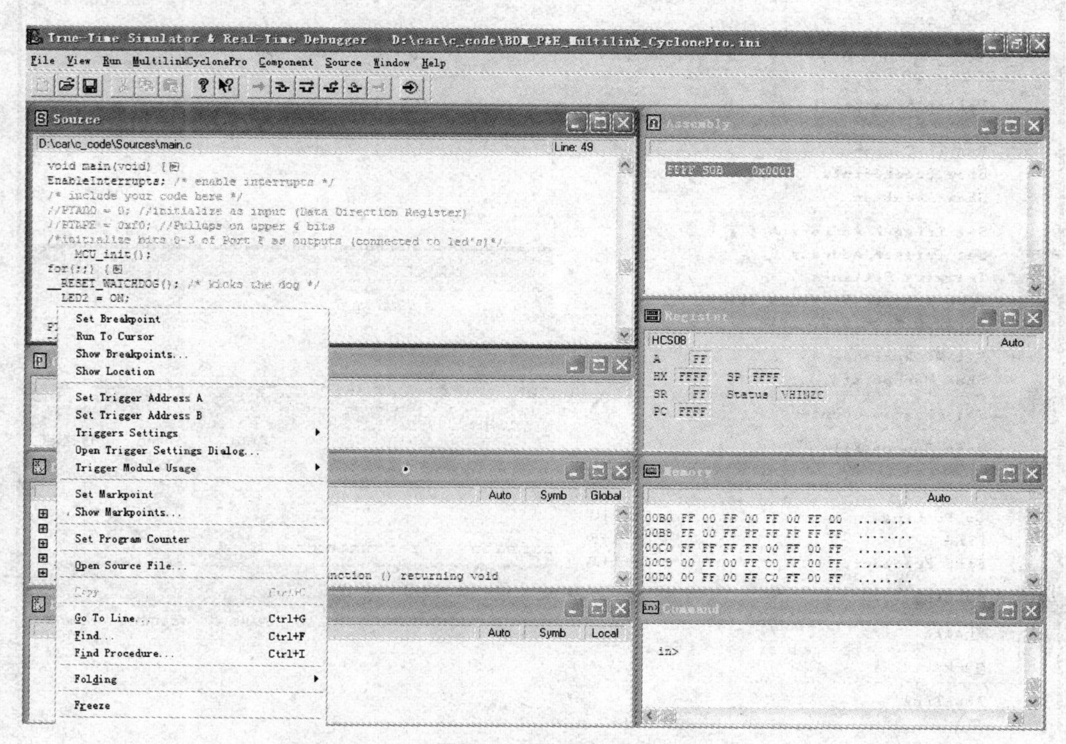

图3.13　设置断点

断点将出现在源文件窗口中，如图 3.14 所示，同时有一个红色标记。

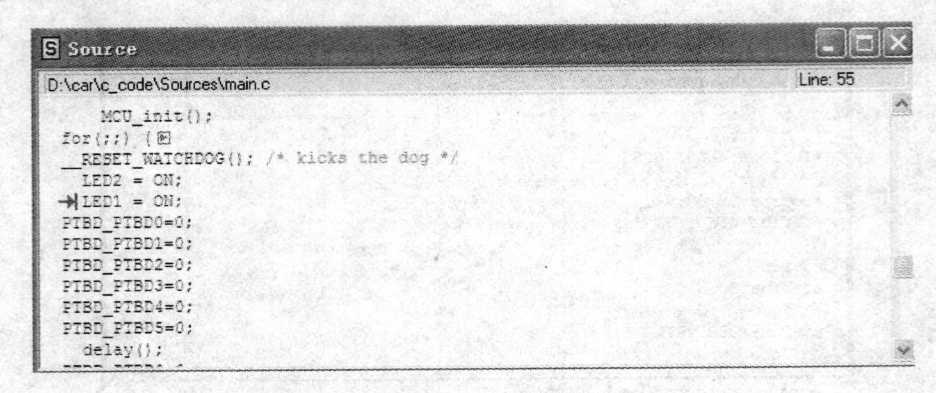

图 3.14 源文件窗口

要移除断点，可在断点位置处右击，在弹出的菜单中选择“Delete”，如图 3.15 所示。

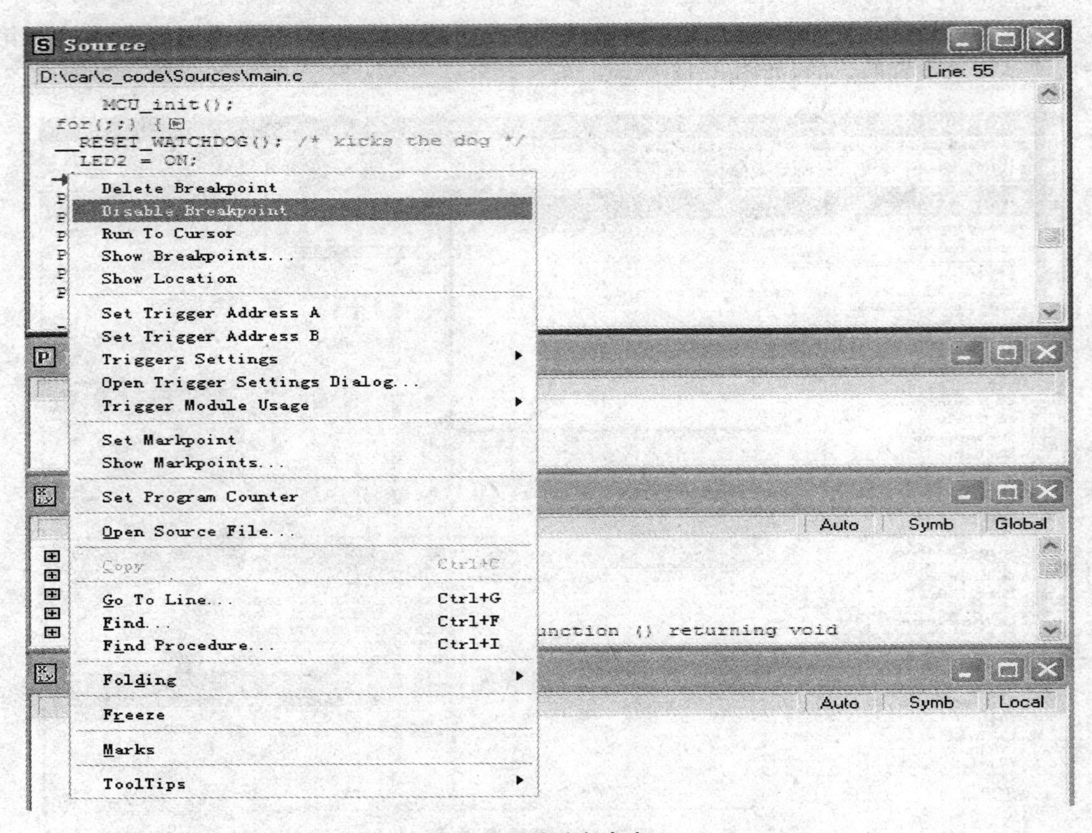

图 3.15 移除断点窗口

(11) 调试器中看不到硬件/选择在线调试选项,如何配置?

最有可能的情况是调试器使用了软件仿真或者错误的硬件。一个可能的情况是联机时调试器找不到BDM头,默认使用软件仿真。确保正确的目标连接。在"Full Chip Simulation"模式下为了设置在线调试和编程,可在PEDebug菜单中选择"In Circuit Debug/Programming",如图3.16所示。

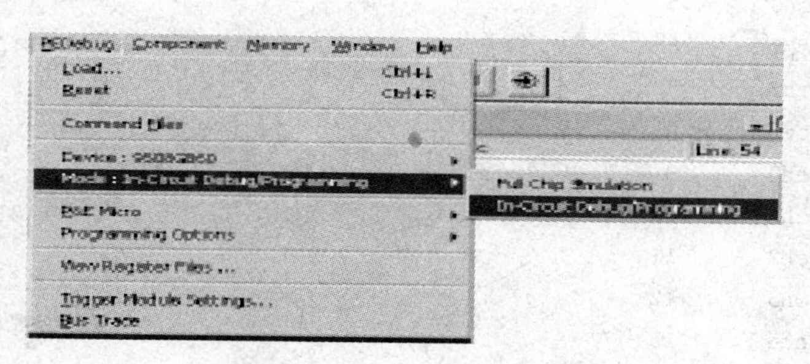

图 3.16 PEDebug 菜单

工程管理器打开以后,调试器将切换状态对芯片进行擦写和编程。

(12) 如何查看C代码相应的汇编代码?

要优化C代码,必须准确地知道C代码是如何产生的,可以简单地看下述相关的C代码,如图3.17所示。

图 3.17 相关的C代码

下面查看C代码相关的汇编代码,阴影部分表示汇编代码,如图3.18所示。

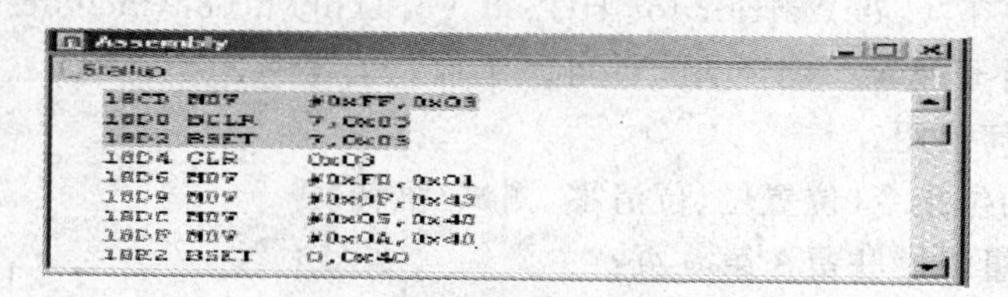

图 3.18 C代码相关的汇编代码

(13) MC9S08GB60所有的中断向量有多少?

MC9S08GB60所有的中断向量如下:

```
#define VNreset        0
#define VNswi          1
#define VNirq          2
#define VNlvd          3
#define VNicg          4
#define VNtpm1ch0      5
#define VNtpm1ch1      6
#define VNtpm1ch2      7
#define VNtpm1ovf      8
#define VNtpm2ch0      9
#define VNtpm2ch1      10
#define VNtpm2ch2      11
#define VNtpm2ch3      12
#define VNtpm2ch4      13
#define VNtpm2ovf      14
#define VNspi          15
#define VNsci1err      16
#define VNsci1rx       17
#define VNsci1tx       18
#define VNsci2err      19
#define VNsci2rx       20
#define VNsci2tx       21
#define VNkeyboard     22
#define VNatd          23
#define VNiic          24
#define VNrti          25
```


(14) 系统头文件如何定位?

有两种类型的头文件使用C代码,即系统文件和用户文件。系统文件在CW目录下,例如HCS08,其头文件在“CodeWarrior for HCS08 V5.1\lib\hc08c\include”目录中。用户文件一般有一个工程文件子目录。用户头文件可以添加到工程中。

(15) 位操作如何使用?

CW使用0页的位指令(位置位、位清零、测试/跳转)。

(16) 如何将变量强制驻留在第0页?

为了将变量存储在第0页,使用下列#pragma。例如:

```
#pragma DATA_SEG __SHORT_SEG MY_ZEROPAGE     //0页的数据声明
#pragma DATA_SEG DEFAULT
```

第二个例子如下:

```
#pragma DATA_SEG __SHORT_SEG MY_ZEROPAGE      //0页的数据声明
Byte p0i,p0j;
#pragma DATA_SEG DEFAULT
```

第一个#pragma状态指令在段代码部分(0页)编译需要定位的数据,MY_ZEROPAGE是默认的数据段。第二个#pragma状态指令编译默认的数据部分。

(17) 如何关闭看门狗操作?

调试代码时有必要关闭看门狗,在应用程序代码部分需要打开看门狗。为了关闭看门狗,需简单的清除SOPT寄存器中的COPE位,SOPT_CODE=0。

(18) 如何添加中断向量操作?

CW支持多种中断方式,一般的方法如下:

使用#pragma TRAP_PROC优先于中断子程序,在linker.prm文件中添加中断向量表。例如:

```
#pragma TRAP _PROC
void intSW1(void){
}
```

或者使用关键字"interrupt",然后在linker.prm文件中添加中断向量表。

```
interrupt void intSW1(void){
}
```

或者,在linker.prm文件中添加向量表入口地址,例如:

```
VECTOR ADDRESS 0XFFD2 intSW1
```

使用关键词"interrupt"和在中断子程序中标识中断号时,不需要对linker.prm文件做任何修改。例如:

```
interrupt 22 void intSW1(void){
}
```

(19) 如何在C环境下使用汇编?

可以参考Freescale网站的"High Level Online Assembler for Freescale HC08"文档Manual_Compiler_HC08.pdf。

(20) 中断向量如何重定位?

串行监控可以在没有加密的Flash中执行向量表重定位,这在HCS08串行监控文档中有所描述。

(21) 位屏蔽功能如何使用?

定义寄存器的屏蔽方式,可以参看下面代码:

```
//DBGC 调试控制寄存器
extern volatile byte _DBGC @0x00001816;
#define RWBEN   0x01;                //使能比较器 B 的 R/W
#define RWB     0x02;                //比较器 B 的 R/W 比较数值
#define RWAEN   0x04;                //使能比较器 A 的 R/W
#define RWA     0x08;                //比较器 A 的 R/W 比较数值
#define BRKEN   0x10;                //断点使能
#define TAG     0x20;                //取反和强制选择
#define ARM     0x40;                //ARM 控制
#define DBGEN   0x80;                //调试模式使能
```

为了访问 RWB，需要使用下列代码：

```
DBGC = DBGC|RWB; //设置 DBGC 中的 RWB 位
DBGC = DBGC&~RWB;//清除 DBGC 中的 RWB 位
```

备注：CW 头文件可以操作结构体，但是不能进行位屏蔽操作，如果需要使用位屏蔽，必须手动定义。

(22) 编译选项如何设置？

在“Edit”菜单中选择“P&E ICD Settings”选项，如图 3.19 所示。在弹出的“P&E ICD Settings”对话框，访问其中的编译选项，通过简单命令行方式进入，如图 3.20 所示。

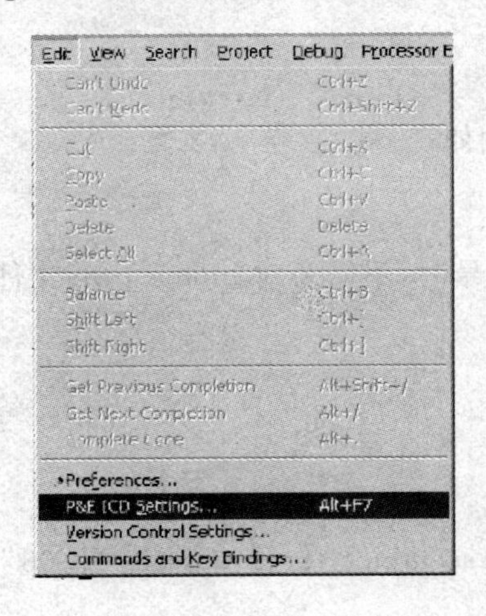

或者按下 Settings 设置按钮：

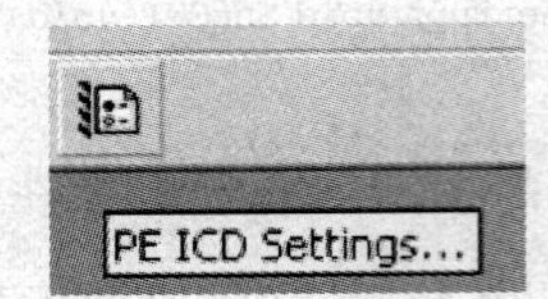

图 3.19 设置编译选项

或者使用一个子选项窗口，例如“Smart sliders”微型滑条，如图 3.21 所示。该图为编译选项部分，它提供了一个图形化的用户操作界面。

(23) 如何编译和使用长字节数据？

首先，创建 16 位整形的联合/结构体来访问字或者字节。

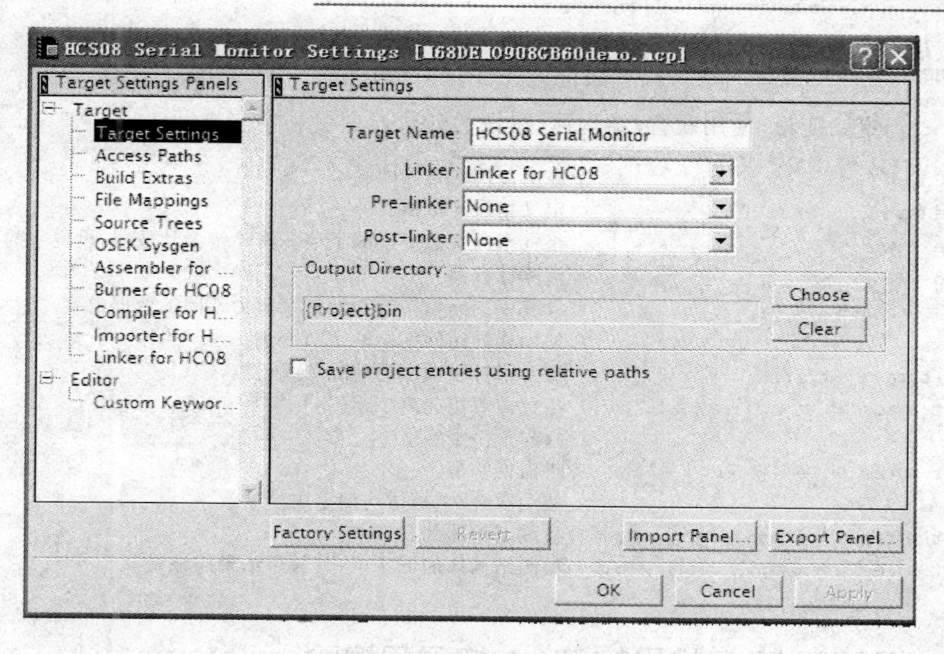

图 3.20　访问编译选项

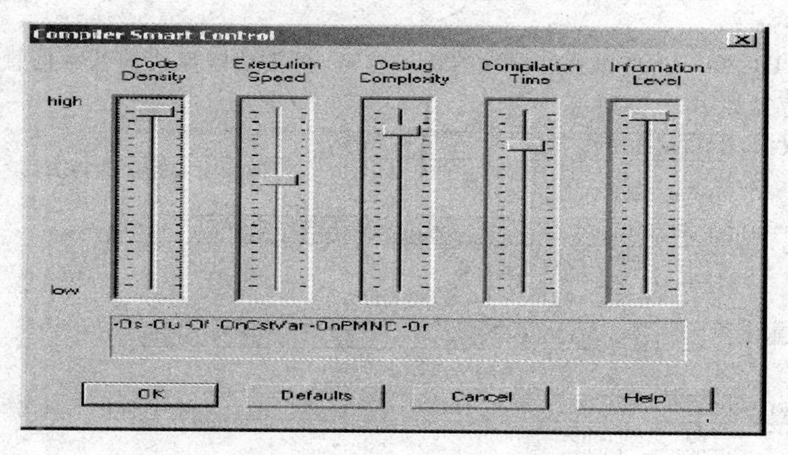

图 3.21　"Smart sliders"微型滑条

//声明访问一个字或者双字节的联合体。

```
typedef union{
    word w;
    struct{
    byte h;
    byte l;
```

```
    }bytes;
}TEMP;
```

下一步，定义变量，使用联合/结构体，错误的计数器变量和字节指针。

```
TEMP t;                              //声明使用联合体的临时变量。
byte err;                            //定义错误计数器。
byte *p;                             //指针指向字数据中的字节。清除错误计数器，设置字的高低位。
erro = 0;                            //清除计数器。
t.w = 0x55aa;                        //设置字的高位字节和低位字节为不同的数据内容。
                                     //使用指针访问字中的字节变量。
p = (byte *)&t.w;                    //设置指针指向字的地址单元。
if(t.bytes.h! = *p) err| = 1;        //指针需要指向高字节。
p++;                                 //指向下一个字节
if(t.bytes.l! = *p) err | = 2;       //指向低字节。
                                     //使用联合/结构体访问字中的字节。
if(t.bytes.h! = 0x55)  err| = 4;     //检测结构体的高字节。
if(t.byte.l! = 0Xaa)     err| = 8;   //检测结构体的低字节，其最后结果应该是 0。
```


3.1.3 HCS08 的 C 代码的 Flash 编程和擦除

本例提供 HCS08 Flash 编程和擦除的快速参考，提供功能模块的基本信息和配置方法。Flash 相关寄存器如图 3.22 所示。

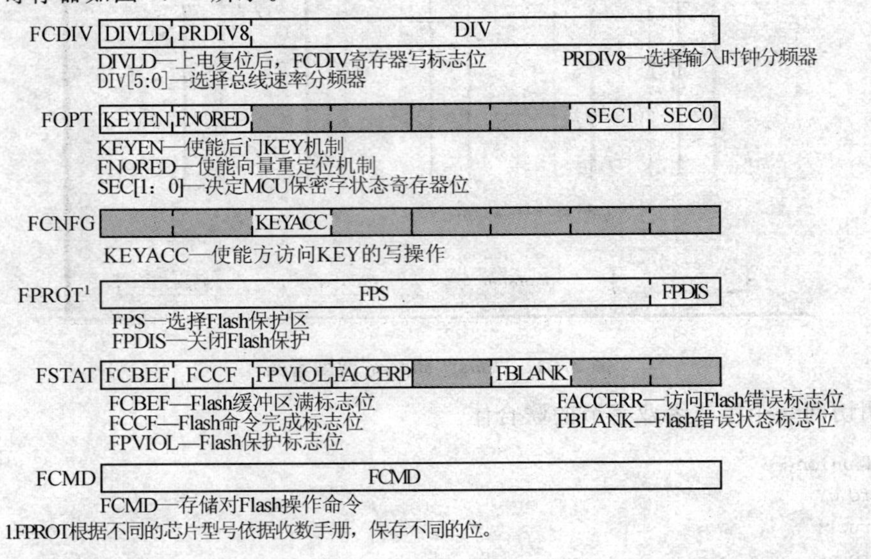

图 3.22　Flash 相关寄存器快速参考

应用代码驻留在Flash存储区中，又从Flash区开始执行，因此不可能对相同的Flash区执行编程和擦除。为了执行编程和擦除操作，代码应放在RAM区，并从RAM中执行。下面使用代码例程描述如何使用C语言对Flash进行编程和擦除。

本例MCU将0～127个字节的数据写入Flash存储区，之后执行擦除。由于Flash存储区在使用时不能被擦除，于是在芯片存储器ROM中定义了一个特定的地址区包含有编程和擦除操作码，这段操作码可以用来对HCS08家族芯片进行编程和擦除。为了延长Flash寿命，编程和擦除时序要求很严格，因此需要特定精确的指令。操作码指令使用RAM中59字节和4字节栈空间。相关程序函数如下：

main——主函数无限循环对Flash 0x1200地址单元执行擦除和编程。

MCU_init——这个程序函数用于初始化时钟和Flash寄存器。

Page_Erase——这个程序函数程序用于擦除给定地址单元的数据。

Program_Byte——这个程序函数用于对给定地址单元的数据编程。

下面的步骤，将执行对用户Flash区域的编程和擦除。

(1) 配置Flash的时钟分频器和时钟寄存器(使用内部4 MHz总线时钟，设置Flash区时钟为200 kHz)。本部分由芯片设备初始化工具完成。

(2) 声明RAM中的编程和擦除操作指令。

在编程和擦除时，调用栈(用于在累加器中存储编程字节)和在HX寄存器中的编程地址，子程序完成后，错误变量将存储在累加器中(如果是0xFF，将产生错误)。

```
//编程和擦除函数操作指令
void MCU_init (void)
{
//MC9S08QG8 初始化代码
//复位后 PE 初始化代码
//系统时钟初始化
//SOPT1:COPE = 0,COPT = 1,STOPE = 0,BKGDPE = 0,RSTPE = 0
SOPT1 = 0x50;
//SPMSC1:LVDF = 0,LVDACK = 0,LVDIE = 0,LVDRE = 1,LVDSE = 1,LVDE = 1,BGBE = 0
ICSC1  = 0x04;                          //初始化 ICS 控制寄存器 1
//ICSC2:BDIV = 1,RANGE = 0,HGO = 0,LP = 0,EREFS = 0,ERCLKEN = 0,EREFSTEN = 0
ICSC2  = 0x40;                          //初始化 ICS 控制寄存器 2
//通用初始化代码

//SOPT2:COPCLKS = 0,IICPS = 0,ACIC = 0
SOPT2  = 0x00;
//FCDIV:DIVLD = 0,PRDIV8 = 0,DIV5 = 0,DIV4 = 1DIV3 = 0,DIV2 = 0,DIV1 = 1,DIV0 = 1
FCDIV  = 0x13;
//编辑和擦除操作函数
//阵列元素如下：0x20 写入指令,0x40 擦除指令
```

```
unsigned char FLASH_CMD[] {
0x87,0xC6,0x18,0x25,0xA5,0x10,0x27,0x08,0xc6,0x18,0x25,0xAA,0x10,0xC7,0x18,0x25,
0x9E,0xE6,0x01,0xF7,0xA6,0x20,0xC7,0x18,0x26,0x45,0x18,0x25,0xF6,0xAA,0x80,0xF7,
0x9D,0x9D,0x9D,0x9D,0x45,0x18,0x25,0xF6,0xF7,0xF6,0xA5,0x30,0x27,0x04,0xA6,0xFF,
0x20,0x07,0xC6,0x18,0x25,0xA5,0x40,0x27,0xF9,0x8A,0x81};
/*上面这套指令的操作码如下
    if (FSTAT&0x10) {                        //效验 FACCERR 是否置位
        FSTAT = FSTAT | 0x10;                //写 1 到 FACCERR 中,清零
    }
    (*((volatile unsigned char *)(Address))) = data;    //在 Flash 中写操作
    FCMD = 0x20;                             //设置命令类型
    FSTAT = FSTAT | 0x80;                    //将 FCBEF 置为 1
    _asm NOP;                                //等待 4 个周期
    _asm NOP;
    _asm NOP;
    _asm NOP;
    if (FSTAT&0x30) {                        //效验判断 FACCERR 或者 FVIOL 是否置位
    return 0xFF;                             //如果是,表示错误
}
    while ((FSTAT&0x40) = = 0) {             //否则,等待命令完成
}*/
```

(3) 关闭中断的执行代码。

```
DisableInterrups;                            //关闭中断
```

(4) 循环写一个字节 0~127。

```
  for (counter = 0; counter< = 127; counter + +)
{
  program (0x1200 + counter, counter);
}
```

(5) 在 Flash 中编程写入一个字节。

```
void Program (int Address, unsigned char data) {
unsigned char dummy;
asm jsr FLASH_CMD;                           //跳转到程序定位在汇编指令 asm sta dummy 中的地址
asm sta dummy;
if (dummy = = 0xFF) {
   asm NOP;
}                                            //在对 Flash 编程过程中一个错误发生处理代码
}
```

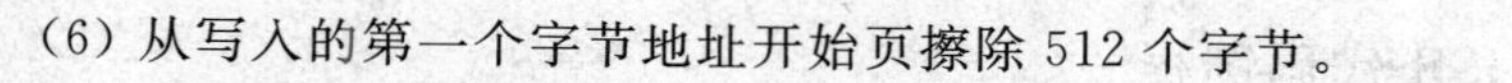

(6) 从写入的第一个字节地址开始页擦除 512 个字节。

```
void Erase (int Address) {
unsigned char dummy;
FLASH_CMD[21] = 0x40;                    //写入到编程阵列中的擦除指令
asm jsr FLASH_CMD;                       //跳转到擦除子程序定位在汇编指令 asm sta dummy 中的地址
asm sta dummy;
if (dummy = = 0xFF) {asm NOP;}           //在程序擦除过程中一个错误发生
}
```

备注：本例的测试在 CW5.0 下进行，测试芯片是 MC9S08QG8，校验 RAM 区和 Flash 区中的配置，存储区的大小依赖于 MCU。用于编程和擦除的代码不需要修改就可以移植到 HCS08 系列家族。

3.1.4 在 HCS08 下使用 CW 执行 C 语言的 ISR(中断服务子程序)

本例提供了 CW 08 下使用中断的快速参考设计，提供了中断初始化和中断服务子程序代码。TPM 寄存器模式如图 3.23 所示。

由于一些芯片上至少有一个 TPM 寄存器，其中有两套寄存器，在下列寄存器中，有一个小写 x 表示 1 或者 2，用来区分 TPM1 和 TPM2，小写 n 表示通道号。

TPMxSC	TOF	TOIE	CPWMS	CLKSB	CLKSA	PS2	PS1	PS0
	中断使能和模块配置							
TPMxCNTH	BIT15	BIT14	BIT13	BIT12	BIT11	BIT10	BIT9	BIT8
TPMxCNTL	BIT7	BIT6	BIT5	BIT4	BIT3	BIT2	BIT1	BIT0
	写入TPMCNTH或者TPMCNTL清除16位定时器							
TPMxCNTH	BIT15	BIT14	BIT13	BIT12	BIT11	BIT10	BIT9	BIT8
TPMxCNTL	BIT7	BIT6	BIT5	BIT4	BIT3	BIT2	BIT1	BIT0
	TPM模块模寄存器数值，读或者写							
TPMxCnSC	CHnF	CHnIE	MSnB	MSnA	ELSnB	ELSnA		
	中断使能和模块配置							
TPMxCnVH	BIT15	BIT14	BIT13	BIT12	BIT11	BIT10	BIT9	BIT8
TPMxCnVL	BIT7	BIT6	BIT5	BIT4	BIT3	BIT2	BIT1	BIT0
	TPM计数器输入捕获功能和作为输出比较PWM功能的输出比较数值							

图 3.23 TPM 寄存器模式配置

在了解 TPM 寄存器后，如何在 CW 下用 C 语言编写 TPM 寄存器相关的程序？下面详细介绍 ISR 代码例程。

1. CW 下 C 语言的 ISR 代码例程

本例中 MC9S08GB60 的 TPM1 通过两个 ISR 产生两类中断请求服务。两个中断服务子程序在每次中断服务时自加 1。中断工程 Interrupts.mcp 相关的函数如下：

main：主函数无限循环等待中断事件发生。

MCU_init：该函数用于 MCU 和时间模式初始化（配置和使能 TPM 模式，两个中断源：定时器溢出标志位和通道中断标志位使能）。

Vtpmlch0_isr：该函数用于中断功能通道标志位的清除，变量 VarA 加 1，LED 用于指示。

Vtpm1ovf_isr：该函数用于中断功能溢出标志位的清除，变量 VarB 加 1，LED 用于指示。

下面初始化代码用于 MC9S08GB60 定时器设置：

```
TPM1MOD =0x7FFF;      //设置相应的定时器产生复位
TPM1C0V =0x0FFF;      //设置相应的数值，如果定时器匹配将设置通道标志位
TPM1C0SC =0x54;       //设置通道模式和使能通道标志
TPM1SC =0x4D;         //设置定时器频率和使能溢出标志
```

在模式功能被初始化后，其中断源使能，全局中断标志位关闭。当有定时器中断请求发生时，ISR 执行。本例处理两个中断：通道和溢出中断。每个中断分配一个中断向量。例如，MC9S08GB60 单片机处理定时器 1 溢出中断标志的向量号是 8，处理定时器 1 通道标志的向量号是 6。

表 3.1　定时器 1 通道和 MC9S08GB60 单片机溢出中断向量

中断向量号	地址高低位	中断向量名	模　块	中断源	使能位	中断描述
8	$FFEE/FFEF	Vtpm1ovf	TPM1	TOF	TOIE	TPM1 溢出
6	$FFF2/FFF3	Vtpm1ch1	TPM1	CH1F	CH1IE	TPM1 通道 1

当中断向量号标识后，定义中断函数。中断程序响应中断，同时给变量加 1。

```
void interrupt 5 Vtpm1ch0_isr (void) {
TPM1C0SC_CH0F;                          //通道中断标志首先应答
TPM1C0SC_CH0F  = 0;                     //首先读入，然后写 0 到相应位中
VarA + +                                //变量 VarA 自加
PTFD_PTFD0 = ～PTFD_PTFD0;              //将 LED 取反
}
void interrupt 8 Vtpm1ovf_isr (void) {
TPM1SC_TOF;                             //定时器溢出中断标志位产生应答
TPM1SC_TOF = 0;                         //首先读入，然后写 0 到相应位中
VarB + + ;                              //变量 VarA 自加
PTFD_PTFD1 = ～PTFD_PTFD1;              //将 LED 取反
}
```

如图 3.24 表示 internepts.mcp 工程通过调试器仿真的界面。打开的 5 个存储区显示变量为 VarA、VarB、vector6、vector8、定时器寄存器。同时，设置两个断点用来定位汇编窗口中的 ISR 起始位置。向量存储区的定位方法和定时器寄存器在每个芯片的数据手册上都有详述。

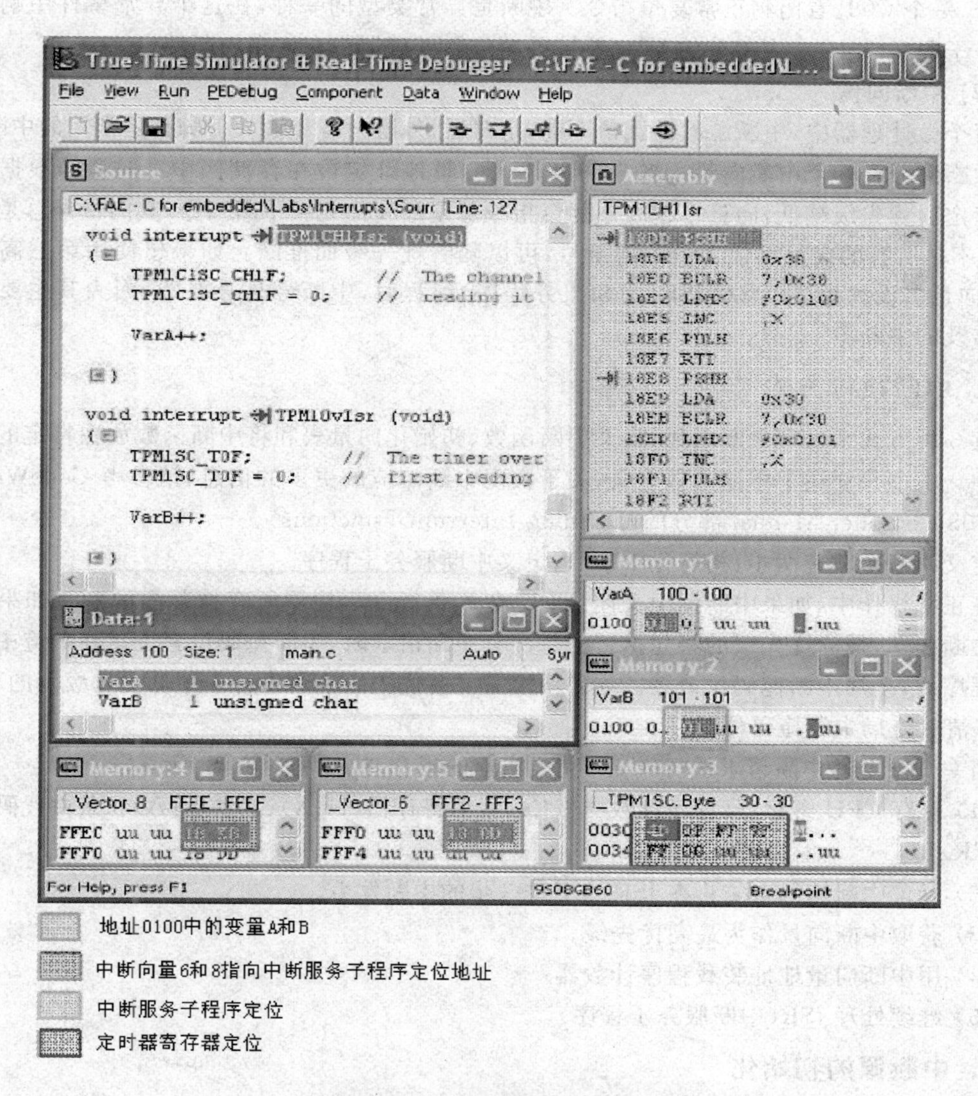

图 3.24　CodeWarrior 的真实仿真和实时调试窗口

2. ISR(中断服务程序)参考资料

(1) 中 断

异常事件将会改变软件程序的正常流程。Freescale 微处理器中,这些事件可能是一个复位指令,一个 COP 看门狗正常复位指令。中断是异常类型的一种,在这个异常事件中响应中断服务子程序(ISR)。大部分的 Freescale 的 8 位微处理器都有许多中断源。

(2) 中断向量

每个微处理器中,中断源的设置都不同:定时器、外围设备和输入引脚都是常用的中断源。每个中断源分配一个中断向量。各自的 ISR 的向量地址定位在存储区中。向量号根据优先级别指定。优先级越低,向量号越高。复位指令总是最高优先级中断指令,其向量号总是分配为 0。不是所有的向量都包含一个向量号,可以随着优先级而推断。如果想使用第三高优先级,其向量名设置为 2。当对 ISR(中断服务程序)编程时,中断号是必要的,因为其主要用来标识涉及的中断源。

3. 中断执行方式

有 3 种方式来处理中断函数:定义中断函数、初始化向量表和将中断函数放在特定的存储区段中。本书只详述了中断函数定义,关于实现中断响应的更多的信息,请参考 CodeWarrior 的 HC08 Compiler Manual 部分的"Defining Interrupt Functions"。

定义中断函数有两步:初始化中断源,定义中断服务子程序。

在正常操作中,如果中断标识关闭,CPU 在每条指令后检测所有挂起的中断。如果超过一个中断挂起,最高优先级的将先执行。每次有中断请求时,中断掩码位置位。在响应中断服务子程序后,全局中断掩码位清零。如果用户需要高优先级别的事件中断低优先级别的事件,ISR 将清除全局中断掩码位。

当一个限定的中断请求执行,CPU 完成当前的指令,执行下列步骤:

(1) 保存 CPU 寄存器(程序计数器(PC)、索引寄存器(H:X)、累加器(A)和条件代码寄存器(CCR))。

(2) 置位中断掩码来防止在 ISR 中更进一步的中断发生。

(3) 获取中断向量作为最高优先级。

(4) 用中断向量地址装载程序计数器。

(5) 继续处理 ISR(中断服务子程序)。

4. 中断源的初始化

许多中断源是功能模块的一个部分(例如,定时器模块、SCI 模块、ADC 模块等)。每个模块都有用于选择中断触发事件的配置状态寄存器,当中断发生时产生告警。中断源通常在这些寄存器中都使能。尽管每个模块管理配置自己的中断源,但在 CPU 条件代码寄存器中

(CCR的位1)有一个控制位,当其置为1时,关闭所有的中断,这是全局中断掩码位。C不提供直接的工具来访问CPU寄存器。CW 08包含hidef.h库文件,这个库文件包含的操作全局中断掩码位的指令如下:

```
EnableInterrupts;//清除全局中断掩码位
DisableInterrups;//设置全局中断掩码位
```

这两条指令用于使能和关闭中断。C编译器允许在C代码中使用汇编指令,如:CLI(Enable Interrupt,使能中断),SEI(disable Interrput,关闭中断)。在许多8位机中,任何一次复位后,全局中断掩码位默认置位。为了清零,必须使用EnableInterrupts;指令。在所有的功能模块中务必保持全局中断掩码位置位,因为这样可以避免在一般的初始化过程中不需要的中断请求发生。

5. ISR(中断请求服务程序)的定义

中断函数的定义方式如下:

```
void interrupt vector_number function_name (void) {
Flag acknowledgement and
Interrupt Service Routine are included inside this function
}
```

中断函数是ISR执行的代码,中断函数名可由用户自行选择。中断向量号定义了将要在中断函数中调用的中断源。中断源必须和中断号匹配。例如,如果要使用定时器模块的定时器溢出事件中断,处理该中断的向量号是必须的。

不同的微处理器有不同的中断特征,有时它们在不同的向量号中处理相似的事件,这需要在不同芯片间移植时考虑。当设定正确的向量号以及相关的中断函数后,程序就准备处理相应的中断事件。一般的,如果使能事件中断源,相应的事件发生后,相关的中断标志位会被置位,同时中断函数被调用。ISR中一般包括中断标志的清除和应答,否则相应的标志位将保留在置位状态下,ISR就不可能执行了。根据微处理器芯片型号的不同,中断应答标志位的处理方式(读寄存器、写应答标志位、读写寄存器)也不同。中断向量处理不同的中断源,因此有许多中断标志位,ISR需要检测相应的中断标志位来判断中断源。

备注:本例的开发在CW 5.0下进行,测试芯片是MC9S08GB60。在中断掩码操作指令执行后,临界代码段可以使用NOP指令来保护异常中断请求。

3.1.5 CodeWarrior下HCS08家族使用C代码存储区映射

本节提供了使用CodeWarrior HCS08定制客户化存储区映射的代码参考。图3.25是通用存储区映像,大部分的8位微处理器包含这些存储区。

1. HCS08微处理器存储区部分

(1) 直接页寄存器

该区段使用直接地址模式,使用直接寻址来访问直接页中的操作数。例如:在存储器地址范围 0x0000～0x00FF 中,地址的高字节不包括在这个指令中。相比于扩展寻址模式,直接地址模式只使用一个字节和一个执行周期。同时,只有在直接地址模式时才支持位操作指令,这简化了系统输入输出和配置寄存器的控制和状态位的设置。

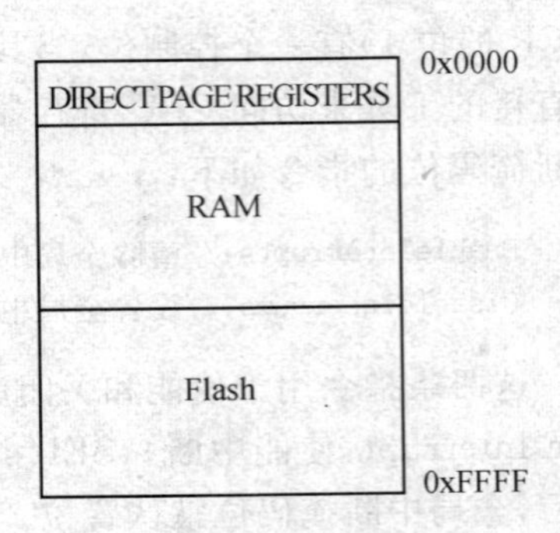

图 3.25 通用存储区映像

(2) RAM

RAM 中存储了读写对象(栈放在这个存储区)。依赖于不同的微处理器,RAM 在直接页数据区有许多空间。允许用户设定地址变量和使用最大的编程空间更加高效地进行处理。当使用 RAM 定位在直接页时,编译器将使用直接寻址模式(8位地址)而不是扩展寻址模式(16位地址)来优化代码。

(3) Flash

Flash 存储区主要用于存储程序代码,另外 CW 在 Flash 中保存不必改变的只读对象(如常量)。中断向量放在 Flash 存储区的最后区中,每个中断向量使用两个字节的寄存器,包含 ISR 地址信息。

2. 连接和参数文件

CodeWarrior 的软件结构包括许多基本的文件,这些文件帮助定制 MCU 程序内容:外设定义(*.h),连接参数文件(*.prm),ANSIC 库文件(*.lib),子程序初始化文件。基于此,本书介绍了连接文件(PRM 文件)。

(1) 连接文件(PRM 文件)

连接是给应用设计中所有的全局对象分配存储区地址的过程,同时这些对象编译成一个可以下载到目标系统或仿真用的格式文件。PRM 文件将 MCU 存储区映像翻译成一个可读的链接格式。连接器在存储区分配不同的函数、变量和不同存储区的常量类型,这是分解过程。在 PRM 文件中,分割文件用于建立在源代码中分配的特定对象。PRM 文件内容根据不同的 MCU 存储区映像改变。图 3.26 表示了 MC9S08GB60 控制器的存储区映像。

Linker 文件为每一个 MCU 的存储区分配一个默认的设置。MC9S08GB60 默认的 ROM 空间是 0x182C～0xFEFF,默认的 RAM 空间是 0x0100～0x107F。其他空间不能使用,除非被引用作为 DATA_ZEROPAGE(RAM 定位直接地址区域)。当有新的空间区域开发时,PRM 文件中会有设置,这样可以在源代码中引用。

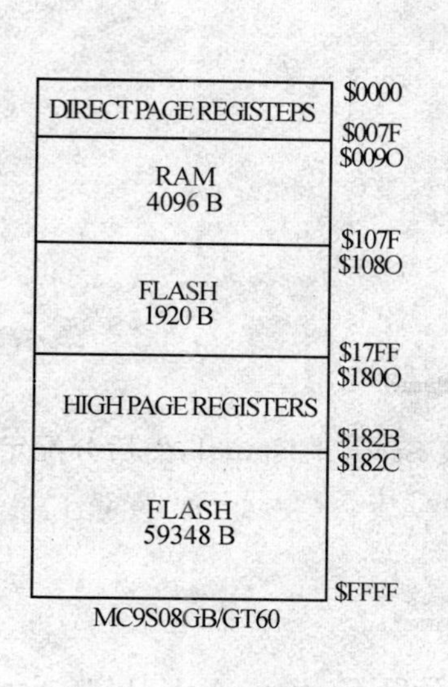

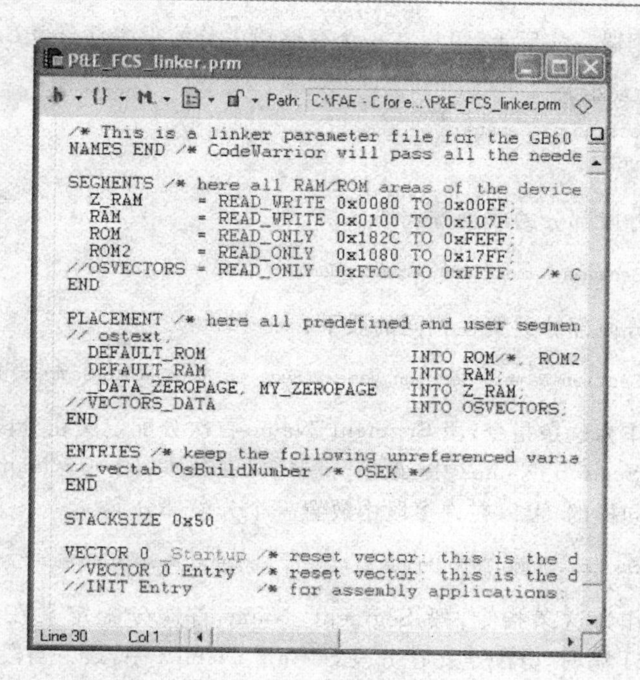

图 3.26 MC9S08GB60 中的存储区映像和参数文件

(2) 执行文件

对象分配有两个主要的先决条件：①在 PRM 文件中有一个存储区定义；② 在源代码中，声明在哪一个存储区分配对象。

(3) 定义存储区

通过 PRM 文件中的 SEGMENTS 和 PLACEMENT 区来执行整个对象的分配。书写格式如下：

SEGMENTS
代码段部分定义；
END

SEGMENTS 区为每一个有段定义的特定 MCU 描述存储区映像，段定义按照如下方式：

```
Segment_Name = Segment_Qualifier address To address;
```

代码段和数据段是主要使用的段类型。

- READ_WTITE_for read/white memory segments (i. e. ,RAM)。
- READ_ONLY_for read－only memory segments (i. e. ,ROM)。
- NO_INIT_for read/white memory that is to remain unchanged at startup。

关于段的更加详细的信息请参考 smart linker 手册。PLACEMENT 区允许用户放置特

定应用段。实际上,可以在一个存储段中分配很多部分,PLACEMENT 区的书写格式如下:

```
PLACEMENT
Section placement;
END
```

分段部分的放置方式如下:

```
Section_Name1 INTO Segment_Name;
```

分段部分放置在相同的段下:

```
Section_Name1, Section_Name2, Section_Name3 INTO Segment_Name;
```

作为这条指令,段 Segment_Name 首次分配定义在分段 Section_Name1,然后分配定义在分段 Section_Name2 中,最后分配定义在分段 Section_Name3 中。

同样的,可以在许多段中放置一个分段部分。

```
Section_Name INTO Segment_Name1, Segment_Name2, Segment_Name3;
```

作为这条指令,段 Segment_Name 首次分配定义在分段 Section_Name1,当 Section_Name1 满时,分配定义在分段 Section_Name2 中,最后当段 Section_Name2 满时,继续分配定义在分段 Section_Name3 中。

备注:用户使用有 MCU 存储区映射的芯片不要影响 I/O 寄存器和配置以及其他保留的存储区。如果新段被创建,最好将它们限制在 RAM/ROM 存储区段范围内。

3. 源代码中的参考部分

CodeWarrior 编译器允许分配一个确定的段名给确定的全局变量或函数,这些变量和函数将被编译器分配到段中。正如上文所述,实际上段是由连接参数文件中的条目决定的。

在 CodeWarrior 软件中,变量对象分配在默认的位置中,除非使用 #pragma 指明相应的段。段有两个基本类型:代码段和数据段,也有两个基本的 #pragma 来指明段。

```
#pragma CODE_SEG section_name
#pragma DATA_SEF section_name
```

另外,有常数数据和字符串数据的 pragma。

```
#pragma CONST_SEG section_name
#pragma STRING_SEF section_name
```

如果没有段指定,编译器将使用两个默认的名字 DEFAULT_ROM(默认的代码段)和 DEFAULT_RAM(默认的数据段)。如果段(非默认)已经被指定,则需要返回段到默认分配的存储区中,使用 DEFAULT 段名将这些默认的段返回到当前段。

有一种可选择的选项方式来分配全局变量到指定的地址。使用下面的指令，变量可以直接定位到指定的地址中。

```
#define Var_Name (*(Type *) Address);
```

CodeWarrior 可以使用@改变全局变量地址（该操作是 non－ANSI 操作）。使用下列方式直接进行变量地址分配。

```
Type Var_Name @ Address;
```

Type 是指定类型，例如 int，char 等。

Var_Name 是全局变量的名字。

Address 是全局变量定位的地址单元。

有时将变量直接在指定的段名中分配是很有用的。Pragma 首先申明使用的段或者分段名，然后使用@来进行操作。

```
#pragma DATA_SEG section1_name
#pragma DATA_SEG section2_name
Type Va1r_Name @ "section1_name" = Initializer;
Type Va2r_Name @ "section2_name" = Initializer;
Type Va3r_Name @ "section3_name" = Initializer;
```


4. HCS08 家族中 C 代码存储区映射的代码例程

在例程中，不同的对象在不同的程序中进行存储区的分配。本例的创建是基于 MC9S08GB60 的。本例参考工程 MemAlloc. mcp 中两个文件，即连接参数文件(P&E_FCS_linker. prm)和包含数据、常量、代码的源文件(main. c)。

(1) CW 下 C 代码存储区映射的 PRM 文件

本例的新段 MY_RAM 和 MY_ROM 同时创建。同时为了避免错误的操作覆盖段，默认的 ROM 和 RAM 也被拆分两个段(ROM2 和 RAM2)。MC9S08GB60 现存的段和_DATA_ZEROPAGE 区已经使用，但是不作为默认数据分配区。一个新的部分(MY_CODE)被放在已有的段中(是 ROM2，而不是 ROM)。参考 CodeWarrior 工程，查看 PRM 文件。

段的设置如下：

```
SEGMENTS
        Z_RAM       = READ_WHITE 0x0080 To 0x00FF;
        //将默认的 ROM 地址分散到 ROM 和 ROM2 中
        RAM         =  READ_WHITE 0x0100 To 0x01FF;
        XY_RAM      =  READ_WHITE 0x0200 To 0x0202;
        RAM2        =  READ_WHITE 0x0203 To 0x107F;
        //将默认的 ROM 地址分散到 ROM 和 ROM3 中
```

```
        ROM2        = READ_ONLY 0x1080 To 0x17FF;
        ROM         = READ_ONLY 0x182C To 0xEFFF;
        XY_ROM      = READ_ONLY 0xF000 To 0xF0FF;
        ROM3        = READ_ONLY 0xF100 To 0xFEFF;
END
PLACEMENT
    DEFAULT_ROM                             INTO ROM, ROM3
    DEFAULT_RAM                             INTO RAM, RAM2;
    _DATA_ZEROPAGE, MY_ZEROPAGE             INTO Z_RAM;
    MY_DATA                                 INTO MY_RAM;
    MY_CONSTS                               INTO MY_ROM;
    MY_CODE                                 INTO ROM2;
END
```

(2) C 代码存储区映射中的数据分配

在源代码中,MY_CODE 段首次被引用,因为它以后将使用全局变量地址@进行地址变量分配。然后_DATA_ZEROPAGE 将参照数据随后定位段部分的状态,因为 VarZeroSeg 被定位在 zeropage 区。


```
#pragma DATA_SEG MY_DATA
#pragma DATA_SEF_DATA_ZEROPAGE
unsigned char VarZeroSeg;
int VarNewSeg@ "MY_DATA";
```

数据分配后恢复到默认设置,VarDefSeg 随后被分配。

```
#pragma DATA_SEG DEFAULT
unsigned char VarDefSrg;
```

(3) 常量在 C 代码存储区映射中的分配

本例中,两个常量被初始化,一个分配在新区中,是 MY_CONSTS(放置在新段 MY_ROM 中),另一个被分配在默认的 ROM 中。

```
#pragma CONST_SEG MY_CONSTS
const y = unsigned char ArrayNewSeg[] = {0xAA, 0xAA, 0xAA, 0xAA, 0xAA};
#pragma CONST_SEG DEFAULT
const int ArrayDrfSeg[] = {0xBBBB, 0xBBBB};
```

CodeWarrior 软件有许多可选的优化工具。一个是常量置位优化不能使能,另一个是常量数值不能存储在存储区中将直接替换其内容。这个选项可以在编译选项设置的 Optimizations 中找到。编译选项可以在 CodeWarrior 的编辑菜单的目标设置中找到。

(4) C代码存储区映射中程序代码的分配

此类程序代码分配、函数原型和定义被 # Pragma directives CODE_SEG segment_name 所包含。本例中，函数原型的书写方式如下：

```
#pragma CODE_SEG MY_CODE
void FunctionNewSec (void);
#pragma CODE_SEG DEFAULT
```

函数定义的书写方式如下：

```
#pragma CODE_SEG MY_CODE
void FunctionNewSec (void) {
    VarZeroSeg++;
}
#pragma CODE_SEG DEFAULT
```

这两种方式中，代码分配的设置回到默认状态。FunctionNewSec 放在 ROM2 中。

图 3.27 是 CodeWarrior Debugger 的图片。有 5 个存储区窗口显示了应用中变量的分配，有一个断点用于指向 FunctionNewSeg 所分配的地址。

本例中每个对象的分配和类型及每个变量分配的窗口如表 3.2 所列。

表 3.2　变量分配表

变量名	类型名	窗　口	相关部分	代码段
VarZeroSeg	char	Memory:1	_DATA_ZEROPAGE	Z_RAM(0x0080～0x00FF)
VarNewSeg	int	Memory:2	My_DATA	MY_RAM(0x0200～0x0202)
VarDelSeg	char	Memory:3	DEFAULT_RAM	RAM(0x0100～0x01FF), RAM2(0x0203～0x107F)
ArrayNewSeg[]	const char	Memory:4	MY_CONSTS	MY_ROM(0xF000～0xF0FF)
ArrayDefSeg[]	const int	Memory:5	DEFAULT_ROM	ROM(0x182C～0xEFFF) ROM3(0xF100～0xFEFF)
FunctionNewSec	void	Assembly	MY_CODE	ROM2(0x1080～0x17FF)

C 代码存储区映射工程中分配的文件 P&E_FCS.mcp 显示了关于段、向量和存储区分配的对象的详细描述信息。

备注：上述软件是在 CW 5.0 环境下开发的，使用 MC9S08GB60 芯片进行程序测试。

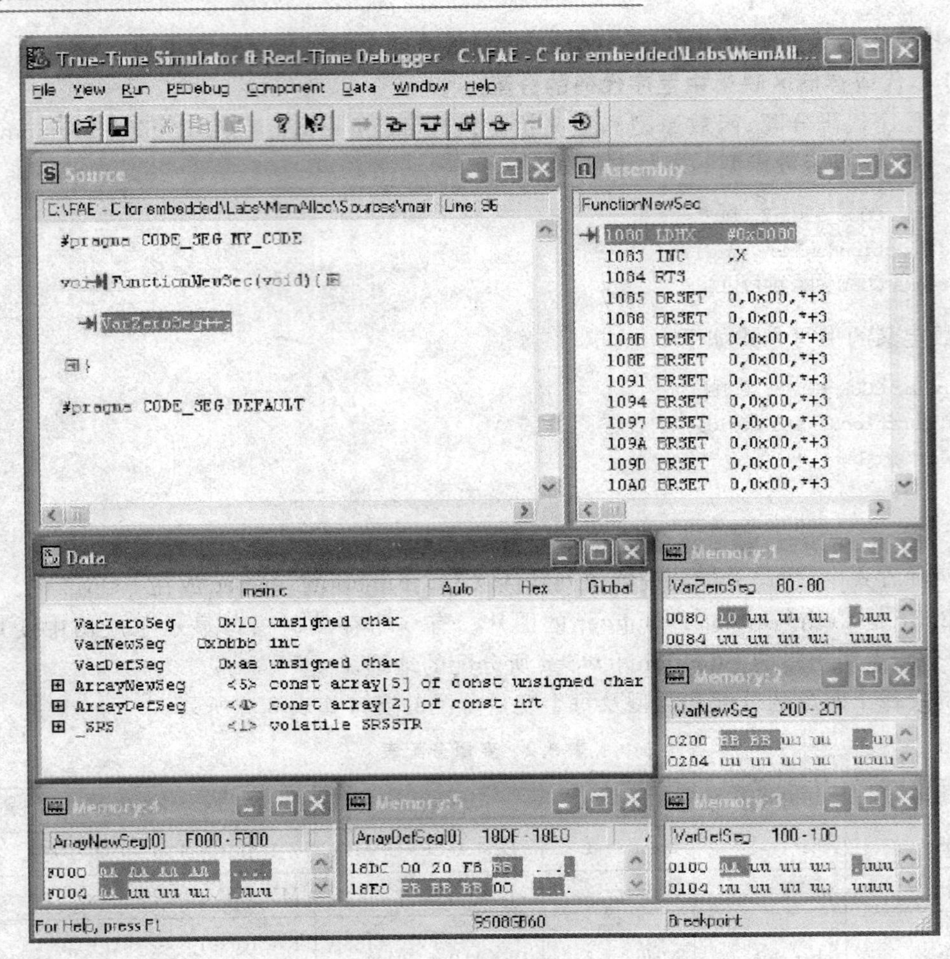

图 3.27　调试窗口

3.2　基于 MC68HC908JB8 USB 接口的人体学输入设备开发应用实例

3.2.1　USB 系统驱动概述

1. USB 的历史发展

在谈论 USB 技术之前不妨让我们来看看这几年来外设与接口技术的发展历程。过去的

20年中，个人计算机的外设一直比较简单，常常用到的是鼠标、打印机等。尽管个人计算机由Apple Ⅰ发展到今天的Pentium Ⅲ，在计算性能和应用领域方面提升了许多，但是串口与并口多少年来却一成不变地位于主机箱的背后，在功能和结构上没有什么变化。

串口最早出现在1980年左右，数据传输率是115～230 Kbps，串口一般用来连接鼠标和Modem；并行口的数据传输率比串口快8倍，标准并口的数据传输率为1 Mbps，一般用来连接打印机、扫描仪等。原则上每一个外设必须插在一个接口上，如果所有的接口均被用上了就只能通过添加插卡来追加接口了，当然机器内部可增插卡的数量还受到计算机上插槽个数的限制。多功能卡的出现，及有些厂家针对自己的产品线开发的自家适用的通用接口，很大程度上是为了解决多种设备连接到主机及提高传输速率而出现的解决方案。

1994年Intel、Compaq、Digital、IBM、Microsoft、NEC、Northern Telecom等世界上著名的7家计算机公司和通信公司成立了USB论坛，大概花了近两年的时间才形成统一的意见，于1995年11月正式制定了USB0.9通用串行总线(Universal Serial Bus)规范，而把USB接口真正设计在主板上用了一年的时间。1997年开始有真正符合USB技术标准的外设出现。USB1.1是目前推出的支持USB的计算机与外设上普遍采用的标准。在2001年2月23日的Intel开发者论坛大会上，介绍了USB2.0规范，该规范的支持者除了原有的康柏、Intel、微软和NEC这4个成员外，还有惠普、朗讯和飞利浦3个新成员。USB2.0向下兼容USB1.1，数据的传输率将达到120～240 Mbps，支持宽带数字摄像设备及下一代扫描仪、打印机及存储设备。

目前普遍采用的USB1.1主要应用在中低速外部设备上，它提供的传输速度有低速1.5 Mbps和全速12 Mbps两种，一个USB端口可同时支持全速和低速的设备访问。

低速的USB带宽(1.5 Mbps)支持低速设备，例如显示器、ISDN电话、调制解调器、键盘、鼠标、游戏手柄、扫描仪、打印机、光驱、磁带机、软驱等。全速的USB带宽(12 Mbps)将支持大范围的多媒体和电话设备等。

继USB之后，另一个称为USBFIREWIRE(即IEEE 1394)的接口技术正在从实验室步入市场领域，这种新型的接口比USB更为强大而稳定。不过正如USB的发展一样，IEEE 1394也需要几年时间才可以形成气候。Intel、Microsoft、IBM、Compaq等大公司都已在USB技术上注入了大量的研发力量。USB的存在是PC简单化、小型化的功臣之一。

IEEE 1394也是一种高效的串行接口标准。IEEE 1394可以在一个端口上连接最多63个设备，设备间采用树形或菊花链拓扑结构。IEEE 1394标准定义了两种总线模式，即：Back plane模式和Cable模式。其中Back plane模式支持12.5、25、50 Mbps的传输速率；Cable模式支持100、200、400 Mbps的传输速率。目前正在开发1 Gbps的版本。400 Mbps时，只要利用50%的带宽就可以支持不经压缩的高质量数字化视频信息流。

1998年9月，美国Apple公司推出iMac，其主机和显示器是结合在一起的，整个机身呈流线型。iMac的键盘和鼠标都是USB接口的，iMac最具震撼性的特点，除了外形，就是全面利用USB界面，原本连接键盘、鼠标的串口和SCSI接口都已消失。

虽然USB0.9规范已于1995年11月正式制定完成，并立即分发给外设和芯片组开发商，而且当年6个月后Intel公司就宣布了首批可支持USB的芯片组——Intel 430HX以及430VXPCIset，但此后一直没有可与这一芯片组相互配合的外设产品。1996年USB端口已出现于许多计算机的后端，但这些端口也很少用，因为市场上的USB设备极少，并且缺乏相应的软件支持，用户无法很好地利用这一技术。

然而，Microsoft Windows 98推出后，彻底改变了这一状况，因为这一操作系统提供了对USB的全面支持。目前USB已得到了一个由450家技术公司组成的技术联盟的支持。

目前USB已成为Windows 98的一个关键部件，并已经在Windows CE和Windows NT 5.0的下一个版本中得到支持。当前Apple的平台已提供对USB的支持，预计今后Sun和Digital的平台也将会提供对这一技术的支持。

一些业界领导表示，未来的PC将是一个密封设备，所有外设都将通过USB或其他外部接口连接。从理论上说，USB将使用户可同时连接127台外设。加上即插即用技术，插接外设不用关机，比起PS/2、串联、并联和SCSI总线，使用上方便许多。

2. USB系统架构

(1) USB的定义

USB是英文Universal Serial Bus的缩写，中文含义是“通用串行总线”。它不是一种新的总线标准，而是应用在PC领域的新型接口技术。1997年，微软在WIN 95OSR2(WIN 97)中开始用外挂模块提供对USB的支持，1998年后随着微软在Windows 98中内置了对USB接口的支持模块，加上USB设备的日渐增多，USB逐步走进了实用阶段。

现在电脑系统连接外围设备的接口并无统一的标准，如键盘的插口是圆的、连接打印机要用9针或25针的并行接口、鼠标则要用9针或25针的串行接口。USB把这些不同的接口统一起来，使用一个4针插头作为标准插头。通过这个标准插头，采用菊花链形式可以把所有的外设连接起来，并且不会损失带宽。也就是说，USB将取代当前PC上的串口和并口。

USB需要主机硬件、操作系统和外设3个方面的支持才能工作。目前的主板一般都采用支持USB功能的控制芯片组，主板上也安装有USB接口插座。Windows 98操作系统是支持USB功能的。目前已经有很多USB外设问世，如数字照相机、计算机电话、数字音箱、数字游戏杆、打印机、扫描仪、键盘、鼠标等。

随着大量支持USB的个人计算机的普及以及Windows 98的广泛应用，USB逐步成为PC的一个标准接口。最新推出的PC已经100%支持USB。另一方面：使用USB接口的设备也在以惊人的速度发展。

(2) USB的特点

USB接口的主要特点是：即插即用，可热插拔。USB连接器将各种各样的外设I/O端口合而为一，使之可热插拔，具有自动配置能力，用户只要简单地将外设插入到PC以外的总线中，PC就能自动识别和配置USB设备。而且带宽更大，增加外设时无需在PC内添加接口卡，多个USB集线器可相互传送数据，使PC可以用全新的方式控制外设。USB可以自动检测和安装外设，实现真正的即插即用。而USB的另一个显著特点是支持“热”插拔，即不需要关机断电，也可以在正运行的电脑上插入或拔出一个USB设备。随着时间的推移，USB将成为PC的标准配置。基于USB的外设将逐渐增多，现在满足USB要求的外设有：调制解调器、键盘、鼠标、光驱、游戏手柄、软驱、扫描仪等，而非独立性I/O连接的外设将逐渐减少，即主机控制式外设减少，智能控制外设增多。USB总线标准由1.1版升级到2.0版后，传输率由12 Mbps增加到了240 Mbps，更换介质后连接距离由原来的5 m增加到近百米。基于此，USB也可以做生产ISDN以及基于视频的产品，如数据手套的数字化仪提供数据接口。USB总线结构简单，信号定义仅由两条电源线和两条信号线组成。

● 使用方便

使用USB接口可以连接多个不同的设备，而过去的串口和并口只能接一个设备，因此，从一个设备转而使用另一个设备时不得不关机，拆下这个，安上那个，开机再使用，USB则为用户省去了这些麻烦，除了可以把多个设备串联在一起之外，还支持热插拔。在软件方面，USB设计的驱动程序和应用软件可以自动启动，无需用户做更多的操作，这同样为用户带来极大的方便。USB设备也不涉及IRQ冲突问题。USB口单独使用自己的保留中断，不会同其他设备争用PC有限的资源，同样为用户省去了硬件配置的烦恼。

● 速度够快

速度性能是USB技术的突出特点之一。USB接口的最高传输率可达12 Mb/s，比串口快了整整100倍，比并口也快了十多倍。

● 连接灵活

USB接口支持多个不同设备的串联，一个USB口理论上可以连接127个USB设备。连接的方式也十分灵活，既可以使用串行连接，也可以使用中枢转接头(Hub)，把多个设备连接在一起，再同PC的USB口相接。在USB方式下，所有的外设都在机箱外连接，连接外设不必再打开机箱；允许外设热插拔，而不必关闭主机电源。USB采用“级联”方式，即每个USB设备用一个USB插头连接到一个外设的USB插座上，而其本身又提供一个USB插座，供下一个USB外设连接用。通过这种类似菊花链式的连接，一个USB控制器可以连接多达127个外设，而每个外设间距离(线缆长度)可达5 m。USB能智能识别USB链上外围设备的插入或拆卸，USB为PC的外设扩充提供了一个很好的解决方案。

● 独立供电

普通的使用串口和并口的设备都需要单独的供电系统，而USB设备则不需要，因为USB接口提供了内置电源。USB电源能向低压设备提供5 V的电源，因此新的设备就不需要专门的交流电源了，从而降低了这些设备的成本，提高了性价比。

● 支持多媒体

USB提供了对电话的两路数据支持。USB可支持异步以及等时数据传输,使电话可与PC集成,共享语音邮件及其他特性。USB还具有高保真音频。由于USB音频信息生成于计算机外,因而减小了电子噪声干扰声音质量的机会,从而使音频系统具有更高的保真度。

(3) USB存在的问题

尽管在理论上,USB可以实现高达127个设备的串联,但是在实际应用中,也许串联3~4个设备就可能导致一些设备失效。而且,实际的USB产品中,只有键盘是有一个输入口、一个输出口的设备,其他的则只有一个输入口而已,根本无法再连接下一个USB设备,所以当前的USB应用中,使用Hub来连接多个USB设备是必需的。

另一个问题出在USB的电源上,尽管USB本身可以提供500 mA的电流,但一旦碰到高电耗的设备,就会导致供电不足。解决这个问题的办法仍然是使用Hub。因此,配置一个包括键盘、数码相机(摄像机)和扫描仪在内的USB系统,用户还要额外花费七八百元人民币来购买Hub。另外一个变通的方法,就是串接两个USB设备,对其他的USB设备进行热插拔,不过,这虽然省了钱却费了事。

至于产生热插拔问题的原因,USB的开发商认为问题不在于USB接口本身,而是由于USB设备的产品不符合标准造成的。我们姑且不去理会谁该负这个责任,只是要记得,如果现在指望一个USB口上连接127个设备,别忘了买Hub(USB集线器)。

3. USB的应用

USB连接器可以轻松地为计算机添加设备,同时不占用计算机的并口和串口。只要将设备一插就可以使用了,但它有时也难以使用。

● 让计算机支持USB

现在大部分的计算机都有USB端口。而一些老式的计算机则没有USB端口,只有USB连接器,但它是不起作用的,你可以在启动计算机时查看BIOS,确定它是否支持USB。你可选择USB Legacy支持选项(有该选项的话)。如果你的老式主板真的不支持USB设备,你只有去买一块USB连接卡,这就可以把USB设备添加到你的计算机里了。

● 让Windows系统支持USB

现在的Windows 98对很多外设都提供了全面的支持。只有Windows 3. X及更早版本的Windows 95(OS2. 1)及Windows NT4. 0版本之前的都不支持USB,如果想查看计算机是否安装了USB控制器,可进入“控制面板”,双击其中的“系统”图标,然后选择“设备管理器”选项卡,就会看到“通用串口总线控制器”,单击该控制器,会看到两个项目:Universal Host Controller和Universal Root Hub。如果还没有安装USB的驱动程序,则从Windows安装光盘的\OTHER\USB文件夹中找到这些项目,双击Usbsupp. exe即可安装USB驱动程序。

● 让计算机连接更多的USB设备

一般的计算机只有两个 USB 端口，如果你想连接更多的 USB 外设，则需利用 USB 集线器，该集线器可提供多个 USB 端口，你只要将该集线器直接插入你的计算机即可。有了足够的 USB 端口，你就可以最多连入 127 个 USB 设备。

USB 为计算机外设输入输出提供了新的接口标准。它使设备具有热插拔、即插即用、自动配置的能力，并标准化设备连接。USB 的级联星型拓扑结构大大扩充了外设数量，使增加使用外设更加便捷、快速。而新提出的 USB 2.0 标准更是将数据传输速率提高到了一个新的高度，具有美好的应用前景。

到目前为止，USB 已经在 PC 的多种外设上得到应用，包括扫描仪、数码相机、数码摄像机、音频系统、显示器、输入设备等。

扫描仪和数码相机、数码摄像机是从 USB 中最早获益，也是获益最多的两种产品。并口扫描仪，在执行扫描操作之前，用户必须先启动图像处理软件和扫描驱动软件（如 Photoshop），然后通过软件操作扫描仪。而 USB 扫描仪则不同，用户只需放好要扫描的图文，按一下扫描仪的按钮，屏幕上会自动弹出扫描仪驱动软件和图像处理软件，并实时监视扫描的过程，这就方便了许多。USB 数码相机、摄像机和扫描仪类似，也是“一触即发”的，但它们更得益于 USB 的高速数据传输能力，使大容量的图像在短时间内即可完成。

USB 在音频系统应用中的代表产品是微软推出的 Microsoft Digital Sound System 80（微软数字声音系统 80）。使用这个系统，可以把数字音频信号传送到音箱，不再需要声卡进行数/模转换，音质也较以前有一定的提升。不过，目前的 USB 音频系统还无法解决音频 CD（Audio CD）的播放问题，因此喜欢听 CD 的朋友还不得不使用声卡传送 CD 信号到音箱中去。

实际上，USB 技术在输入设备上的应用是最成功的。USB 键盘、鼠标器以及游戏杆都表现得极为稳定，很少出现问题。

早在 1997 年，市场上就已经出现了具备 USB 接口的显示器，为 PC 提供附加的 USB 口。这主要是因为大多数的 PC 外设都是桌面设备，同显示器连接要比同主机连接更方便、简单。

目前，市场上出现的 USB 设备种类越来越多，典型的产品有：PC Camera，Digital Camera，Mass Disk，Keyboard 和 Mouse 等。

由于多媒体技术的发展对外设与主机之间的数据传输率有了更高的需求，因此，USB 总线技术应运而生。USB（Universal Serial Bus）翻译为中文就是通用串行总线，是由 Compaq、DEC、IBM、Inter、Microsoft、NEC 和 Northern Telecom 等公司为简化 PC 与外设之间的互连而共同研究开发的一种免费的标准化连接器，它支持各种 PC 与外设之间的连接，还可实现数字多媒体集成。

4. USB 协议基础——USB 的数据流传输

主控制器负责主机和 USB 设备间数据流的传输。这些传输数据被当作连续的比特流。每个设备提供了一个或多个可以与客户程序通信的接口，每个接口由 0 个或多个管道组成，它们分别独立地在客户程序和设备的特定终端间传输数据。USB为主机软件的现实需求建立了接口和管道,当提出配置请求时,主控制器根据主机软件提供的参数提供服务。

USB支持4种基本的数据传输模式:控制传输、等时传输、中断传输及数据块传输。每种传输模式应用到具有相同名字的终端具有不同的性质。

● 等时传输方式(Isochroous)

该方式用来连接需要连续传输数据,且对数据的正确性要求不高而对时间极为敏感的外部设备,如麦克风、喇叭以及电话等。等时传输方式以固定的传输速率,连续不断地在主机与USB设备之间传输数据,当传送数据发生错误时,USB并不处理这些错误,而是继续传送新的数据。

● 中断传输方式(Interrupt)

该方式传送的数据量很小,但这些数据需要及时处理,以达到实时效果,此方式主要用在键盘、鼠标以及操纵杆等设备上。

● 控制传输方式(Control)

该方式用来处理主机到USB设备的数据传输。包括设备控制指令、设备状态查询及确认命令。当USB设备收到这些数据和命令后,将依据先进先出的原则处理到达的数据。

● 批(Bulk)传输方式

该方式用来传输要求正确无误的数据。通常打印机、扫描仪和数字相机以这种方式与主机连接。

5. USB的硬件结构

USB采用四线电缆,其中两根是用来传送数据的串行通道,另两根为下游(Downstream)设备提供电源。对于高速且需要高带宽的外设,USB以全速12 Mbps的速率传输数据;对于低速外设,USB则以1.5Mbps的传输速率来传输数据。USB总线会根据外设情况在两种传输模式中自动地动态转换。USB是基于令牌的总线。类似于令牌环网络或FDDI基于令牌的总线。USB主控制器广播令牌,总线上的设备检测令牌中的地址是否与自身相符,通过接收或发送数据给主机来响应。USB通过支持悬挂/恢复操作来管理USB总线电源。

USB系统采用级联星型拓扑,该拓扑由3个基本部分组成:主机(Host)、集线器(Hub)和功能设备。

● 主机

主机也称为根、根结或根Hub,它直接插在主板上或作为适配卡安装在计算机上,主机包含有主控制器和根集线器(Root Hub),控制USB总线上数据和控制信息的流动,每个USB系统只能有一个根集线器,它连接在主控制器上。

● 集线器

集线器是USB结构中的特定成分,它提供叫做端口(Port)的点将设备连接到USB总线

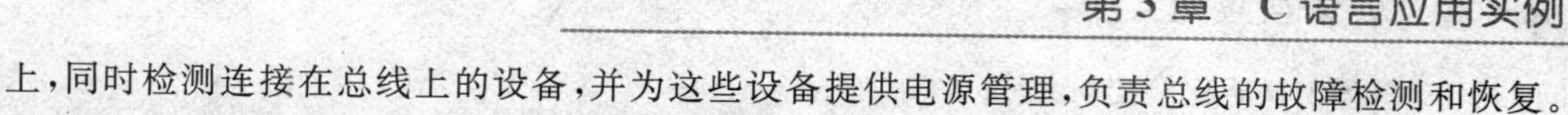

上，同时检测连接在总线上的设备，并为这些设备提供电源管理，负责总线的故障检测和恢复。集线器可为总线提供能源，亦可为自身提供能源(从外部得到电源)，自身提供能源的设备可插入总线提供能源的集线器中，但总线提供能源的设备不能插入自身提供能源的集线器或支持超过4个的下游端口中，如果总线提供能源的设备需要超过100 mA的电源时，不能同总线提供电源的集线器连接。

● 功能设备

通过端口与总线连接。此时USB同时可做Hub使用。

6. USB的软件结构

USB规范将USB分为5个部分：控制器、控制器驱动程序、USB芯片驱动程序、USB设备以及针对不同USB设备的客户驱动程序。

每个USB只有一个主机，它包括以下几层。

● USB总线接口

USB总线接口处理电气层与协议层的互联。从互联的角度来看，相似的总线接口由设备及主机同时给出，例如串行接口机(SIE)。USB总线接口由主控制器实现。

● USB系统

USB系统由主控制器管理主机与USB设备间的数据传输。它与主控制器间的接口依赖于主控制器的硬件定义。同时，USB系统也负责管理USB资源，例如带宽和总线能量，这使客户访问USB成为可能。

● 主控制器驱动程序(HCD)

主控制器驱动程序可把不同主控制器设备映射到USB系统中。HCD与USB之间的接口叫HCDI，特定的HCDI由支持不同主控制器的操作系统定义，通用主控制器驱动器(UHCD)处于软结构的最底层，由它来管理和控制主控制器。UHCD实现了与USB主控制器之间的通信并控制USB主控制器，而它对系统软件的其他部分则是隐蔽的。系统软件中的最高层通过UHCD的软件接口与主控制器通信。

● USB驱动程序(USBD)

USB驱动程序在UHCD驱动器之上，提供了USB驱动器级的接口，满足现有设备驱动器设计的要求。USBD以I/O请求包(Rips)的形式提供数据传输架构，它由通过特定管道(Pipe)传输数据的需求组成。此外，USB接口使客户端出现设备的一个抽象，以便于抽象和管理。作为抽象的一部分，USBD拥有缺省的管道，通过它可以访问所有的USB设备以进行标准的USB控制。该缺省管道描述了一条USBD和USB设备间通信的逻辑通道。

● 主机软件

在某些操作系统中，没有提供USB系统软件。这些软件本来是用于向设备驱动程序提供配置信息和装载结构的。在这些操作系统中，设备驱动程序将提供应用的接口而不是直接访问 USBDI(USB 驱动程序接口)。

● USB 客户软件

USB 客户软件位于软件结构的最高层,负责处理特定的 USB 设备驱动器。客户程序层描述所有直接作用于设备的软件入口。当设备被系统检测到后,这些客户程序将直接作用于外围硬件。这个共享特性将 USB 系统软件置于客户和它的设备之间,这就要根据 USBD 在客户端形成的设备映像,由客户程序对它进行处理。主机各层有以下功能:检测连接和卸载的 USB 设备;管理主机和 USB 设备间的数据流;连接 USB 状态和活动统计;控制主控制器和 USB 设备间的电气接口,以及 USB 系统限量的电能供应。

HCD 提供了主控制器的抽象和通过 USB 传输数据的主控制器视角的一个抽象。USBD 提供了 USB 设备的抽象和 USBD 客户与 USB 功能间数据传输的一个抽象。USB 系统促进客户和功能间的数据传输,并作为 USB 设备的规范接口的一个控制点。USB 系统提供缓冲区管理能力并允许数据传输同步于客户和功能的需求。

3.2.2　HID 设备开发必备知识

1. 概　述

要了解 USB HID 键盘开发知识必须了解 HID 设备报告描述符,本节详细讲述 HID 设备报告描述符号内容。

2. 标　签

用途卷标只是报告描述符诸多标签中的一个。表 3.3 列出了所有的卷标("?"表示 0～F 的不同数值,不同的设备有不同的描述数值)。利用这些卷标可以知道完整的描述符操作的用途。报告描述符的语法不同于 USB 标准描述符号,它是以项目(Items)方式排列而成的,无一定的长度;项目有一个前缀(Prefix),然后跟着一个括号,括号内为该项目的数据(data):如 iterm=prefix(data)。

项目分成 3 种类别:主项目、全局项目、区域项目。主项目中的 Input、Output、Feature 这 3 种卷标用来表示报告中数据的种类,这些是报告描述符中最主要的项目,其他项目都是用来修饰这 3 种项目的。主项目中的其他两个卷标后面再做详细介绍。

Input 项目:表示设备操作输入到主机的数据模式。这个数据格式形成了一个输入报告,虽然输入报告可以用来控制管道以获取从 Get Report(Input)来的数据,但是通常用中断输入管线来传输以确保在每一个固定周期内能将更新的输入报告传给主机。

Output 项目:表示由主机输出到装置操作的数据格式。这个数据格式就形成了一个输出报告。输出报告通常不适合用轮询的方式传给设备,而是由应用软件依照实际需求以传令的方式按要求送给输出报告,所以大多用控制型管线以 Set Report(Output)指令将报告送到设备。当然也可以选择用中断型输出管线来传送,只是通常不建议这样用。

表 3.3 报告描述符的标签

主项目		全局项目		区域项目	
Input	0x8?	Usage Page	0x0?	Usage	0x0?
Output	0x9?	Logical Minimum	0x2?	Usage Maximum	0x1?
Feature	0xB?	LogicalMaximum	0x2?	UsageMinimum	0x3?
		PhysicalMinimum	0x2?	DesignatorMinimum	0x2?
Collection	0xA1	Physical Maximum	0x4?	Designator Minimum	0x5?
End Collection	0xC0	Unit Exponent	0x5?	Designator Maximum	0x5?
		Unit	0x6?	String	0x7?
		Report Size	0x7?	String Minimum	0x7?
		Report ID	0x8?	String Maximum	0x9?
		Report Count	0x9?	Delimiter	0xA?
		Push	0xA?		
		Pop	0xB?		

Feature 项目:表示由主机送到设备组态所需要的数据格式。这个数据模式就形成了一个特征报告。特征报告只能用控制管线以 Get Report(Feature)和 Set Report(Feature)指令分别来取得和设定设备的特征数值。

范例:考虑一个 2×16 字的显示装置,它的列数、行数、字宽和字高为固定数值,属于 Feature 报告;显示状态例如"就绪"和"输入字错误"则属于 Input 报告;光标位置和要显示的字可读写,所以属于另一个 Feature 报告;更新显示的字则为 Report ID,因而主机请求指令要加上 Report ID 数值:Get Report(Feature,Report ID)和 Set Report(Feature,Report ID)。

主项目用来定义报告中数据的种类和格式,而能说明主项目的意义与用途则是全局项目和区域项目。顾名思义,区域项目只能适用于其中的一个主项目,不适用于其他主项目,若一个主项目之上有几个不同卷标的区域项目,则这些区域项目皆适用于描述该主项目。相反,全局项目适用于其下方的所有主项目,除非另外一个相同卷标的全局项目出现。为了清楚说明报告描述符,将使用"项目状态表"来表示在某位置处使用的全局项目的组合。

3. 区域项目卷标

简单地说,区域项目(如表 3.3 所列)只是说明用途而已。Designator 是要搭配实体描述符使用的,这里不对实体描述符进行介绍,所以略过这些 Designator 标签。

标签 Usage 实际上应该称为 Usage ID,它搭配全局项目的 Usage Page 卷标才形成前文所定义的用途(Usage);但是报告描述符允许区域项目的Usage卷标直接用32位的方式来指定用途,这种方式称作扩充式用途指定法(Extend Usage)。例如:Usage(Generic Desktop : Mouse),Usage Minimum(KeyBoard:0)和Usage Maximum(KeyBoard:101)。很明显,扩充式用途指定法会取代项目表中的Usage Page。还有,使用扩充式用途指定法时,数据的高16位为用途类页Usage Page,低16位则为用途识别名Usage ID。往往一个报告数据会对应几个操作,因而会有几个用途,例如101按键的键盘利用不同代码代表不同的按键,每一个按键是一个操作,有自己的用途,要将所有的Usage ID列出来不太现实,所以就需要Usage Minimum和Usage Maximum两个标签。以键盘为例,主项目之上主要有两个区域项目:Usage Minimum(0),Usage Maximum(101)。如此一来,则无按键按下(Usage ID为0)和101个按键按下时(Usage ID为1至101)的用途都被赋到一个报告数据上,后面会有一个范例进一步解说。

卷标String Index类似卷标Usage,而卷标String Minimum和String Maximum则类似标签Usage Minimum和Usage Maximum。如果希望某个操作对应到一个字符串中,则用String Index来描述该操作的报告数据,这个字符串在字符串描述符号中,String Index(Data)项目中的Data是这个字符串在字符串描述符号中位置的索引。如果需要用到几个字符串,则可以使用String Minimum来指向字符串描述符中被用到的字符串的最先位置索引,用String Maximum来指向最后位置索引。

标签Delimiter很少用到,请参考Universal Serial Bus HID Usage Tables文件中Appendix B的范例详细说明。

4. 全局项目卷标

全局项目卷标事实上只要Usage Page、Logical Minimum、Logical Maximum、Report Size、Report ID、Report Count就足够了。表3.4列了两个音量操作的例子(音量增加减少按键,音量旋钮),用来辅助说明这些卷标,不过主项目括号内的数据会在后文中再做说明。

查阅Universal Serial Bus HID Usage Tables文档,这两个例子的用途需要令为(Consumer:Volume)。Usage Page前面已经介绍过了,Report Size用来设定主项目(Input、Output、Feature)报告字段的大小,它的单位是位。主项目会对每个操作产生一个报告字段,字段大小由Report Size决定。Report Count用来设定主项目报告字段的数目,使其等于操作的数目。音量增加减少按键例子中的Report Count(1)表示主项目的Input只产生一个字段,所以可知只有一个音量增减键;而Report Size(2)表示这个字段为两位。另一个音量旋钮例子也只有一个旋钮,所以用Report Count(1);但是因为Report Size(7)表示这个字段为7位,所以该旋钮的数据字段为7位,可以表示0～127的数值。再举一个例子,如果鼠标有3个按键,并且每个按键占用一个一位的字段,即Report Size(1)和Report Count(3);则这个报告长度为3位,可以同时呈现出3个按键的状态(原状态或者被按下)。

表 3.4 音量操作举例

音量减键	音量旋钮
Usage Page(Consumer)	Usage Page(Consumer)
Usage(Volume)	Usage(Volume)
Logical Minimum(－1)	Logical Minimum(0)
Logical Maximum(－1)	Logical Maximum(100)
Report Size(2)	Report Size(7)
Report Count(1)	Report Count(1)
Input(Data、Vaiable、Relative)	Input(Data、Variable、Absolute、No Wrap、Linear、No Relative)

Logical Minimum 和 Logical Maximum 说明每个报告字段的数值范围，这是纯数值，所以称为逻辑数值(Logical value)。音量增加减少按键例子中的 Logical Minimum(－1)和 Logical Maximum(1)表示只会出现－1、0、1 这 3 个数值，所以用到两位(即 Report Size(2))，0B11 代表－1，0B00 代表 0，0B01 代表 1。在音量旋钮例子中，虽然用 7 位作一个字段，但是旋钮仅会产生 0～100 的数值，因为 Logical Minimum(0)和 Logical Maximum(100)。假如实体程序错误，产生超出逻辑数值的范围，则主机将会忽略该数值，这种数值称为 NULL VALUE。

若将同一种报告分为数字部分，则每一个部分要赋予一个识别数值，这时就需要用到卷标 Report ID，其数据值必须从 1 算起，不可以使用 0。没有赋予 Report ID 标签的报告，主机有可能将其 Report ID 视为 0，所以 Report ID(0)被要求不能使用，这个标签对控制管线才有意义，因为它可以在请求报告时指定 Report ID 的数值。对于中断型的管线，其为周期性传输报告，所以每次都会将所属报告传完，没有仅仅传输部分的必要，此时 Report ID 标签就没有意义。

其他的全局项目卷标可分为辅助工具(Push、Pop)和物理量说明(Physical Minimum、Physical Maximum、Unit Exponet 和 Unit)。Push 卷标将项目状态表存放到缓冲区(Stack)中，而 Pop 卷标反过来将缓存区最顶层的项目状态表取回来代替目前的状态表。这两个标签只对很长的报告描述符有用，因为其可以节省列一些全局项目。当读者要使用时，参考 Universal Serial Bus HIDUsage Tables 文件中附录 A.7 节的范例即可获得正确的使用方式。

不同厂家的鼠标有不同的分辨率，若要让主机知道鼠标的分辨率，就必须要用到物理量的标签。不使用时也不会影响到鼠标的功能，只是使用者无法由主机的驱动程序得知分辨率而已。但是量测装置(例如温度计)的应用程序必须知道物理量，所以这些标签就必备了。分辨率 r 的算法如下：

$$r=[(I_{M}-I_{m})/(P_{M}-P_{m})]\times 10^{i}\ \text{Unit}$$

其中 I_m=Logical Minimum，I_M=Logical Maximum，p_m=Physical Minimum，p_M=Physical Maximum，i=Unit Exponent。以 400 dpi 的鼠标为例，计算结果如表 3.5 所示。

表 3.5 解析度的范例

Logical Minimum(−127)	$r=[(127-(127)]/[3175-(3175)]\times10^{-4}$ =400counts per inch
Logical Maximum(127)	
Physical Minimum(−3175)	
Physical Maximum(3175)	给定 Logical 值，计算出 Physical 值： $[(P_M-P_m)/2]/10^i=((127-(127))/400)/2=0.3173$ $\rightarrow\lvert P_M\rvert=\lvert P_m\rvert=3175, i=4$
Uint Exponent(−4)	
Unit(inch)	

注意：若是 Unit Exponent 未定义，则视为 $i=0$；若 Physical Minimum 和 Physical Maximum 有一个没有定义，则都视为 $P_m=I_m$ 或者 $p_m=I_m$。所以标签 Physical Minimum 和 Physical Maximum 一定要同时定义，否则，无意义。这些卷标括号内数字都为有符号的整数，可以是一个字节或者 2～4 个字节，字节数目会在卷标代码的最低两位定义，详情后文会叙述。卷标 Unit 括号内数据比较复杂，总共用了 7 个 4 位来描述，各个 4 位的意义如表 3.6 所列，其中第 8 个 4 位没有被用到。

表 3.6 标签 Unit 的信息格式

Nibbe	7	6	5	4	3	2	1	0
	0	Liuminous Intensity	Current	Temperature	Time	Mass	Length	System

HID 共享了 4 种单位系统，最低 4 位决定使用的单位系统，不同的系统中物理量的单位当然也不一样。单位和系统间的对应关系如表 3.7 所列。

表 3.7 物理量的单位编码法

	None	SI Linear	SI Rotation	English Linea	English Rotation
System	0x0	0x1	0x2	0x3	0x4
Length	None	cm	径度	英寸	角度
Mass	None	g	g	Slug	Slug
Time	None	s	s	s	s
Temperature	None	凯氏(绝对温度)	凯氏(绝对温度)	华氏	华氏
Current	None	A	A	A	A
Luminous intensity	None	Candela	Candela	Candela	Candela

除了最低4位的数值用来选择单位系统外，其余每个4位皆可以表示该单位的幂次方，每个4位(nibble)都是有符号的整数，可表示的范围为－8～＋7。因此长度的单位若为厘米，则Unit(DATA)中的码为0x11，若为英制时则为0x13，这两者中Length的4位数值皆可以为1，表示幂次方为1，即CM或者INCH。质量单位为千克数码时为0x0101，加速度单位为厘米除以平方秒，其数码为0xE011，其中E代表－2。所以力量单位为质量(千克)乘以加速度(cm/s^2)，码为0xE111。能量单位焦耳为力量乘以长度，码为0xE121。

−8	−7	−6	−5	−4	−3	−2	−1	0	1	2	3	4	5	6	7
08h	09h	0ah	0bh	0ch	0dh	0eh	0fh	00h	01h	02h	03h	04h	05h	06h	07h

5. 主项目

主项目中产生报告数据格式的3个卷标(Input、Output和Feature)具有共同的数据定义，这些数据及其代码列于表3.8中。目前用到9个位来表示这些数。如果第9位(Bit 8)为0，则仅需要用一个字节来表示该数据，即忽略第9位。如果第9位为1，就需要用到两个字节来表示该数据。

表3.8 主项目的信息代码

Bit	8	7	6	5	4	3	2	1	0
0	Bit Field	Non Volatile	No Null Position	Preferred State	Linear	No Wrap	Absolute	Array	Data
1	Buffered Bytes	Volatile	Null State	No Preferred	Non Linear	Wrap	Relative	Variable	Constant

Data/Constant：主项目的数据为可变数值(设定为Data)，或者为固定不变的数值(设定为Constant)。Constant都用于Feature报告或者用于填充位(Padding)，使报告长度以字节为单位。

Array/Variable：主项目的数据以相对于固定的基准点方式提供绝对数值(设为Absolute)，或是提供相对于前次报告的相对数值(设为Relative)。

范例说明：前文中的音量操作范例，因为都是Data和Variable，所以两者的操作数值皆为变化数值，且一个字段仅表示一个操作。但是音量增减按键的例子为Relative，所以若报告数值由0变为＋1，则音量增大一个刻度，反之由0变－1音量减小一个刻度，因而音量大小因输入数值而作相应的变化。音量旋钮的例子为Absolute，当输入数值为最小数值0时为静音，而输入数值为最大数值100时为最大音量，其余数值作百分比的音量调整，输入数值和音量成绝对关系。

No Wrap/Wrap:主项目的数据数值达到极值后会转为极低数值,反之亦同,称作卷绕(设为 Wrap)。例如一个旋钮可以做 360°旋转,输出数值从 0 到 0,若设定为 Wrap,则数值达到 10 后,同方向旋转则数值变为 0,反之若达到 0,再转就得到 10 了。

Linear/Nonlinear:主项目的数据与操作刻度为线性关系(设定为 Linear),或者为非线性(设为 Nonliear)关系。

Preferred State/No Preferred:主项目对应的操作在不被触发时会自动恢复到初始状态(设定为 Preferred State),或是不会恢复原状(设为 No Preferred)。例如键盘的按键和会自动置中(self—centering)的游戏杆,皆为 Preferred State。

范例说明:再以音量操作为例,音量增减按键的例子都没有标注 No Wrap、Linear、Preferred State,没有标注即认定其属于默认数值,所以等同于是这些设定,只是这些设定对此例的操作没有意义,所以不需要标出。音量旋钮的例子明确指出其为 No Wrap、Linear、No Preferred,可见旋钮不是循环旋转,输出数值与旋转角度呈线性关系,旋转释放时会停留在释放前的位置上(因为 No Preferred)。

No Null Position/Null State:主项目对应的操作有一个状态,其不会送出有意义的数据,即数据将不在 Logical Minimum 和 Logical Maximum 之间,这种操作要标注 Null State,否则为 No Null Position。例如若无键按下的用途没有声明在 Usage 之列,则可以在主项目的数据中设定 NULL State,将无键被按下的状态排除在 Logical Minimum 和 Logical Maximum 区间之外,进一步请参看 Universal Serial Bus HID Usage Tables 文件的附录 A.3 节中的范例。

Non Volatile/Volatile:主项目 Feature 的数据不允许被主机改变(设为 Non Volatile),或者允许被主机改变(设为 Volatile)。注意对于主项目的 Input 和 Output,此标注设定无意义,所以 Bit 7 的代码必须为 0。

Bit Field/Buffered Bytes:主项目的数据格式要以字节为单位,不足构成字节时自动填充成的字节为 Buffered Bytes。

最后来谈谈主项目的其他两个卷标:Collection 和 End Collection。对鼠标而言,在实体上是一个指针,只是应用为计算机鼠标;而这个指针含有 3 个按键和两个轴 X 和 Y。所以指针的报告是由不同格式的数据所构成的,因而需要用到 Collection 和 End Collection 将几个 Input 项目集结成一组,其用途为指针,再用 Collection 和 End Collection 将指针括起来说明其应用为鼠标。

卷标 End Collection 没有跟随任何资料。但是卷标 Collection 跟随一个字节的数据,例如指针的数据名为 Physical,而鼠标的为 Application。所有 Collection 的数据名称与代码如表 3.9 所列。

Collection 的数据名称很难有一个准则来给定,Universal Serial Bus HID Usage Tables 文档将各种用途种类(Usage Type)列出,使用者必须依据用途种类来指定 Collection 的数据名称，例如鼠标、键盘和游戏杆的用途种类为 CA，所以要用 Collection(Application)，而指针为 CP，所以用 Collection(Physical)。

表 3.9　报告集的名称与代码

Bit	8	7	6	5	4	3	2	1	0
0	Bit Field	Non Volatile	No Null Position	Preferred State	Linear	No Wrap	Absolute	Array	Data
1	Buffered Bytes	Volatile	Null State	No Preferred	Non Linear	Wrap	Relative	Variable	Constant

6. 报告描述符号项目编码

报告描述符号的项目编码有两种：短项目和长项目。长项目是保留给将来使用的，不做介绍。短项目的编码格式如表 3.10 所列。

表 3.10　短项目的编码格式

Bits	23 22 21 20 19 18 17 16	15 14 13 12 11 10 9 8	7 6 5 4	3 2	1 0
	[data]	[data]	bTag	bType	bSize
Bytes	2	1	0		

最低字节分别标注项目大小(bSize)、项目类别(bType)和项目卷标(bTag)；其中 bTag 占用 4 个位，其余两者占用 2 个位。bSize 用来指出项目数据所需要字节的数目，该数目仅可以为 0(当 bSize=0)、1(当 bSize=1)、2(当 bSize=2)和 4(当 bSize=3)；注意不可以为 3 个字节。大部分的卷标仅仅需要一个字节的数据；全局项目的卷标 Unit 比较特殊，有可能最多用到 4 个字节来表示其信息。

标签代码 bTag 已经在上文中描述，例如 Input 的标签代码 0x8? 中的 8 就是 bTag 数值，再如标签 Feature 的 bTag=11，而 Unit 的 bTag=6。主项目的 bType=0，全局项目的 bType=1，而区域项目的 bType=2。所以主项目卷标代码中的[?]可改为 00nnB，全局项目的可以改为 01nnB，而区域项目的可以改为 10nnB，其中 nn 代表 bSize。

7. HID 设备实际范例

这里举一个 Device Class Definition for Human Interface Device 文件的附录 E 中整合鼠标键盘装置的范例。这个装置只有一个组态描述符，但是这个组态具有两个接口，一个为键盘接口(接口编号为 0x00)，另一个为鼠标接口(接口编号为 0x01)。每一个接口都有一个自己的中断型输入端点，输出则都靠内定的控制型端点 0 来控制。范例的报告格式如表 3.11 所列。

表 3.11 范例的报告格式

(a) 范例的输入报告格式

键盘(输入报告)									鼠标(输入报告)								
Byte	7	6	5	4	3	2	1	0	Byte	7	6	5	4	3	2	1	0
0	Modifier keys								Pad						Buttons		
1	Reserved								X displacement								
2	Keycode 1								Y displacement								
3	Keycode 2																
4	Keycode 3																
5	Keycode 4																
6	Keycode 5																
7	Keycode 6																

(b) 范例的输出报告格式

键盘(输出报告)								
Byte	7	6	5	4	3	2	1	0
0	Pad			LED's				

这个范例有输入报告和输出报告,其中输入报告有两组,一组属于键盘接口,另一组属于鼠标接口。表 3.11(a)列出输入报告的数据格式。而输出报告只有键盘接口需要,表 3.11(b)为输出报告的数据格式。因为有两个接口,所以有两个报告描述符,分属于不同的界面,两个报告描述符号范例都列于表 3.12 中。在键盘的报告描述符中,报告集合的用途为 Generic Desktop:Keyboard,由于键盘用途属于应用性,所以标签 Collection 的资料名为 Application。由于单独键本身的用途类页不再是 Generic Desktop,而是 Keyboard(注意 Keyboard 也可为用途类页),所以需在项目 Collection(Application)下重新生成用途页 Usage Page(Keyboard)。根据 Universal Serial Bus HID Usage Tables 文件,鼠标是指针的一种,只是应用为计算机的鼠标,所以报告内层集合的用途为(Generic Desktop:Pointer),外层应用性集合的用途为(Generic Desktop:Mouse)。注意鼠标的按钮和位移轴又分属于不同的用途类页,所以在内层集合中还要重新声明用途类页。按钮的用途类页为 Buttons,而两个位移轴所属的用途类页为 Generic Desktop。

从表 3.11(a)看出,键盘输入报告中的最低 8 位分别代表键盘上的 8 个修饰键(亦即左和右边的 Ctrl 键、Shift 键、Alt 键和 Windows 键),平常每位的值为 0,当对应的修饰键被压下时则位值为 1。键盘报告描述符中第一个 Input 项目必须声明这 8 位的格式。这 8 个修饰键为

表 3.12 报告描述符号范例

键盘		鼠标	
项目	编码	项目	编码
Usage Page(Generic Desktop)	0x0105	Usage Page(Generic Desktop)	0x0105
Usage(Keyboard)	0x0609	Usage(Mouse)	0x0209
Collection (Application)	0x01A1	Collection(Application)	0x01A1
Usage Page(Keyboard)	0x0705	Usage(Pointer)	0x0109
Usage Minimum(224)	0xE019	Collection(Physical)	0x00A1
Usage Maximum(231)	0xE729	Usage Page(Buttons)	0x0905
Logical Minimum(0)	0x0015	Usage Minimum(1)	0x0119
Logical Maximum(1)	0x0125	Usage Maximum(3)	0x0329
Report Size(1)	0x0175	Logical Minimum(0)	0x0015
Report Count(8)	0x0895	Logical Maximum(1)	0x0125
Input(Data、Variable、Absolute)	0x0281	Report Size(1)	0x0175
Report Size(8)	0x0875	Report Count(3)	0x0395
Report Count(1)	0x0195	Input(Data、Variable、bsolute)	0x0281
Input (Constant)	0x0181	Report Size(5)	0x0575
Usage Minimum(0)	0x0019	Report Count(1)	0x0195
Usage Maximum(101)	0x6529	Input(Constant)	0x0181
Logical Minimum(0)	0x0015	Usage Page(Generic Desktop)	0x0105
Logical Maximum(101)	0x0875	Usage(X)	0x3009
Report Count(6)	0x0695	Usage(Y)	0x3109
Input (Data, Array)	0x0081	Logical Minimum(−127)	0x8115
Usage Page(LEDs)	0x0805	Logical Maximum(127)	0x7F25
Usage Minimum(1)	0x0119	Report Size(8)	0x0875
Usage Maximum(5)	0x0529	Report Count(2)	0x0295
Logical Minimum(0)	0x0015	Input(Data、Variable、Relative)	0x0681
Logical Maximum(1)	0x0125	End Collection	0xC0
Report Size(1)	0x0175	End Collection	0xC0
Report Count(5)	0x0595		
Output (Data、Variable、Absolute)	0x0291		
Report Size(3)	0x0375		
Report Count(1)	0x0195		
Output(Constant)	0x0191		
End Collection	0xC0		

用途类页 Key Codes 中的第 224 到第 231 的几个键，所以用 Usage Minimum(224)和 Usage Maximum(231)来声明。每个按键的逻辑值不是 0 就是 1，所以用 Logical Minimum(0)和 Logical Maximum(1)来声明。很显然地，每个键占用一个数据位，共需 8 位，因此用 ReportSize(1)和 Report Count(8)。请特别注意，最低位对应到 Usage Minimum 的声明，而最高位所对应的为 Usage Maximum 的数据内容。这 8 个位的值是可变的数据，每位是独立的变量，提供的值不需与前次的值有相对关系。总结而言，该 8 位的主项目必须为 Input(Data、Variable、Absolute)。

键盘输入报告中的次高的字节被保留，该字节的值无意义，也不需更新，所以用 Input(Constant)来填充(padding)。而最高的 6 个字节则是最近同时被压下的 6 个按键的代码。这个键盘有 101 个键，而报告格式的最高的 6 个位组中任何一个字节都可以代表 101 个键中的任一键，所以这 101 个键再加上无键被压下状态(代码为 0x00)构成一组操作数组，这个装置允许同时压下 6 个键。

键盘报告描述符中的 Input(Data，Array)即在声明这 6 个字节的数据格式，注意这个数据格式的逻辑值声明和用途代码声明具有相同的数据值(即 0 和 101)。

键盘有一个输出报告，长度为一个字节，但是只用到最低 5 位来代表 5 个 LED 的操控，所以最高 3 位需要用 Output(Constant)项目来填充。输出报告的用途类页不再是 Key Codes，而是 Page of LEDs，所以要重新声明 Usage Page，而主项目为 Output(Data，Variable，Absolute)。这个项目的数据内容和输入报告的最低 8 位所声明的主项目的数据内容类似，不再作说明。因为键盘接口的端点描述符只声明了一个中断型输入端点，所以输出报告需要依赖内定控制型端点 0 来传送。输入报告由声明的输入端点作中断型读入传输，当然也可以根据需要用内定控制型端点 0 来作控制型读入传输。

鼠标报告描述符的输入数据格式中最低一个字节只有最低 3 位有意义，其分别对应鼠标上的 3 个按钮，用途类页为 Buttons。其他两个字节(Generic Desktop：X)分别对应到鼠标 X 轴和 Y 轴的位移操控。这两个位移值的逻辑范围为－127～127，即一个字节可以表示的最大范围。位移的数值是相对值，所以主项目为 Input(Data，Variable，Relative)。

8. HID 描述符编辑工具

USB 协会提供了一个 HID 描述符号编辑工具 Descriptor Tool，其执行程序为 DT. exe。这个工具软件可以在 USB 网站上取得。虽然称为 HID 描述符号工具，但事实上仅供编撰报告描述符号用。执行 DT. exe 后会出现如图 3.28 所示的窗口，HID Items 区域列出了所有报告描述符的标签。以之前所列举的实际范例中的键盘报告描述符为例，选择 USAGE_PAGE 选项，就会弹出一个对话框，列出了所有的 Usage Page 选项，这个例子选择 Generic Desktop 选项，单击 OK 按钮关闭对话框，在窗口右边的 Report Descriptor 区域中就出现 Usage Page (Geneirc Desktop)项，并跟随着该项目的编码 0501(低字节在左边)，也就是这个工具可以帮

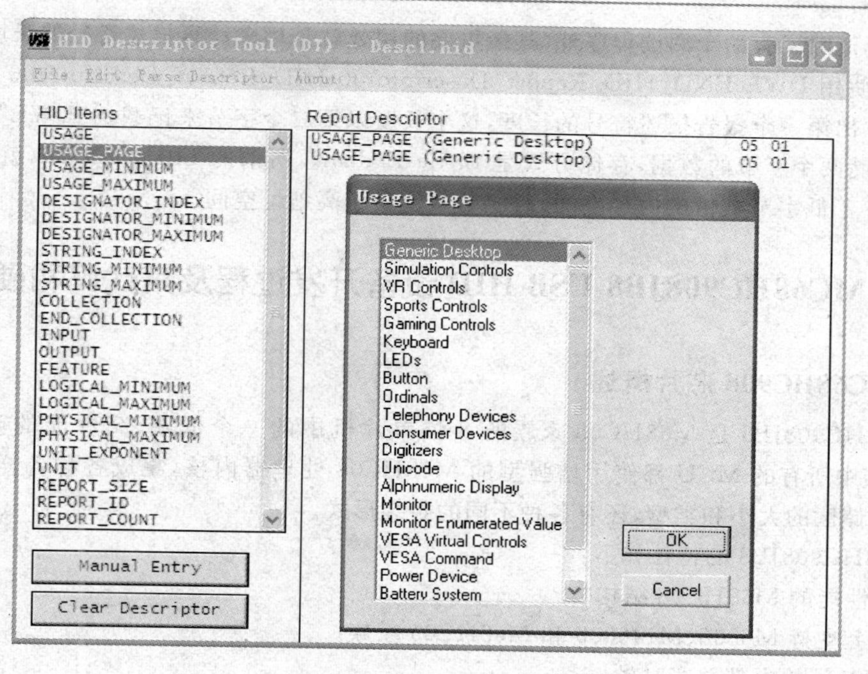

图 3.28 HID描述符编辑工具DT

助做自动编码工作。程序员只要输入项目的卷标和内容，就可以由这个工具软件提供报告描述符号的程序代码了。接着，当选择第二个项目USAGE时，DT软件会根据前面编签的USAGE Page的内容Generic Desktop，而弹出一个对话框，列出了Generic Desktop包含的所有Usage选项。同样道理，当选完Usage Page(Keyboard)，再要编辑Usage Minimum和Usage Maximum时，所弹出的对话框则为Usage Page(Keyboard)所包含的全部Usage选项，选第224个为Left Control键，作为用途范围的最小者，再选第231个为Right GUI按键，当用途范围的最大者，其他项目的编撰以此类推。

在HID Descriptor 700 (DT)窗口中，选择File菜单中的Info选项，则会弹出消息框，告知编撰的描述符号中项目的个数和描述符号长度所需要字节的数目。编撰报告描述符号完成后，还要做语法检验，这时单击Parse Descriptor菜单，DT软件(如图3.28所示)就会告知检查的结果，并提供错误原因与更改建议。

9. 总 结

最后一个问题是如何将报告描述符号加入单片机的汇编程序。任何一种描述符号都是用汇编语言中的一个标记来分辨的，例如第一个接口的报告描述符的标记称为HID_Report_Descriptor00；同样地，第二个界面的称为HID_Report_Descriptor01。记得在报告描述符号结束处加上一个标记，如END_HID_Report_Descriptor00和END_HID_Report_Descriptor01。

这个结束标记除了有助于阅读程序外，其最重要的用处就是用来计算描述符号的长度（即字节数）。例如使用 DWL END_HID_Report_Descriptor00-HID_Report_Descriptor00 报告描述符就会计算出第一个报告描述符号的长度，这个长度以第二个字节来记载。"DWL"为汇编指令，用于存储两个字节的数据，存储方式是 Little Endian。所谓的 Little Endian，就是将低字节的数值存于低字节数值的内存空间，高字节数值存于高地址空间。

3.2.3 MC68HC908JB8 USB HID 设备开发过程及其代码和硬件图纸

1. MC68HC908 芯片概述

MC68HC908JB8 是 M68HC08 家族的 8 位单片机中的一个低端、高性能的微处理器。HC08 家族中所有的 MCU 都使用增强型的 M68HC08 处理器内核，集成各种各样的功能模块，不同存储区的大小和类型，还有各种不同的封装形式。

MC68HC908JB8 的特性如下：

- 高性能的 M68HC08 结构。
- 向上支持 M6808、M146805 和 M68HC05 家族。
- 3 MHz 的内部总线时钟。
- 8192 B 的片上 Flash 闪存，256 B 的片上随机访问存储器 RAM。
- Flash 空间可加密性。
- 可以使用 PC 进行片上固件编程操作。
- 支持 37 个通用的 3.3 V 输入/输出 I/O 口。
- 根据封装的不同，支持 13 或者 10 个复用的 I/O 引脚。
- 8 个按键中断。
- 正常的 LED 灌电流能力为 10 mA。
- 驱动红外 LED 能力为 25 mA。
- PS/2 中 2 个引脚的驱动电流为 10 mA。
- 16 位，2 通道的定时器接口 TIM，具备输入捕获，输出比较，每通道 PWM 输出能力，可选的外部输入时钟选项。
- 全速 USB1.1 低速功能：1.5 Mbps 数据速率，片上 3.3 V 调整管，端点 0 提供 8B 的收发缓冲区，端点 1 支持 8 B 的发送缓冲区，端点 2 支持 8B 的收发缓冲区。
- 系统保护特性：CPU 正常操作复位，低电压复位检测，非法操作复位，非法地址复位。
- 低功耗设计（停止和等待模式）。
- 复位引脚提供上拉和上电复位功能。
- 外部中断（IRQ）提供可编程的内部上拉。

- 44 引脚的 QFP 封装，28 引脚的 SOIC 封装，20 引脚的 SOIC 封装，20 引脚的 DIP 封装。
- 44 引脚封装的 M68HC908JB8 特性如下：端口 B 是 8 位的，PTB0～PTB7；端口 C 是 8 位的，PTC0～PTC7；端口 D 是 8 位的，PTD0～PTD7；端口 E 是 5 位的，PTE0～PTE4；带 TCLK 输入选项的 2 通道的 TIM。
- 28 引脚的 M68HC908JB8 特性如下：PORTB 不可选，PORTC 只有一位 PTC0，PORTD 只有 7 位(PTD0～PTD6)，端口 E 有 5 位(PTE0～PTE4)。2 通道带 TCLK 输入选项的 TIM 模块。
- 20 引脚的 M68HC908JB8 特性如下：PORTB 不可选，PORTC 只有一位 PTC0，PORTD 只有一位 PTD0/1。
- PORTE 只有 3 位，PTE1，PTE3 和 PTE4。一通道不带 TCLK 输入选项的 TIM。

CPU08 特性有：增强型的 HC05 可编程模式，扩展的循环控制功能，16 位地址模式，16 位索引寄存器和栈寄存器，快速 8×8 的乘法指令，快速 16/8 分频指令，二进制代码转 10 进制代码指令，控制器算法优化和支持高效的 C 语言模式。

MC68HC908JB8 的结构块框如图 3.29 所示。

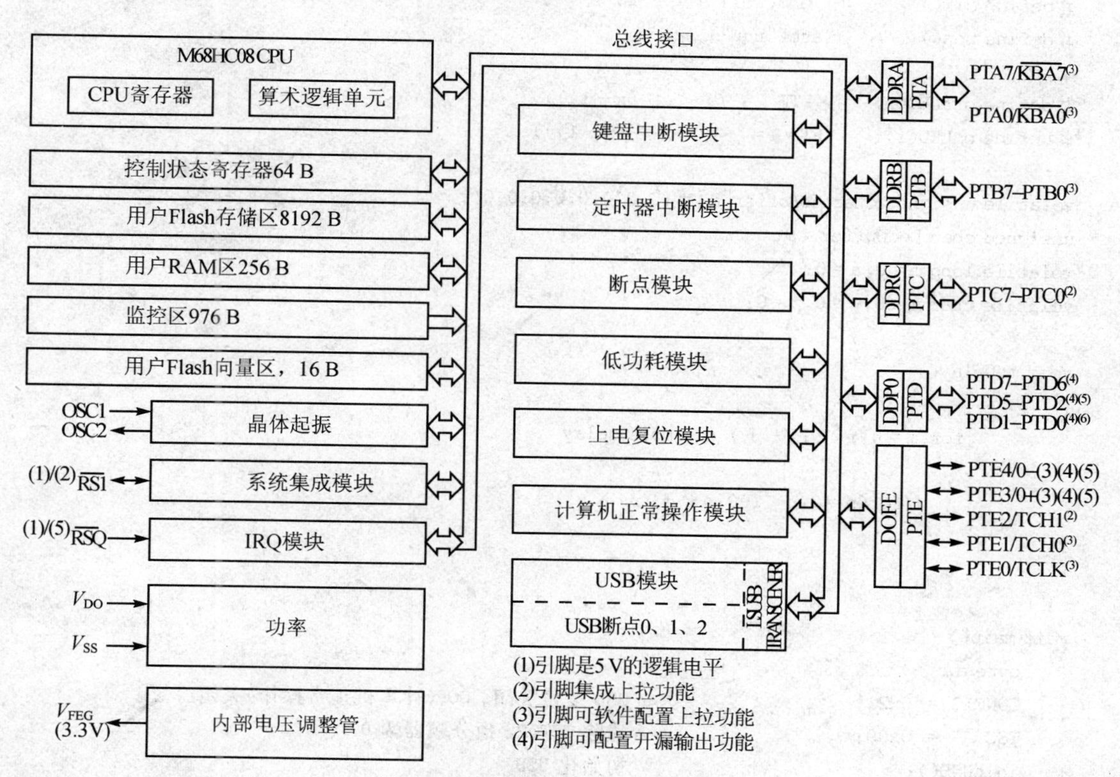

图 3.29 MC68HC908JB8 结构块框

2. HID 软件代码

基于 MC68HC908JB8 的相关特点，其适合于低速低成本的 USB 鼠标、USB 键盘和 USB 游戏手柄等相关设备。本书提供 HID 人体学输入设备（键盘设计）工程，其完整程序内容主要包括 main. c、u08key. c、u08key. h、usb_descriptors. c、usb_descriptors. h、usb_lowlevel. c 和 usb_lowlevel. h。下面主要讲述 main. c 代码。完整源代码可以参看光盘中的 hid-kbd 文件夹。

```
//HID 人体学输入设备演示程序
//3 个按键用于模拟上/下与左/右键和回车键
//编译器版本 CW for HCS08 Ver 3.0

#include <MC68HC908JB8.h>             // HC908JB8 寄存器和变量位定义
#include "usb_lowlevel.h"
#include "u08key.h"                   // 键盘头文件

#define cli()          asm("cli")
#define nop()          asm("nop")

#define offLED(x)      (PTD |= (1 << (x-1)))
#define onLED(x)       (PTD &= ~(1 << (x-1)))

volatile unsigned char KbBuffer[8] = {0,0,0,0,0,0,0,0};
unsigned char LedBuffer = 0;
volatile long m = 0,n = 0;
volatile char x = 0,y = 0,z = 0;

void myDelay()
{
        for(m = 0;m<5;m++) //simple delay
        {
            //for(n = 0;n<100;n++);
        }
}

void main() {
    byte a;
    CONFIG = 0x21;                    // USB 复位关闭，COP(计算机正常操作)关闭
    TSC    = 0x00;                    // 清除 TSTOP，预分频器为 0
    initUSB();                        // 初始化 USB
    DDRD| = 7;                        // 初始化 LEDs
```

```
PTD| = 7;
KBSCR = 6;                              //初始化 keys
KBIER = 0x70;                           // 开启电阻上拉
//initKey();                            //初始化键盘输入
cli();
a = 0;
while(1)
{
    // 处理键盘输入数据
    if(LedBuffer&1) onLED(1);    //上/左键按下,指示灯 LED1 亮
        else offLED(1);
    if(LedBuffer&2) onLED(2);    //下/右键按下,指示灯 LED2 亮
        else offLED(2);
    if(LedBuffer&4) onLED(3);    //回车键按下,指示灯 LED3 亮
        else offLED(3);
    // 发送数据给输出管道
    KbBuffer[0] = 0;
    KbBuffer[1] = 0;
    if(x = = 1)
    { KbBuffer[2] = 0; x = 0; goto nextkey1; }//PTA&0x10? 0:80;   // 键盘左键编码
                                                                   //(请查看 HID 使用数据表)

    if((PTA&0x10) = = 0)
    { KbBuffer[2] = 80; myDelay(); x = 1;}
    nextkey1:
    if(y = = 1)
    { KbBuffer[3] = 0; y = 0; goto nextkey2; }//PTA&0x20? 0:79;   // 键盘右键按下
    if((PTA&0x20) = = 0)
    { KbBuffer[3] = 79; myDelay(); y = 1;    }
    nextkey2:
    if(z = = 1)
    { KbBuffer[4] = 0; z = 0; goto nextkey3; }//PTA&0x40? 0:40;   // 键盘回车键按下

    if((PTA&0x40) = = 0)
    { KbBuffer[4] = 40; myDelay(); z = 1;    }
    nextkey3:
    KbBuffer[5] = 0;
    KbBuffer[6] = 0;
    KbBuffer[7] = 0;
  }
}
```

3. HID硬件电路图和元器件清单(HID设计原理图如图3.30所示)

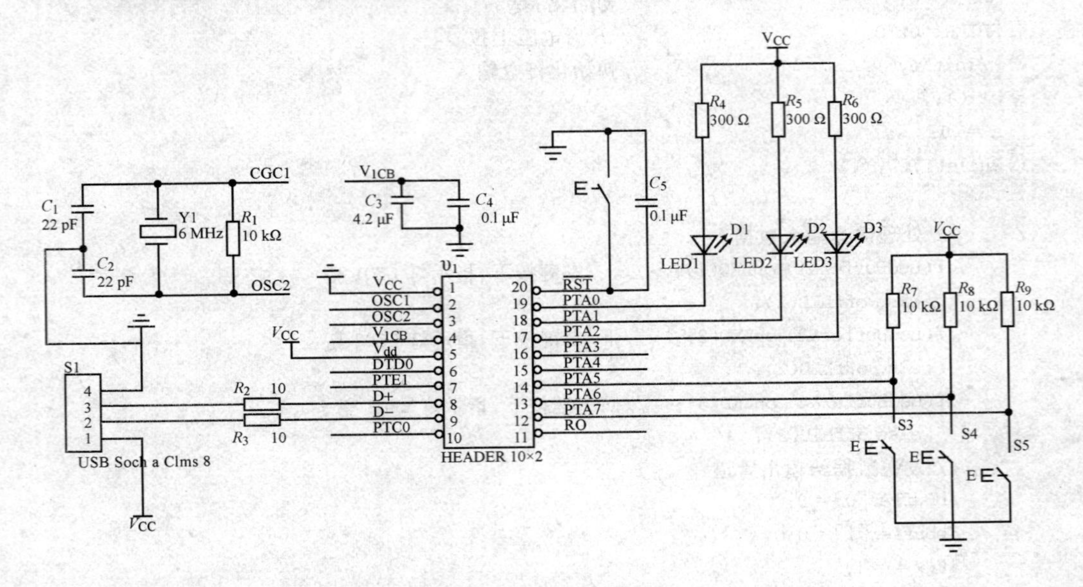

图3.30 HID原理图

本文使用书中叙述的软件开发工具对JB8进行编程、烧录和效验。

元器件清单如表3.13所列。

表3.13 HID元器件清单

元器件型号	描 述	封 装	器件编号	使用个数
MC68HC908JB8	MCU	20-PIN DIP	U1	1
晶振6 MHz		HC-49US	Y1	1
电解电容4.7 μF/16 V		Radial Lead	C3	1
陶瓷电容27 pF		Radial Lead	C12,C13	2
瓷片电容0.1 μF		Radial Lead	C4,C5	2
10 Ω1/4 W电阻5%		Axial Lead	R2,R3	2
10 MΩ1/4 W电阻5%		Axial Lead	R1	1
300 Ω 1/4 W电阻5%		Axial Lead	R4,R5,R6	3
10 kΩ1/4 W电阻5%		Axial Lead	R7,R8,R9	3
LED红色二极管5 mm		Radial Lead	LED1,LED2,LED3	3
USB接口B类型			S1	1

当将上述设计的HID硬件设备连接到计算机后,“我的电脑”属性下的设备管理器中会出现如图3.31所示的HID设备。

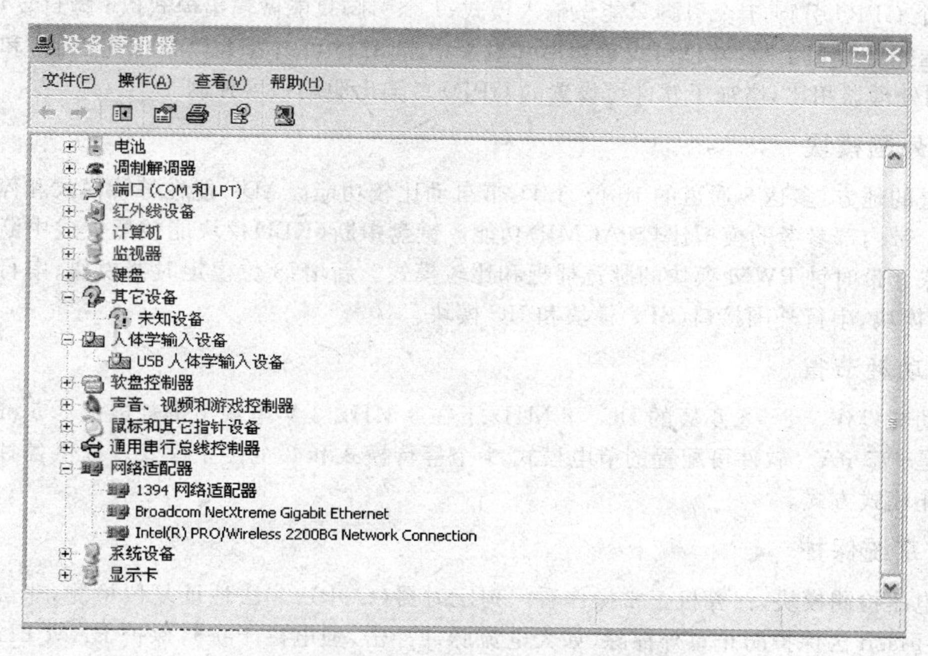

图3.31 设备管理器中显示的USB人体学输入设备

3.3 MC9S08QG8通用运行程序和应用设计实例

MC9S08QG8是Freescale 8位家族中基于HCS08核的高集成度和高执行效率的低功耗芯片,尤其适合于低功耗的应用,如延长电池寿命,其操作电压可以低至1.8 V。同时其价格和封装尺寸都有优势。MC9S08QG8内建许多特性,可以减少许多外部元器件。比如内置时钟电路,引脚内部上拉,内部低电压检测电路,还有低电压操作,使得MC9S08QG8成为电池和便携式应用的理想选择。

1. CPU特性

20 MHz HCS08 CPU,4/8 KB Flash,256/512 B RAM,代码向上兼容M68HC05和M68HC08家族。改进的内部时钟模块,精度是0.2%,支持多达32个中断/复位源。单线制的BDM接口,支持断点调试的背景调试模式,片上仿真(ICE),可以免去昂贵的仿真调试工具。

2. 并行 I/O 口

12 个 GPIO 引脚,1 个引脚只能做输入模式,1 个引脚只能做输出模式(16 脚封装)。通过软件可选择 I/O 口上拉,软件可设置边沿和电平中断,软件可设置 I/O 口低速控制,和以前的 S08 系列处理器相比,增加了软件可设置的 GPIO 口输出驱动强度控制。

3. 外围模块

改进的地方:多达 8 通道的 10 位 A/D,带自动比较功能。ADC 能在等待模式和停止模式下操作。带内部参考的模拟比较(ACMP)功能。键盘中断(KBI)模块能被配置成中断退出低功耗模式。带时钟 PWM 模块的脉宽捕捉和比较模式。新增:8 位模定时器模块、串行通信接口(SCI)模块、串行外围接口(SPI)模块和 IIC 模块。

4. 功耗节省

低功耗操作 1.8～3.6 V 的 DC。8 MHz 下在 8 MHz,3 V 电源下消耗电流 3.5 mA,停止模式下是 475 nA。软件可配置的节电模式,1 个等待模式和 3 个停止模式。提供各种退出等待和停止模式方式。

5. 系统保护

低电压检测模块,计算机正常操作看门狗定时器(COP),非法地址复位检测,非法操作复位检测,Flash 区保护防止意外擦除(如大电流脉冲冲击,强电磁干扰),保护 RAM Flash 区的未授权的访问(实现加密)。

6. 封　装

图 3.32 表示 MC9S08QG4/8 芯片的封装。

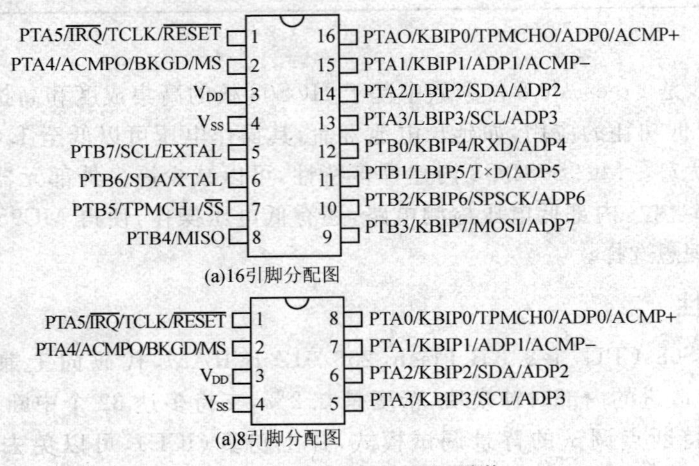

图 3.32　MC9S08QG8/4 封装

3.3.1 MC9S08QG8 最小系统

MC9S08QG4/8 是 Freescale 推出的 8 位 HCS08 内核产品。MC9S08QG4/8 是一个低电压设备芯片，引脚封装有 8PIN 和 16PIN。支持所有 HCS08 内核标准特性，同时有许多其他产品没有的产品封装尺寸和低价格优势。

图 3.33 给出了使用最少外围元件的 MC9S08QG8 的基本配置电路。MC9S08QG8 需要配置的内部特性如下：内部时钟源，内部复位源，对于输入引脚软件可设置成内部电阻上拉，为减小 EMI 设置有输出速率控制，输出驱动强度控制，内部低电压检测（LVD）。

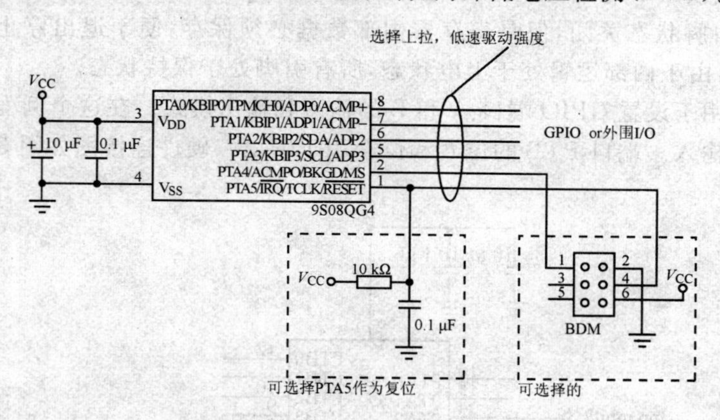

图 3.33 最小系统配置

该硬件电路可以实现模拟比较（ACMP），10 位 A/D 转换，键盘中断（KBI），串行通信（IIC），GPIO，定时器/脉宽捕捉比较输出。在电路中还配有标准的背景调试（BDM），用于系统的在线升级和调试编程仿真。

3.3.2 MC9S08QG8 外设部分

1. 并行输入/输出口

所有的 MC9S08QG8 的通用 I/O 引脚共享片上外设功能。GPIO 端口可以配置成输入和输出模式，PTA4 只能作为输出模式，PTA5 只能作为输入模式，GPIO 端口有可选的内部电阻上拉，可选的速率控制，可选的输出强度控制。

上电复位后，端口 A 和 B 默认的配置为：引脚端口方向设置为输入，低速率控制使能，输出强度是最低的，同时芯片引脚内部上拉电阻模式无效。

端口 A 和 B 控制寄存器功能如下：

(1) PTAPE(PTBPE)端口 A(B)内部上拉使能,对寄存器写入 0,关闭引脚电阻内部上拉模式,写 1 使能电阻内部上拉模式,如果引脚配置成输出模式,则该位不受影响,内部上拉不使能。这点操作和 Microchip PIC 8 位处理器系列的操作是一样的。

(2) PTASE(PTBSE)端口 A(B)速率使能控制,对该寄存器位写 0,关闭速率控制,写 1 使能速率控制。如果引脚配置成输入模式,则该位不受影响。

(3) PTADS(PTBDS)端口 A(B)驱动强度选择,对该寄存器写 0,设置为低驱动强度控制,对该寄存器位写 1,设置为高驱动强度控制,如果该引脚配置成输入模式,则该位不受影响。

MCU 在停止模式 1 时,所有端口下电。在退出停止模式 1 时,寄存器进入默认状态。在停止模式 2 时,引脚状态关闭,但是寄存器内部数据必须保存,便于退出停止模式时的唤醒。在停止模式 3 时,由于内部逻辑处于上电状态,所有引脚处于保持状态。

下面的代码用于设置 GPIO 端口 A 和 B 的输入和输出模式。在这个例程中端口 PTA 的位 2 和位 3 用于输入。端口 PTB 的位 6 和位 7 用于输出。硬件连接图如图 3.34 所示。

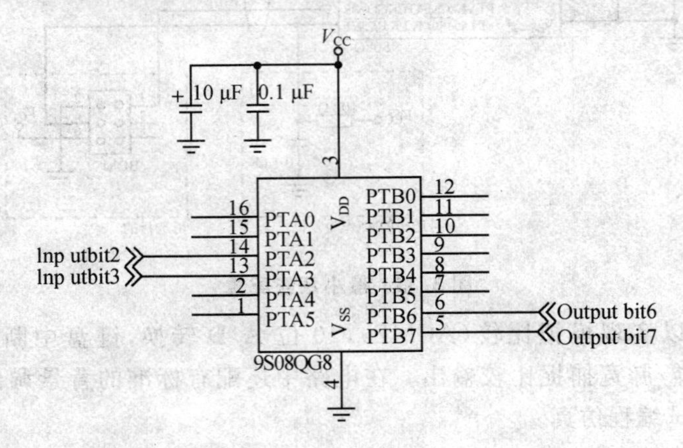

图 3.34 并行 I/O 图

本例当输入引脚被拉低时,相应的输出引脚输出驱动低。

```
void main(void){
    byte temp1 = 0;byte temp2 = 0;
    PTBDD_PTBDD7 = 1;                //设置 PTB7 作为输出,控制 LED2
    PTBDD_PTBDD6 = 1;                //设置 PTB6 作为输出,控制 LED1
    PTBD_PTBD6 = 1;                  //端口 PTB6
    PTBD_PTBD7 = 1;                  //端口 PTB7
    PTADD_PTADD2 = 0;                //设置 PTA2 为输入
    PTADD_PTADD3 = 0;                //设置 PTA3 为输入
    PTAPE_PTAPE2 = 1;                //使能内部电阻上拉
```

```
    PTAPE_PTAPE3 = 1;                    //使能内部电阻上拉
    for(;;)
    {     temp1 = PTAD_PTAD2;            //读输入
        temp2 = PTAD_PTAD3;
        PTBD_PTBD6 = temp1;              //写输出
        PTBD_PTBD7 = temp2;
        __RESET_WATCHDOG();              //复位看门狗
    }
}
```

备注：本例在输入引脚使用内部电阻上拉、内部时钟和内部复位，减少了额外的外围元器件。对于不使用的外围模块需要关闭，不使用的引脚需要配置成已知的状态，达到电流消耗最小，防止不必要的非法操作。

2. 键盘中断(KBI)

键盘中断模块提供8个独立的中断源，用于键盘按键键码的识别和其他应用。每个KBI引脚能被配置成上升沿、下降沿中断模式，上下沿中断模式，或者是电平中断模式。KBI模块关键特性有：能将MCU从低功耗模式唤醒，软件可选择电阻上拉，边沿/电平中断，引脚独立配置和使能控制。

KBI控制寄存器如下：

(1) KBISC KBI模块的状态标志位和控制位。

(2) KBIPE 引脚使能寄存器，该位设置为高，使能引脚作为键盘中断。

(3) KBIES 边沿/电平中断方式选择，该位设置为高表示上升沿中断或是高电平中断。

下面的代码表示基本的KBI模块，在本例中，端口PTA的位2和位3被用于键盘输入引脚，端口PTB的位6和位7用于输出。该程序的流程图如图3.35所示。

当开关按下时，产生KBI中断驱动输出引脚。本例的硬件图如图3.36所示。

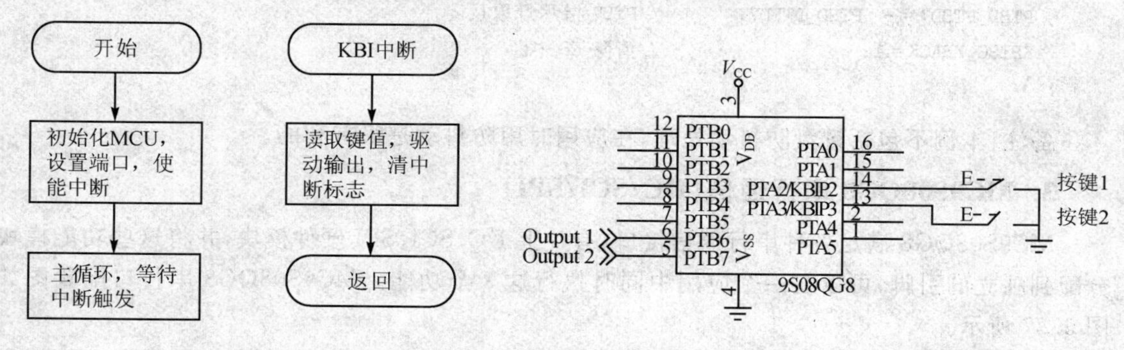

图3.35 KBI流程图　　　**图3.36 键盘中断(KBI)模块**

```
byte keypress;                        //接收按键
KBISC_KBIE = 0;                       //屏蔽 KBI 中断标志位
//配置 KBI 中断
//配置引脚模式和相应的极性(高电平中断或者低电平中断)
KBIES_KBEDG2 = 0                      //0 为上升沿或者下降沿中断
KBIES_KBEDG3 = 0;
KBISC_KBIMOD = 0;                     //0 为边沿中断,1 为电平或者边沿中断

PTAPE_PTAPE2 = 1;                     //使能 KB2 引脚上拉
PTAPE_PTAPE3 = 1;                     //使能 KB3 引脚上拉
KBIPE_KBIPE2 = 1;                     //使能 KB2 中断
KBIPE_KBIPE3 = 1;                     //使能 KB3 中断
KBISC_KBICK = 1;                      //清除 KB 中断
KBISC_KBIE = 1;                       //使能键盘中断
//配置输出状态标识
PTBDD_PTBDD7 = 1;                     //设置 PTB7 作为输出
PTBDD_PTBDD6 = 1;                     //置 PTB6 作为输出
PTBD_PTBD6 = 0;                       //端口 PTB6
PTBD_PTBD7 = 0;                       //端口 PTB7
EnableInterrupts;                     //使能中断
//KBI 中断服务子程序
interrupt 18 void KBI_ISR(void)
{
  keypress = PTAD;                    //读端口 A,查看相应按键
  if(keypress&8)
  PTBD_PTBD6 = ~ PTBD_PTBD6;          //PTB6 指示灯取反
  else
  PTBD_PTBD7 = ~ PTBD_PTBD7;          //PTB7 指示灯取反
  KBISC_KBACK = 1;                    //清除 KB 中断
}
```

备注:本例不包括键盘防抖动处理,在应用时用防抖动是很有利的。

3. MC9S08QG8 串行通信(IIC/SCI/SPI)

MC9S08QG8 满足各种串行通信接口,有片上 I^2C、SCI、SPI 硬件模块,并将这些功能模块分配到独立的引脚,可以在一个应用中同时执行这 3 个功能。MC9S08QG8 串行口配置图如图 3.37 所示。

另外,I^2C 端口可以映射到其他端口引脚上,如功能复用的 PTA 端口的引脚 PTA2 和 PTA3 默认用作 IIC 模块,下面的 I^2C 端口映射代码是用在端口 B 上的 PTB6 和 PTB7 引脚

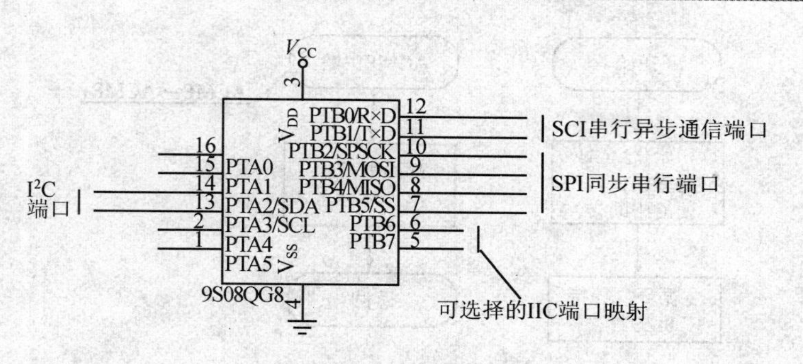

图 3.37 串行通信端口

上的。

SOPT2_IICPS＝1； //将 I^2C 引脚映射到端口 B 上

4. 模拟比较模块

模拟比较（ACMP）模块提供比较两路模拟输入信号或者一路带内部参考电压的模拟输入信号。芯片内部有两个输入引脚（ACMP＋，ACMP－）作为 ACMP，同时有一个引脚可选择作为数字输出引脚（ACMPO）。

其他 ACMP 模块包括：小于 40 mV 的输入偏置，小于 15 mV 的电压滞后，可选择的沿中断（上升沿或者下降沿或者上下沿）比较输出。

能够将 MCU 从低功耗模式唤醒。如果在进入等待模式前使能 ACMP 引脚，则 ACMP 中断能将 MCU 唤醒。在停止模式时 ACMP 是被关闭的。当退出停止模式 1 或停止模式 2 时，ACMP 是被关闭的，同时 ACMPCS 处在复位状态。

8 位寄存器 ACMPSC 用于状态控制，ACMPSC 状态位描述如下：

- 位 0，1——ACMOD，表示选择比较模式。
- 位 2——ACOPE，对该位写入 1 表示使能比较输出，驱动外部引脚。
- 位 3——ACO，用于表示比较输出数值。
- 位 4——ACIE，对该位写入 1 表示使能比较中断。
- 位 5——ACF，中断标志位表示比较事件中断发生。
- 位 6——ACBGS，对该位写入 1 表示为 non－inverting 引脚（比较器反相输入）选择内部参考电压。
- 位 7——ACME，对该位写 1 使能比较模式。

ACMP 通用的操作流程图如图 3.38 所示。在这个配置中，当 inverting（＋）输入低于 non-inverting（－）输入时候，比较器输出为高，同时触发中断（ACMOD＝1）。

下面的代码表示 ACMP 模式通用的配置，硬件配置如图 3.39 所示，端口 PTB7 连到 LED2 脚上。

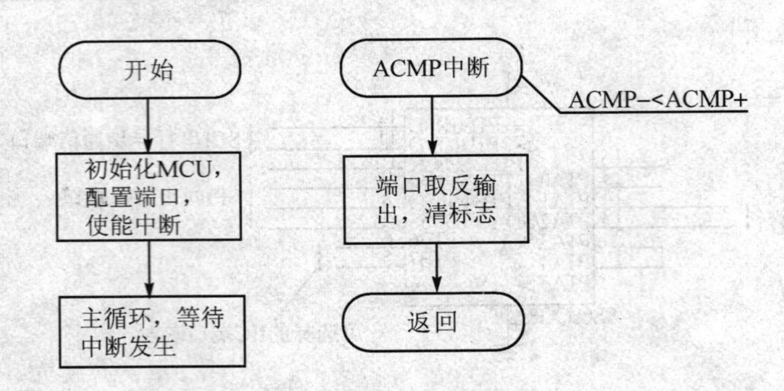

图 3.38　ACMP 例程流程图

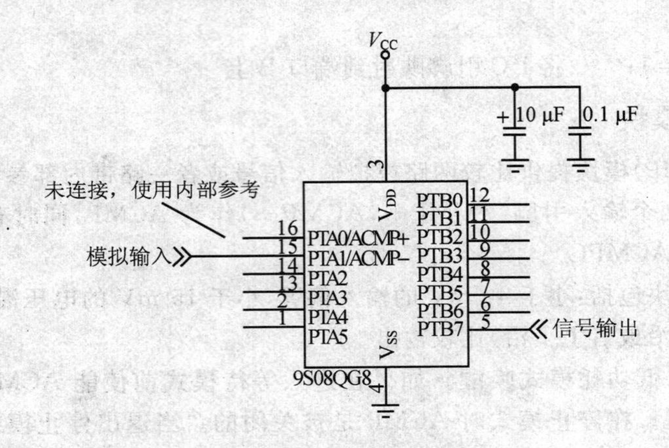

图 3.39　模拟比较例子

```
//配置 ACMP
ACMPSC_ACMOD = 1;                   //设置在上升沿比较输出中断
ACMPSC_ACOPE = 0;                   //在外部引脚比较输出关闭
ACMPSC_ACIE  = 1;                   //比较中断使能
ACMPSC_ACBGS = 1;                   //在 ACMP + 使用内部参考
SPMSC1_BGBE  = 1;                   //作为内部参考,使能带隙缓存
ACMPSC_ACME = 1;                    //比较器使能
ACMPSC_ACF = 1;                     //每次中断通过写 1 清除标志位
//配置相应的显示输出端口
PTBDD_PTBDD7  = 1;                  //设置 PTB7 作为输出
PTBD_PTBD7  = 0;
EnableInterrupt;                    //使能中断
//ACMP 中断服务子程序
interrupt 20 void ACMP_ISR(void)
{
```

```
    PTBD_PTBD7 = ~ PTBD_PTBD7;     //将 PTB7 取反输出
    ACMPSC_ACF = 1;                //通过写 1,清除标志位
}
```

在 ACMPSC 寄存器中设置 ACOPE 位为 1,表示在引脚 2 上使用 ACMP 外部输出。

```
ACMPSC_ACOPE = 1;                  //比较输出使能
```

使用外部 ACMP+输入代替内部参考电压,需要清除 ACBGS 位。

```
ACMPSC_ACBGS = 0;                  //关闭内部参考
SPMSC1_BGBE = 0;                   //0 表示关闭内部参考带隙缓存
```

5. 使用模拟比较模块的简单反相器设计

在系统设计中,常常需要逻辑电平来翻转一个信号。为了达到实际的 I/O 口驱动控制效果,需要添加额外的逻辑元器件。MC9S08QG8 的内部比较模式提供了一个简单的控制方法来翻转外部逻辑电平信号。

图 3.40 给出了 MC9S08QG8 逻辑反相器的设计,ACMP+引脚没有连接,内部参考使用的是 ACMP+引脚。当 ACMP−上的信号高于 ACMP+上的信号时,ACMPO 输出的将是逻辑低电平。在本例的配置中,上/下沿的比较输出是通过中断触发的。在 ACMP 中断中,检测 ACO 位,如果该位是高电平,则 PTB7 设置为高。数据手册上注明比较器在不使用比较中断时也能工作。本例中 PTB7 引脚连接到 LED2 上。

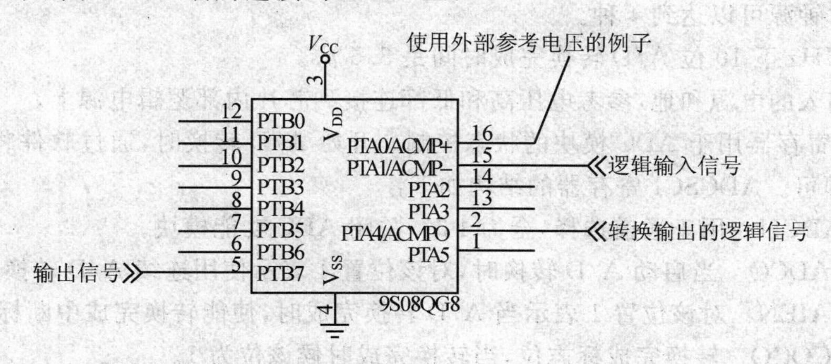

图 3.40　逻辑反相器

配置 ACMP 作为逻辑反相器的代码例程如下:

```
ACMPSC_ACMOD = 11;                 //在上升沿或者下降沿比较器输出
ACMPSC_ACOPE = 1;                  //在外部引脚比较器输出使能
SOPT1_BKGDPE = 0;                  //在 ACMPO 引脚关闭 BGDB 模式
ACMPSC_ACIE = 1;                   //比较中断使能
ACMPSC_ACBGS = 1;                  //在 ACMP + 引脚使用内部参考
```

```
SPMSC1_BGBE = 1;                    //使能带隙缓存作为内部参考
ACMPSC_ACME = 1;                    //比较器使能
ACMPSC_ACF = 1;                     //通过写 1,清除事件标志位
//ACMP 中断服务子程序
interrupt 20 void ACMP_ISR(void)
{
    if(ACMPSC_ACD)
    PTBD_PTBD7 = 1                  //设置 PTB7 引脚
else
    PTBD_PTBD7 = 0;                 //清除 PTB7 引脚
    ACMPSC_ACF = 1;                 //通过写 1,清除中断标志事件
}
```

6. ADC(模数转换器)

增强型的模数转换器(ADC)在 MC9S08QG8 中是一个连续的 10 位转换器。A/D 转换初始化可以通过硬件或者软件处理，当转换完成时产生中断信号。ADC 可以在等待和停止模式 3 下操作，A/D 转换完成中断可以唤醒 MCU。其他 ADC 模块的特性如下：

- 输出格式是 10 位或者 8 位右对齐格式。
- 可以单周期转换，也可以连续转换。
- 可选择采样时间和转换速率。
- 输入时钟源可以达到 4 种。
- 在 8 MHz 下 10 位 A/D 转换完成时间是 3.5 μs。
- 模拟输入的电源和地，参考电压高和低都连接到芯片内部逻辑电源上。

ADCSC1 寄存器用于 ADC 模块的状态控制。开始 A/D 转换时，通过软件将转换通道写入 ADCH 位即可。ADCSC1 寄存器的结构如下：

- 0～4 ADCH　用于通道选择，全为 1 时，关闭 ADC 功能模块。
- 5　ADCO　当启动 A/D 转换时，对该位置 1 表示使用连续 A/D 转换。
- 6　AIEN　对该位置 1 表示当 A/D 转换完成时，使能转换完成中断标志位。
- 7　COCO　转换完成标志位，当转换完成时候该位为 1。

ADCSC2 寄存器用于控制比较功能。ADCSC2 功能结构如下：

- 0,1　保留位，总是写入 0。
- 2,3　未使用。
- 4　ACFGT　置 1，使能比较功能大于其他功能。
- 5　ACFE　置 1，使能比较功能。
- 6　ADTRG　如果是 1，表示选择用硬件转换触发；如果是 0，表示使用软件触发。
- 7　ADACT　如果是 1，表示转换正在进行中。

ADCRL 和 ADCRH 是转换结果的低位和高位。ADCRL 为转换结果的低 8 位，ADCRH 包含转换结果的高 2 位。

ADCCVL 和 ADCCVH 是比较数值的低位和高位寄存器。ADCCVL 为比较数值的低 8 位，ADCCVH 包含比较数值的高 2 位。

ADCCFG 被用于选择模式，时钟源，时钟分频，配置低功耗或者比较长的采样时间。

ADCCFD 寄存器结构如下：

- 0,1　ADICLK　用于选择 ADC 的输入时钟源，如果是 00，表示选择总线时钟源。
- 2,3　MODE　用于选择 A/D 转换模式，00 是 8 位模式，10 是 10 位模式。
- 4　ADLSMP　如果是 1，表示比较长的采样转换时间。
- 5,6　ADIV　时钟分频选择，00 表示是输入时钟，01 表示是输入时钟的 1/2 等。
- 7　ADLPC　如果是 1，表示低功耗配置模式。

ADCTL1 用于控制 A/D 转换模式 0～7 通道相关的引脚，如果置位为 1，表示不使能该引脚的 I/O 控制。下面的代码表示基本的 ACMP 配置模式，在本例中，通过将 KBI 引脚置低来触发 A/D 转换。KBI 中断服务子程序开始模拟输入通道的软件转换，当转换完成时，A/D 转换中断服务子程序读取转换结果。其中的硬件配置如图 3.41 所示。

```
//配置 ADC
ADCSC1_ADCH = 0x1f;              //关闭 ADC
ADCSC1_AIEN  = 1;                //使能 ADC 中断
ADCSC1_ADCO  = 0;                //使能单步转换，1 表示连续转换
ADCSC2_ADTRG  = 0;               //选择软件触发
ADCSC2_ACFE  = 0;                //关闭比较器功能
ADCCFG_ADICLK  = 0;              //总线时钟
ADCCFG_ADIV  = 1;                //输入时钟两分频
ADCCFG_MODE  = 0x02;             //10 位模式
ADCCFG_ADLSMP  = 1;              //长采样时间
APCTL1 - 0x03;                   //在通道 0 或者 1 关闭 I/O 控制
EnableInterrupt;                 //使能中断
//键盘中断服务子程序
interrupt 18 void KBI_ISR(void)
    {
    keypress = PTAD              //读端口查询相应按键
    if(keypress&8)
      ADCSC1_ADCH  = 0;          //开始在通道 0 上转换
    else
      ADCSC1_ADCH  = 1;          //开始在通道 1 上转换
KBISC_KBACK  = 1;                //清除键盘中断
    }
```

```
interrupt 19 void ADC_ISR(void)
    {
    ADC_val_H = ADCRH;                  //读取高字节
    ADC_val_L = ADCRL;                  //读取低字节
    }
```

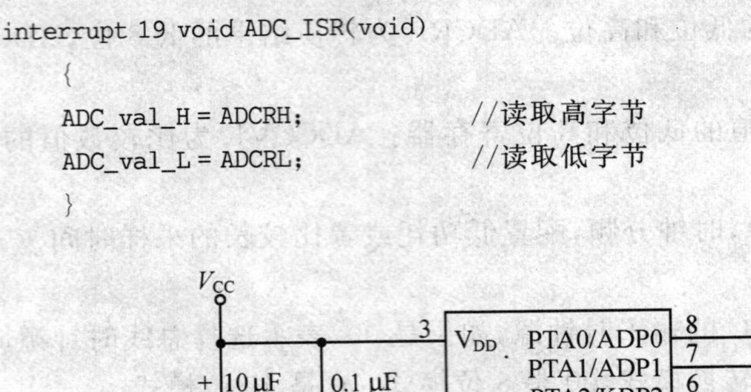

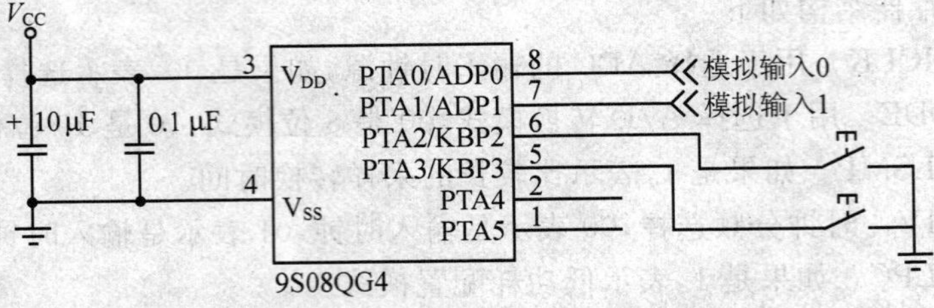

图 3.41　A/D 转换硬件配置

7. ADC 比较功能的使用

本例中使用 ADC 比较功能来监控模拟输入，当输入的数值大于设定的比较数值时，MCU 产生中断。ADC 是设置为连续转换模式，数字信号输入中断发起 A/D 转换。

当模拟输入数值大于或者小于设定的比较数值时，模拟比较功能可以配置成触发方式。有许多配置时钟和节省功耗的方式，本例使用其中一种设置方法。

ADC 模块和比较功能可以在等待或者停止模式 3 下操作。当 ADC 模块设定的比较条件满足时，ADC 中断可以将 MCU 从低功耗模式唤醒。

在实际的系统中使用 ADC 比较功能，可以在低功耗系统下监测模拟传感器或者其他模拟信号。当模拟输入超过比较范围时，ADC 将产生中断，从而将 MCU 唤醒，同时开始处理一些特殊的操作。

ADC 比较功能的流程图如图 3.42 所示。

ADC 比较功能代码如下：

```
//配置 ADC
ADCSC1_ADCH = 0x1f;              //选择所有的通道，在配置过程中关闭 ADC
ADCCFG_ADICLK = 0;               //时钟源，00 为总线时钟，11 为异步时钟
ADCCFG_MODE = 0b10;              //转换模式，00 为 8 位模式，10 为 10 位模式
ADCCFG_ADLSMP = 1;               //采样时间，1 为长采样
ADCCFG_ADIV = 1;                 //时钟分频，1 为输入时钟两分频
ADCCFG_ADLPC = 1;                //低功耗配置，1 为低功耗
ADCSC2_ADTRG = 0;                //触发选择，0 为软件触发
ADCSC2_ACFE = 1;                 //比较功能，1 为使能比较功能
ADCSC2_ACFGT = 1;                //1 为大于
```

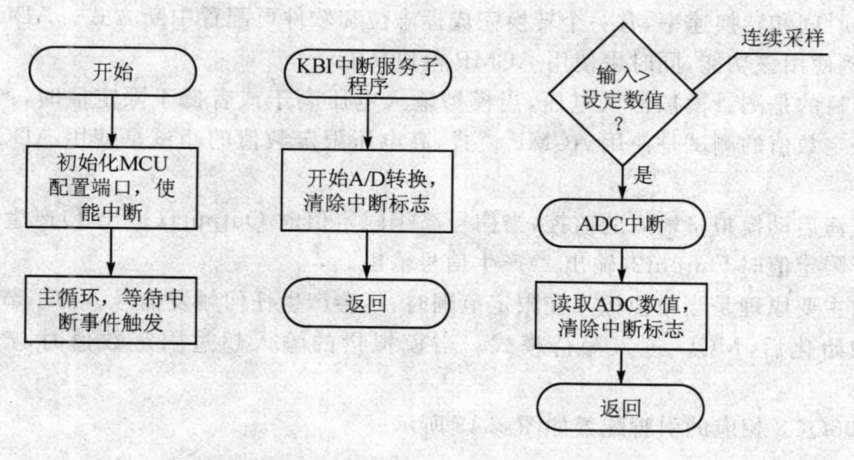

图 3.42　模拟比较例子

```
ADCSC1_ADCO = 1;                    //使能连续转换,1 为连续,0 为单步转换
ADCSC1_AIEN = 1;                    //启用 ADC 中断
APCTL1_ADPC0 = 1;                   //在 ADC 通道 0 引脚上关闭 I/O 口功能控制
ADCCVL = 0x80;                      //设置比较低 8 位数值
ADCCVH = 0x01;                      //设置比较高 2 位数值
//配置 KBI
PTAPE_PTAPE2 = 1;                   //使能 KB2 上拉
KBIPE_KBIPE2 = 1;                   //使能 KB2 功能
KBISC_KBACK = 1;                    //清除 KB(键盘)中断
KBISC_KBIE = 1;                     //启用 KBI 中断
 EnableInterrupts;                  //使能中断
interrupt 18 void KBI_ISR(void)
 {
 KBISC_KBACK = 1;                   //清除键盘中断
 ADCSC1_ADCH = 0;                   //在通道 0 上启动转换
 }
interrupt 19 void ADC_ISR(void)
 {
 ADC_val_H = ADCRH;                 //读 ADC 数值
 ADC_val_L = ADCRL;
 ADCSC1_ADCH = 0x1f;                //关闭 ADC
 }
```

8. 使用 ADC 和 ACMP 的比较器

MC9S08QG8 ADC 模块内置 10 位连续模数转换器，ADC 能够单周期或者连续转换，可

以配置采样时间和转换速率，有一个转换完成标志位和软件可配置中断方式。ADC 带自动比较功能，本例使用该功能，同时也使用 ACMP 模块功能。

本例的目的是测量模拟输入电压，当模拟输入电压高于或者低于限定值时，产生不同信号。低压限定数值的测试是使用 ACMP 模式，高电压限定数值的测试是使用 ADC 通道比较功能。

开始按钮启动模拟量输入的监控，当信号高于限定值时 Output1（输出 1）产生信号输出；当信号低于限定值时 Output2（输出 2）产生信号输出。

本例的主要原理是当模拟输入在限定范围时，不会产生任何触发信号。为了节省功耗，对限定检测初始化后，MCU 进入等待模式。当模拟量的输入超过限定数值时，产生中断将 MCU 唤醒。

MC9S08QG8 相应的引脚配置如图 3.43 所示。

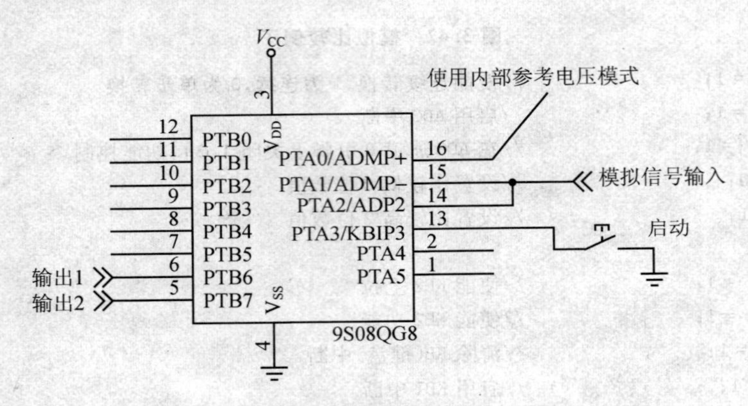

图 3.43　使用 ADC 和 ACMP 的比较器

ADC（模数转换）和 ACMP（模拟比较）的代码配置如下：

```
//配置 ADC
ADCSC1_ADCH = 0x1f;                    //在配置过程中，关闭 ADC
ADCCFG_ADICLK = 0;                     //时钟源，00 为总线时钟，11 为异步时钟
ADCCFG_MODE = 2;                       //转换模式，00 为 8 位，10 为 10 位
ADCCFG_ADLSMP = 1;                     //采样时间，1 为长采样时间
ADCCFG_ADIV = 0;                       //时钟分频，0 为输入时钟源
ADCCFG_ADLPC = 0;                      //低功耗配置，1 为低功耗
ADCSC2_ADTRG = 0;                      //触发选择，0 为软件触发
ADCSC2_ACFE = 1;                       //比较功能，1 为使能比较功能
ADCSC2_ACFGT = 1;                      //1 为比较大于功能
ADCSC1_ADCO = 1;                       //使能单步转换，1 为连续转换
ADCSC1_AIEN = 1;                       //使能 ADC 中断
```

```
APCTL1_ADPC2 = 1;                           //关闭引脚的 I/O 口功能
ADCCVL = 0x90;                              //设置比较数值
ADCCVH = 0x01;                              //设置比较数值
//配置比较器
  ACMPSC_ACMOD = 1;                         //1 设置为上升沿比较输出
  ACMPSC_ACOPE = 0;                         //0 表示输出引脚关闭
  ACMPSC_ACIE = 1;                          //1 表示比较中断使能
  ACMPSC_ACBGS = 1;                         //1 表示在 ACMP + 上使用内部参考
  ACMPSC_ACME = 1;                          //1 表示比较使能
  SPMSC1_BGBE = 1;                          //1 表示使能带隙缓存作为内部参考
  ACMPSC_ACF = 1;                           //通过写 1 清除 ACMP 事件标志
//配置显示输出端口
  PTBDD_PTBDD6 = 1;                         //设置 PTB6 作为输出
  PTBD_PTBD6 = 0;
  PTBDD_PTBDD7 = 1;                         //设置 PTB7 作为输出
  PTBD_PTBD7 = 0;
//KBI 部分
  PTAPE_PTAPE3 = 1;                         //使能 KB3 上拉
  KBIPE_KBIPE = 1;                          //使能 KB
  KBISC_KBACK = 1;                          //清除键盘中断
  KBISC_KBIE = 1;                           //使能键盘中断
  EnableInterrupts;                         //使能中断
//KBI 中断服务子程序
interrupt 18 void KBI_ISR(void)
 {
 PTBD_PTBD6 = 1;
 PTBD_PTBD7 = 1;
 ADCSC1_ADCH = 2;
 KBISC_KBACK = 1;                           //清除键盘中断
 ACMPSC_ACF = 1;                            //通过写 1 清除 KBI 事件标志
 }
//ADC 中断服务子程序
interrupt 19 void ADC_ISR(void)
 {
 ADC_val_H = ADCRH;
 ADC_val_L = ADCRL;
 PTBD_PTBD6 = 0;                            //将 PTB6 引脚取反输出
 ADCSC1_ADCH = 0x1f;                        //当转换完毕,关闭 ADC
 }
```

```
//ACMP 中断服务子程序
interrupt 20 void ACMP_ISR(void)
{
PTBD_PTBD7 = 0;                              //将 PTB7 引脚取反
ACMPSC_ACF = 1;                              //写 1 清除 ACMP 事件标志
}
```

3.3.3 MC9S08QG8 应用电路设计

1. 从 I^2C 到 LIN 从机的设计

LIN(本地连接网络)是一个基于 UART(异步串行通信)的单线制通信协议,在汽车电器网络和故障诊断中应用广泛。LIN 总线在汽车应用中的典型结构是一个主节点,在总线上发起所有的从节点通信。LIN 总线在汽车电器上的使用不像 CAN 总线或其他高速网络现场总线那样要求高速度和较高的成本。

汽车电器设备中当电器不在运行态时,为了维持一些操作状态,电流也是有严格限定的,如门锁的功率和汽车钥匙等。MC9S08QG4/8 的节电模式在这类应用中是一个不错的选择。MC9S08QG4/8 串行通信模式 I^2C 可以在等待模式下操作,外部事件可以将 MCU 唤醒。

应用电路如图 3.44 所示,使用 LIN 的外设接口和 MCU 互联。MC9S08QG4 通过标准的 I^2C 总线与主机连接。主机能在 LIN 总线上通过 I^2C 通信,MC9S08QG8 能够自动处理 LIN 的数据包,同时滤去不是本设备的信息报文。设计中使用 Freescale MC33661 LIN 收发器,其操作电压低至 3.3 V 的 DC,可以直接连接到 MCU,而不需要经过电平转换。

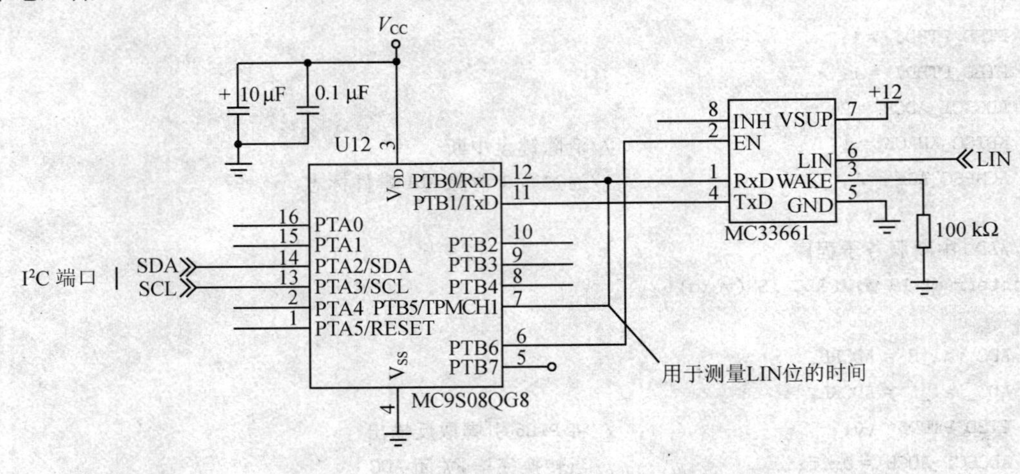

图 3.44 IIC 到 LIN 从设备图

初始化流程图和应用设计图如图 3.45 所示，完整的 LIN 软件驱动例子参看 AN2503 和 AN2599。

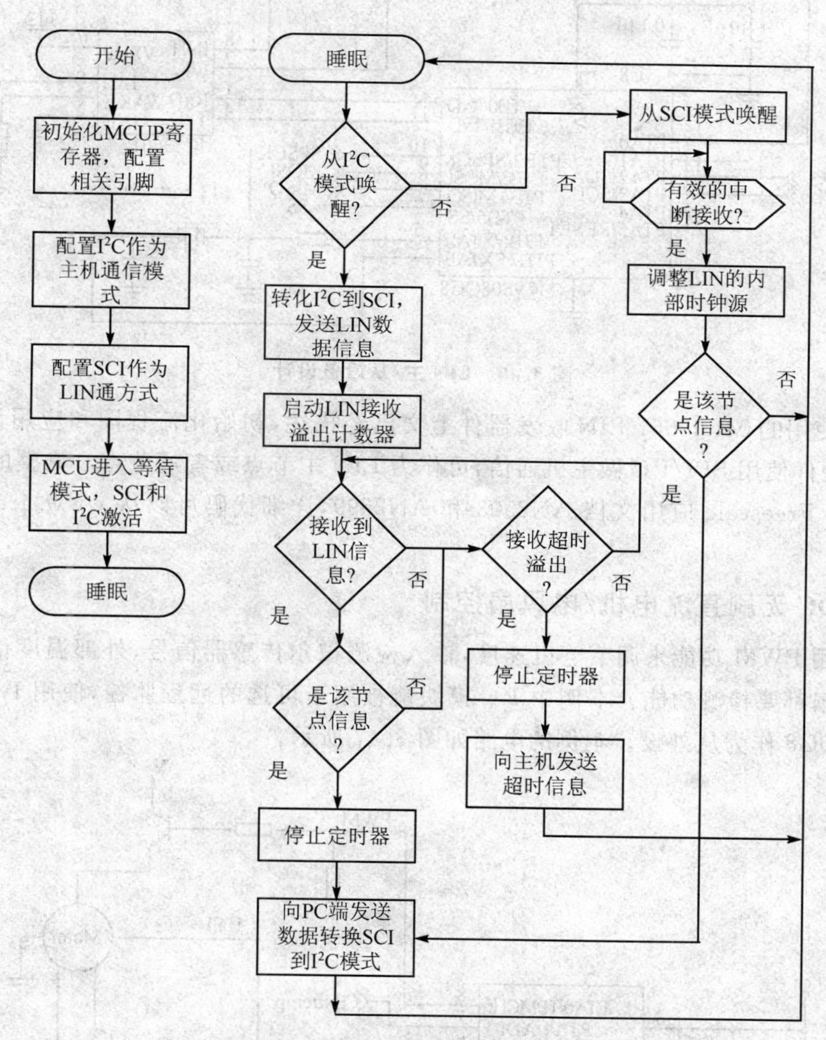

图 3.45 IIC 到 LIN 从设备流程图

2. LIN 主/从、I²C 和 SPI 输入设计

和以前的应用设计一样，本电路使用 MC9S08QG8 做一个 LIN 的外设，使用 I²C/SPI 接口连接到主控制器，串行接口用于处理 LIN 通信。另外，本电路也可以做一个 LIN 从节点或主节点。电路应用配置如图 3.46 所示。MC9S08QG8 配置成自动处理形式，滤去不是本设备的信息报文。

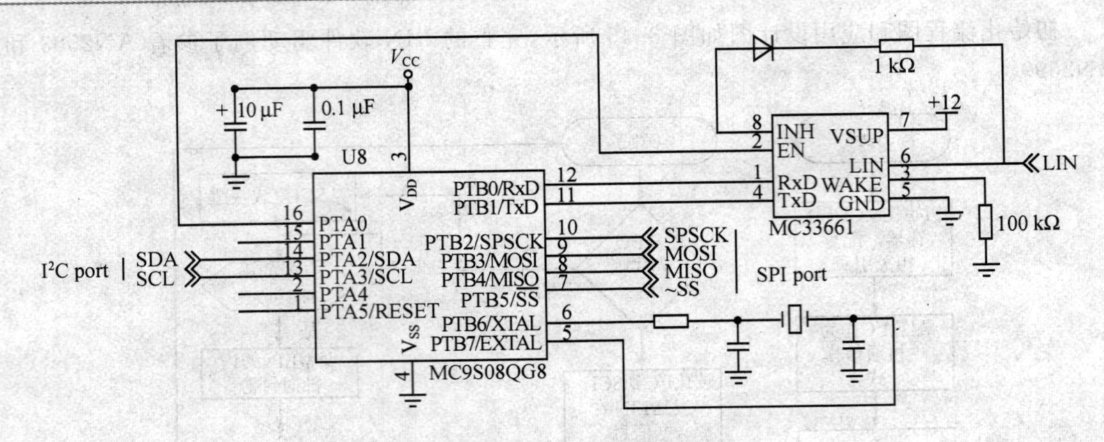

图 3.46 LIN 主/从设备设计

应用中使用的 MC33661 LIN 收发器件上文已经描述，初始化流程图和应用设计可以参考图 3.45，硬件使用 SPI/I²C 做主机通信，可作为 LIN 主节点或者从节点。完整的 LIN 驱动例程，请参考 Freescale 应用文档 AN2503 和 AN2599，详细代码可以从 www.freescale.com 网站下载。

3. BLDC 无刷直流电机/电风扇控制

本例使用 PWM 功能来调节电机速度，输入检测霍尔传感器信号、外部温度信号等。DC 电机和电风扇都要检测功能。本例中 I²C 模块能被用于可选的远程监控，使用 I²C 功能可以将 MC9S08QG8 作为从外设。本例的电路如图 3.47 所示。

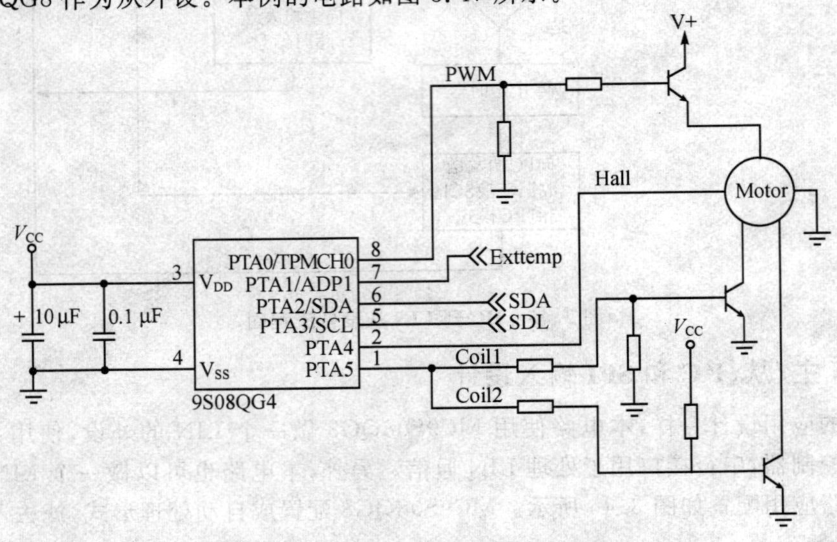

图 3.47 BLDC 电机/电风扇驱动电路

电机驱动流程图如图3.48所示，PWM输出根据温度输入来调整电机速度。

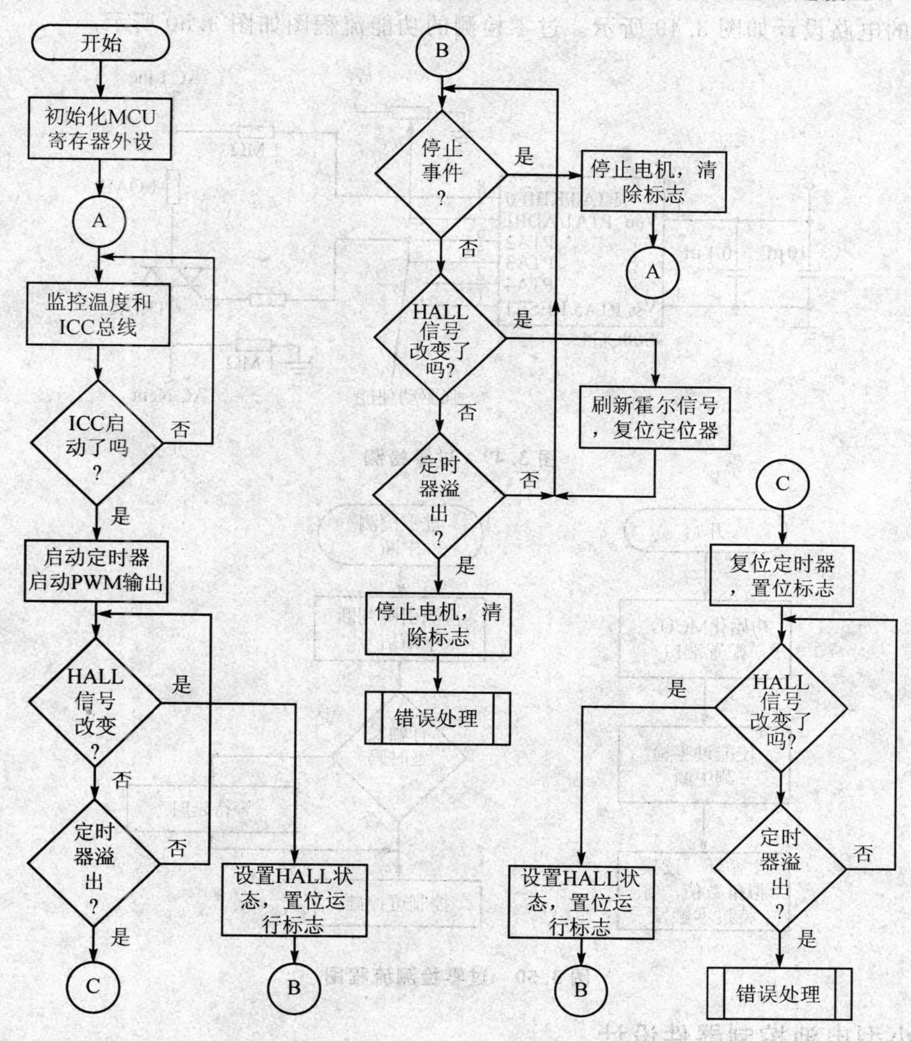

图3.48 BLDC电机驱动流程

4. 使用可控硅驱动的过零检测设计

本例电路设计中使用数字量输入，通过I/O口中断检测交流过零信号，同时驱动数字量输出高电平来控制可控硅。电路中使用一个电位器连接到模拟输入端，能够调整电压，从而改变可控硅的触发角。在实际生活中，本例的典型应用是做灯光调节。一些可控硅在门极需要较大的驱动电流，如果允许，可将多个端口并接来增加驱动可控硅的电流。使用时，注意确保总电流不要超过 MC9S08QG8 的电流要求。

本例的电路设计如图 3.49 所示。过零检测的功能流程图如图 3.50 所示。

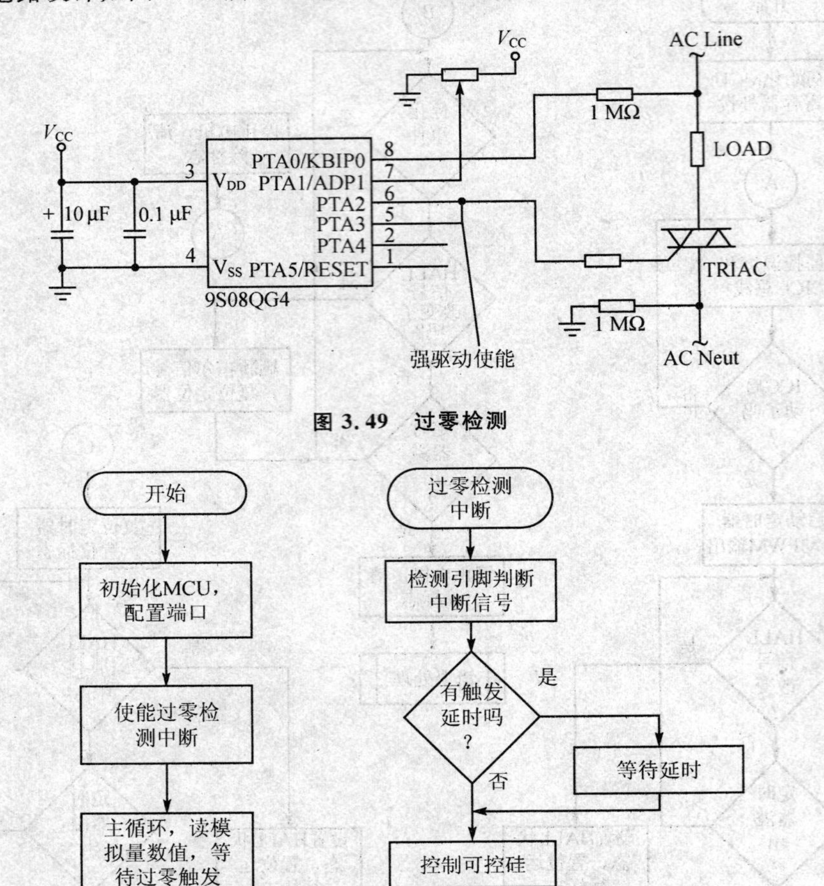

图 3.49　过零检测

图 3.50　过零检测流程图

5. 小型电池控制器件设计

MC9S08QG8 是理想的电池充电方案和小型便携式电池应用的首选芯片，内置 ADC 提供快速和准确的电池信号测量，同时有低功耗模式，I^2C 模式允许在 SMBus 上通信，内部温度传感器提供电池温度监控。

不同的电池技术提供不同的容量和执行效率。小型电池一般在 SMBus 上提供电池的信息，如充电状态、电池状态和电池充电算法。另外，能够防止对电池的过充（即能够断开负载和电池的连接）。本例中，两个模拟量输入通道被用于监控电池电压和电流，使用 3 个数字量输出，一个用于固定的充电电流部分的开关控制，一个用于固定的充电电压部分的开关控制，还有一个用于断开电池和负载。I^2C 信号用于在 SMBus 上通信。内部的温度传感器用于检测电池温度。

本例的配置电路如图 3.51 所示，由于电池的型号和类型不同，控制和检测充电电压和电流部分给出了功能示意图。

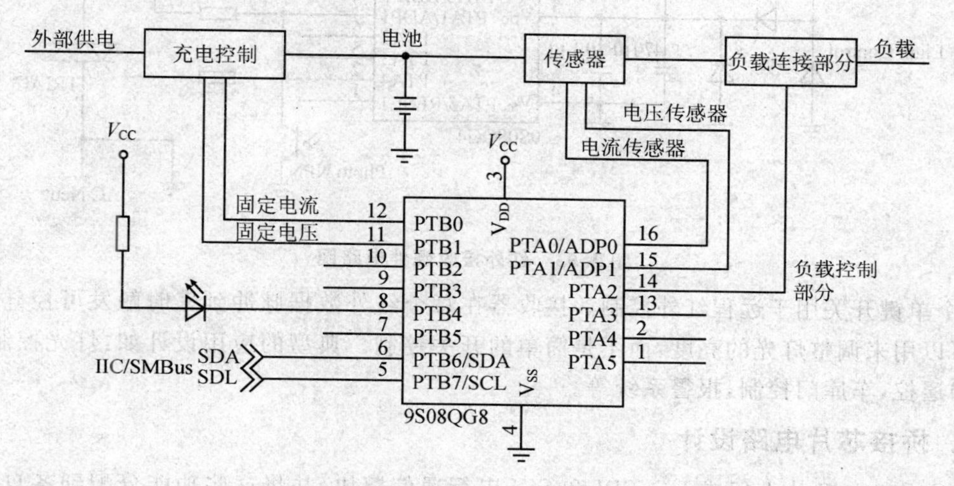

图 3.51 小型充电电池控制

6. 低功耗远程红外收发器设计

由于 MC9S08QG8 具备低功耗操作模式，使得它特别适合于键码识别和便携式远程控制。本例中，一个使用低功耗远程红外控制，如图 3.52 所示；一个直接使用交流线同时接收红外信号，如图 3.53 所示。

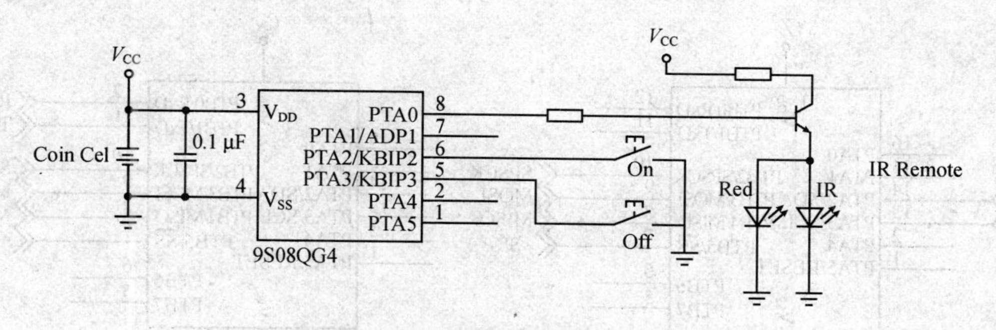

图 3.52 低成本的远程红外控制

在 Remote Infare Control（远程红外控制）中，使用键盘中断（KBI）来唤醒 MCU，同时通过红外传感器发送一段数据脉冲。设计中使用红色发光二极管 LED 的亮灭表示按键是否按下。在红外接收器中，通过光电收发器检测红外数据，然后驱动可控硅导通和关断。为简化设

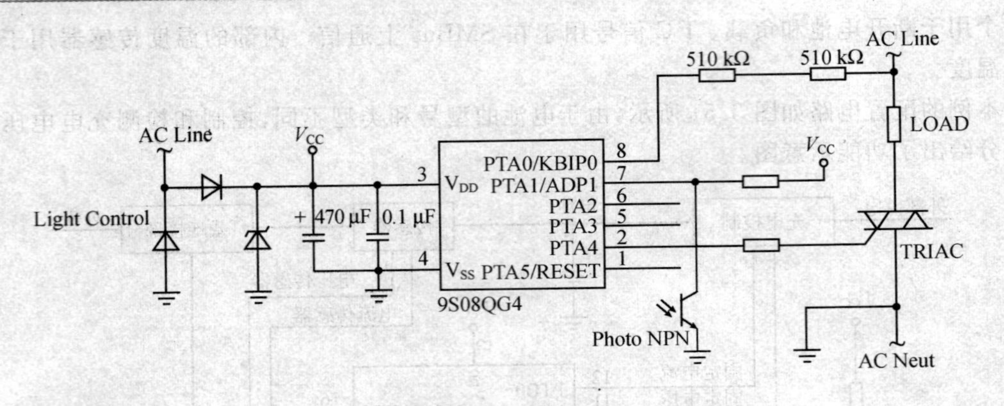

图 3.53 红外接收硬件电路图

计,一个单键开关用于远程红外控制。接收器在每个红外数据脉冲到来时触发可控硅。软件设计可以用来调整灯光的亮度,而不是简单的开关控制。典型的应用设计如:灯光控制,红外电风扇遥控,车库门控制,报警系统等。

7. 桥接芯片电路设计

MC9S08QG8 片上集成 I^2C、SPI 和 SCI 串行通信模块,并将这些功能分配到各自独立的端口上,允许所有的串行模块同时使用。因而就能执行图 3.54 的从 SPI 到 I^2C 的桥接电路,图 3.55 的从 SPI 到 SCI 的桥接电路和图 3.56 的从 SPI 到 SCI/SPI 再到 I^2C 的桥接电路。在同类半导体中,Philip 厂家提供专有的桥接芯片,如 16C554 的串口 SCI 芯片外设,PCA9564 I^2C 转并行 I/O LED 控制等专用特定外设芯片,相比来说,Freescale 芯片设计更具灵活性和通用性,便于改型和功能扩展,同时价格更具优势。

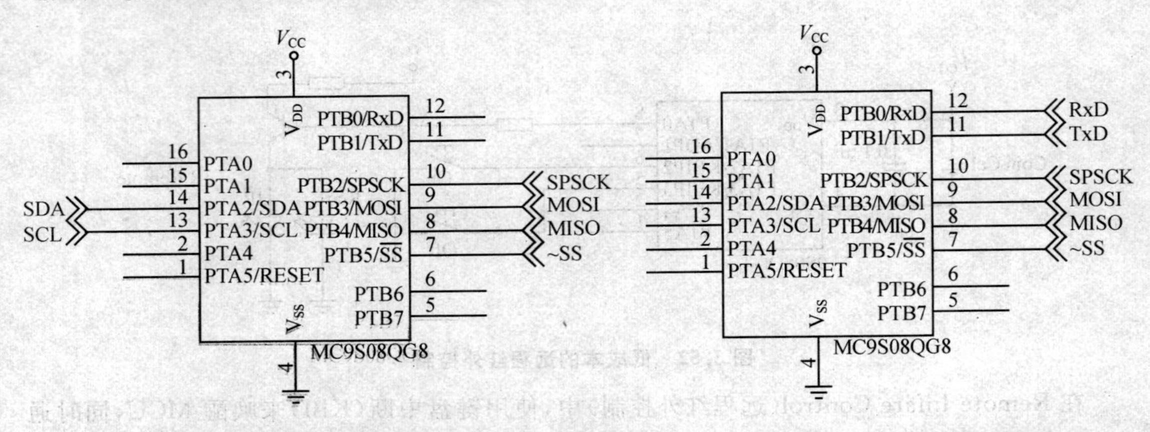

图 3.54 从 SPI 到 IIC 的桥接电路图

图 3.55 从 SPI 到 SCI 的桥接电路图

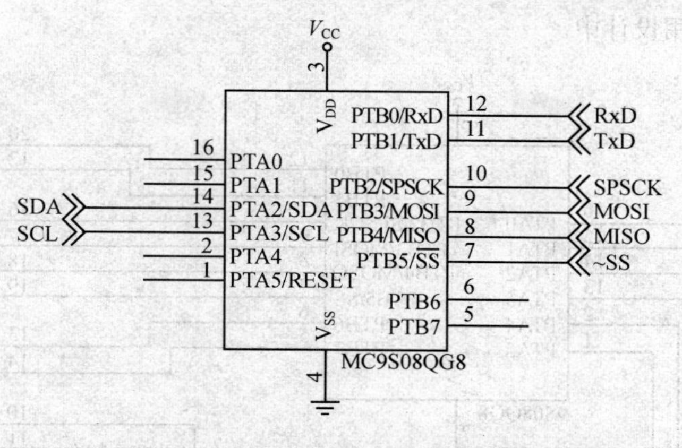

图 3.56 从 SPI 到 I²C /SPI 再到 SCI 的桥接电路图

8. 使用 MC9S08QG8 作 I²C 外设

MC9S08QG8 内置 8 通道 10 位 A/D 转换、内部时钟和内部电压基准参考。低功耗模式，使得它比直接使用 A/D 转换器具有更好的性价比。使用自动比较，操作在低功耗模式或者停止模式 3 时，更显出 MC9S08QG8 的优越性。图 3.57 表示了使用 MC9S08QG8 做 A/D 转换或者键盘外设的引脚配置图。I²C 模块设置在默认的可选的引脚上。

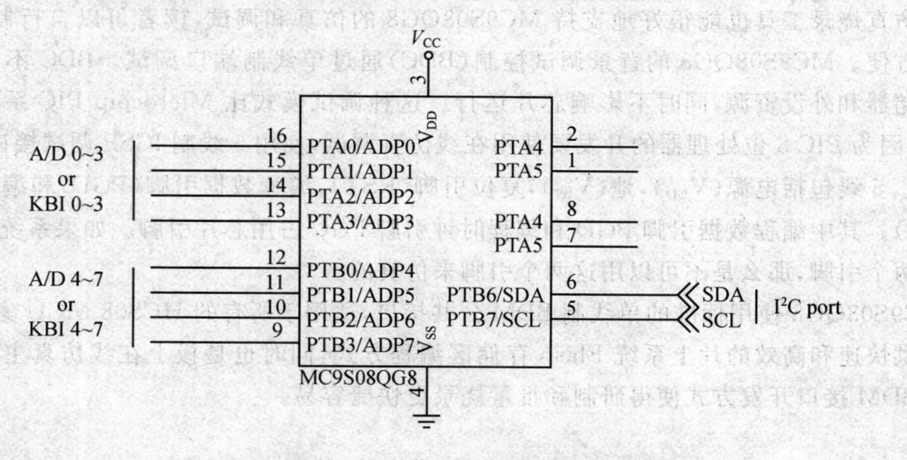

图 3.57 MC9S08QG8 做 A/D 转换或者 KBI 外设

9. 无线传感器应用设计

随着无线网络的大量应用，有线网络相关的布线和安装成本也大大降低。图 3.58 使用 Freescale MC13191 低功耗 ISM 收发器，该芯片支持 802.15.4 Zigbee 协议，这类收发器芯片可以应用到各种各样的无线设计中，诸如远程无线传感器，无线抄表，物流设备管理，无线键盘鼠标,工厂和家具应用设计中。

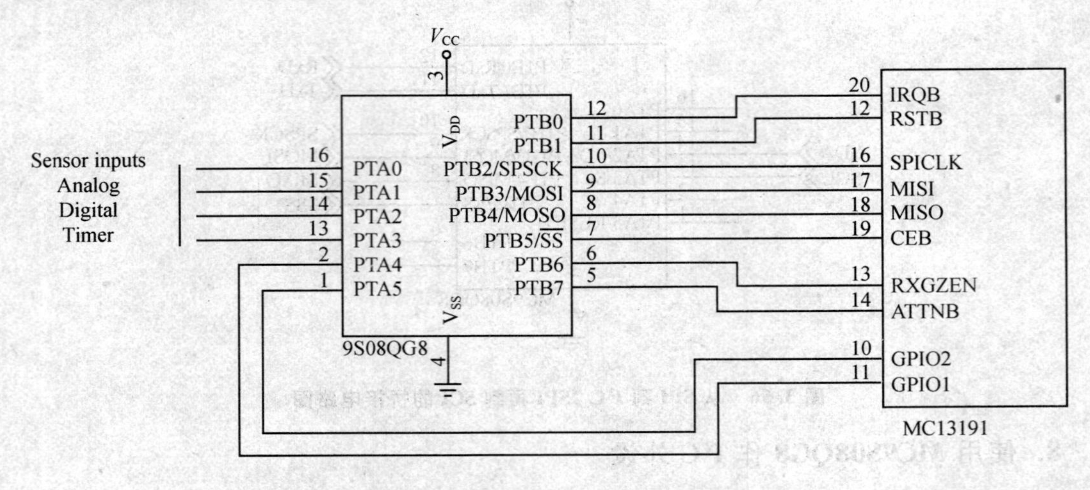

图 3.58 MC9S08QG8 无线收发器

10. 编程和开发

Freescale 半导体和许多第三方合作伙伴都在 MC9S08QG8 上开发相应的开发工具,本书自制的仿真烧录工具也能很好地支持 MC9S08QG8 的仿真和调试,读者可以自行制作,十分简单和方便。MC9S08QG8 的背景调试控制(BDC)通过单线制端口调试。BDC 不使用任何芯片存储器和外设资源,同时不影响芯片运行。这种调试模式比 Microchip PIC 系列具有更大优势,因为 PIC 8 位处理器的开发要使用在线仿真调试,使用 5 线制 ICSP 调试接口(标准是 6 线制)。5 线包括电源(V_{DD}),地(V_{SS}),复位引脚(RST),编程数据引脚(PGD)和编程时钟引脚(PGC)。其中编程数据引脚 PGD 和编程时钟引脚 PGC 占用芯片引脚。如果系统设计中使用了这两个引脚,那么是不可以用这两个引脚来仿真的。

MC9S08QG8 使用标准的单线制 BDM 公共接口,适用于所有的 HCS08 MCU 家族,BDM 接口提供快速和高效的片上系统 Flash 存储区编程方式,同时也是板上在线仿真主要的访问方式。BDM 接口开发方式使得研制和批量烧录更快捷容易。

3.4 HC08 HCS08 家族 LCD 应用实例

3.4.1 HC08 HCS08 MCU 使用外接 LCD 驱动模块应用实例

本节为使用 HC08 或者 HCS08 MCU 驱动 LCD 提供快速参考,告诉用户如何更好地驱动

LCD,并提供了使用LCD驱动的代码例程。本例通过修改也可以满足各种特定应用的需求。

LCD硬件驱动芯片使用HD44780,使用MCU并口直接驱动LCD驱动模块,本节描述了一步步配置LCD驱动的过程,详细程序见光盘。

1. LCD通用操作

LCD通用接口如图3.59所示。

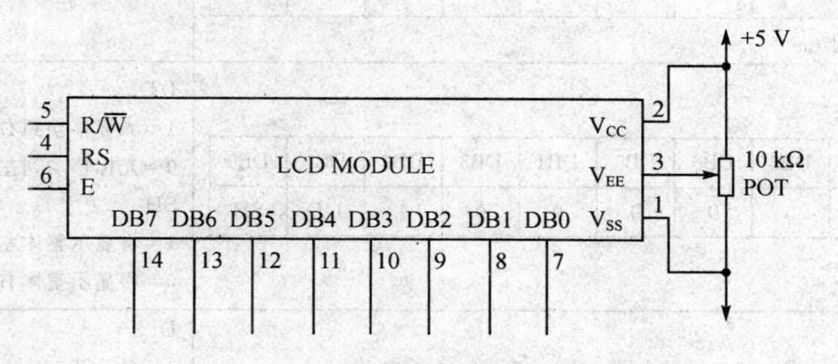

图3.59 LCD模块接口

硬件接口描述如表3.14所列。

表3.14 LCD引脚描述

引 脚	描 述
$R/\overline{W}$	选择读或者写: 1=读 0=写
RS	选择数据还是指令: 1=数据 0=指令
E	在下降沿开始数据的读写
DB0~DB3[注]	4个高位命令字节的总线引脚(在4位模式下不可用)
DB4~DB7[注]	4个低位命令字节的引脚
V_{SS}	地
V_{EE}	背光电压
V_{CC}	4.5~5.0 V

注:用于LCD与MCU间发送和接收数据。

2. LCD驱动软件配置

LCD模块有许多指令来定制显示,如表3.15所列。

表 3.15 LCD 模块指令

指令	RS	R/W	DB7	DB6	DB5	DB4	DB3	DB2	DB1	DB0	执行时间	描述
清屏显示	0	0	0	0	0	0	0	0	0	1	1.64 ms	显示清空，光标移动到第一行左边显示
进入模式设置	0	0	0	0	0	0	0	1	I/D	SH	40 μs	I/D 1＝光标移动到右边 0＝光标移动到左边 SH 1＝将显示整体左移 0＝将显示整体右移
显示开关控制	0	0	0	0	0	0	1	D	C	B	40 μs	D 1＝显示开 0＝显示关 C 1＝光标显示 0＝光标不显示 B 1＝光标闪烁 0＝光标不闪烁
功能指令集	0	0	0	0	1	DL	N	F	X	X	执行时间[注]：40 μs	DL 1＝数据发送接收以 8 位模式长度 0＝数据发送接收以 4 位模式长度 N 1＝2 行 0＝1 行 F 1＝5x10 点字符大小 0＝5x11 点字符大小

注：执行时间是需要配置每条指令的延时时间。

下面描述如何配置 LCD 驱动，使用 MC68HC908AP64 MCU，外部时钟源频率达到 9.8304 MHz，延时时间基准是 100 μs，LCD 设置为：开显示，关光标显示，关闪烁，显示 5×10 [字符大小]，2 行显示，4 位数据长度模式。控制 LCD 引脚连接配置如图 3.60 所示。

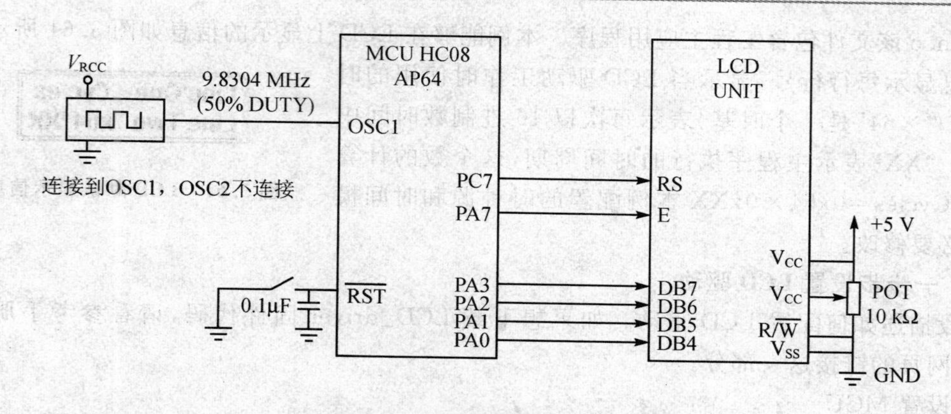

图 3.60　引脚控制连接图

3. LCD 软件例程描述

(1) LCD 驱动描述

本节介绍 LCD 驱动工程主要内容，各部分的程序设计文件介绍如下。

mcu_driver_select.h 该文件用于选择目标 MCU，其包含的信息为：MCU 头文件，包含 MCU 芯片外围配置信息。定义两个常量："gTimeBaseInterrupteachus"是每次时基中断花费的微秒数。"gTimeBaseInterruptperms"是时基中断数，必须等于 1 ms。文件包含选择使用的 MCU 家族类型，定义了 LCD 驱动变量类型信息。

lcd.h 这个文件允许用户选择引脚连接，包含的信息为：定义引脚端口和数据方向，只要申明常量"lcdExists"，就能控制 LCD 模块。同时定义了功能驱动必要的标识，这部分不需要改动。驱动子程序的函数定义，这部分也不必改动。

lca.c 本文件包含 LCD 驱动必要的功能，描述如表 3.16 所列。

表 3.16　LCD 驱动函数功能

子程序名	类　型	参　数	函数功能
LCD_Init	void	void	初始化 LCD
LCD_Clear	void	void	清除 LCD
LCD_2L	void	void	设置光标在 LCD 第二行
LCD_Print	void	uint8 where，uinit8 length	打印特定字符串
LCD_TimeBase	void	void	控制作为内部控制配置的延时间
LCD_Status	uint8 status	void	标识 LCD 驱动线是否忙
LCD_Cursor	void	uint8 ddramAddress	设置光标在 LCD 特定的行显示

main. c 该文件包含工程主应用程序。本例能够在 LCD 上显示的信息如图 3.61 所示。

信息显示每行行号，显示当 LCD 驱动工作时使用的时钟周期。"×64"是一个时基，表示每次以 16 进制数时间中断溢出。"XX"表示主程序执行的时间周期，这个数的计算公式是：Cycles＝0x64×0xXX 本例配置的时钟源和时间模式没有必要修改。

Line One　Cycles
Line Two　x64*XX

图 3.61　LCD 默认显示信息

(2) 一步步设置 LCD 驱动

本段描述如何配置 LCD 驱动。如果想下载 LCD_driver 固件代码，请看参考手册指向 Lurnex 网页的链接这一部分。

① 设置 MCU

- 打开文件夹 LCD_driver 中的工程名 LCD_driver. mcp。
- 在文件夹中找到工程窗口，同时打开 mcu_driver_select. h(参看图 3.62)。

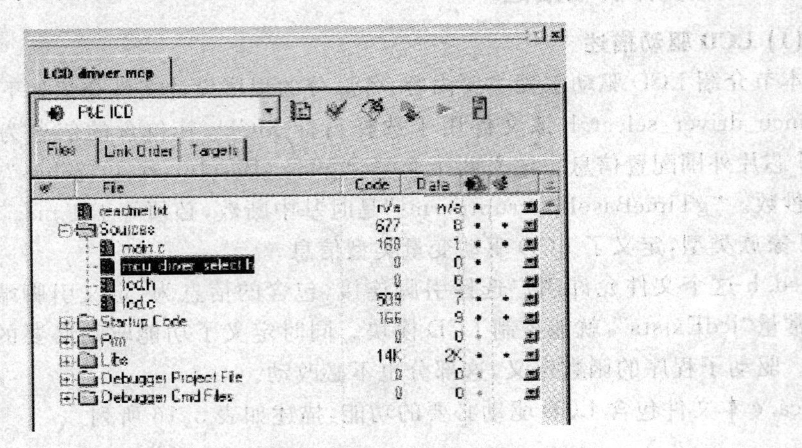

图 3.62　在 CodeWarrior 窗口中打开 mcu_driver_select. h 文件

- 在文件第 1 行，添加正确的包含芯片寄存器定义的头文件。

```
#ifndef MC68HC908AP64_h
   #define MC68HC90BAP64_h
   #include <MC68HC908AP64.h>      //包括外设变量定义
#endif
```

- 在同一个文件第 11 行中，选择家族，列出使用的芯片类型。

```
//定义 MCU 类型
#define MC908       //HC08 家族
//#define MCS08     //HCS08 家族
```

② 设置控制 LCD 的 MCU 引脚

每个 MCU 都有一个特定的引脚分配，本段选择控制 LCD 的引脚。

- 打开 lcd.h 文件，如图 3.62 所示。
- 在第 6 行，确保定义的"lcdExists"没被使用。这个定义可以开启 LCD 驱动，也可以关闭 LCD 驱动。

```
#define lcdExiccc 1        //如果不使用 LCD 将不定义该变量
```

- 在第 8 行，详细说明 LCD 驱动的配置。

```
#define lcd4bit 1                      //4 位接口模式
#define lcdE FTD_FTD6                  //使能 LCD
#define lcdEDD DDRE_DDRD6              //数据方向使能引脚
#define lcdRS FTD_FTD7                 //LCD 的 RS 引脚(数据/指令选择引脚)
#define lcdRSDD DDRD_DDRD7             //RS 引脚为数据方向控制引脚
#define lcdPort PTA                    //LCD 4 位端口连接引脚
#define lcdPortDD DDRA                 //LCD 4 位数据方向控制引脚
#lidef lcd4bit
#define lcdDAtaPins 0                  //只在 4 位模式下使用，表示 4 位数据引脚开始的位置
#endif
```

备注：MCU 控制 LCD 的数据引脚必须连续，配置 LCD 数据长度可以在 8 位或 4 位模式下。

③ 定义延时时基

如果需要使用不同的晶振频率 f_{osc}，下面步骤将说明如何重新计算时基。

- 打开 main.c 文件，参看图 3.62。
- 设置每次溢出时间 TOF(参看表 3.18)，要求微秒级别，同时小于 1000。数值必须放在 mcu_driver_select.h 文件中的"gTimeBaseInterrupteachus"变量中。
- T1MOD 寄存器(如表 3.17 所列)的数值计算在 main.c 中的第 126 行。

表 3.17 定义时间基准例子

既定的外部时钟源频率	$(f_{osc}) = 9.8304\ \text{MHz}$
TIM 时钟分频器	$(\text{TIM}_{\text{Preacaler}}) = 1$
定时器计算公式①	$(t_{\text{Count}}) = \dfrac{4 \times \text{TIM}_{\text{Prescaler}}}{f_{osc}} = 0.4069\ \mu s$
每次溢出中断需要的时间②	$(\text{TOF}) = 100\ \mu s$
T1MOD 公式：	$\dfrac{\text{TOF}_{\text{Delay}}}{t_{\text{Count}}} = \dfrac{100\ \mu s}{0.4069\ \mu s} = 245.76 = 246 = \text{F6}$ 16 进制转 10 进制

备注:① 本例时基适合于 HC08 家族,如果是 HCS08 家族,则时间计算方程需要乘 2,而不是乘 4。

② 在 mcu_driver_select. h 文件中定义的"gTimeBaseInterrupteachus"为微秒中断数。

4. 注意事项

- 本例的编译是在 CW08 V3.1 下进行的。CW08 支持 HC908 和 HCS08 的开发。
- 定时器接口模式(HC08)和定时器脉宽调制模式(HCS08)。如果定时器的中断逻辑已经被使用了,那么使用时必须考虑脉宽捕获比较,PWM 输出功能是受限制的或者不能被使用。本例的芯片是 MC68HC908AP64,不同的 MCU 其定时器配置需要做一些改动。

本例需参考的文献如下:

- 下载 LCD_driver 工程 AN2940SW. ZIP
- 从 www. lumex. com 下载 LCD 数据手册
- 从 www. metrowerks. com 中下载最新版本的 CodeWarrior

3.4.2　HC08 和 HCS08 使用内置 LCD 驱动的应用实例

1. S08LC 概述以及 HC08 带 LCD 驱动的比较

S08LC 单片机是 S08 家族第一款集成 LCD 控制的低功耗高性能处理器,它基于 Flash 闪存,带 EEPROM,其特殊的工艺使得在电池上做段码显示变得很容易。最大段可以达到 160,可以满足图形显示并提供足够的存储功能给实际的应用。LCD 控制器不需要添加额外的点阵或者"片上玻璃",就能够满足宽频谱应用显示。其功能如图 3.63 所示。

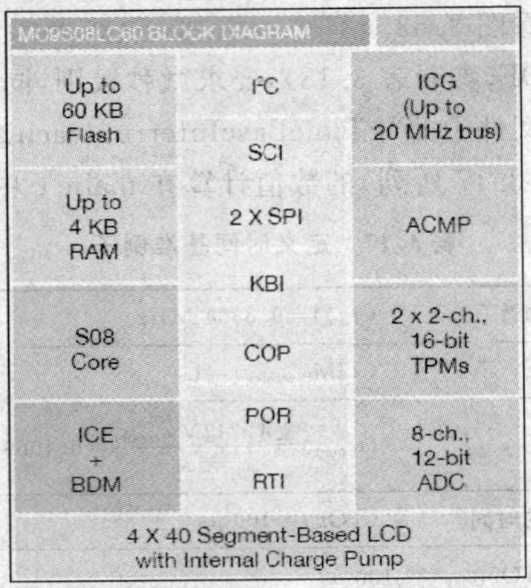

MC9S08LC60 BLOCK DIAGRAM

Up to 60 KB Flash | I²C | ICG (Up to 20 MHz bus) | SCI | Up to 4 KB RAM | 2 X SPI | ACMP | KBI | S08 Core | COP | 2 x 2-ch., 16-bit TPMs | POR | ICE + BDM | RTI | 8-ch., 12-bit ADC | 4 X 40 Segment-Based LCD with Internal Charge Pump

图 3.63　MC9S08LC60 功能图

HC08和HCS08系列带LCD驱动的比较如表3.18所列。

本文后续部分将详细描述MC9S08LC60操作LCD玻璃段码的硬件和软件设计。

表3.18 08系列带LCD家族比较

特　性	LC Family	LJLK Families	LVFamily
内核	HCS08	HC08	HC08
Flash大小/KB	60(dual Flash block)	24	8
RAM大小/B	4	768	512
LCD控制最大段数	40×4(160 segments)	32×4(128 segments)	24×4(96 segments)
模/数转换	8 ch-12 bits	6 ch-10 bits	6ch-10 bits
模拟比较	1	—	—
键盘中断模块	2 ch -8 bit	1 ch-18 bit	—
定时器	2 ch -16 bit	2 ch -16 bit	2 ch -16 bit
SCI模块	1	1	—
SPI模块	2	1	—
I^2C模块	1	1	—
操作电压范围/V	1.8～3.6	2.7～5.5	2.7～5.5
封装	80 LQFP 64 LQFP	80 LQFP/QFP 64 LQFP/QFP 52 LQFP	52 LQFP

2. S08LC LCD功能模块

(1) LCD模块电源配置

LCD电源提供各种各样的配置，LCD模块可以通过V_{DD}或者通过外部LCD电源连接到V_{LCD}引脚上。V_{LCD}的电压范围是1.4～1.8 V。LCD模块电源配置是通过VSUPPLY[1:0]中的位来控制的。电源部分功能块如图3.64所示。设计人员必须在图3.64中选择一个电源模式。设计基于硬件要求，另一个影响供电配置的是如何处理LCD玻璃板。典型的LCD玻璃板驱动电压范围是3～5 V。本章后续部分讲述了3 V和5 V LCD玻璃板下，供电电源的配置。

当在3 V LCD玻璃下，需要下述配置：

- 通过V_{LCD}给LCD模块供电，正常的V_{LCD}电压是1.5 V，LCD模块配置成两种模式。
- 通过V_{DD}给LCD模块供电，正常的V_{LCD}电压是3 V，LCD模块支持VSUPPLY[1:0]配置，可以切换到由V_{DD}产生V_{LL3}的供电电压。

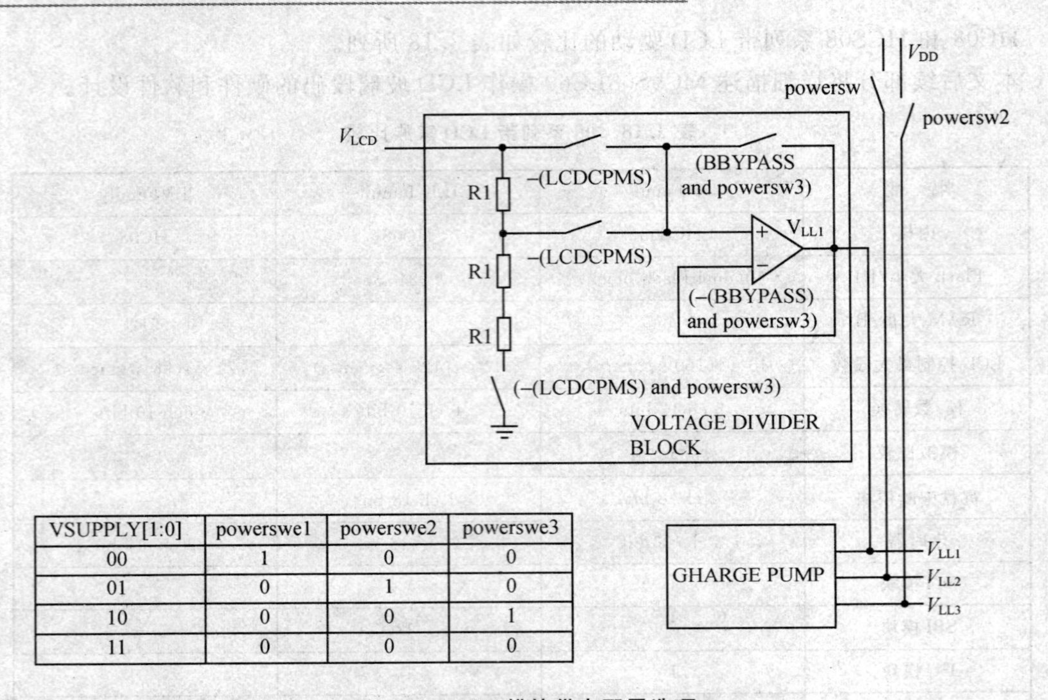

VSUPPLY[1:0]	powerswe1	powerswe2	powerswe3
00	1	0	0
01	0	1	0
10	0	0	1
11	0	0	0

图 3.64　LCD 模块供电配置选项

- 通过 V_{DD} 给 LCD 模块供电，V_{DD} 正常的电压是 2 V，LCD 模块支持从 VSUPPLY[1:0]配置，可以切换到由 V_{DD} 产生 V_{LL2} 的供电电压。

当在 5V LCD 玻璃下工作时，需要下述配置：

- 通过 V_{LCD} 给 LCD 供电，V_{LCD} 正常的电压是 1.67 V，LCD 模块配置成三态模式。
- 通过 V_{DD} 给 LCD 供电，V_{DD} 正常的电压是 3.3 V，LCD 模块支持从 VSUPPLY[1:0]配置切换到从 V_{DD} 产生 V_{LL2} 电压。

(2) LCD 模块时钟

图 3.65 说明了 MC9S08LC60 的时钟源，时钟源可以来自 MC9S08LC60 的内部时钟，也可以是外部时钟源。LCD 模块设计操作使用 32.768 kHz 时钟，因此时钟分频率必须达到 32.768 kHz。如图 3.65 所示，32.768 kHz 时钟源可以有下列操作设置：LCD 时钟基准，LCD 闪烁速率，LCD 充电速率。

MC9S08LC60 的低功耗配置使用外部时钟，它也适合于在 LCD 时钟基准下的时钟速率，LCD 帧速率和支持 LCD 玻璃应用的 LCD 充电速率。这样，降低的时钟速率就可以降低 LCD 模块的功耗。

(3) LCD 闪烁控制

MC9S08LC60 显著的特性是支持段闪烁。段闪烁的特性如下：闪烁控制可以通过程序编

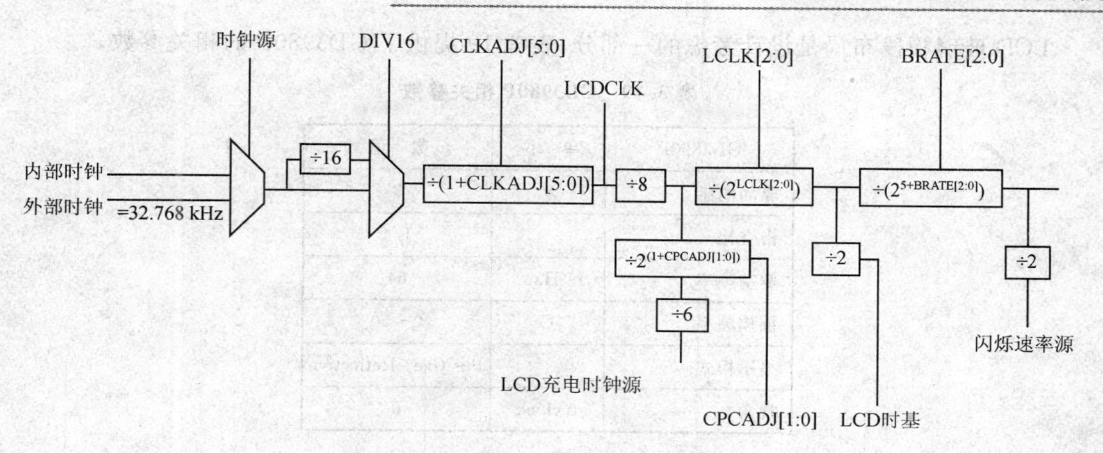

图 3.65 LCD 模块时钟

程实现整屏显示或者单个段显示；多个可编程选项可进行闪烁速率控制；闪烁功能可以在停止模式 3 下使用。

LCDCMD 寄存器中的 LCDDRMS 位和 LCDRAM 寄存器联合使用来提供单个段的闪烁控制。如果 LCDDRMS 位被清零，则 LCDRAM 寄存器控制 LCD 段显示状态的开/关。如果 LCDDRMS 位被置位，则 LCDRAM 寄存器控制相应的段闪烁开状态使能或者关状态使能。当 LCDDRAMS 位置位时，配置所有的 LCD 段闪烁而不考虑 LCDRAM 寄存器中的内容，LCDBCTL 控制寄存器中的 BLKMODE 位必须置位。

3. 带 LCD 驱动的 MCU 和 LCD 玻璃的接口

(1) LCD 玻璃详细描述

DEMO9S08LC60 上的 LCD 玻璃板是 75 mm×25 mm 的，如图 3.66 所示，它是 160 段 LCD TN 型的玻璃，兼容 9 个独立的字符段组和各种形式的字符、图标等。字符段组的标号为 1～9。LCD 玻璃板 S-Tek 是通过显示技术制造的，型号为 GD3980P。

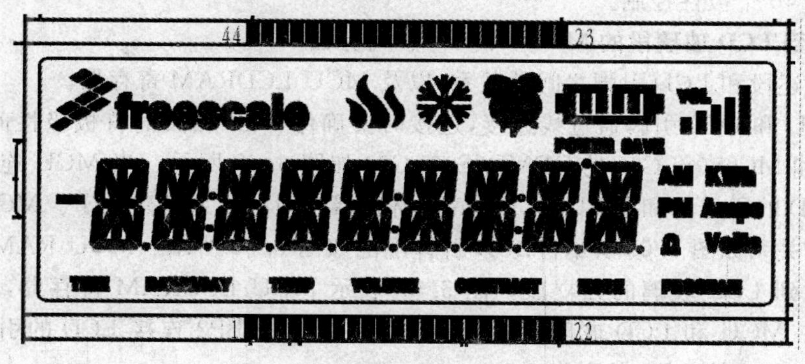

图 3.66 LCD 段显示

LCD玻璃板段布局是设计考虑的一部分，表3.19提供了GD3980P的相关参数。

表3.19 GD3980P相关参数

GD3890P	单 位	数 值
驱动电压	V	3
占空比		1/4
驱动频率	Hz	64
操作频率	C	0～50
显示模式		Positive，Reflective
视角	o'clock	6

图3.67表示所有的160段标号，这个信息是LCD厂家设置的，可以参看GD3980P S-Tek的显示规范。

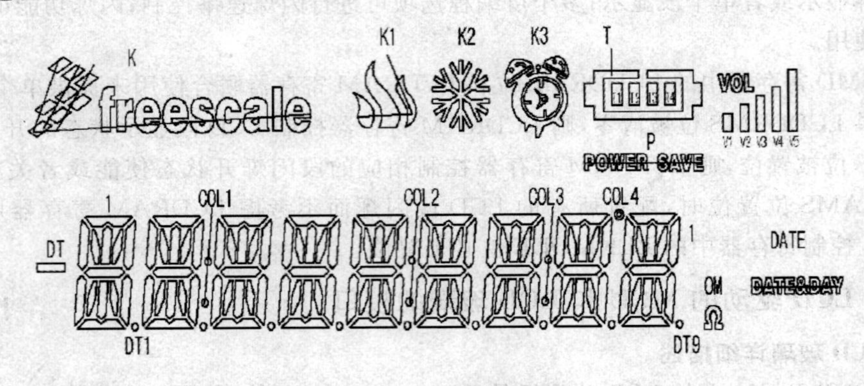

图3.67 段标号

表3.20列出了与LCD玻璃引脚相关的160段标号。LCD玻璃总共有44个引脚，包括4个背极控制和40个极性控制。

(2) 映射到LCD玻璃段的MCU LCDRAM寄存器

本部分讲述段和LCD引脚之间的关系，以及MCU LCDRAM寄存器。

首先MCU和LCD引脚通过线连接，连接时要确保LCD相关的背极极性间的匹配。连接GP3980P和MC9S08LC60的DEMO9S08LC60如图3.68所示。当MCU连接到LCD玻璃引脚后，LCD的段显示和MCU LCD RAM寄存器之间的关系就建立了。MCU和LCD引脚连接的映射关系如图3.68所示。LCD引脚规范如图3.68所示。MCU RAM寄存器中的每个位都映射到LCD玻璃的独立段。图3.69表示MCU LCDRAM寄存器，图3.68表示BPy和FPx在MCU和LCD玻璃板间的相关关系。例如BP2连接LCD的引脚4(标记为COM4口)，FP15连接LCD的引脚37。

表 3.20 LCD引脚规范

PIN	COM1	COM2	COM3	COM4	PIN	COM1	COM2	COM3	COM4
1	COM1	—	—	—	23	9K	9L	9D	COL4
2	—	COM2	—	—	24	9B	9C	DT9	V1
3	—	—	COM3	—	25	V2	AM	PM	OM
4	—	—	—	COM4	26	KWh	Amps	Volts	Program
5	1H	1F	1E	1N	27	VOL	V3	V4	V5
6	1A	1J	1G	1M	28	T4	T3	T2	T1
7	1K	1L	1D	TIME	29	6B	6C	DT6	T
8	1B	1C	DT1	DT	30	6K	6L	6D	K3
9	2H	2F	2E	2N	31	6A	6J	6G	6M
10	2A	2J	2G	2M	32	6H	6F	6E	6N
11	2K	2L	2D	DATE	33	5B	5C	COL2	DT5
12	2B	2C	COL1	DT2	34	5K	5L	5D	VOLUME
13	7H	7F	7E	7N	35	5L	5J	5G	5M
14	7A	7J	7G	7M	36	5H	5F	5E	5N
15	7K	7L	7D	P	37	4B	4C	DT4	K2
16	7B	7C	COL3	DT7	38	4K	4L	4D	TEMP
17	8H	8F	8E	8N	39	4A	4J	4G	4M
18	8A	8J	8G	8M	40	4H	4F	4E	4N
19	8K	8L	8D	CONTRAST	41	3B	3C	DT3	K1
20	8B	8C	DT8	MODE	42	3K	3L	3D	K
21	9H	9F	9E	9N	43	3A	3J	3G	3M
22	9A	9J	9G	9M	44	3H	3F	3E	3N

使用图 3.68 的信息如 COM4 和 LCD 引脚 37，一个引脚 FP15BP3 连接到 K2，K2 连接到段图表上，使用这种方法，所有的 LCD 显示与 MCU LCDRAM 寄存器间的关系可以建立。电源独立控制段的开和关。例如当 FP15BP3 位设置为 1 时，相应的段将在 LCD 玻璃上显示。当 FP15BP3 设置为 0，段将不显示。

(3) MCU LCDRAM 映射到阿拉伯数字段上

使用上述介绍的流程，显示和关闭所有独立的段是很直接的。作为阿拉伯字符显示，基本上是一样的，它根据不同的字符段进行成组显示和修改。

左侧信号	引脚	引脚	右侧信号
BP0	1	44	FP8
BP1	2	43	FP9
BP2	3	42	FP10
BP3	4	41	FP11
BP0	5	40	FP12
FP1	6	39	FP13
FP2	7	38	FP14
FP3	8	37	FP15
FP4	9	36	FP16
FP5	10	35	FP17
FP6	11	33	FP18
FP7	12	33	FP19
FP24	13	32	FP20
FP25	14	31	FP21
FP26	15	30	FP22
FP27	16	29	FP23
FP28	17	28	FP39
FP29	18	27	FP38
FP30	19	26	FP37
FP31	20	25	FP36
FP32	21	24	FP35
FP33	22	23	FP34

图 3.68　MCU 和 LCD 引脚的连接

地址	寄存器								
0x1848	LCDRAM0	FP1BP3	FP1BP2	FP1BP1	FP1BP0	FP1BP3	FP0BP2	FP0BP1	FP0BP0
0x1849	LCDRAM1	FP3BP3	FP3BP2	FP3BP1	FP3BP0	FP2BP3	FP2BP2	FP2BP1	FP2BP0
0x184A	LCDRAM2	FP5BP3	FP5BP2	FP5BP1	FP5BP0	FP4BP3	FP4BP2	FP4BP1	FP4BP0
0x184B	LCDRAM3	FP7BP3	FP7BP2	FP7BP1	FP7BP0	FP6BP3	FP6BP2	FP6BP1	FP6BP0
0x184C	LCDRAM4	FP9BP3	FP9BP2	FP9BP1	FP9BP0	FP8BP3	FP8BP2	FP8BP1	FP8BP0
0x184D	LCDRAM5	FP11BP3	FP11BP2	FP11BP1	FP11BP0	FP10BP3	FP10BP2	FP10BP1	FP10BP0
0x184E	LCDRAM6	FP11BP3	FP11BP2	FP11BP1	FP13BP0	FP12BP3	FP12BP2	FP12BP1	FP12BP0
0x184F	LCDRAM7	FP15BP3	FP15BP2	FP15BP1	FP15BP0	FP14BP3	FP14BP2	FP14BP1	FP14BP0
0x1850	LCDRAM8	FP17BP3	FP17BP2	FP17BP1	FP17BP0	FP16BP3	FP16BP2	FP16BP1	FP16BP0
0x1851	LCDRAM9	FP19BP3	FP19BP2	FP19BP1	FP19BP0	FP18BP3	FP18BP2	FP18BP1	FP18BP0
0x1852	LCDRAM10	FP21BP3	FP21BP2	FP21BP1	FP21BP0	FP20BP3	FP20BP2	FP20BP1	FP20BP0
0x1853	LCDRAM11	FP23BP3	FP23BP2	FP23BP1	FP23BP0	FP22BP3	FP22BP2	FP22BP1	FP22BP0
0x1854	LCDRAM12	FP25BP3	FP25BP2	FP25BP1	FP25BP0	FP24BP3	FP24BP2	FP24BP1	FP24BP0
0x1855	LCDRAM13	FP27BP3	FP27BP2	FP27BP1	FP27BP0	FP26BP3	FP26BP2	FP26BP1	FP26BP0
0x1856	LCDRAM14	FP29BP3	FP29BP2	FP29BP1	FP29BP0	FP28BP3	FP28BP2	FP28BP1	FP28BP0
0x1857	LCDRAM15	FP31BP3	FP31BP2	FP31BP1	FP31BP0	FP30BP3	FP30BP2	FP30BP1	FP30BP0
0x1858	LCDRAM16	FP33BP3	FP33BP2	FP33BP1	FP33BP0	FP32BP3	FP32BP2	FP32BP1	FP32BP0
0x1859	LCDRAM17	FP35BP3	FP35BP2	FP35BP1	FP35BP0	FP34BP3	FP34BP2	FP34BP1	FP34BP0
0x185A	LCDRAM18	FP37BP3	FP37BP2	FP37BP1	FP37BP0	FP36BP3	FP36BP2	FP36BP1	FP36BP0
0x185B	LCDRAM19	FP39BP3	FP39BP2	FP39BP1	FP39BP0	FP38BP3	FP38BP2	FP38BP1	FP38BP0
0x185C	LCDRAM20	0	0	0	0	FP40BP3	FP40BP2	FP40BP1	FP40BP0

图 3.69　MCU LCDRAM

① GP3890P 阿拉伯数字字符段组

GP3890P 阿拉伯数字字符段组是一个标准的 14 段显示组。这个段组显示如图 3.70 所示，使用只有 13 段。一般的组和一个标准的 14 段组的不同之处在于单个段 G 的显示不同，正常的组包括 2 个为 0 的段。GP3890P 有 9 个 13 段显示。参考图 3.70，13 个段的显示组放在第一的位置。13 段的显示布局中，每个阿拉伯数字字符要求 13 位 MCU LCDRAM。

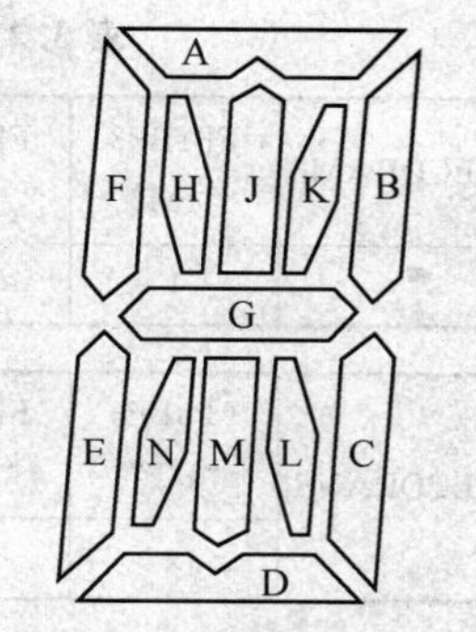

图 3.70　GP3890P 客户化13 段显示布局

② 阿拉伯数字段组的 MCU LCDRAM 映射

本段给出了阿拉伯数字段组的映射，显示字符 M，图 3.71 表示 13 段显示的布局，除了 LCD 引脚规范列表外，表 3.20 表示 MCU LCDRAM 寄存器的相应关系，它使用 MCU LCDRAM 寄存器 LCDRAM1 和 LCDRAM0，以及 13 段阿拉伯数字段组。

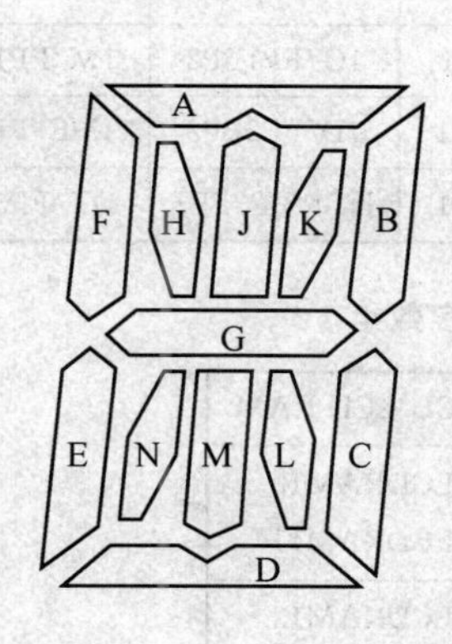

PIN	5	6	7	8
COM1	1H	1A	1K	1B
COM3	1F	1J	1L	1C
COM3	1E	1G	1D	DT1
COM4	1N	1M	TIME	DT

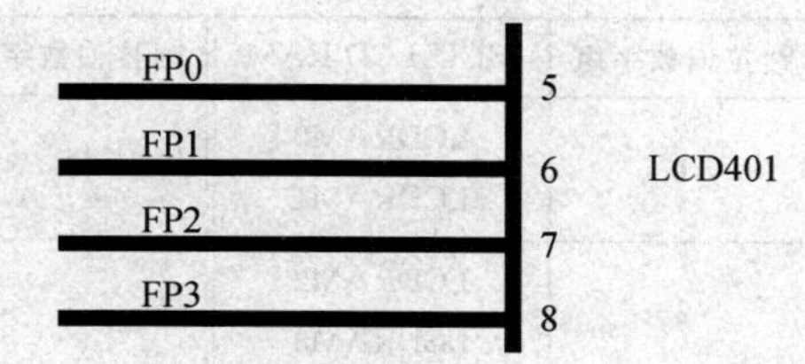

图 3.71　映射 MCU LCDRAM 到 LCD 玻璃阿拉伯数字段组

表 3.21 中 MCU LCDRAM 寄存器的位名字和相应的标号如图 3.68 所示。寄存器位数值在表 3.21 中提供 LCD 上显示的阿拉伯数字字符 M。表 3.22 提供了更详细的 MCU 引脚到 LCD 段的配置信息。

映射方法可以用于保持阿拉伯字符位置，一个重要的信息是 MCU LCDRAM 中其他字符的定位映射排布，可以参看表 3.21 使用两个寄存器。表 3.22 在所有段中使用仲裁。这在阿拉伯数字组上是不使用的。表 3.23 列出了 MCU LCDRAM 寄存器的阿拉伯数字组 1～9(LCDRAM[0:17])。LCDRAM[18:19]寄存器在阿拉伯数组中不使用，LCDRAM20 不使用。由于 FP40 在 1/4 占空比模式中不使用，所以在 1/4 占空比模式中，多个 BP3/FP40 引脚配置为 BP3。

表 3.21 MCU LCDRAM 数值显示 GD38909P 阿拉伯字符 M

LCDRAM0	FP1BP3 “1M”	FP1BP2 “1G”	FP1BP1 “1J”	FP1BP0 “1A”	FP0BP3 “1N”	FP0BP2 “1E”	FP0BP1 “1F”	FP0BP0 “1H”
	1	0	1	1	0	1	1	0

LCDRAM1	FP3BP3 “DT”	FP3BP2 “DT1”	FP3BP1 “1C”	FP3BP0 “1B”	FP2BP3 “TIME”	FP2BP2 “1D”	FP2BP1 “1L”	FP2BP0 “1K”
	x	x	1	1	x	0	0	0

表 3.22 详细的阿拉伯数字段映射

MCU 引脚功能	MCU 80 脚封装	MCU 64 脚封装	LCD 引脚	LCD 段 /MCU LCDRAM 位			
				COM1/BP0	COM2/BP1	COM3/BP2	COM4/BP3
FP0	7	6	5	1H/FP0BP0	1F/FP0BP1	E1/FP0BP2	1N/FP0BP3
FP1	6	5	6	1A/FP1BP0	1J/FP1BP1	1G/FP1BP2	1M/FP1BP3
FP2	5	4	7	1K/FP2BP0	1L/FP2BP1	1D/FP2BP2	TIME/FP2BP3
FP3	4	3	8	1B/FP3BP0	1C/FP3BP1	DT1/FP3BP2	DT/FP3BP3

表 3.23 MCU LCD RAM 寄存器阿拉伯数字数组

阿拉伯数字组	MCU LCD RAM	阿拉伯数字组	MCU LCD RAM
1	LCDRAM0 LCDRAM1	6	LCDRAM10 LCDRAM11
2	LCDRAM2 LCDRAM3	7	LCDRAM12 LCDRAM13
3	LCDRAM4 LCDRAM5	8	LCDRAM14 LCDRAM15
4	LCDRAM6 LCDRAM7	9	LCDRAM16 LCDRAM17
5	LCDRAM8 LCDRAM9		

(4) S08LC LCD 驱动应用例程

本部分提供了 DEMO9S08LC60 的基本软件描述，DEMO9S08LC60 的应用如图 3.72 所示。

图 3.72 DEMO9S08LC60 应用例程图

演示板从 SCI0 口捕获阿拉伯数字,然后在 LCD 上显示。阿拉伯数字数据通过 MC9S08LC60 的 SCI0 口使用 PC 的 COM 终端。演示板的其他特征如下:

- 演示 MC9S08LC60 在 32.768 kHz 外部时钟源下的使用,演示 ICG 的配置。
- 演示通过 SCI0 口接收数据。演示 SCI0 波特率的配置。
- 演示 LCD 模块的使用。演示 LCD 模块电源配置驱动 GP3890P(3 V 的 LCD 玻璃)。
- 演示 LCD 模块时钟配置,段闪烁,字符驱动等。
- 演示通过 SCI0 接收数据。
- 演示使用 GPIO,当按键按下,LED 闪烁。

所有的基本演示软件可以在 Freescale 网站下载。文件名是 AN3280SW1.ZIP。

① DEMO9S08LC60 概述和配置

DEMO9S08LC60(如图 3.72 所示)是一个全功能特性客户评估板,使用内建的 USB BDM 编程器。除了提供一个可编程接口,USB 电缆也可以为设备供电。DEMO9S08LC60 有下列用户接口:LED 灯、按键、电位器、串行口、温度传感器和 3 轴加速度传感器。

② 例子应用软件概述

本段提供了应用程序配置相关信息,包括 ICG、SCI 和 LCD 等。这些 LCD 驱动是一套应用方案,可以用在热能表或者玩具上。

- ICG 配置

ICG 有 4 个可能配置,包括 3 种模式:FLL 外部旁路模式(FBE)、FLL 内部时钟模式

(FEI)、FLL 外部时钟模式(FEE)。FBE 和 FEE 使用板上 32.768 kHz 晶体,在低功耗模式下,推荐使用 FBE 模式,例如 LCD 在停止模式 3 下,推荐使用 FBE 模式,如果考虑低功耗和系统低成本,使用 FEI 模式。cpu.h 定义了相关变量选择需要的 ICG 时钟模式。

软件代码预先配置使用 ICG FBE 模式,演示工程代码是可以修改的,可以将模式配置在 FEI 和 FEE ICG 模式下。当使用 FEI 或者 FEE ICG 模式时,演示程序使用更快的 SCI 波特率设置(9600 bps)。下列是 ICG 选项内建在工程中的代码。

```
//==================================================
//选择时钟源
//==================================================
//FBE = PLL 旁路外部时钟
#define FBE_32KHZ           1      //32 kHz 晶体和 16 kHz 总线
//FEE = FLL 使能使用外部时钟
#define FEE_32K8BUS         0      //32 kHz 晶体和 8.39 MHz 总线
#define FEE_32K16BUS        0      //32 kHz 晶体和 16.775 MHz 总线
//FEI = FLL 使能内部时钟
#define FEI_8MBUS           0      //17.77/2 MHz 总线;未调整
```


● SCI 配置

SCI 配置要求:SCI 接收和发送,SCI 波特率配置,其他 SCI 参数配置。下列代码提供了 SCI 配置的典型程序。

```
SCIC1 = 0;
//SCI1C3: R8 = 0,T8 = 0,TXDIR = 0, ?? = 0, ORIE = 0, NEIE = 0, FEIE = 0, PEIE = 0
SCIC3 = 0;
SCIBD = SCIDIVIDER;                    //在 SCI.h 文件中设置
SCIC2 - TE = 1;                        //使能发送
SCIC2_RE = 1;                          //使能接收
```

● LCD 配置

LCD 驱动开发可以使用各种各样的方法,LCD 驱动提供了初始化 LCD 模块和写显示的程序。基于此,LCD 驱动需要提供下列功能。

LCD 初始化(初始化 LCD 时钟,初始化 LCD 频率和闪烁速率,初始化 LCD 电源,配置 LCD 缓冲区,配置 LCD 缓冲区驱动能力,使能 LCD 背光显示)。

LCD 方法(写显示,清除显示,配置、启动和关闭闪烁)。

LCD 事件(LCD 中断使能和中断处理)。

LCD 驱动写显示是很简单的一段程序,LCD 段在 LCDRAM 中初始化后就可以了。本例中通过软件进行了相关设置。

a. LCD 初始化驱动 LCD_init()

本例中，初始化代码通过 LCD_init()完成。LCD_init()代码如下，LCD_init()调用函数来配置电源、时钟和其他 LCD 参数。许多这些参数是由编译时间决定的。每个功能可以在 lcddrv. c 中通过调用 LCD_init()实现。

```
void LCD_init() {

    //配置时钟源
    CONFIG_CLKSOURCE();

    //电源配置
    SET_CONFIG_VSUPPLY();

    //在停止/等待模式下配置
    SET_LCDCR1_REG();

    //配置帧频率
    SET_LCD_FRAME_FREQU();

    //配置闪烁速率
    CONFIG_BLINKING(2/ * Hz * /, OFF);

    //使能 FP
ENABLE_FP();

    //使能 LCD
ENABLE_LCD(ON);

    //将 RAM 映射到阵列
    MAP_LCDDRIVER_TO_LCDGLASS();
}
```

本例中使用 lcddrv. h 来设置 LCD 模块电源、时钟以及其他直接定义的初始化选项。这些直接定义的变量和 cpu. h 是相关的，这是由于 LCD 时钟配置参数是根据 ICG 配置决定的。在 lcddrv. h 中提供了 LCD 电源配置选项和 LCD 占空比周期。

```
//=====================================================
//LCD 电源配置
//=====================================================
#define LCDPWR_VDD          1
#define LCDPWR_VLCD         0
#define LCDPWR_VLLLN        0
//=====================================================
//定义 LCD 占空比
//=====================================================
#define DUTYBY2             0
#define DUTY1BY3            0
```

```
#define DUTY1BY4        1
```

在 lcddrv.h 和 cpu.h 中使用这些直接定义的变量，可以快速配置 LCD 模块。

b. LCD 方法

这个功能在本段列表程序中执行管理显示和清除 LCD 段显示。功能管理是非字符（图标、标号等）或者是字符段显示（13 段显示组）。

c. 非阿拉伯数字

本程序功能是处理非阿拉伯数字，在执行中，非阿拉伯数字成组分类到功能列表中。本步分组并不是标准应用的一部分。

关于非阿拉伯数字，这些功能也允许设置独立段的闪烁模式。LCDRAM[20:0]控制显示开和关，闪烁功能的使能和关断，LCDRAM 变量提供了这些功能。当使用 LCDRAM 调用这些功能时，将 SEGONOFF 置位，LCDRAM[20:0]控制显示开和关功能，当调用这些功能时，置位 SEGBLINKEN，LCDRAM[20:0]控制闪烁的使能和关断功能。

```
void SET_LOGO(char lcdramm, char k);
void SET_VOL(char lcdramm, char v, byte numbars);
void SET_BATT(char lcdramm, char t, byte numbars);
void SET_POWERSAVE(char lcdramm, char p);
void SET_TIMESEGS(byte lcdramm, byte am, byte pm, byte k3);
void SET_TEMPSEGS(byte lcdramm, byte k1, byte k2, char col4);
void SET_DMMLABLES(char lcdramm, char kwatt, char volt, char amp, char om);
void SET_COLONS(char lcdramm, char col1, char col2, char col3, char dt);
void SET_DECIMALS(char lcdramm, char dt1, char dt2, char dt3, char dt4, char dt5, char dt6, char
dt7, char dt8, char dt9);
void SET_MENU(char lcdramm, char lab1, char lab2, char lab3, char lab4, char lab5, char lab6, char
lab7);
```

在 LCDRAM 中，声明了 LCDRAM 中独立的位后，就声明了位的功能。在大多数情况下，变量名和 LCD 玻璃板上的段是匹配的。例如，k 在 SET_LOGO 指向 Freescale log 段。为了控制开关状态，使用开 ON 和关 OFF 变量。本例使用这些函数的典型用法如下：

```
//配置显示标号 AM,PM 上下午和时钟图标
SET_TIMBSEGS(SEGONFF, OFF, ON, ON);          //当 PM 和时钟图标打开(ON)时,AM 图标是 OFF
//配置 AM,PM 和时钟图标使能闪烁
SET_TIMBSEGS(SEGBLINXEN, OFF, ON, ON);       //PM 图标和时钟图标闪烁
```

d. 阿拉伯数字

本例提供了使用 output_strg_lcd(Tu08 * string, Tu08 length)函数在 LCD 上显示阿拉伯数字的例程。完整的 output_strg_lcd()源代码在 lcddrv.c 中。

output_strg_lcd()的功能是在LCD上显示字符串。为了显示字符串，软件必须决定13段中的正确段。output_strg_lcd()源代码表示了查表操作和LCDRAM寄存器正确的操作。当新的数值写入到LCDRAM寄存器后，它必须和以前数值绑定。由于在LCDRAM寄存器中有其他的段，不是13段显示的一部分，所以其他的数值保留(参看图3.71)。

```
c = ((otring[i] - 0x20) * 2;                    //转换ASCII码到索引表(以字节形式)
if (c<128) {
        * LCD_pos[LCD_position * 2 - 2] = * LCD_pos[LCD_position * 2 - 2] | |(tU08)ascii[c];
        * LCD_pos[LCD_position * 2 - 1] = * LCD_pos[LCD_position * 2 - 1] | |(tU08)ascii[c + 1];
```

ascill[]阵列表显示如下，阵列表示如何通过给定的阿拉伯数字写MCU LCDRAM寄存器。AN3280SW1.ZIP中的Excel表提供ascii[]阵列(AN3280SW1.ZIP可以从Freescale网站下载)。

```
const tU08 ascii[] = {
/*  */  0x00, 0x00,
/* ! */ 0x00, 0x00,
/* " */  0x00, 0x00,
/* # */ 0x00, 0x00,
/* $ */ 0x00, 0x00,
/* % */ 0x00, 0x00,
/* & */  0x00, 0x00,
/* ´ */  0x0, 0x00,
/* ( */  0x00, 0x00,
/* ) */  0x00, 0x00,
/* * */ 0xe9, 0x3,
/* + */ 0xe0, 0x0,
/* , */  0x00, 0x00,
/* - */ 0x40, 0x0,
/* . */  0x00, 0x00,
/*  */  0x00, 0x00,
/* 0 */  0x16, 0x34,
/* 1 */  0xA0, 0x0,
/* 2 */  0x54, 0x14,
/* 3 */  0x50, 0x34,
/* 4 */  0x42, 0x30,
/* 5 */  0x52, 0x24,
/* 6 */  0x56, 0x24,
/* 7 */  0x18, 0x01,
/* 8 */  0x56, 0x34,
```

```
/*9*/  0x52, 0x34,
/*:*/  0x10, 0x80,
/*;*/  0x00, 0x00,
/*<*/  0x00, 0x00,
/*=*/  0x00, 0x00,
/*>*/  0x00, 0x00,
/*?*/  0x00, 0x00,
/*@*/  0x00, 0x00,
/*A*/  0x56, 0x30,
/*B*/  0x56, 0x34,
/*C*/  0x16, 0x04,
/*D*/  0x16, 0x34,
/*E*/  0x56, 0x4,
/*F*/  0x56, 0x0,
/*G*/  0x16, 0x24,
/*H*/  0x46, 0x30,
/*I*/  0xa0, 0x0,
/*J*/  0x0, 0x34,
/*K*/  0xA0, 0x3,
/*L*/  0x6, 0x4,
/*M*/  0x7, 0x31,
/*N*/  0x7, 0x32,
/*O*/  0x16, 0x34,
/*P*/  0x56, 0x10,
/*Q*/  0x16, 0x36,
/*R*/  0x56, 0x12,
/*S*/  0x52, 0x24,
/*T*/  0xb0, 0x0,
/*U*/  0x6, 0x34,
/*V*/  0xe, 0x1,
/*W*/  0xa6, 0x34,
/*X*/  0x9, 0x3,
/*Y*/  0x81, 0x1,
/*Z*/  x18, 0x5,
/*[*/  0x16, 0x4,
/*\*/  0x1, 0x2,
/*]*/  0x10, 0x34,
/*^*/  0x3, 0x00,
/*_*/  0x00, 0x4,
};
```

e. 通过LCD滚动显示字符串

本例提供了 Scroll_String(Tu08 * string, byte local_length)函数来通过LCD滚动显示阿拉伯数字字符串。完整的Scroll_String()源代码可以在lcddrv.c中执行。Scroll_String()函数用于接收字符串的长度为n,然后该函数操作相应的字符串,之后调用输出字符串函数 output_strg_lcd()在LCD上显示。表3.24表示通过 Scroll_String()函数如何操作字符串的例子(在LCD上显示5个字符)。本例中,字符串"HELLO"是通过Scroll_String()显示的。在线是过程中调用CLEAR_ALL_ALPNUM()函数,之后通过延时程序,最后调用 output_strg_lcd()函数执行相关的LCD字符串显示。

表3.24 字符串通过 Scroll_String 函数操作

字符串声明操作序列
H
HE
HEL
HELL
HELLO
ELLO
LLO
LO
O

f. LCD事件/中断

演示程序,LCD中断在lcddrv.h中初始化,中断处理可以在vector.c中执行。LCD中断处理GPIO口取反(PTC2),配置为输出,连接到DEMO9S08LC60的功放上。

● 主函数 main()

main()程序功能比较简单,提供下列功能:初始化端口,ICG,SCI,LCD。初始化中断,显示默认信息,提供程序主循环。Main中函数如下:

```
//程序主循环
while (1) {
    //效验收到的数据
    result = AS1_RecvChar (&c);
    if (result = = ERR_OK) {
        sci_input [inputcounter] = c;          //toupper(c); 大写 C
        inputcounter = inputcounter + 1;
        if (c = =′r′) {
            sci_input [inputcounter - 1] = ′\0′;
        string = sci_input;
        Scroll_String(string, strlen(string));
            inputcounter = 0;
        cmdstring [0] = ′ ′;
        for (i = 0; i<= 30; i+ + ) sci_input [i] = 0;
            //随时改变 BAT 和 VOL
            SET_VOL(SEGONOFF, ON, S - 1);
```

```
            SET_BATT(SEGONOFF, ON, 1);
          if (1 = = 4) 1 = 0;
          else 1 + + ;;

          //显示默认信息
          DefaultDisplayMessage();
        }
    }
}
```

程序循环轮循 SCI0 数据寄存器，当校验数据有效时，存储 SCI0 串行接口数据到数组 sci_input[inputcounter]中，Inputcounter 变量存储从 SCI0 寄存器中接收到的 sci_input 字符的个数。当 SCI0 数据接收到"\R"后，Scroll_String()函数调用 sci_input。当数据滚屏显示在 LCD 上后，sci_input 阵列清除显示数据，同时调用 LCD 默认显示信息。之后，主程序循环继续轮循 SCI0 数据寄存器，处理下一次用户输入数据。

③ 应用操作和快速启动例子

演示板使用 FBE ICG 配置，因此使用 DEMO9S08LC60 的 32.768 kHz 晶振源。在 www.freescale.com 网站中下载的 AN3280SW1.ZIP 代码中预先配置了驱动 LCD 板在 3 V 下工作，液晶显示模式 1/4 占空比，数据帧的刷新周期为 64 Hz。下列指令提供了全套的演示操作配置。

- 解压 DEMO9S08LC60。
- 连接串行口到 PC 端和 DEMO9S08LC60。
- 连接 USB 线缆到 PC 端和 DEMO9S08LC60。
- 解压 AN3280SW1.ZIP 文件。
- 开启 CodeWarrior，然后打开工程演示文件 AN3280SW1.ZIP(工程文件名是 AN3280_CWPRJ.mcp，确保 CodeWarrior 版本支持 MC9S08LC60。CodeWarrior 5.1 可以从 Freescale 网站下载)。
- AN3280_CWPRJ.mcp 打开后，选择 SofTech 作为编程目标，然后开始程序下载。这将开启 CodeWarrior 调试 Hiwave。CodeWarrior IDE 图标执行 (运行图标)调试命令。
- 此时 Hiware debugger 软件调试器将擦除芯片内部代码，同时对 DEMO9S08LC60 进行代码编程。在编程过程中将会出现一些调试信息。
- 反复编程完成后，单击 Hiwave debugger 运行按钮开始演示程序。Hiware 图标执行命令并运行应用程序。
- LCD 显示"HELLO WORLD"信息。
- 显示完"HELLO WORLD"信息后，默认的 LCD 显示的文本信息为"9S08LC60"。

- 在PC上启动终端程序，配置波特率为110 bps。
- 在终端程序中输入字符，然后按确认按键。

a. 程序将不会改变显示，直到有确认按键按下。

b. 可以按确认按键不需要输入阿拉伯数字。

c. 每次确认按键按下时，LCD电池和音量控制改变。

- 在确认按键按下后，新的数据将通过LCD滚动显示。当信息滚动显示时候，程序将不接收另外从终端接收到的信息。
- 当显示完成时候，默认的LCD文本信息关闭。

第4章 汇编语言应用实例

4.1 汇编指令集

单片机开发离不开汇编语言,汇编语言实际上是机器语言,也就是机器指令与代码。只有熟练掌握这些指令,才能有效地用汇编语言写程序。虽然应用程序可以主要用C语言开发,但C语言本身是与硬件无关的语言,它不能直接与硬件打交道,特别是不能直接访问CPU寄存器,也不能执行开中断、关中断、从中断返回等指令。在嵌入式应用中,一些与时序相关的硬件操作必须用汇编语言编写,这时对汇编语言的了解要细到每条指令的执行时间,进而算出某段程序的执行时间,这都是C语言无法做到的。

CPU12的指令很多,以下按照不同的分类方法,从不同角度来了解这些指令。首先使读者能看懂这些指令,并将其条理化,以借助助记符记住一批指令。然后,能看懂以后章节中用汇编语言写的一些程序,逐渐开始自己写一些汇编程序,最终能熟练地掌握汇编语言。

1. 指令按功能分类

汇编语言中,指令是用助记符表示的,要达到助记的目的,就要养成直接以英语读助记符、直接记英语含义的习惯。例如:

```
CLR      读作  CLEAR
BRCLR    读作  Branch if CLEAR
LDAA     读作  LOAD Accumulator A
BEQ      读作  Branch if Equal zero
IBEQ     读作  Increment and Branch if Equal zero
LBEQ     读作  Long Branch if Equal zero
TBEQ     读作  Test and Branch if Equal zero
```

以下按指令功能分类列出这些指令，读者应尽量借助助记符读出相应功能。

按指令功能可将指令分为几大类：数据传送指令，有关变址寄存器和堆栈指针的指令，绝对跳转与相对转移类程序控制指令，循环与控制指令，位操作指令，条件寄存器相关指令，模糊逻辑指令。

(1) 数据传送指令

数据传送指令包括把8/16位数值(立即数)写入任何CPU寄存器，读、写任何寄存器、存储器，在任何寄存器、存储器之间传送数据、互换一些寄存器的值等；还包括不经过CPU寄存器的从存储区到存储器的数据传送。

- Load指令，读到寄存器中的指令，包括如下指令：

```
LDDA   load A                              (M) =>A
LDDB   load B                              (M) =>B
LDD    load D                              (M:M+1) =>(A:B)
LDS    load SP                             (M:M+1) =>SP:SPL
LDX    load index register X               (M:M+1) =>XH:XL
LDY    load index register Y               (M:M+1) =>YH:YL
LEAS   load Effective Address into SP      Effective address =>SP
LEAX   load Effective Address into X       Effective address =>X
LEAY   load Effective Address into Y       Effective address =>Y
```

- Store指令，写到寄存器中去的指令，包括如下指令：

```
STAA   Store A                             (A) =>M
STAB   Store B                             (B) =>M
STD    Store D                             (A) =>M ,(B) =>M+1
STS    Store SP                            (SPH:SPL) =>M:M+1
STX    Store X                             (XH:XL) => M:M+1
STY    Store Y                             (YH:YL) => M:M+1
```

- Move指令，不经过寄存器的直接存储器操作指令：

```
MOVB move Byte (8-bit)                     (M1) =>M2
MOVB move Word (16-bit)                    (M:M+1) => M:M+12
```

- Transfer指令，寄存器到寄存器的数据传输指令：

```
TAB    Transfer A to B                     (A) =>B
TAP    Transfer A to CCR                   (A) =>CCR
TBA    Transfer B to A                     (B) =>A
TFR    Transfer Register to Register       (A,B,CCR,D,X,Y,SP) => A,B,CCR,D,X,Y,SP
TPA    Transfer CCR to A                   (CCR) => A
TSX    Transfer SP to X                    (SP) =>X
```

TSY	Transfer SP to Y	(SP) = >Y
TXS	Transfer X to SP	(X) = >SP
TYS	Transfer Y to SP	(Y) = >SP

● Exchange 指令，寄存器间数据交换指令：

EXG	Exchange Register to Register	(A,B,CCR,D,X,Y, or SP)< = > A,B,CCR,D,X,Y,SP
XDGX	Exchange D with X	(D)< = >(X)
XGDY	Exchange D with Y	(D)< = >(Y)

注意：CPU12 有两个内部的临时寄存器 TMP2 和 TMP3，这是两个 16 位的寄存器。EXG 指令可以读、写这两个寄存器，在 BDM 方式下的 ROM 程序中用到。当 CPU 执行一些复杂的指令时，隐含地用到了这两个寄存器。

用到 TMP2 寄存器的指令如下：BGND、EMACS、ETBL、MEM、REVW、STOP、TBL、WAT。用到 TMP3 寄存器的指令如下：EMACS、ETBL、MEM、PULD、PULX、PULY、RTC、RTI、RTS、TBL、WAV。

● 堆栈操作指令如下：

PSHA	PuSH A	(SP) - 1 = >SP;(A) = >M(SP)
PSHB	PuSH B	(SP) - 1 = >SP;(B) = >M(SP)
PSHC	PuSH	CCR(SP) - 1 = >SP;(A) = >M(SP)
PSHD	PuSH D	(SP) - 2 = >SP;(A:B) = >M(SP):M(SP1)
PSHX	PuSH X	(SP) - 2 = >SP;(X) = >M(SP):M(SP1)
PSHY	PuSH Y	(SP) - 2 = >SP;(Y) = >M(SP):M(SP1)
PULA	PUL1 A	(M(SP)) = >A;(SP) + 1 = >SP
PULB	PUL11 B	(M(SP)) = >B;(SP) + 1 = >SP
PULC	PUL1 CCR	(M(SP)) = >CCR;(SP) + 1 = >SP
PULD	PUL1 D	(M(SP) :M(SP)) = >A:B;(SP) + 2 = >SP
PULX	PUL1 X	(M(SP) :M(SP)) = >X;(SP) + 2 = >SP
PULY	PUL1 Y	(M(SP) :M(SP)) = >Y;(SP) + 2 = >SP

注意：入栈指令先将堆栈指针减 1 或 2，再推入寄存器的值，故 SP 指向堆栈中最后一个被推入的值。将 D 寄存器入栈时，先推入寄存器 B，再推入寄存器 A。弹出时则正好相反，弹出值后 SP 指针加 1 或加 2。响应中断时，寄存器 A 先入栈，寄存器 B 后入栈。

(2) 算术与逻辑运算指令

将 8 位数转成 16 位数的符号扩展指令如下：SEX Sign Extend 8-bit operand，Sign-extended (A,B,CCR)=>D,X,Y,SP。

● 加、减法指令如下：

ADDA	Add without carry to A	(A) + (M) = >A

ADDB	Add without carry to B	(B) + (M) = >B
ADCA	Add with carry to A	(A) + (M) + C = >A
ADCB	Add with carry to B	(B) + (M) + C = >B
SBCA	Subtract with borrow from A	(A) − (M) − C = >A
SBCB	Subtract with borrow from B	(B) − (M) − C = >B
SUBA	Subtract memory from A	(A) − (M) − A
SUBB	Subtract memory from B	(B) − (M) − B
ADDD	ADD to D	(A:B) + (M:M + 1) = >A:B
SUBD	Subtract memory from D	(A:B)(D) − (M:M + 1) = >D
ABA	Add B to A	(A) + (B) = >A
SBA	Subtract B to A	(A) − (B) = >A
ABX	Add B to X	(B) + (X) = >X
ABY	Add B to Y	(B) + (Y) = >Y

● 乘除法指令如下：

EMUL	Multiply (unsigned) 16 by 16	(D) × (Y) = >Y:D
EMULS	Multiply (signed) 16 by 16	(D) × (Y) = >Y:D
MUL	Multiply (unsigned) 8 by 8	(A) × (B) = >A:B
EDIV	Divide (unsigned) 32 by 16	(Y:D) ÷ (X) = >Y, Remainder = >D
EDIVS	Divide (signed) 32 by 16	(Y:D) ÷ (X) = >Y, Remainder = >D
FDIV	Fractional Divide 16 by 16	(D) ÷ (X) = >X, Remainder = >D
IDIV	Integer Divide (unsigned) 16 by 16	(D) ÷ (X) = >X, Remainder = >D
IDIVS	Integer Divide (signed) 16 by 16	(D) ÷ (X) = >X, Remainder = >D

● 乘、加指令如下：

(16bit × 16bit = >32 bit)

EMACS	Multiply and Accumulate (Signed)	(M(X): M(X + 1)) × (M(Y): M(Y + 1)) + (M~M + 3) = > M~M + 3

● 查表插值指令如下：

TBL	Table Lookup and interpolate 8 − bit	(M) + [(B) × (M + 1) − (M)] = >A
ETBL	Table Lookup and interpolate 16 − bit	(M:M + 1) + [(B) × ((M + 2:M + 3) − (M:M + 1)] = >D

这里 B 寄存器中的值表示 0/256 到 255/256 的一个分数值。只能使用 X、Y、SP 寄存器间址。

● 十进制调整的 BCD 指令如下：

DAA	Decimal Adjust A	$(A)_{10}$

● 加、减 1 指令如下：

INC	Increment memory	(M) + $01 =>M
INCA	Increment A	(A) + $01 =>A
INCB	Increment B	(B) + $01 =>B
INS	Increment SP	(SP) + $0001 =>SP
INX	Increment X	(X) + $0001 =>X
INY	Increment Y	(Y) + $0001 =>Y
DEC	Decrement memory	(M) − $01 =>M
DNCA	Decrement A	(A) − $01 =>A
DNCB	Decrement B	(B) − $01 =>B
DNS	Decrement SP	(SP) − $0001 =>SP
DNX	Decrement X	(X) − $0001 =>X
DNY	Decrement Y	(Y) − $0001 =>Y

● 清零、求反、取负数指令如下：

CLC	Clear C bit in CCR	0 =>C
CLI	Clear I bit in CCR	0 =>I
CLR	Clear memory	$00 =>M
CLRA	Clear A	$00 =>A
CLRB	Clear B	$00 =>B
CLV	Clear V bit in CCR	0 =>V
COM	Complement memory, 1byte	$FF − (M) =>M or (/M) =>M
COMA	Complement A 1byte	$FF − (A) =>A or (/A) =>A
COMB	Complement memory, 1byte	$FF − (B) =>B or (/B) =>B
NEG	Complement memory, 1byte	$00 − (M) =>M or (M) + 1 =>M
NEGA	Complement A, 2bytes	$00 − (A) =>A or (A) + 1 =>A
NEGB	ComplementB, 2bytes	$00 − (B) =>B or (B) + 1 =>B

● 比较指令如下：

CBA	Compare A to B	(A) − (B)
CMPA	Compare A to memory	(A) − (M)
CMPB	Compare B to memory	(B) − (M)
CPD	Compare D to memory(16 − bit)	(A:B) − (M:M + 1)
CPS	Compare S to memory(16 − bit)	(SP) − (M:M + 1)
CPX	Compare X to memory(16 − bit)	(X) − (M:M + 1)
CPY	Compare Y to memory(16 − bit)	(Y) − (M:M + 1)

● 测试字节是否为零指令如下：

TST	Test memory for zero or minus	(M) − $00
TSTA	Test A for zero or minus	(A) − $00

TSTB	Test B for zero or minus	(B) − $ 00

● 测试位与位操作指令如下：

BCLR	Clear bits in memory	(M) • (mm) = >M
BITA	bits test A	(A) • (M)
BITB	bits test B	(B) • (M)
BSET	Set bits in memory	(M) + (mm) = >M

● 逻辑运算指令如下：

ANDA	AND A with memory	(A) • (M) = >A
ANDB	AND B with memory	(B) • (M) = >B
ANDCC	AND CCR with memory	(clear CCR bits)(CCR) • (M) = >CCR
EORA	Exclusive OR A with memory	(A)⊕(M) = >A
EORB	Exclusive OR B with memory	(B)⊕(M) = >B
ORAA	OR A with memory	(A) + (M) = >A
ORAB	OR B with memory	(B) + (M) = >B
ORCC	OR CCR with memory	(set CCR bits)(CCR) + (M) = >CCR

● 逻辑移位与循环位指令如下：

LSL	Logic Shift Left memory, High bit to C, Low bit fill with 0
LSLA	Logic Shift Left A, High bit to C, Low bit fill with 0
LSLB	Logic Shift Left B, High bit to C, Low bit fill with 0
LSLC	Logic Shift Left C, High bit to C, Low bit fill with 0
LSLD	Logic Shift Left D, High bit to C, Low bit fill with 0
LSR	Logic Shift Right memory, High bit to C, Low bit fill with 0
LSRA	Logic Shift Right A, High bit to C, Low bit fill with 0
LSRB	Logic Shift Right B, High bit to C, Low bit fill with 0
LSRC	Logic Shift Right C, High bit to C, Low bit fill with 0
LSRD	Logic Shift Right D, High bit to C, Low bit fill with 0
ROL	Rotate Left memory through carry
ROLA	Rotate Left A through carry
ROLB	Rotate Left B through carry
ROR	Rotate Right memory through carry
RORA	Rotate Right A through carry
RORB	Rotate Right B through carry

● 算术移位指令如下：

ASL	Arithmetic Shift Left memory, same as LSL
ASLA	Arithmetic Shift Left A, same as LSLA

ASLB	Arithmetic Shift Left B, same as LSLB
ASLD	Arithmetic Shift Left D, same as LSLD
ASR	Arithmetic Shift Right memory, same as LSR
ASRA	Arithmetic Shift Right A, same as LSRA
ASRB	Arithmetic Shift Right B, same as LSRB

● 取极小、极大值指令如下：

EMIND	MIN of 2 unsigned 16 - bit values to D	MIN((D),(M:M+1)) =>D
EMINM	MIN of 2 unsigned 16 - bit values to men	MIN((D),(M:M+1)) =>M:M1
MINA	MIN of 2 unsigned 8 - bit values to A	MIN((A),(M)) =>A
MINM	MIN of 2 unsigned 8 - bit values to memory	MIN((A),(M)) =>M
EMAXD	MAX of 2 unsigned 16 - bit values to D	MAX((D),(M:M+1)) =>D
EMAXM	MAX of 2 unsigned 16 - bit values to men	MAX((D),(M:M+1)) =>M:M1
MAXA	MAX of 2 unsigned 8 - bit values to A	MAX ((A),(M)) =>A
MAXM	MAX of 2 unsigned 8 - bit values to memory	MAX ((A),(M)) =>M

(3) 程序控制指令

① 转移指令

相对转移指令用于控制程序流作相对于程序计数器 PC 的跳转，以 B(Branch)开头的相对短转移指令跳转偏移量为单位字节，在－128～127 之间，若超出这一范围，要使用长转移指令(Long Branch)，偏移量为 2 B，转移范围可覆盖 64 KB 空间。在相应短转移指令前加 L，如 BRA 变为 LBRA。

● 无条件转移指令如下：

BRA	Branch Always
BRN	Branch Never
LBRA	Long Branch Always
LBRN	Branch Never
JMP	Jump to absolute address

● 短条件转移指令如下：

BCC	Branch if Carry Clear	C=0
BCS	Branch if Carry Set	C=1
BEQ	Branch if Equal	Z=1
BMI	Branch if Minus	N=1
BNE	Branch if Not Equal	Z=0
BPL	Branch if Plus	N=0
BVC	Branch if overflow V Clear	V=0
BVS	Branch if V Set	V=1

```
BHI     Branch if Higher                      Result = M    C + Z = 0
BHS     Branch if Higher or Same              Result≥M      C = 0
BLO     Branch if Lower                       Result<M      C = 1
BLS     Branch if Lower or Same               Result≤M      C + Z = 1
BGE     Branch if Greater than or Equal       Result≥M      N ⊕ V = 0
BGT     Branch if Greater than                Result>M      Z + (N ⊕ V) = 0
BLE     Branch if Less than or Equal          Result≤M      Z + (N ⊕ V) = 1
BLT     Branch if Less than                   Result<M      N ⊕ V = 1
BRA     Branch Always
BRN     Branch Never
BRCLR   Branch if selected bits Clear         (M) · (mm) = 0
BRSET   Branch if selected bits SET           (M) · (mm) = 0
```

● 长条件转移指令如下：

```
LBCC    Long Branch if Carry Clear            C = 0
LBCS    Long Branch if Carry Set              C = 1
LBEQ    Long Branch if Equal                  Z = 1
LBMI    Long Branch if Minus                  N = 1
LBNE    Long Branch if not Equal              Z = 0
LBPL    Long Branch if plus                   N = 0
LBVS    Long Branch if overflow V Clear       V = 0
LBHI    Long Branch if Higher                 Result = M    C + Z = 0
LBHS    Long Branch if Higher or Same         Result≥M      C = 0
LBLO    Long Branch if Lower                  Result<M      C = 1
LBLS    Long Branch if Lower or Same          Result≤M      C + Z = 1
LBGE    Long Branch if Greater than or Equal  Result≥M      N ⊕ V = 0
LBGT    Long Branch if Greater than           Result>M      Z + (N ⊕ V) = 0
LBLE    Long Branch if Less than or Equal     Result≤M      Z + (N ⊕ V) = 1
LBLT    Long Branch if Less than              Result<M      N ⊕ V = 1
```

② 循环控制指令如下：

```
DBEQ    Decrement (counter), if (counter) Equal 0, then Branch
DBNE    Decrement (counter), if (counter) Not Equal 0, then Branch
IBEQ    Increment (counter), if (counter) Equal 0, then Branch
IBNE    Increment (counter), if (counter) Not Equal 0, then Branch
TBEQ    Test (counter), if (counter) Equal 0, then Branch
TBNE    Test (counter), if (counter) Not Equal 0, then Branch
```

这里 counter＝A、B、D、X、Y 或者 SP 寄存器之一。

③ 跳转与子程序调用指令如下：

```
JSR    Jump to Subroutine
BSR    Branch to Subroutine
RTS    Return from Subroutine
CALL   CALL subroutine in paged memory
RTC    Return from the Call
RTI    Return from Interrupt
```

这里绝对调用和相对调用的区别是，绝对跳转或绝对调用指向某绝对地址，相对转移和相对调用以程序计数器 PC 加偏移量算出转移地址，便于生成与装载和地址无关的浮动代码，故可能的情况下，应尽量使用相对转移或调用指令。

④ 其他指令

```
STOP   STOP  Processing
WAIT   Wait for Interrupt
TRAP   Trap，非法指令陷阱，非法指令中断
BGND   Back Ground Mode
```

STOP 和 WAIT 指令都关断 CPU 时钟，使 CPU 停止运行，进入省电状态，区别是 STOP 关断单片机所有时钟，WAIT 仅关断 CPU 时钟。复位或中断可重新恢复 CPU 时钟。

TRAP 是指令陷阱，如果 CPU 读到非法指令，就会落入指令陷阱，即产生一个中断。

BGND 为进入后台调试模式运行态，此时 BDM 状态寄存器的 ENBDM 位必须设为允许态，该状态寄存器不允许在普通运行模式下写入，只能在 BDM 方式下通过串行 BDM 口写入，故 BGND 指令此时不起作用。

对指令按功能分类的目的在于便于理解与记忆。这里再次强调，读助记符和记忆时使用原文。

软中断指令自动将 CPU 寄存器入栈，入栈顺序如图 4.1 所示。

执行中断返回指令 RTI，CPU 寄存器从堆栈中弹出时则按相反的顺序弹出。

高地址
返回地址低位
返回地址高位
Y寄存器低位
Y寄存器高位
X寄存器低位
X寄存器高位
A寄存器
B寄存器
CCR寄存器
低地址

图 4.1 软中断指令自动将 CPU 寄存器入栈的入栈顺序

2. 指令按寻址方式分类

一条指令由操作码和操作数两部分组成。将指令按寻址方式分类，实际上是按操作数的含义分类。根据操作数的不同含义，CPU12 的指令可以分成 8 类，称为 8 种寻址方式。

(1) 隐含寻址

隐含寻址(Inherent，INH)指令中只有操作码，没有操作数。指令的意义是明显的，不需要任何操作数。这类指令一般为单字节指令。

例如，子程序返回指令 RTS，单字节指令足以描述清楚了。

又如，栈操作指令中将 A、B、X 寄存器入栈的 PSHA、PHSB、PHSX、PHSY 以及出栈用的 PULX、PULY、PULB、PULA 也是单字节指令，属隐含寻址。指令的操作码中也含有操作对象 IX、IY、A、B 等。

(2) 立即数寻址

立即数寻址(Immediate，IMM)的操作码后有一个或两个字节的操作数，这个操作数代表一个 8 位或 16 位数，代表一个实实在在的数值。在用汇编语言编程时，用"#"号代表一个立即数。立即数寻址类指令给某一寄存器赋值，也常用于运算指令中。例如：

```
LDAB        #$41
LDY         #3000
ORA         #$0001011
```

(3) 直接寻址

直接寻址(Direct，DIR)对存储器的＄00～＄FF 这 256 个单元可以使用。直接寻址默认内存的高位地址是＄00，所以操作数为单字节地址。寻址范围为 0～255。MC68HC11A1 内部有 256 B 的 RAM，地址是＄0000～＄00FF，也就是说直接寻址只能用于对片内 RAM 的寻址，S12 单片机默认内存分配中＄00～＄FF 这一段是 I/O 寄存器地址，故同 I/O 寄存器打交道时可以使用直接寻址。

(4) 扩展寻址

在汇编语言中，在单字节地址前加符号"＜"表示直接寻址。否则，编译时会在该地址字节前自动加上一个＄00 字节，就成了扩展寻址(Extended，EXT)。

例如：

```
LDAA      <$40                  //表示汇编时用直接寻址
LDAA      $40                   //汇编时将生成 2 B 的操作数 $0040，等同于：LDAA     $0040
```

扩展寻址中，操作数占 2 B。操作数表示的是地址，故寻址范围是 64 KB。此时，应注意与立即数的区别，立即数要加"#"号，这里数字前面什么也不加，而表示的是一个存储单元的地址。

例如：

```
STAA        $3050
```

(5) 变址寻址

变址寻址(Indexed，IDX)也称为寄存器间接寻址或简称寄存器间址，在变址寻址中，单字节的操作数表示一个地址的偏移量。而这个有效地址的值是由变址寄存器 IX(或 IY)的值加上这个偏移量的值得到的。若将这种寻址方式的偏移量再细分为无偏移量、5 位、9 位、16 位偏移量，则寻址方式也可以说有 11 种。5 位偏移量隐含在指令字节中，9 位偏移量多占用一个指令字节,16位偏移量多占用两个指令字节。

间址寄存器可以是X、Y、SP或PC,例如:

```
LDAA        7, X
```

若此时IX寄存器中的值为$2000,则有效地址是$2007。

当偏移量为0时,以上指令写成:

```
LDAA        0, X
```

或

```
LDAA        , X              //无偏移量,指令为2 B
LDAA        10,X             //偏移量≤5位,指令为2 B
LDAA        -200,X           //偏移量≤9位,指令为3 B
LDAA        2000, X          //16位偏移量,指令为4 B
LDAA        [2000,X]         //装入以地址为X+2000、X+2001存储器中的值为指针,指向存储器
                             //的内容
```

偏移量可以是一个常数,也可以放在D寄存器中,偏移量的范围可以是8位或16位。当然,不同指令的偏移量可以是5位(±16)、9位(±255)或16位,因为CPU12是16位CPU,总线宽度为16位,在指令读入周期内一次读入2 B,5位的偏移量可以隐含在单字节操作代码中,9位偏移量可以隐含在16位操作码中,而如果是16位偏移量,则指令长度就至少要3 B了。3 B指令的读入需要1.5个周期,要看出现在程序中的奇偶字节情况,或者指令第1个字节已经作为前一条指令的后半个字读入了,或者是读入第3个字节时将下一条指令的第1个字节一同读进来。

(6) 带自动加、减5位偏移量的间接寻址

使用X、Y、SP间接寻址可以同时将寄存器中的值加、减1～16,这在数据块传输中特别有用。加或减的操作可以发生在数据传输之前或数据传输之后,如:

```
MOVW        2, X+ , 4, +Y
```

指令将X寄存器指向宽度为2 B的表中的值传给Y寄存器指向的宽度为4 B的表,传输后X寄存器自动加2,而Y寄存器加4的动作发生在数据传输之前。

(7) 相对寻址

相对寻址(Relative,REL)用于相对转移指令。操作数为单字节,类似于变址寻址中的偏移量。所以,相对短转移指令的跳转范围是-128～127。

程序相对转移指令中偏移量的值是在汇编中由编译程序自动计算出来的。当跳转距离超过单字节能表达的范围时,应使用相对长转移指令,在相对转移指令助记符之前加L,表示Long,即长转移。这样跳转范围可以覆盖64 KB的寻址空间。长转移指令是CPU11所没有

的。相对转移指令还包括测试并转移指令，相对转移指令的例子如下：

```
BNG    LABLE          //Branch if Not Equal zero
LBLT   LABLE          //Long Branch if Less Than
BRSET  2, X, 0x80     //Branch if bit 7 SET, in memory location(X + 2)
```

相对转移指令还可以用 PC 寻址，偏移量放在 D 寄存器中，可用于生成跳转表，如：

```
JMP      [D, PC]
GO1      DC.W      PLACE1
GO2      DC.W      PLACE2
GO3      DC.W      PLACE3
```

4.2　汇编语言在 RS08 系列中的通用接口程序应用实例

本书介绍了与 KA2 相关的代码例程，芯片寄存器使用说明和快速设计参考来帮助用户加速应用开发进程。每一个部分都包括源代码，可以适当修改源代码来满足 RS08 家族系列的应用要求。开发时，参看芯片数据手册中相关部分的说明信息，比如芯片相关的外设模块信息。本书在 RS08 家族中开发了不同的外设模块。

4.2.1　在 RS08 家族中使用 ACMP(模拟比较)

1. 概　述

本节提供了 MC9RS08KA2 中基本的 ACMP 配置信息和相关的例程代码，可以适当地修改例程代码来满足特定应用。ACMP 模块提供一套电路来比较两路模拟输入电压或者比较一路带参考电压的模拟输入电压，ACMP 模块的输入能在芯片整个电压范围内操作。ACMP 快速设计参考如图 4.2 所示。

模拟比较模块包括两个模拟输入(ACMP＋和 ACMP－)和一个数字输出(ACMPO)。ACMP＋作为反相模拟输入引脚，ACMP－作为正相模拟输入引脚，ACMPO 作为一个数字输出，能被使能驱动外部引脚。参看表 4.1，注意：RS08 家族 MCU 的中断是采用软件轮询的方式，RS08 微处理器不支持硬件中断模块。

2. 代码例程和解释

工程开发使用 CodeWarrior 5.1 软件开发环境。工程 Analog_Comparator_Module.mpc 执行 ACMP 功能，选择一个上升沿或者下降沿来触发中断。主要的函数功能如下：

● Loop 无限循环等待 ACMP 中断事件发生。

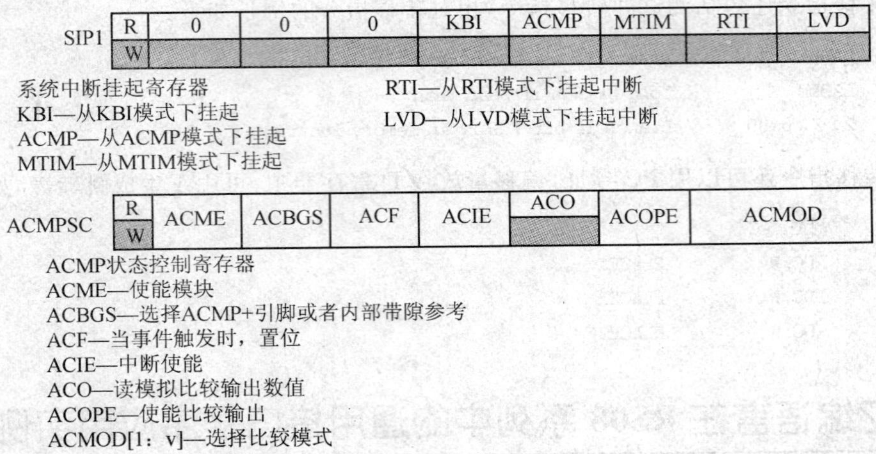

SIP1	R	0	0	0	KBI	ACMP	MTIM	RTI	LVD
	W								

系统中断挂起寄存器
KBI—从KBI模式下挂起
ACMP—从ACMP模式下挂起
MTIM—从MTIM模式下挂起
RTI—从RTI模式下挂起中断
LVD—从LVD模式下挂起中断

ACMPSC	R	ACME	ACBGS	ACF	ACIE	ACO	ACOPE	ACMOD
	W							

ACMP状态控制寄存器
ACME—使能模块
ACBGS—选择ACMP+引脚或者内部带隙参考
ACF—当事件触发时，置位
ACIE—中断使能
ACO—读模拟比较输出数值
ACOPE—使能比较输出
ACMOD[1：v]—选择比较模式

图 4.2 ACMP 寄存器快速参考

● InitConfig 配置 MCU 工作在内部晶体 8 MHz(总线速率)模式下,配置端口 A,和使能 ACMP 模块。

● ACMP_Isr 当发生上升沿或者下降沿事件时,让发光二极管闪烁。

表 4.1 ACMP 引脚功能

引脚信号	功 能	I/O
ACMP−	ACMP 的反相输入(负输入)	输入
ACMP+	ACMP 的正相输入(正输入)	输入
ACMPO	ACMP 数字输出引脚	输出

本例使用 ACMP 模块比较两个不同电压,正相模拟输入将使用一个电位器连接到 ACMP−上,ACMPSC 寄存器中的 ACBGS 位通过写入 0 来清除,这将使能 ACMP+输入引脚,用于参考输入引脚。ACMP+信号通过电压分压提供 1.6 V 电压参考基准。

每次 ACMP−电压大于 ACMP+参考电压时,ACMP 中断将触发 PTA5 引脚输出翻转。因此,每次 ACMP−输入电压低于 ACMP+输入电压时,PTA5 输出将一直处于原有状态。

在这个应用中,ACMP 功能模块是通过比较 ACMP+和 ACMP−输入电压,使用 ACMP 中断触发 LED 闪烁的。详细信息请参考光盘中的源代码。

按照下面的步骤使用 ACMP 功能模块。

(1) 配置 ICS 模块工作在内部 8 MHz 总线时钟模式下,配置 PTA5 作为输出,而其他 PTA 端口作为输入,通过使能 ACMP+和 ACMP−引脚来配置 ACMP 模块。系统配置代码如下:

```
//配置系统控制部分
InitConfig:
  IFNE MODE
    mov #HIGH_6_13(SOPT), PAGESEL
    mov #$01, MAP_ADDR_6(SOPT)           //关闭 COP,使能RESET(PAT2)引脚
  ELSE
    mov #HIGH_6_13(SOPT), PAGESEL
    mov #$03, MAP_ADDR_6(SOPT)           //关闭 COP,使能RESET(PAT2)和 BKGD
  ENDIF
    clr ICSC1                            //FLL 选作为总线时钟
    TRIM_ICS                             //调用宏来调整 ICS 为 8 MHz
    clr ICSC2
//CONFIGURES PORT A
    mov #HIGH_6_13(PTAPE), PAGESEL
    mov #$FF, MAP_ADDR_6(PTAPE)          //使能芯片内部上拉
    mov #HIGH_6_13(PTAPUD), PAGESEL
    mov #$00, MAP_ADDR_6(PTAPUD)         //配置芯片 PTA 为上拉模式
    mov #$30, PTADD                      //PTA(LED2)和 PTA(LED1)作为输出
    mov #$00, PTAD
//CONFIGURES ANALOG COMPARATOR
  mov #$B3, ACMPSC                       //在 ACMP - 和 ACMP + (external 1.5 V)选择模拟比较模式
                                         //ACMP 使能,比较上下沿

  rts
```

(2) 无限循环等待,直到有 ACMP 中断触发。ACMP 中断标志在循环中是不断轮询的。当 ACMP 中断在循环中检测到时,程序将自动跳入一个预先定义的子程序中(ACMP_Isr)。ACMP 中断通过上升沿或者下降沿来触发。系统设置代码如下:

```
Loop:
      mov #HIGH_6_13(SIP1), PAGE_ADR
      brset 3, MAP_ADDR_6(SIP1), ACMP_Isr      //如果 ACMP 中断挂起则跳转
      bra Loop                                 //返回到主程序
```

(3) 当 MCU 程序跳入到 ACMP_Isr 子程序时,ACF 标志位将被清除。当清除 ACF 标志位后,ACMPSC 寄存器中的 ACO 标志位将和 1 比较来判断是否 ACMP+大于 ACMP−输入信号数值。如果 ACMP+大于 ACMP−,发光二极管 LED2 子程序将被调用。这标志着 ACMP−输入低于参考电压 ACMP+。

```
ACMP_Isr:
   bset 5, ACMPSC              //清除比较事件标志位
   brset 3; ACMPSC, LED2       //检测模拟比较器输出(ACO)
```

```
                                    //如果 ACMP + 电压大于 ACMP - 电压,ACO 将被置位为 1
    bclr 5, PTAD
    bra loop                        //返回到主程序
LED2:
    bset 5, PTAD                    //使 LED 点亮
    bra Loop                        //返回到主程序
```

3. 硬件设计部分

相关硬件设计如图 4.3 所示。

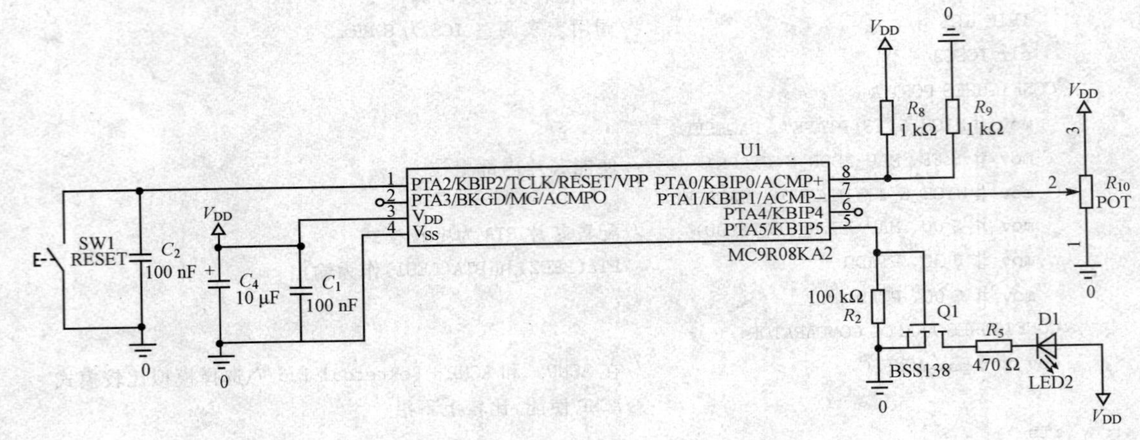

图 4.3　硬件设计图

备注:ACMP 模块能在内部参考电压下比较一个模拟输入信号,本例没有把 ACMP 模块配置成内部参考电压的形式;模拟比较电路的电压操作范围是系统满度电压范围(0～3.3 V)。

4.2.2　RS08 家族的 ICS(内部时钟源)

1. 概　述

本节提供了在 MC9RS08KA2 中使用内部时钟源(ICS)的程序函数和寄存器配置的基本信息,可以修改相关代码来满足特定的应用,ICS 寄存器的配置信息如图 4.4 所示。

2. 操作模式和例程

ICS 提供多种时钟源选项,这为用户在精度、成本、电流功耗和执行效率上提供了多种可行的选择方法,在开发中这些要求和应用特性都是很重要的。

ICSC1	R/W						
R	CLKS	0	0	0	0	0	IREFSTEN
W							

ICS控制寄存器1
CLKS—选择时钟源控制总线时钟频率
IREFSTEN—当在停止模式下时，控制内部参考时钟是否仍然保持使能

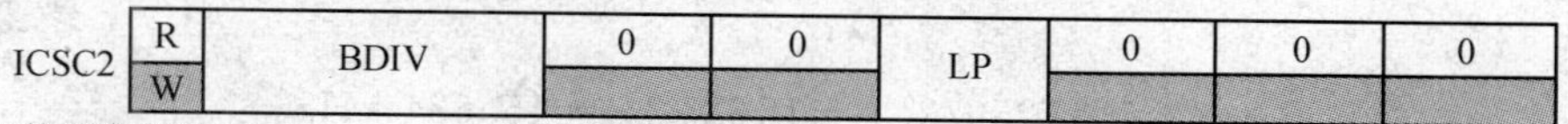

ICS控制寄存器2
BDIV—通过CLKS位对时钟进行细分
LP—在FLL旁路模式下关闭或者打开

ICSTRIM	
R	TRIM
W	

ICS调整寄存器
TRIM—控制内部参考时钟源

ICSSC								
R	0	0	0	0	0	CLKST	0	FTRIM
W								

ICS状态控制寄存器
CLKST—标识当前时钟模式
FTRIM—对内部时钟源进行微调

图 4.4　ICS 寄存器配置信息

(1) FLL Engaged Internal(FEI)

在这种模式下，FLL 启用，采用内部时钟模式（即缺省模式），ICS 的输出时钟来自于 FLL，其输入控制信号是内部参考时钟。

FEI 是任何复位的默认操作模式，MCU 也通过 CLKS 位清零来进入这个模式。当在这个模式下时，总线时钟频率来自于 FLL 时钟，FLL 将锁住总线频率。

$$f_{bus}=(f_{irc}\times 512)/2^{BDIV+1}$$

f_{irc}是内部参考时钟源的频率，如果 f_{irc}被调整到 31.25 kHz 时，BDIV 的数值是 3，总线频率的数值是：

$$f_{bus}=(31250\times 512)/2^{3+1}=2000000\ \text{Hz}=2\ \text{MHz}$$

代码例程如下：

```
LDA     #$00
STA    ICSC1
LDA     #$C0
STA    ICSC2
```

(2) FLL Bypassed Internal(FBI)

在 FLL 旁路的内部时钟模式下，FLL 启动并受控于内部参考时钟，但被旁路。ICS 的输出时钟来自于内部参考时钟。

当 CLKS 位被置位，LP 位被清零时，MCU 进入 FBI 模式。在这个模式下，总线时钟频率的计算公式如下：

$$f_{bus}=f_{irc}/2^{BDIV+1}$$

当 f_{irc} 是内部参考时钟的频率时，如果 f_{irc} 被调整到 31.25 kHz 时，BDIV 的数值是 0，总线频率是：

$$f_{bus}=31250/2^{0+1}=15625\ \text{Hz}=15.624\ \text{kHz}$$

在这个模式下，FLL 是激活的，但是不影响总线时钟。FLL 配置的代码例程如下：

```
LDA     #$40
STA     ICSC1
LDA     #$00
STA     ICSC2
```

(3) FLL Bypassed Internal Low Power(FBILP)

当 CLKS 和 LP 位被置位时，MCU 进入 FBILP 模式。当在这个模式下时，总线时钟的计算公式为：

$$f_{bus}=f_{irc}/2^{BDIV+1}$$

f_{irc} 是内部参考时钟频率，如果 f_{irc} 被调整到 31.25 kHz 时，BDIV 的数值被设置为 0，总线频率的计算结果是：

$$f_{bus}=31250/2^{0+1}=15625\ \text{Hz}=15.624\ \text{kHz}$$

该模式和 FBI 主要的不同是 FLL 是没有被激活的，这个模式下 MCU 耗电流是最小的。FBI 配置代码例程如下：

```
LDA     #$40
STA     ICSC1
LDA     #$08
STA     ICSC2
```

3. 备注信息

当从 FBIP 模式切换到 FEI、FBI 或者其他可以调整的数值时，必须等待 FLL 要求的时间 Tacquire，保证锁相环 FLL 锁定在既定的频率上。BDIV 位可以在任何时候改变，随时可以改变到新的频率，复位不影响 TRIM 和 FTRIM 的数值。

4. 结 论

ICS 模式有许多操作模式，它允许使用各种各样的时钟速率来应用到不同的场合。它也允许用户决定系统使用的能耗。

4.2.3　在 RS08 微处理器上使用键盘中断 KBI

1. 概　述

本例是在 RS08 微处理器中使用键盘中断的快速参考。提供关于功能函数描述的基本信息和配置选项。可以修改下面的例程代码来满足客户特定的设计应用要求，如图 4.5 所示。

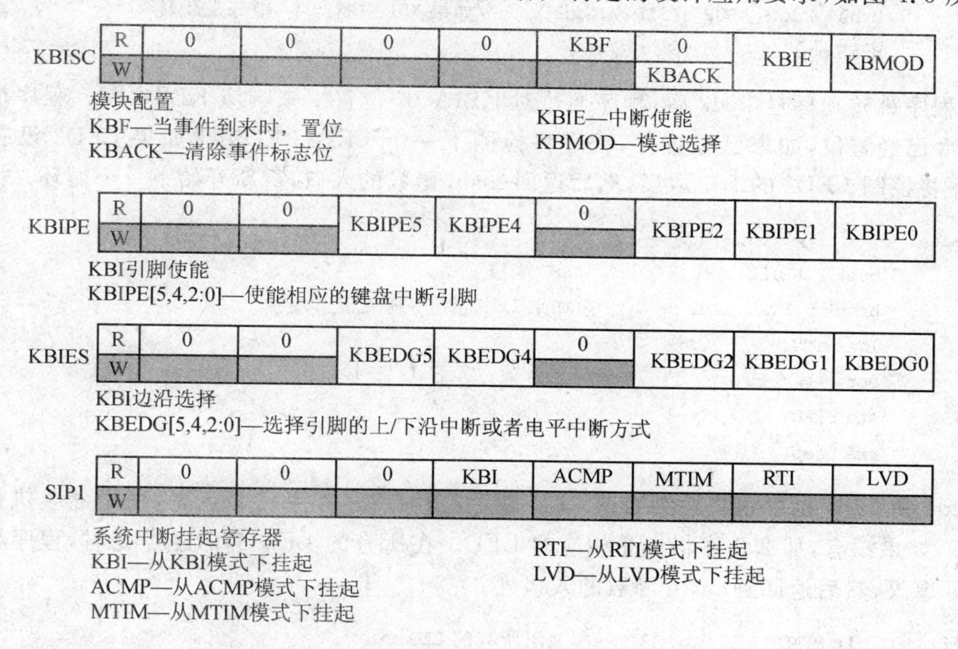

图 4.5　KBI 快速参考

2. 键盘中断 KBI 代码例程

在这个应用中，KBI 引脚之一被用来触发一段程序，这段程序用来逐个点亮 3 个 LED，然后再全部关闭这 3 个 LED。每当检测到键盘中断时，触发这段程序。MCU 程序设计使用如下功能：使用 KBI 引脚 1 来做中断触发；检测选定引脚为下降沿中断；跳转到子程序中点亮既定的 LED。使用两个 KBI 寄存器 KBISC 和 KBIPE（KBIES 在复位后使用默认的数值）来定制上述功能模式。键盘中断初始化代码如下。在芯片初始化过程中，一旦有任何错误的中断发生或者键盘中断被屏蔽时，则中断标志位被清除。

```
mov # $ 00,KBIES      //只选择下降沿或者低电平中断
mov # $ 02,KBIPE      //PTA1 作为 KBI
mov # $ 06,KBISC      //清除任何错误中断和屏蔽 KBI 中断
```

在键盘中断模式被置位后，MCU将进入一个循环，该循环用来装载SIP1寄存器的数值，然后检测KBI位。如果KBI位是置位的，程序将跳入到一个子程序中检测哪一个LED将被点亮，如果KBI位没有被置位，程序将跳转到循环起始位置，直到检测到KBI标志位被置位为至。

```
Loop:
        mov #HIGH_6_13(SIP1),PAGE_ADR
        brset 4,MAP_ADDR_6(SIP1),Led2      //如果 KBI 中断产生，则分支跳转
        bra Loop
```

在程序跳转到标号Led2后，程序通过对KBIACK位置1来响应KBI中断。程序检测是否LED2已经置位，如果已经置位，程序将检测下一个LED(LED1)。如果LED2没有被置位，程序将控制LED2的端口取反，然后返回main函数的入口，重新开始下一个循环。

```
Led2:
        bset 2,KBISC                //KBI 响应
        brset 5,PTAD,led1           //如果 LED2 置位，则跳转
        lda  PTAD
        eor   #$20                  //LED2 取反
        sta PTAD
        bra Loop
```


Led1和Led0标号也将检测当前LED是否已经点亮，如果已经点亮，程序继续执行下一个LED，如果没有，那么程序将点亮相应的LED。在所有的LED都已经点亮时，程序将所有的LED熄灭，然后返回到main函数的入口处。

```
Off:     clr PTAD                   //关闭所有的 LED
         bra Loop
```

3. 键盘中断KBI硬件设计

本例描述了与上述软件相关的硬件设计，由于我们只使用PTA7引脚作为KBI键盘中断输入。只需要6个MCU引脚：电源电压引脚，参考地引脚，KBI输入引脚，3个用于LED显示的引脚，作为输出方式的I/O引脚，如图4.6所示。

4.2.4 在RS08中使用模定时器模式

1. 概　述

本例是在RS08微处理器中使用模定时器的快速参考，提供了关于功能函数描述的基本

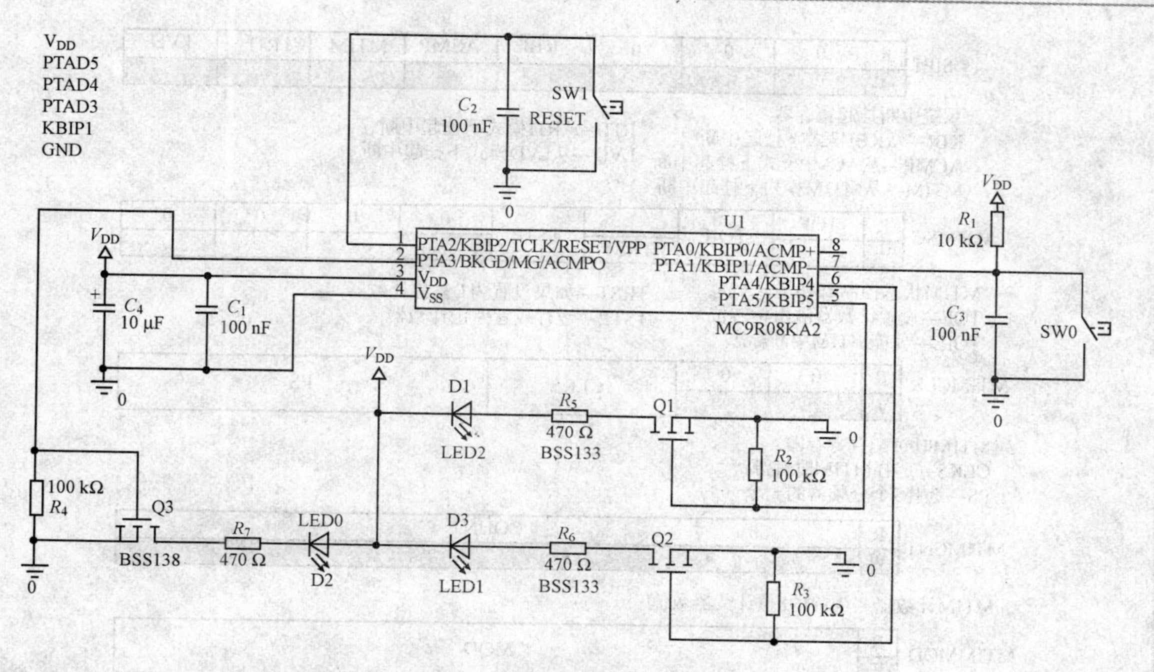

图 4.6 硬件设计原理图

信息和配置选项。可以修改下面的例程代码来满足客户特定的设计应用要求，模定时器寄存器的配置如图 4.7 所示。

MTIM 包括一个带时钟选择的 8 位自加计数器和一个允许产生更大时间基准的分频器。分频器用来对选择的时钟源进行 1、2、4、8、16、32、64、128 和 256 分频。

2. 模定时器模式代码例程和解释

这个工程开发使用 CodeWarrior V5.1 版本。工程 MTIM_Module.mpc 通过总线频率选择参考时钟源来使用 RS08 MCU 的 MTIM 模式。主函数的功能如下：

- Loop——无限循环直到 MTIM 标志位中断溢出。
- InitConfig——配置 MCU 工作在内部 8 MHz 总线速率下，配置端口 A 的引脚 3、4 和 5 作为输出，使能 MTIM 模式。
- MTIM_Isr——在上升沿或者下降沿事件发生时，取反 LED。

本例演示如何配置 MTIM 模定时器来使用 4 个时钟源中的 1 个时钟源。时钟源直接取自总线时钟。而且，MTIM 模定时器配置的分频数值是 256，每 32 μs(8 MHz/256)MTIM 计数器自加 1，因此每 8.192 ms(32 μs×256)产生一次 MTIM 溢出中断，通过轮询 SIP1 寄存器中相应的中断标志位进入相应的分支程序。MTIM 模定时器自加的数值达到了设定的溢出比较数值时，中断就会被触发。溢出中断触发后，在循环中将会不断轮询 SIP1 寄存器中的

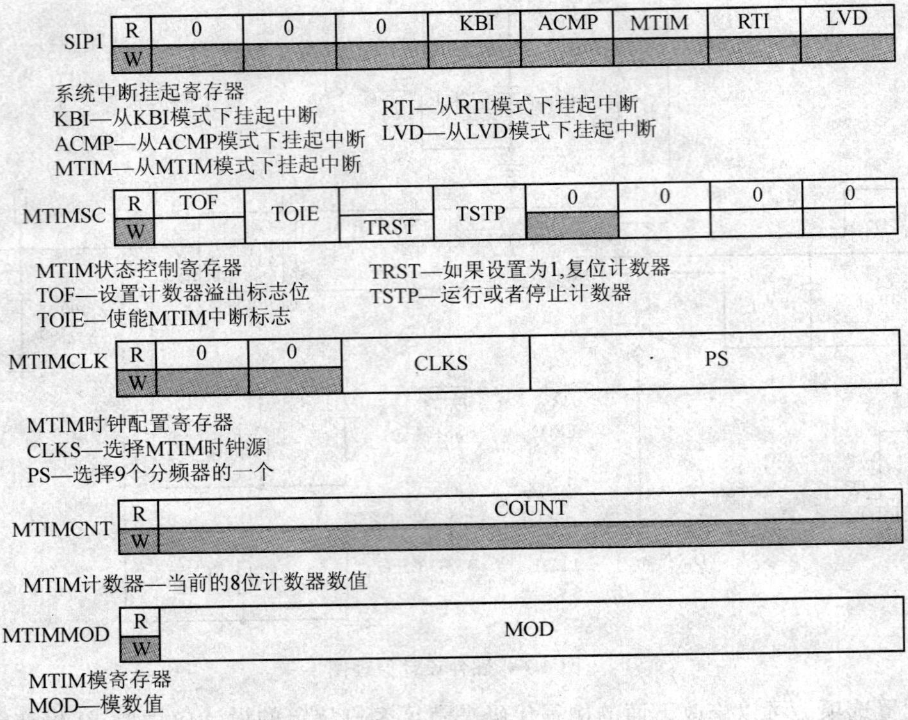

SIP1								
	R	0	0	0	KBI	ACMP	MTIM	RTI	LVD
	W								

系统中断挂起寄存器
KBI—从KBI模式下挂起中断
ACMP—从ACMP模式下挂起中断
MTIM—从MTIM模式下挂起中断
RTI—从RTI模式下挂起中断
LVD—从LVD模式下挂起中断

MTIMSC									
	R	TOF	TOIE		TSTP	0	0	0	0
	W			TRST					

MTIM状态控制寄存器
TOF—设置计数器溢出标志位
TOIE—使能MTIM中断标志
TRST—如果设置为1,复位计数器
TSTP—运行或者停止计数器

MTIMCLK					
	R	0	0	CLKS	PS
	W				

MTIM时钟配置寄存器
CLKS—选择MTIM时钟源
PS—选择9个分频器的一个

MTIMCNT		
	R	COUNT
	W	

MTIM计数器—当前的8位计数器数值

MTIMMOD		
	R	MOD
	W	

MTIM模寄存器
MOD—模数值

图 4.7　MTIM 模定时器配置

MTIM 中断标志位,如果 MTIM 标志位被置位,那么进入相应的 MTIM_Isr 子程序。

MTIM 是通过近似 1 s 点亮熄灭 3 个 LED 来演示的。由于在应用中是运行在 8 MHz 的总线时钟下,所以 MTIM 寄存器的分频数值最大设定在 256。1 s 中断将不能达到。为了解决这个问题,需要调用一个子程序计算 122 次来产生一个近似的 1 s 的时间基准。每隔 1 s,将依次点亮 LED0、LED1 和 LED2,在第 4 s,所有的 LED 全部熄灭。请参考源代码详细说明部分。

依照下列步骤,学会使用 ACMP 模定时器。

(1) 配置 ICS 模式工作在内部 8 MHz 总线速率下,配置 PTA4 和 PTA5 作为输出,其他的 PTA 引脚作为输入,配置 MTIM 模定时器为自加模式。

```
InitConfig:IFNE MODE
              mov #HIGH_6_13(SOPT),PAGESEL
              mov #$01,MAP_ADDR_6(SOPT)          //关闭 COP 和使能复位引脚 PTA2
           ELSE
              mov #HIGH_6_13(SOPT),PAGESEL
              mov #$03,MAP_ADDR_6(SOPT)          //关闭 COP,使能 PTA3 为 BKGD 引脚,
```

```
                                    //使能 PTA2 引脚为复位引脚
      ENDIF
        clr ICSC1                   //FLL 选择总线时钟频率为 8 MHz
        TRIM_ICS                    //调整 ICS 在 8 MHz 下
        clr ICSC2
        rts
    //CONFIGURES PORT A
        mov # $ 30,PTADD            //PTA4(LED1),PTA5(LED0)作为输出
        clr  PTAD                   //清除 PTA
    //CONFIGURES TIMER
        mov # $ 70,MTIMSC           //使能中断,复位定时器计数器
        mov # $ FF,MTIMMOD          //MTIM 中断计数值为 256
        mov # $ 08,MTIMCLK          //选择内部时钟 8 MHz 作为参考总线频率,分频
                                    //数值为 256
```

// $\frac{f_{bus}}{(presscaler) * (MTIMMOD)}$ = *Timer int errupt*,每 32 μs 自加一次,8.192 ms 后产生中断标志

```
        bclr 4,MTIMSC               //MTIM 计数器启动
        rts
```

(2) 在循环中通过轮询检测 SIP1 寄存器中 MTIM 的中断标志位,直到 MTIM 中断触发,产生中断标志位,程序会自动地跳转到预先定义的 MTIM_Isr 子程序中。

```
Loop:
    mov #HIGH_6_13(SIP1),PAGE_ADR
    brset 2,MAP_ADDR_6(SIP1),Count      //如果定时器中断产生则跳转
    bra Loop
```

(3) 在检测到 MTIM 溢出中断时,调用 MTIM_Isr 中断服务子程序,同时清除 TOF 标志位。对计数初值赋为 122,产生大概 1 s 的时基,在 1 s 过后,LED0 点亮;然后 1 s 后,LED1 点亮;1 s 后,LED2 点亮。在 3 s 过后所有的 LED 都熄灭。这个过程将反复执行。

```
MTIM_Isr
    lda MTIMSC              //清除溢出中断标志位
    mov # $ 60, MTIMSC      //复位 MTIM 计数器,清除溢出中断标志位
    lda Counter             //在累加器中存储新的计数值
    cbeqa #122, LED2        //8.192 ms×122
    inc Counter             //计数器自加
    bra Loop
Led2:
    clr Counter             //复位计数器
    brset 5, PTAD, Led1     //如果 LED2 置位将跳转
```

```
    lda PTAD
    eor #$20              //将 LED2 取反
    sta Loop
    bra Loop
Led1:
    brset 4, PTAD, LED0   //如果 LED1 置位将跳转
    lda PTAD
    eor #$10              //将 LED1 取反
    bra Loop
Led0:
    brset 3, PTAD, Off    //如果 LED0 置位将跳转
    lda PTAD
    eor #$08              //将 LED0 取反(在背景模式下不可用)
    bra Loop
Off:
    clr PTAD              //关闭所有的 LED
    bra Loop
```


3. 模定时器模式硬件结构

本例提供了上述软件代码执行的硬件原理图，硬件结构是相当简单的，因为在 MCU 中只使用 6 个引脚。这 6 个引脚是：电源引脚、参考地引脚、复位脚以及 3 个引脚配置为控制 LED 灯亮和灭，如图 4.8 所示。

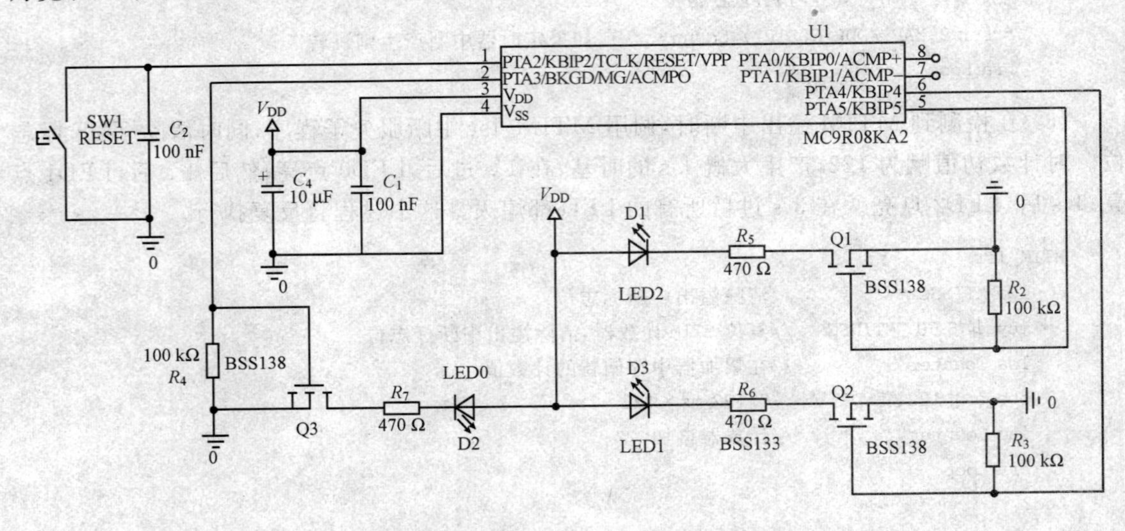

图 4.8　硬件设计原理图

备注:MTIM模定时器可以操作使用两个操作模式(停止模式和自由空闲模式)。

4.2.5 在RS08微处理器中使用RTI实时时钟中断

1. 概 述

本例在RS08微处理器上使用MCRS08KA2的快速参考,提供了功能函数描述和配置选项的基本信息。可以修改下面的例程来满足不同的应用,RTI配置信息如图4.9所示。

SIP1									
	R	0	0	0	KBI	ACMP	MTIM	RTI	LVD
	W								

系统中断挂起寄存器
KBI—从KBI模式下挂起
ACMP—从ACMP模式下挂起
MTIM—从MTIM模式下挂起
RTI—从RTI模式下挂起
LVD—从LVD模式下挂起

MTIMSC							
	R	RTIF	0	RTICLKS	RTIE	0	RTIS
	W		RTIACK				

MTIM状态控制寄存器
RTIF—RTI中断标志
RTIACK—用于应答RTI中断请求
RTICLKS—RTI时钟源
RTIE—RTI中断
RTIS—RTI中断周期

图4.9 RTI寄存器配置

实时时钟中断模块允许产生7种不同的时基中断。RTI有两个不同的时钟源驱动:1 kHz内部时钟参考或者32 kHz内部时钟参考。32 kHz内部时钟参考经过32分频来获得1 kHz时钟。当应用要求更高的精度时间基准时,应在内部晶体调整后,从内部32 kHz时钟源运行RTI模块。用RTI模块中的7个不同选项来配置周期性的中断时基,这些选项是:1 024,512,256,128,64,32 ms和8 ms。

RTI模块在运行、等待和停止模式下依旧保持激活状态,也能将MCU从等待或者停止模式下唤醒。

2. RTI实时时钟中断代码例程和解释

这个工程是在CW 5.1环境下开发的,使用的开发板是DEMO9RS08KA2。工程RTI.mpc通过选择内部调整32 kHz参考时钟源使用RTI功能模块。主要函数功能如下:

- Loop(主循环)——无限循环等待RTI中断发生。
- InitConfig(初始化配置)——配置MCU工作在内部8 MHz总线时钟频率下,调整内部晶体,配置端口A的引脚5作为输出。

- InitRTI(初始化实时时钟中断)——初始化 RTI 模块工作在 32 kHz 内部时钟下,设置每 1024 ms 中断一次。
- RTI_Isr(实时时钟中断服务程序)——检测是否达到计数器数值,从而控制 LED 闪烁。一个状态变量用于检测是 1024 ms 还是 256 ms 中断。这两个中断时间是每中断 10 次切换一下。

本例给出了如何配置 RTI 功能模块,使用 32 kHz 的内部调整振荡频率而不是 1 kHz 的内部时钟源。通过 PTA5 引脚控制的 LED 指示灯每 1024 ms 闪烁一下,在第 10 下时,RTI 中断模块改变中断周期,每 256 ms 变化一次。在中断 10 次后,RTI 中断模块改变中断周期每 1024 ms 变化一次。然后在 1024 ms 与 256 ms 中断时间中来回切换。

下面的代码是使用 RTI 中断模块的步骤:

(1) 配置 ICS 模块工作在内部晶振 8 MHz 总线时钟下,调整内部晶体来产生尽可能小的误差,配置 PTA5 作为输出,其他的 PTA5 引脚作为输入,初始化计数器变量(从一个中断时间切换到另一个中断时间)。

```
InitConfig:
//CONFIGURES SYSTEM CONTROL
  IFNE MODE
    mov #HIGH_6_13(SOPT), PAGESEL
    mov #$01, MAP_ADDR_6(SOPT)          //关闭 COP,使能复位引脚
  ELSE
    mov #HIGH_6_13(SOPT), PAGESEL
    mov #$03, MAP_ADDR_6(SOPT)          //关闭 COP,使能 BKGD 和复位引脚
  ENDIF
    clr ICSC1;                          //FLL 选作为总线时钟
    TRIM_ICS                            //调用宏定义来调整 ICS 为 8 MHz
    clr ICSC2
//CONFIGURES PORT A
  mov #$30, PTADD;                      //配置 PTA4 和 PTA5 作为输出
  clr PTAD;                             //清除 PTA
  mov #20, COUNTER                      //初始化计数器表
  rts
```

(2) 配置 RTI 功能模块工作在内部 32 kHz 调整频率下,设置中断时间为 1024 ms。

```
mov #$37, MAP_ADDR_6(SRTISC)            //32 kHz 内部调整时钟源
rts                                     //中断使能,1.024 s 中断周期
```

(3) 无限循环等待,直到 RTI 中断标志溢出。SIP1 寄存器中的 RTI 中断检测到后,它自动调转到预先定义的 RTI_Isr 子程序中。

```
Loop:
  wait                                //进入等待模式,直到有中断事件激活
  mov #HIGH_6_13(SPI1), PAGESEL
  brset 1, MAP_ADDR_6(SIP1),RTI_Isr   //如果RTI中断挂起,那么跳转
  bra Loop
```

(4) 当RTI中断在循环中检测到后,RTI_Isr子程序将被调用,应答标志位(ACK)被清除。一个中断计数器用来存储RTI中断事件次数。在10次中断后,RTI中断周期将从1024 ms变为256 ms,这样LED将会闪烁得更快,10次中断后,中断周期将从256 ms变化为1024 ms。

```
RTI_Isr:
  Bset 6, MAP_ADDR_6(SRTISC)                  //清除RTI中断标志位(ACK)
  dbnz COUNTER, Blink_Led                     //检测Counter是否为0,为了改变RTI中断周期
  bsr RTIPeriod                               //分支跳转到闪灯程序
  bra Loop
RTIPeriod:
  beset 0, StatusPeriod,_1024msPeriod         //如果StatusPeriod为1,则配置RTI周期是1024 ms
  brclr 0, StatusPeriod,_256msPeriod          //如果StatusPeriod为0,则配置RTI周期是256 ms
  bra Loop
_256msPeriod:
  mov #RTI_256, Period
  ChangeRTIPeriod                             //调用宏
  bra Loop
_1024msPeriod:
  mov #RTI_1024, Period
  ChangeRTIPeriod                             //调用宏
  bra Loop
Blink_Led:
  lda PTAD
  eor # $20                                   //将LED2(PTA5)取反
  sta PTAD                                    //LED2闪烁
  bra Loop
```

3. 硬件结构

与上述代码相关的硬件图纸如图4.10所示,只使用了MCU的4个引脚:电源电压、参考地、复位引脚和一个用于控制LED亮灭的输出脚。

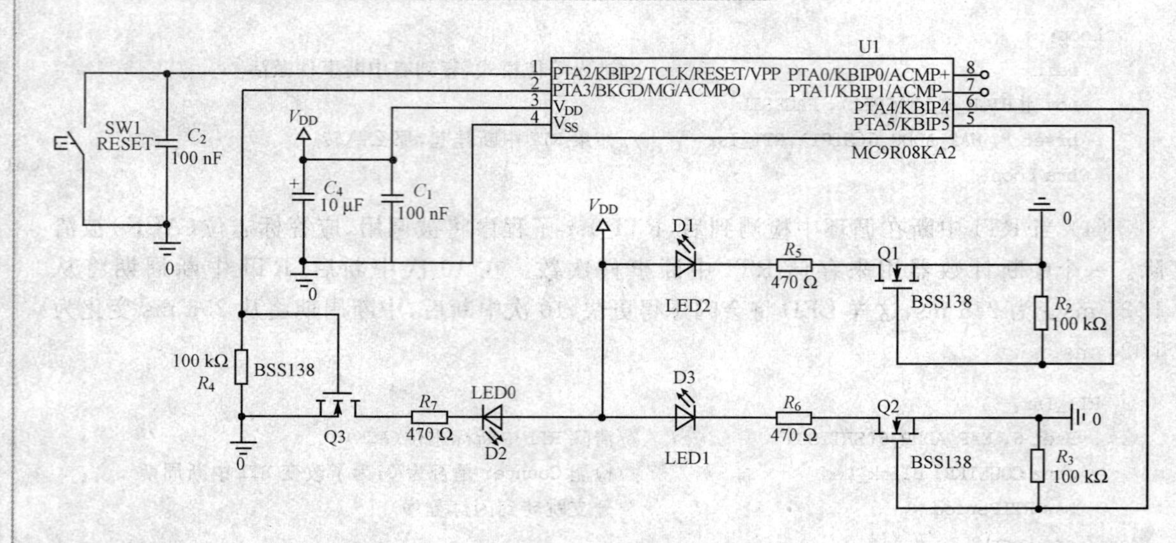

图 4.10 硬件设计图

4.2.6 RS08 的寻址模式

1. 概 述

本节是使用 MC9RS08KA2 的快速参考，RS08 微处理器采用分页机制来访问 CPU 的整个 16 KB 的存储区。关于寻址模式的基本信息可以参看 MCU 的基本特性部分。

2. RS08 存储器映像

RS08 微处理器采用 16 B 的页窗口来访问 CPU 的整个 16 KB 的存储区。页窗口的定位地址为＄C0～＄FF，256 页每页 64 B，一共 16 KB 的存储区映像。

为了访问微处理器的每个存储区，RS08 微处理器使用两个寄存器来直接存储区寻址。寄存器描述如图 4.11 所示。

寄存器	描述
X	当访问D[X]寄存器时,包含访问存储区的地址。它的映像地址定位在$0000F
D[X]	地址存储器通过寄存器X来访问,D[X]寄存器地址定位在$000E

图 4.11 寄存器描述

使用这些寄存器，用户可以很容易地访问存储区映像（如图 4.12 所示）中的第一个 256 字节。这是微小地址寻址和短地址寻址的优势，为索引访问方式提供了功能强大的解决办法。

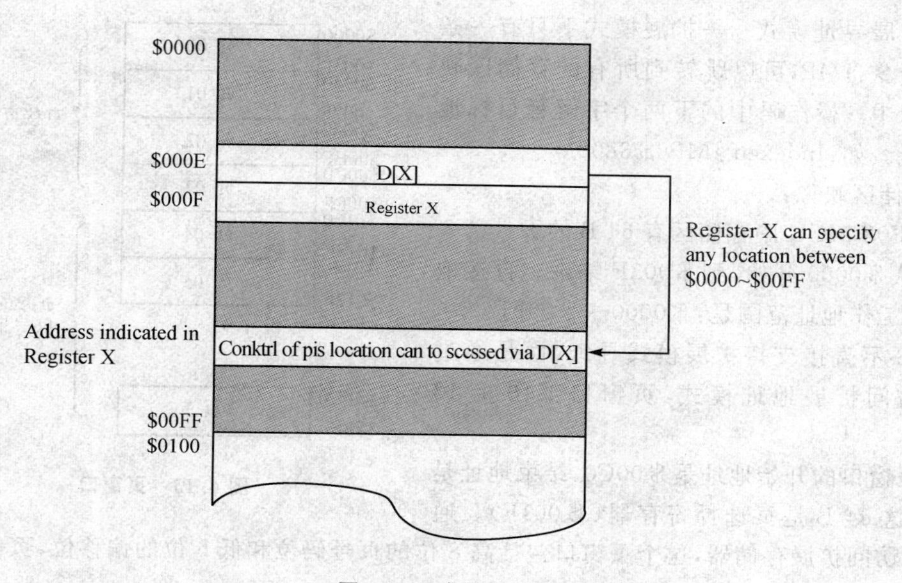

图 4.12　存储区映像

RS08 MCU 通过一个简单的指令来访问所有的固有 X 寄存器指令。

```
LDX          LDA $0F
LDX #$C0     MOV #$C0, $0F
LDX $44      MOV $44, $0F
```

所有的零字节索引操作,X 寄存器可以简单地在直接寻址模式指令中使用地址 $0E。

```
STA, X          STA $0E
EOR, X          EOR $0E
MOV, X, $C0     MOV $0E, $C0
```

寻址模式有如下几种:

- 固有寻址模式——CPU 操作只需要访问内部寄存器,不需要操作数。比如:INCA　CLRA
- 立即寻址模式——通过指令操作码后面的操作数直接定位寻址。立即寻址中使用"#"标号表示操作数。例如:LDA #$C0
- 微小寻址模式——这个模式只能访问地址映射($0000～$000F)中的 16 个字节,地址模式的指令是:INC、DEC、ADD 和 SUB 指令。
- 短地址寻址模式——CLR、LDA 和 STA 是短地址模式支持的一些指令。短地址模式只能寻址地址映像寄存器中的 32 个字节。例如:STA PAGESEL
- 直接寻址模式——这个模式用于访问直接地址空间($0000～$00FF)的操作数。例如:LDA $C0

- 扩展寻址模式——扩展模式下只有一条指令:JMP,可以跳转到所有的存储区映像中。操作码中的下两个字解释目标地址。如:Indexed JMP ＄3800

页存储区映像:

在 RS08 MCU 中存储区有 64 B 的页。第一个页(0)从＄0000 开始,到＄003F 结束。直接地址模式的工作地址范围是:＄0000～＄00FF。

RS08 不直接支持扩展模式寻址,而是通过页窗口访问扩展地址模式,页窗口如图 4.13 所示。

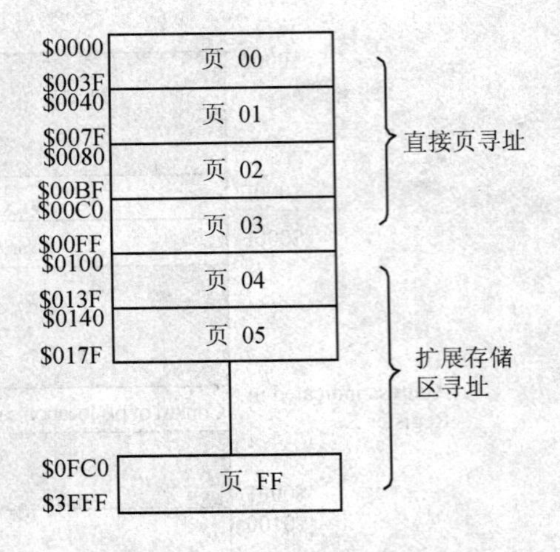

图 4.13　页窗口

03 页窗口的开始地址是＄00C0,结束地址是＄00FF,这 64 B 是页选择寄存器(＄001F)。通过页窗口访问扩展存储器,这个页窗口包括高 8 位的页号码位和低 6 位的偏移位,页位和偏置位如图 4.14 所示。

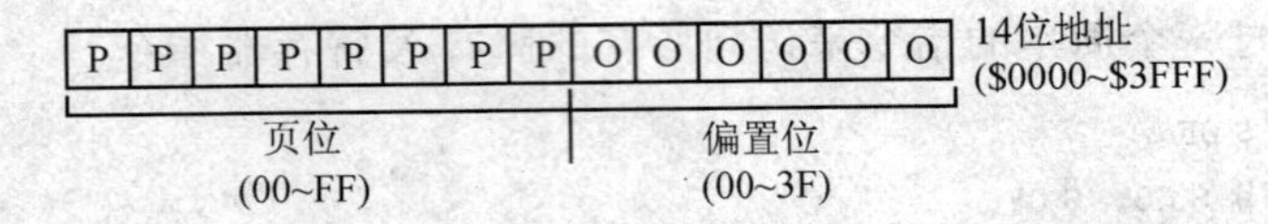

图 4.14　页位和偏置位

将 14 位地址移 6 次,存储页寄存器结果。这 14 位中的低 6 位是窗口页的偏移数值。例如:为了访问＄0142 存储器,装载 0x05(＄0142 右移 6 次)到页寄存器。偏移数值是 2,但是为了获得 8 位的地址,设置两位信号位为 1,这样结果是 0xC2,这就是镜像页中的第三个数值。其执行代码如下所述,有一个 256 元素的表(4 页 64 字节的数),根据要访问的位置,程序自动的计算页和偏移数值。表中存储器的起始地址是 0x3E00(页 F8 和偏移 0)。

表

```
ORG ＃6E00H
    dc.b  0,5,12,20,27,34,41,47,53,59,65,71,77,82,87,92
    dc.b  97,102,107,111,116,120,124,128,132,135,139,142,146,149,152,155
    dc.b  158,161,164,167,170,172,175,177,179,182,184,186,188,190,192,194
    dc.b  196,197,199,201,202,204,206,207,208,210,211,212,214,215,216,217
    dc.b  218,219,221,222,223,223,224,225,226,227,228,229,229,230,231,232
    dc.b  232,233,234,234,235,235,236,236,237,238,238,238,239,239,240,240
    dc.b  241,241,241,242,242,243,243,243,244,244,244,244,245,245,245,246
    dc.b  246,246,246,247,247,247,247,247,248,248,248,248,248,248,249,249
```

```
dc.b  249,249,249,249,250,250,250,250,250,250,250,250,250,215,251,251
dc.b  251,251,251,251,251,251,251,251,252,252,252,252,252,252,252,252
dc.b  252,252,252,252,252,252,252,252,252,252,253,253,253,253,253,253
dc.b  253,253,253,253,253,253,253,253,253,253,253,253,253,253,253,253
dc.b  253,253,253,253,253,253,253,253,253,253,253,253,253,253,253,253
dc.b  253,253,253,253,253,253,254,254,254,254,254,254,254,254,254,254
dc.b  254,254,254,254,254,254,254,254,254,254,254,254,254,254,254,254
dc.b  254,254,254,254,254,254,254,254,254,254,254,254,254,254,254,254
```

表中数据位置的计数值包括需要访问的数值。因为计数数值是一个8位的变量，只需要2个MSB位来计算页。页寄存器是一个装载8位标识位的原始表格地址加上两个标识位的计数数值。

```
lda CounterValue            //在累加器中装载搜索的数值
rola                        //获得高两位
rola
rola
and # $ 03                  //进行逻辑与操作
add #(Table_Data>>6)        //地址表右移6下加上计算的页
sta PAGESEL                 //在页寄存器中装载页(现在是置位相应的页)
```

下一步，重载计数值到累加器中，与上低6位，加上0xCD(页窗口)，并将它存入X寄存器。现在，D[X]里面包含要求获得的数值。

```
lda CounterValue            //重新寻找累加器的数值
and # $ 3F                  //提取低6位
add # $ C0                  //对第一页窗口寄存器地址加上偏移
tax                         //在X寄存器中存储地址
lda, x                      //装载表结果
sta ConvertedValue          //存储结果到转换变量表中
```

4.2.7 RS08微处理器对中断的处理

1. 概 述

本例是在RS08上使用中断的快速参考，在MCU中没有中断向量，每个模块中断请求必须通过轮询标志位获得。由于RS08没有中断向量，因此除了复位中断外，有必要去轮询每个使能中断位。当复位发生时，程序计数器从地址＄3FFD开始执行。跳转指令必须放在这个位置作为正确的复位操作，中断相关寄存器如图4.15所示。

SIP1									
	R	0	0	0	KBI	ACMP	MTIM	RTI	LVD
	W								

系统中断挂起寄存器
KBI—从KBI模式挂起
ACMP—从ACMP模式下挂起中断
MTIM—从MTIM模式下挂起中断
RTI—从RTI模式挂起中断
LVD—从LVD模式挂起中断

MTIMSC									
	R	TOF	TOIE		TSTP	0	0	0	0
	W			TRST					

MTIM状态控制寄存器
TOF—设置计数器溢出标志位
TOIE—使能MTIM中断
TRST—当置1时,复位计数器
TSTP—运行或者停止计数器

KBISC									
	R	0	0	0	0	KBF	0	KBIE	KBMOD
	W						KBACK		

KBI状态控制寄存器
KBF—标识检测到键盘中断
KBACK—写1清除KBF标志位
KBMOD—控制键盘中断检测模式(0为检测沿,1为检测沿或者电平)
KBIE—使能键盘中断

图 4.15　中断寄存器配置

每个模块的中断请求需要使用这两个不同的寄存器来检测：

- 系统中断请求寄存器(SIP)。
- 模块寄存器。

程序在这两种轮询中断事件方式中选择,使用 SIP1 寄存器可以设置中断优先级,但是这个寄存器映射到＄0202 存储区地址,因此索引寻址需要首先访问它。一个指令需要写入 SIP1 寄存器页地址的页寄存器中。使用模块寄存器的标志轮询需要提供 MCU 中断事件的快速应答,根据你的参考应用和设计要求来决定如何轮询中断。下面介绍使用芯片 MTIM 模定时器寄存器来做相关中断处理的代码。

2. MTIM 中断代码例程和解释

这个工程开发使用 CW 5.1 和 DEMO9RS08KA2 板子。工程介绍了如何使用 MTIM 中断和 KBI 模块中断。主函数的功能如下：

- Entry——配置系统控制端口和使用的 ICS、KBI、MTIM 模块。
- Loop——循环检测 MTIM 或者 KBI 溢出中断。
- Timer——每 0.5 s 取反 LED。
- Kboard——选择是否将 LED1 或者 LED2 取反。

这个例子用于如何管理中断请求轮询标志位。本例的时钟源选项直接取自 8 MHz 总线时钟。配置 MTIM 分频器的数值为 256,将选择的时钟源 256 分频。通过分频,每 32 s(8 MHz/256)MTIM 模块计数器将自加一次,因此每 8.192 ms(32×256)MTIM 将产生一次溢出中断。当事件发生时,计数器将检测,因此每 0.5 s LED2 取反一次。

键盘中断在本例中也是使能的。当键盘中断发生时，LED2 将熄灭，另外一个 LED1 将取代其功能，每 0.5 s 闪烁一次。如果又接收到键盘中断，则 LED1 熄灭，同时 LED2 再次闪烁。

中断通过 MTIM 产生，通过轮询 SIP1 寄存器和 MTIMSC 寄存器跳转到合适的子程序中。通过检测 SIP1 或者 KBISC 寄存器来检测键盘中断。请参考源代码中的详细细节。

(1) 配置 ICS 模块工作在内部 8 MHz 总线时钟下，配置 PTA4 和 PTA5 作为输出，配置 KBI 在 PTA1 检测沿中断，配置 MTIM 功能模块运行在空闲态。

```
Entry:
//------------------------------------------------------------------
//配置系统控制寄存器
//------------------------------------------------------------------
IFNE MODE
    mov #HIGH_6_13(SOPT), PAGE_ADR
    mov #$01, MAP_ADDR_6(SOPT)                //关闭 COP,使能复位
ELSE
    mov #HIGH_6_13(SOPT), PAGE_ADR
    mov #$03, MAP_ADDR_6(SOPT)                //关闭 COP,使能复位和 BKGD
ENDIF
//------------------------------------------------------------------
//配置时钟源 (FEI 操作模式)
//------------------------------------------------------------------
    clr ICSC1                                 //选择 FLL 作为时钟源,在停止模式下关闭
    mov #$98, ICSTRM
    clr ICSC2                                 //ICSOUT = DCO 输出频率
    mov #$04, ICSSC
//------------------------------------------------------------------
//配置端口 A
//------------------------------------------------------------------
    mov #$30, PTADD                           //PTA4 和 PTA5 作为输出
    clr PTAD                                  //清除 PTA
//------------------------------------------------------------------
//配置键盘中断模块
//------------------------------------------------------------------
    mov #HIGH_6_13(PTAPE), PAGE_ADR
    mov #$FF, MAP_ADDR_6(PTAPE)               //使能芯片内部上拉
    mov #HIGH_6_13(PTAPUD)
    clr MAP_ADDR_6(PTAPUD)                    //配置芯片 PTA 引脚内部上拉
    mov #$02, KBIPE                           //PTA1 作为键盘中断
    mov #$06, KBISC                           //KBI 键盘中断请求使能
```

```
//------------------------------------------------------------------
//配置定时器
//------------------------------------------------------------------
    mov # $70, MTIMSC                  //使能中断,停止和复位定时器计数器
    mov # $00, MTIMMOD                 //MTIM运行在自由运行态(256次溢出)
    mov # $08, MTIMCLK                 //选择内部时钟源作为参考总线时钟(8 MHz),同
    //时256分频,定时器定时中断时间为总线时钟除以分频数值和MTIMMOD,每32 μs
    //定时器计数器自加一次,中断标志为8.192 ms
    bclr 4, MTIMSC                     //MTIM计数器激活
```

(2) MCU等待直到中断产生。源中断事件检测在下面两种方式：

- 使用SIP1寄存器:MCU有一个系统中断标志寄存器SIP1,包括所有的模块中断标志位。

```
Loop:
    wait                                    //MCU在低功耗模式下
    mov #HIGH_6_13(SIP1), PAGE_ADR
    brset 4, MAP_ADDR_6(SIP1), Kboard       //如果键盘中断挂起,则跳转
    brset 2, MAP_ADDR_6(SIP1), Timer        //如果有定时器中断挂起,则跳转
bra Loop
```

- 使用模寄存器:每个模式使用中断,在其控制寄存器中有一个中断标志位。如果某个特定模块发生中断,将会精确地置位相应的中断标志位,通过模块寄存器检测相应的中断事件的是一条指令,比使用SIP1寄存器快很多,这是由于SIP1寄存器定位在存储区地址中。

```
Loop:
    wait                                    //MCU在低功耗模式下
    brset 3, KBISC, Kboard                  //如果键盘中断挂起,则跳转
    brset 7, MTIMSC, Timer                  //如果有定时器中断挂起,则跳转
    bra Loop
```

(3) 如果在无限循环中检测到KBI中断,将跳转到键盘中断标号。键盘中断标志位(KBF)清除,同时LED指示灯熄灭。变量调用发生改变,因此下一次MCU将产生MTIM中断。LED将每0.5 s取反一次。

```
Kboard:
  bset 2, KBISC                             //KBI应答
  clr PTAD
  lda change                                //改变相应状态
  eor #1
```

```
sta change
bra Loop
```

(4) 中断部分代码硬件结构。本例提供了上述使用的代码的硬件图,硬件结构相当简单。应用中只使用了 6 个引脚。这 6 个引脚包括:电源电压、参考地、复位引脚以及 3 个引脚(2 个用于配置取反输出控制 LED,1 个用于配置键盘中断输入),硬件设计如图 4.16 所示。

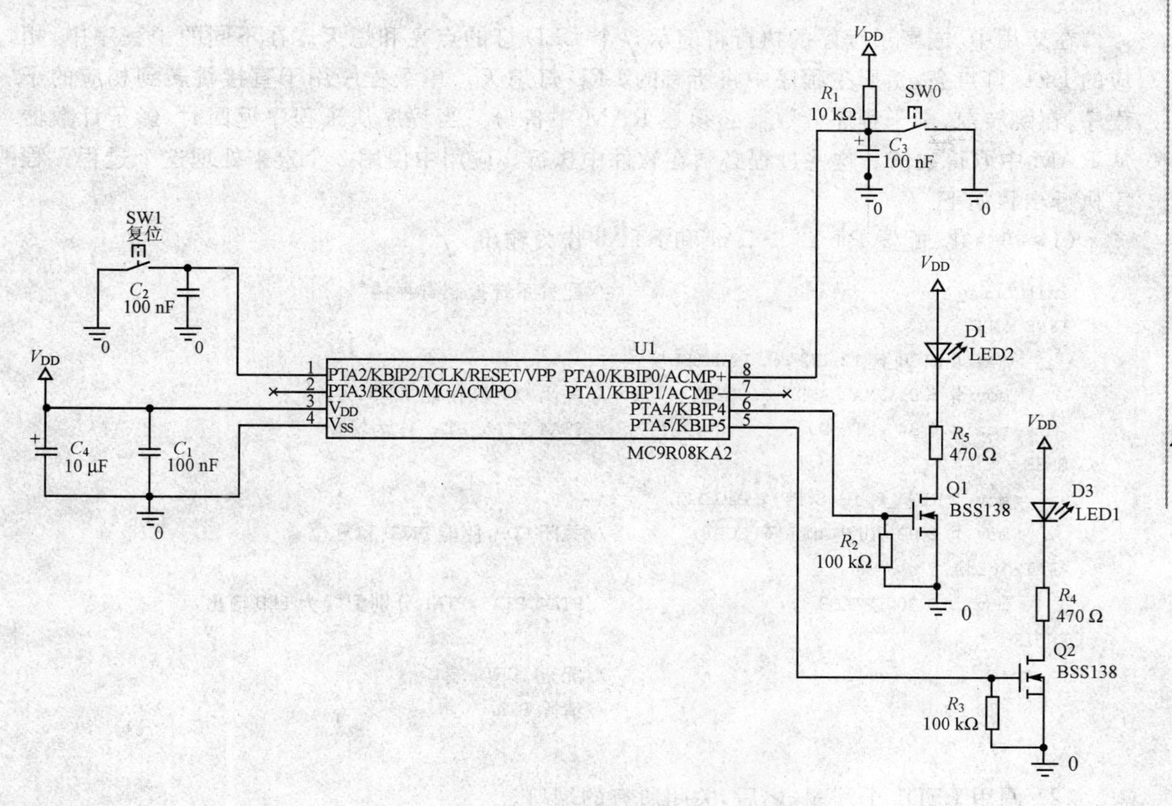

图 4.16 硬件原理图

4.2.8 RS08 微处理器嵌套子程序的处理

1. MC9RS08KA2 嵌套子程序概述

虽然 MC9RS08KA2 没有栈支持,但是通过使用影子程序寄存器有一个单级的子程序,调用子程序时,当跳转到子程序时,PC 指针是保存在影子程序计数器中的。当从子程序中返回时,程序计数器从影子程序寄存器中保存的地址取得返回数值。当子程序调用另一个子程序时，当前的程序计数器是存储在影子程序计数器中的，但是如果以前存储在影子计数器中的程序计数器丢失了，则就意味着 CPU 不能返回到主程序。

本设计通过新添加到 RS08 指令集中的指令，在软件中访问影子寄存器，那么就可以在子程序中进行程序嵌套调用，下面用代码例程详细阐述。

2. MC9RS08KA2 嵌套子程序代码例程和解释

在应用中，嵌套子程序的执行将演示 3 个 LED 灯的点亮和熄灭。在不同的子程序中，相应的 LED 灯点亮，然后主程序中将所有的 LED 灯熄灭。单级程序用于直接跳转到相应的子程序，在跳转前，影子程序计数器必须在 RAM 中备份。当程序从子程序返回时，影子计数器从 RAM 中取得数值。这些过程必须在软件中执行。应用中使用 2 个宏来处理这个过程。程序执行步骤如下。

(1) 初始化：配置 PTA3、PTA4 和 PTA5 作为输出。

```
InitConfig:                          //配置系统控制寄存器
IFNE MODE
     mov #HIGH_6_13(SOPT), PAGESEL
     mov #$01, MAP_ADDR_6(SOPT)      //关闭 COP 和使能 RESET 引脚
     mov #$34, PTADD                 //PTA4、PTA5、PTA1 作为输出
ELSE
     mov #HIGH_6_13(SOPT), PAGESEL
     mov #$03 ,MAP_ADDR_6(SOPT)      //关闭 COP,使能 BKGD 和复位
(PAT2)pins
     mov #$30, PTADD                 //PTA4,PTA5,PTA1 分别配置为 LED 输出
ENDIF
                                     //配置 PORTA 端口
     clr PTAD                        //清除 PTA
     rts
```

(2) 调用 LED1 子程序，之后，关闭所有的端口。

```
_Startup:
      bsr InitConfig
loop: clr PTAD
      jsr sal1
      jsr led1
      jsr sal1
      bra loop
```

(3) 宏定义：有两个宏文件。ENTRY_SUB 是在 RAM 中支持的影子程序计数器。EXIT_SUB 从 RAM 中将影子程序计数器取回。

● ENTRY_SUB　SHA 指令将累加器和影子寄存器中的高字节交换。然后，STA 将累加器存储到 RAM 定位地址中，然后累加器和影子程序寄存器交换。影子寄存器中的低字节必须备份。SLA 指令用于累加器和影子寄存器的交换。然后将累加器存储到下一个 RAM 中，接着将影子寄存器和累加器交换。

```
ENTRY_SUB: MACRO                        //作为栈 SPC 的宏定义
          SHA
          STA pcBuffer + 2 * (\1)
          SHA
          SLA
          STA pcBuffer + 2 * (\1) + 1
          SLA
ENDM
```

● EXIT_SUB 这个子程序和 ENTRY_SUB 子程序的操作相反。影子寄存器的高字节和累加器交换，然后累加器装载到 RAM 中，这个数值将和影子程序计数器交换。接着，影子寄存器的低字节和累加器交换，累加器装载下一个 RAM 定位地址中，这个数值和影子寄存器中的数值交换。这样，原始的数据被保存。

```
ENTRY_SUB: MACRO                        //作为栈 SPC 的宏定义
          SHA
          STA pcBuffer + 2 * (\1)
          SHA
          SLA
          STA pcBuffer + 2 * (\1) + 1
          SLA
ENDM
```

(4) 子程序：3 个子程序用于点亮 LED，调用一个嵌套子程序。LED3 是最后一次调用的子程序。

```
led1: bset 5, PTAD
      ENTRY_SUB 0
      jsr sal1                          //调用嵌套子程序
      EXIT_SUB 0
      ENTRY_SUB 0
      jsr led2                          //调用嵌套子程序
      EXIT_SUB 0
      rts
led2: bset 4, PTAD
```

```
      ENTRY_SUB 1
      jsr sal1                         //调用嵌套子程序
      EXIT_SUB 1
      ENTRY_SUB 1
      jsr led3                         //调用嵌套子程序
      EXIT_SUB 1
      rts
led3: bset 3, PTAD
      ENTRY_SUB 2
      jsr sal1                         //调用嵌套子程序
      EXIT_SUB 2
      rts
sal1:                                  //软件延时
sal2: dbnz COUNTER, sal2
      dbnz COUNTER2, sal1
      rts
```

3. MC9RS08KA2 嵌套子程序相关的硬件设计图

MC9RS08KA2 嵌套子程序相关的硬件部分比较简单，因为应用本身只使用了 6 个引脚：电源电压、参考地、复位引脚以及 3 个用于控制 LED 闪烁的引脚，如图 4.17 所示。

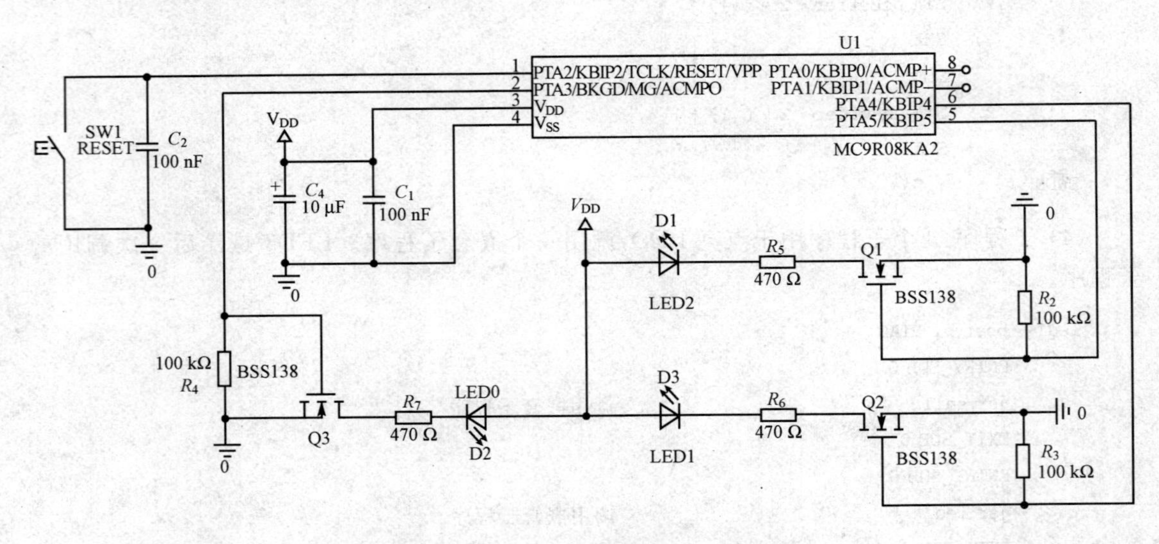

图 4.17 硬件原理图

4.2.9 RS08低功耗模式

1. 低功耗模式概述

这是在HCS08微处理器件中使用低功耗模式的快速参考，提供了关于函数描述的基本信息和配置选项。可以适当修改下面的代码来满足你的应用要求，低功耗模式如图4.18所示。

SOPT								
R	COPE	COPT	STOPE	0	0	0	BGDPE	RSTPE
W								

系统选项寄存器
COPE—COP看门狗使能
COPT—COP看门狗溢出
STOPE—停止模式使能
BKGDPE—背景调试模式引脚使能
RSTPE—复位引脚使能

图4.18 低功耗模式设计快速参考

2. MC9RS08KA2的低功耗模式

MC9RS08KA2有两种低功耗模式，这些模式很方便地提供给用户，可以为各种各样的应用降低功耗。这些模式有等待模式和停止模式。表4.2中摘取了MCU在低功耗下的表现。

表4.2 MCU在低功耗下的表现

模 式	CPU	模定时器	内部时钟源	模拟比较	调整管	I/O引脚	实时时钟中断
等待	空闲	可选	开启	可选	开启	状态保持	可选
停止	空闲	空闲	可选①	可选②	空闲	状态保持	可选

① ICS要求IREFS TEN=1，同时LVDE和LVDSE必须置位，允许操作在停止模式下。

② 如果要求一定的参考时间间隙，在使用32 kHz时钟源进入停止模式前，SPMSC1寄存器中的LVDE和LVDSE位必须置位。

(1) 等待模式概述

当执行WAIT指令时，就进入等待模式。在等待模式下，CPU进入低功耗状态，程序计数器PC被停止。但是如果在执行WAIT指令前片上外设使能，那么这些外设继续工作，所有的内部寄存器、逻辑的状态和RAM的内容依旧维持I/O口线的状态。CPU保持这种状态直到复位或者中断发生。如果复位发生，PC将获取复位向量的地址，从这个开始执行。如果中断发生，MCU将退出等待模式，从下一条指令开始执行。如果MCU通过中断退出等待模式，用户程序就会去检测中断源，然后处理相应的事件。

(2) 停止模式概述

当执行 STOP 指令时,如果 STOPE 位在系统选项寄存器中是置位的,那么系统进入停止模式。如果 STOPE 没有被置位,将会产生非法操作复位。在停止模式下,电源调整管在空闲模式下,所有的 CPU 内部时钟和功能模块被停止,同时 RAM 的内容保持所有 I/O 口的引脚状态。

当复位或者中断发生时,系统从停止模式退出。如果复位发生,PC 将获得复位向量中的地址,开始从这个地址执行。如果中断发生,MCU 会将停止指令执行处的 PC 程序计数器加1,下一条指令也会被获取和执行。如果用户程序检测到中断源,则做相应的中断事件处理。下面是用代码例程对 MC9RS08KA2 的低功耗模式进行的详细阐述。

(3) MC9RS08KA2 的低功耗模式代码例程和解释

在这个应用程序中,MCU 经过一段时间延时,从低功耗模式切换到另一个模式。使用一个 KBI 引脚按键触发,从一个模式退出,让 CPU 进入另一个模式。为了让用户知道 MCU 是处于运行态还是低功耗状态,当 MCU 运行的时候,LED 点亮,当 MCU 进入低功耗模式时,LED 熄灭。每当按键按下时,MCU 退出低功耗状态,延时,重新进入低功耗模式。

其相关配置步骤如下:

① 首先,MCU 初始化,关闭 COP,使能停止模式、BKGD 引脚和复位引脚。然后开始配置硬件,PTA4 配置为输出,将 LED 点亮,KBI1 引脚使能。

```
MOV #HIGH_6_13(SOPT), PAGESEL
MOV #$23, MAP_ADDR_6(SOPT)          //关闭看门狗 COP,使能 BKGD、RESET 和 STOP
MOV #$10, PTADD                     //PTA4 作为输出
MOV #$02,KBIPE                      //PTA1 作为键盘中断
MOV #$06, KBISC                     //清除任何错误中断和非屏蔽 KBI
```

② 接着,MCU 设置运行在 FEI 模式。

```
LDA #$00
STA ICSC1
LDA #$C0
STA ICSC2
```

③ 代码在延时程序中初始化使用的两个变量。

```
MOV #0, COUNTER2
MOV #0, COUNTER1
```

代码在延时程序中执行,当延时时间到时,关闭 LED,最后进入等待模式。

```
mainLoop:
    JSR Delay
```

```
WAIT
```

④ 当按键按下时，MCU 退出等待模式，点亮 LED，清除 KBI 标志位。

```
LDA PTAD                                   //将 LED 取反
EOR # $10
STA PTAD
BSET KBISC_KBACK, KBISC                    //清除 KBI 中断
```

然后代码进入延时程序，熄灭 LED，进入停止模式。

```
JSR Delay
STOP
```

当按键按下时，MCU 退出等待模式，点亮 LED，清除 KBI 标志位，然后分支跳转到程序开始处：

```
LDA PTAD                                   //将 LED 取反
EOR # $10
STA PTAD
BSET KBISC_KBACK, KBISC                    //清除 KBI 中断
BRA mainLoop
```

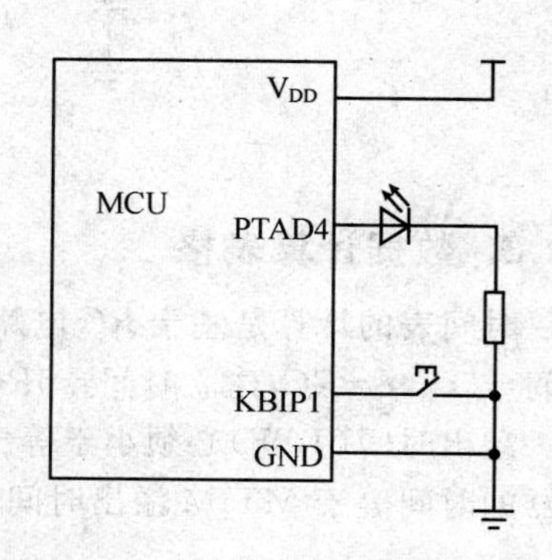

图 4.19　低功耗模式硬件结构图

低功耗模式硬件结构如图 4.19 所示。

4.2.10　RS08 微处理器的模数转换

1. RS08 微处理器的 ADC(模数转换器)概述

本例是在 MC9RS08KA2 上使用模定时器执行模数转换的快速参考。许多嵌入式控制器要求设计一个电压测量传感器，低功耗的 MC9RS08KA2 MCU 具备低功耗模式的模拟比较，因此它可以解决电压测量的问题。

2. ADC(模数转换器)的相关理论

为了使用电压比较器执行模拟比较，由 MC9SR08KA2 控制的输出电压必须与一个外部输入电压匹配，这个电压可以通过执行低阶滤波，根据对电容的充放电周期很容易的产生。电容充放电电路如图 4.20 所示。

这个电容上的充电电压并不是线性的，因为充电电压的公式是：

$$V_o = V_{dd}(1 - e^{\frac{t}{RC}})$$

根据这个公式，对于匹配电压的特定时间需要做一个表来记录。

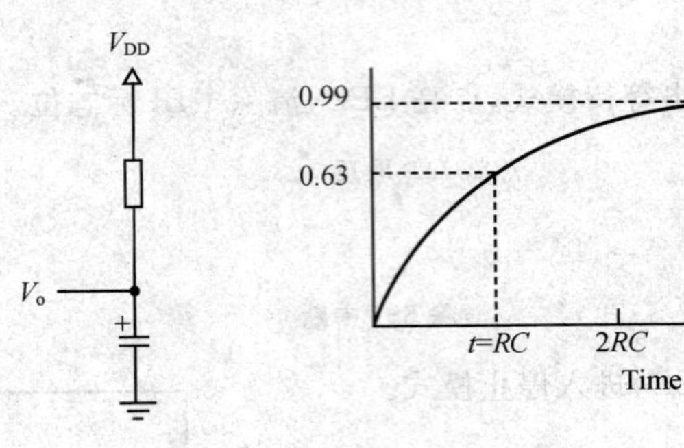

图 4.20　电容充放电路图

3. 数据计算表格

时间表的计算是基于 *RC* 电路建立的时间的，这个建立时间是由下列公式得出的：建立时间＝$5t$，$t=RC$，建立时间＝$5RC$。

溢出时间(TOF)必须小于等于 RC 电路的建立时间。因此计数器的计数定时时间为：计数器的时间等于 MTIM 溢出时间除以 256。在 8 位 ADC 格式中转换数值范围为 0～255。此公式给出了如何计算这个时间表：$Value=\frac{256\ V_O}{V_{DD}}$，时间表中的数值等于 256 乘以每个定时时间下计算的电压(V_O)除以电源电压(V_{DD})。

表 4.3 包括得到表数据的计算公式：

表 4.3　数据计算公式

计数值	定时时间	电压数值	ACC 数值
0～255	$\frac{溢出时间}{256}\times$计数值	$V_O=V_{DD}(1-e^{-\frac{t}{RT}})$	$\frac{256V_O}{V_{DD}}$

在这个应用中，一个特定的 *RC* 数值来产生 5 ms 的充电时间。这个特定的 *RC* 数值是 $R=10\ k\Omega, C=100\ nF$。

本例要求通过定时器产生的电源电压是 2.28 V。通过 ACMP 模式检测到 2.28 V 后，MTIM 定时器的数值是 65，那么 MTIM 的溢出时间是 $5RC=5$ ms，那么 $t=(0.0005/256)\times 65=1.26$ ms。

$$V_O=3.3(1-e^{-\frac{1.26\ m}{(10\ k\Omega)(100\ nF)}})=2.28\ V$$

因此在 ADC 的数值是：$\frac{(256)(2.28)}{3.3}=177$，这个数值就是表中 ADC 的数值。

4. RS08 微处理器的模数转换代码例程和解释

ACMPSC(模拟比较状态控制寄存器)必须被初始化，使能 ACMP 模块来设置 PTA1 作为外部 ACMP+端,使能中断和下降沿比较方式,为 ADC 转换作准备。

```
ACMP_Conf:
        MOV #ACMP_ENABLE, ACMPSC        //ACMP使能,ACMP+引脚激活,中断使能,
                                        //上升沿检测
        rts
```

MTIM 模定时器配置为内部时钟参考,分频器 128 分频,模式工作在自加运行状态。详细代码例程如下。

```
MTIM_ADC_Init:
      mov #MTIM_128_DIV, MTIMCLK        //总线时钟为参考时钟,设置分频器128分频
      mov #FREE_RUN, MTIMMOD            //配置定时器工作在自加运行态
      rts
```

(1) 放电电容——对电容的完全放电,如果在 ADC 转换开始前进行放电,可以避免不正确的电压测量。本例就是通过一个延时程序来确保对电容的放电。

```
Dischange_Cap:
      bset 1, PTADD                     //配置PTA1为输出
      bclr 1, PTAD                      //开始电容放电
      lda #$FE                          //设置延时
waste_time:
      dbnza waste_time                  //等待延时Delay = 0
      rts
```

(2) 从 ACMP 中读数值——复位定时器,清除 ACMP 中断标志位,并关闭 ACMP。调用查表程序。

```
ReadVal:
     mov #MTIM_STOP_RESET, MTIMSC       //停止和复位定时器
     mov #ACMP_DISABLED, ACMPSC         //ACMP关闭,清除中断标志位
     ENTRY_SUB 0
     jsr table                          //查表
     EXIT_SUB 0
     rts
```

(3) 查表函数功能——访问数据表(定位在 Flash 的 0x3E00 地址单元),有必要使用页寄存器,由于数据表要存储 256 个数值,每页可以保存 64 个字节,因此需要 4 个页寄存器。为了查表,需要一个算法来计算页和偏移,从而确定数据在什么位置。为了确定页的位置,需要添加一个计数器。例如,第一个 64 字节的数存在 F8 页中,第二个存在 F9 中,第三个存在 FA 中,最后的 64 个字节存在 FB 页。

```
table:
lda CounterValue
clc                                    //清除移位寄存器
rola                                   //获得高2位
rola
rola
add #(Table_Data>>6)                   //页计算
mov #PAGESEL, Temp_Page                //返回到实际的页
sta PAGESEL                            //改变页寄存器
```

页被确定后，下一步要确定数据转换结果如何定位在64字节中，定时器中最小的6个标志位需要执行一个逻辑与操作，然后加上0xC0数值(起始窗口页)。操作结果包括转换结果的物理地址。为了访问这个地址，有必要存储X寄存器的地址，然后执行LDA,X指令(D[X])。

```
lda CounterValue
    and #$3F                           //提取低6位
    add #$C0                           //索引到页寄存器
    tax
    lda, x                             //装载表结果
    sta ConvertedValue                 //存储结果
    mov #Temp_Page, PAGESEL            //返回页寄存器
    rts
```

本例中，如果定时器的数值是65(0x41)，则页寄存器将装载F9(第二个数据页)，X寄存器将被装载193(0xC1)，这是第二页的第二个数据。

(4) 主函数——主函数的第一步初始化MCU运行在8 MHz下，调整内部振荡器。然后通过调用MTIM_ADC_Init函数配置定时器。下一步，通过Discharge_Cap函数对电容进行放电。之后，开始转换。ACMP_Conf被调用，电容充电开始，接着开始初始化定时器。持续充电直到电容上的电压等于V_{in}。当ACMP+输入上的电压达到转换电压(Vout=Vin)时，ACMP中断将触发，从等待模式进入运行模式。在ACMP中断触发后，定时器中的数值立即存在变量表中。最后，如果中断是通过ACMP产生的，则必须调用ReadVal子程序。

数据表

```
ORG Table_Data
dc.b  0,5,10,14,19,23,28,32,36,40,44,48,52,56,60,63
dc.b  67,71,74,78,81,84,87,91,94,97,100,103,106,108,111,114
dc.b  117,119,122,124,127,129,132,134,136,139,141,143,145,147,149,151
dc.b  153,155,157,159,161,162,164,166,168,169,171,173,174,176,177,179
dc.b  180,182,183,184,186,187,188,190,191,192,193,194,196,197,198,199
```

```
dc.b  200,201,202,203,204,205,206,207,208,209,210,211,211,212,213,214
dc.b  215,215,216,217,218,218,219,220,221,221,222,222,223,224,224,255
dc.b  226,226,227,227,228,228,229,229,230,230,231,231,232,232,233,233
dc.b  234,234,234,235,235,236,236,236,237,237,237,238,238,238,239,239
dc.b  239,240,240,240,241,241,241,241,242,242,242,243,243,243,243,244
dc.b  244,244,244,244,245,245,245,245,245,246,246,246,246,246,247,247
dc.b  247,247,247,247,248,248,248,248,248,248,249,249,249,249,249,249

dc.b  249,249,250,250,250,250,250,250,250,250,250,251,251,251,251,251
dc.b  251,251,251,251,251,252,252,252,252,252,252,252,252,252,252,252
dc.b  252,252,253,253,253,253,253,253,253,253,253,253,253,253,253,253
dc.b  253,253,253,253,254,254,254,254,254,254,254,254,254,254,254,254
```

(5) RS08 微处理器模数转换相关的硬件设计。

本例提供上述源代码的硬件实现图纸，如图 4.21 所示。例程中 MCU 只使用了 4 个引脚（电源电压、参考地、模拟比较 ACMP+、ACMP-），给出了低成本的实现方案，只需要两个外部元器件来进行 8 位 A/D 转换。

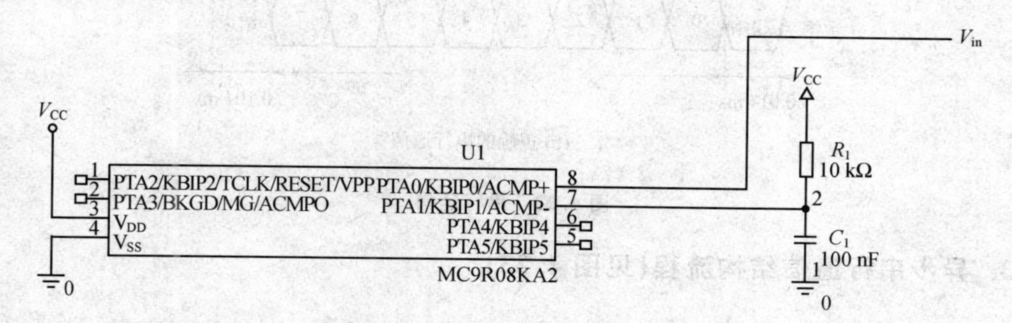

图 4.21 RS08 微处理器模数转换硬件结构

4.2.11 RS08 微处理器中使用 MTIM 模块的串行通信接口

1. MTIM 模块的串行通信接口概述

本例是使用 MTIM 定时器模块做 SCI 串行通信的快速参考，在嵌入式应用中常常使用外设芯片来做嵌入式通信，本文档描述如何在 MC9RS08KA2 上使用 MTIM，用一个引脚做串行通信接口发送数据。

2. 异步串行通信接口理论

这个通信协议是用两个引脚做数据的收发，一个发送引脚是 TxD，一个接收引脚是 RxD，由于有起始位和结束位，因此不需要时钟引脚。

首先，信号在空闲时为高电平，意味着没有数据发送。如果监测到下降沿，经过一段时间后，通过波特率来判断数据的有效性，因此，在这个时刻之前如果有数据信号发生改变，就会有一个错误的起始位（如图 4.22(a)所示），这意味着数据有噪声，没有必要保存。换句话说，起始位可以效验通信的有效性，下一位就是传送数据字节的 LSB（低 8 位）。一旦波特率时间过去，数据位将从数据引脚发送出去，直到整个完整的数据被接收到。然后，在波特率时间内数据引脚必须是高电平。停止位的处理和起始位的处理是一样的，如图 4.22 所示。

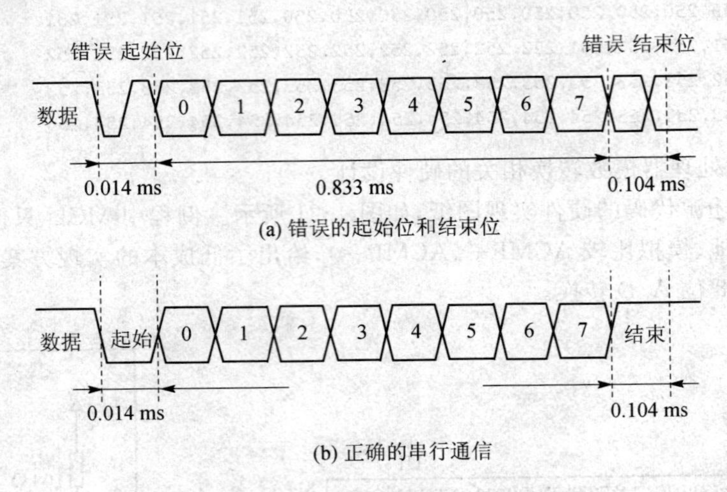

图 4.22 串行通信

3. 异步串行通信结构流程(见图 4.23)

4. MTIM 模块的串行通信接口代码例程和解释

MC9RS08KA2 做串行通信接口的优势是其成本很低，根据设计应用的不同，它可以和其他 MCU 或者其他 PC 进行通信。

本例用 9 600 b/s 的波特率进行发送通信，这意味着每个有效位长度是 104 μs。串行通信接口协议允许最大 4%位的误差，因此，MCU 必须每隔 104 μs 产生一个高精度的信号，并且当 MCU 使用 MTIM 模块发送数据时，必须将误差调整到最小。基于这些因素，本例用 3 个引脚来发送数据。

工程使用 CW 5.1 和 DEMO9RS08KA2 板子做开发。本例通过 PTA5 引脚在 RS－232 线上发送 Freescale 数据。主程序调用 3 个初始化程序。第一个程序装载要发送的数据，使用页寄存器发送数据，调用 Send_ SCI 函数每个周期发送一个字节。

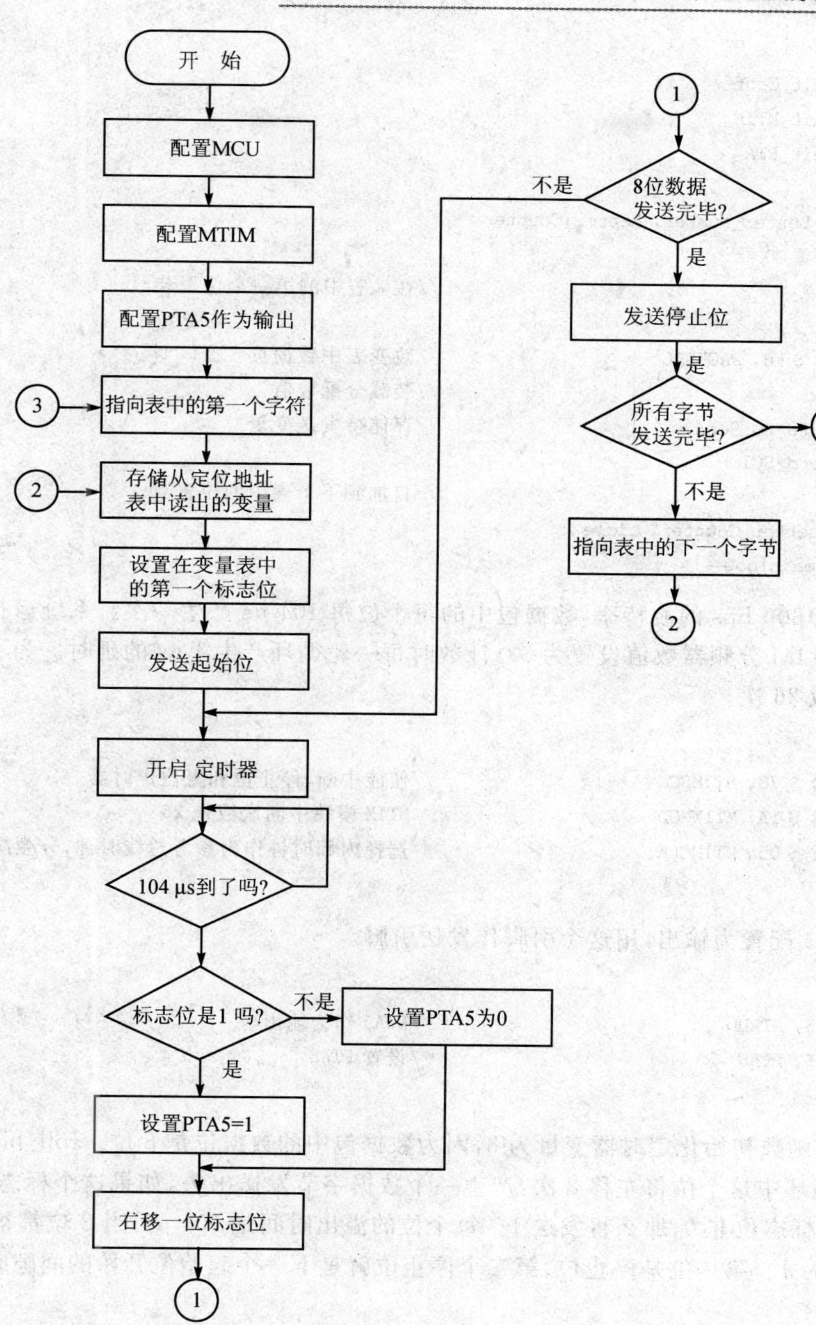

图 4.23　异步串行通信流程图

```
_Startup:
      jsr Init_Conf
      jsr Init_MTIM
      jsr Init_PTA
mainloop:
      mov #Letter_Number, Letter_Counter
      lda #$C0
      tax                                    //在X表中的第一个位置装载
cicle:
      mov #$F8, PAGESEL                      //改变表中数据页
      lda, x                                 //装载分配数值
      sta Byte_to_Send                       //存储待发送变量
      jsr Send_SCI
      inc x                                  //自加到下个表中的位置
      dbnz Letter_Counter, cicle
      BRA  mainloop
```

为了产生9600 bps的波特率，数据包中的每个位每104 μs产生一次。系统运行频率在8 MHz下，将MTIM分频器数值设置为32，计数时每一轮循环产生4 μs的延时。为了产生104 μs延时，需计数26次。


```
Init_MTIM:
      mov #$70, MTIMSC                       //使能中断、停止位和复位定时器
      mov #$1A, MTIMMOD                      //MTIM模块中断次数是26
      mov #$05, MTIMCLK                      //选择内部时钟作为参考总线时钟，分频次数是32
      rts
```

引脚PTA5配置为输出，用这个引脚作发送引脚。

```
Init_PTA:
      bset 5, PTADD                          //PTA5作为输出
      bset 5, PTAS                           //设置PTA5
      rts
```

Send_SCI函数初始化定时器变量为8，因为数据包中的数据位是8位。roll_bit是一个标志位，在每个循环中这个位将左移8次，产生一个数据字节发送出去，如果这个标志位是0，将发送0；如果这标志位非0，那么将发送1。每个位的溢出时间是104 μs，当8位都被发送出去后，PTA将置为1。第一位是停止位，第二个停止位就是下一个起始位开始的间隙时间。

```
Send_SCI:
      mov #08, counter                       //控制变量
      mov #01, roll_bit                      //标志位变量
```

```
        bclr 4, MTIMSC                                  //运行定时器
        bclr 5, PTAD                                    //起始位
        mov #HIGH_6_13(SIP1), PAGESEL
  wait2:
        brset 2, MAP_ADDR_6(SIP1), data
        bra wait2
  data: //Start to Send a data Bit
        lda MTIMSC                                      //清除溢出中断标志位
        mov #$60, MTIMSC                                //复位定时器,清除溢出标志
        lda Byte_to_Send
        and roll_bit
        beq value_0
        bra value_1                                     //如果 bit = 0,调用 Value_0,bit = 1,调用 Value_1
  temp:
        lda roll_bit
        asla                                            //右移标志位
        sta roll_bit
        dbnz counter, wait2                             //循环直到 8 个数据位发送出去
  wait3:
        brset 2, MAP_ADDR_6(SIP1), data2
        bra wait3
  data2:
        lda MTIMSC
        mov #$60,MTIMSC                                 //复位 MTIM 定时器,清除溢出标志位
        best 5, PTAD                                    //停止位
  wait4:
        brset 2, MAP_ADDR_6(SIP1), data3
        bra wait4
  data3:
        lda MTIMSC
        mov #$60,MTIMSC                                 //复位 MTIM 定时器,清除溢出标志位
  wait5:
        brset 2, MAP_ADDR_6(SIP1), data4
        bra wait5
  data4:
        lda MTIMSC
        mov #$60,MTIMSC                                 //复位 MTIM 定时器,清除溢出标志位
        rts
  Value_0:
```

```
        bclr 5, PTAD                                   //发送 0 到数据端口
        bra temp
    Value_1:
        bclr 5, PTAD                                   //发送 1 到数据端口
        bra temp
```

5. MTIM 模块的串行通信接口硬件结构

本例提供了上述代码的原理图(如图 4.24 所示),硬件设计部分使用了 MCU 的 3 个引脚(电源电压,参考地,一个 GPIO 引脚)。

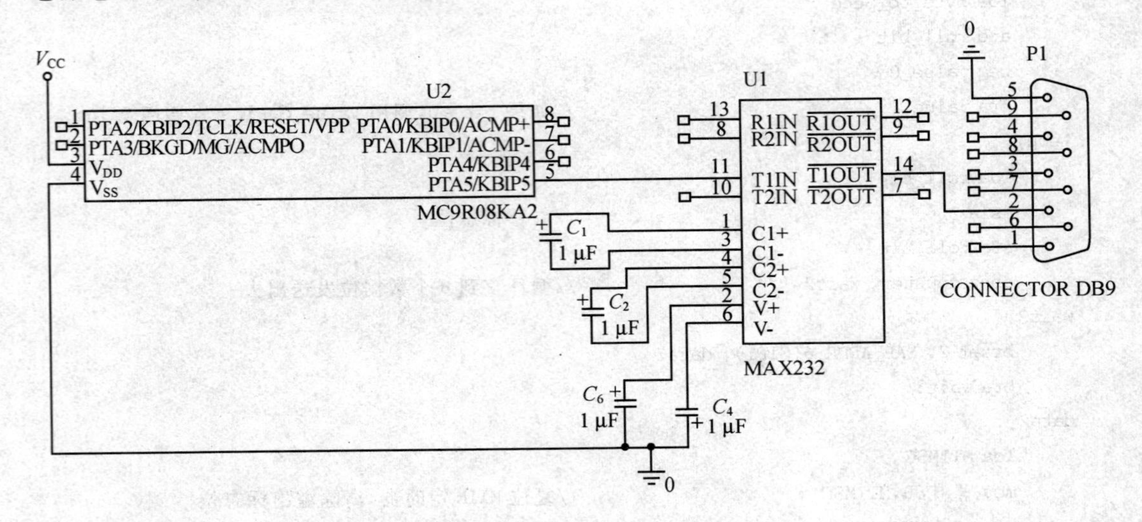

图 4.24　硬件原理图

第 5 章 自制开发工具及建立编程仿真环境

5.1 HC08 系列低成本的编程和调试方式(HC08 MON08 模式)

本节描述了 MC68HC908 家族单片机进入监控模式的条件,和对芯片进行 Flash 在线编程和调试的各种低成本方法。在大多数情况下,需要在芯片外部增加一些额外的外围器件,以便提供必要的控制信号对 MC68HC908 进行板上在线编程。下面介绍监控模式。

5.1.1 监控模式概述

监控模式是为 MC68HC08 微处理器的非易失性存储器所提供的一种在线编程调试方式,监控模式不是芯片全功能仿真的替代品,但是提供了一个连接 PC 的低成本方案,通过主机发送串行命令和目标 CPU 进行通信,这些命令在微处理器寄存器和存储器中执行读写操作。系统开发不需要关心监控模式命令,因为这些命令已经内嵌到编程和调试工具中了,然而当使用监控模式在系统在线编程和调试时还有部分限制需要考虑。监控模式使用单一的 I/O 口和主机(PC)进行通信。这个引脚通过 MCU 的监控模式固件代码控制,当引脚用于仿真 PC 和 MCU 的串行通信时,引脚可以在输入和输出方式间切换。在大部分情况下,调试连接头可以提供时钟信号,用来驱动目标板上的芯片时钟起振。下文提到的 MON08-Cyclone 工具具备提供外部时钟的功能,同时具备波特率自适应的功能来满足目标系统不同的操作频率要求。

许多 MCU 在进入监控模式时需要配置一定的电平。下文针对不同的芯片有一个引脚配置表描述。主机软件和目标 MCU 进行在线通信时,通常将监控模式作为优先调试的接口。一些保护措施在监控模式下是关闭的。必须在监控模式下理解计算机正常操作复位(COP)看门狗，SWI指令，Flash保护特征。

为了使用监控模式在线编程和调试，开发必须配置：

- PC端主机软件为CodeWarrior 5.1集成开发环境。
- 串行线(DB9/USB)用于进行主机和目标MCU监控模式下的通信。
- 在相应的MCU引脚上配置相应的进入监控模式电平(可以接高电平，也可以接低电平)。

5.1.2 监控模式使用的信号引脚

监控模式的物理接口使用9条连接线来配置MCU，建立串行通信。当MCU的Flash存储器为空时，特定的强制监控模式唤醒，需要2个或者3个连接线来进行MCU Flash存储区编程。在本文中，探讨正常的监控模式接口编程调试设计。

(1) V_{tst}/IRQ上电复位(POR)后，进入正常的监控模式，典型的称为V_{tst}(电压测试)，在IRQ引脚出现高电平。V_{tst}电压依赖于V_{DD}的操作电压，范围为7～9 V之间。V_{tst}电平使能了模式选择逻辑和监控模式内部操作条件。

(2) COM/PTA0 由于不是所有的MC68HC908芯片都有异步串行接口(SCI)，因此基于软件的串行协议就写入每个M68HC08家族的监控ROM中。串行接口设计成通过主机RS-232接口以9600 bps波特率或者其他PC标准波特率(1200、4800、115200等)与目标CPU进行通信。MCU串行输入和输出通过一个单I/O引脚，使用PTA的bit0(PTA0)。采用的是半双工的通信方式。

(3) 模式选择信号(MOD1、MOD0、MOD4、SSEL)连同在IRQ引脚提供高电平，还需要配置4个端口来进行监控模式操作。MOD0和MOD1这2个引脚总是用作模式选择。另2个引脚用于总线时钟分频选择和一个可选的安全字节进入使能。在复位引脚的上升沿，这4个引脚只需要有效的电平就可以进入监控模式了。一旦进入监控模式，这些引脚就成为通用的I/O口，因此监控模式最大限度地体现了I/O功能性。MOD1和MOD0时V_{tst}电压应用到IRQ引脚上后，模式选择引脚必须提供相应的电平。这些引脚用于配置监控模式。Freescale也使用Motorola产品测试设备分配方法和竞争厂家来获得特定的测试和仿真特性。DIV4(总线时钟的4分频)，如果执行，用于监控固件检测适当的通信波特率。在MON08接口中推荐使用高频输入时钟，必须上拉DIV4信号为高电平。SSEL(作为串行选择)允许串行或者并行方式进入安全代码字节。串行进入是正常的进入方式，编程和调试工具支持这个方式。并行进入只用于产品测试，非用户操作选项，需要8个以上的连接引脚进入安全代码数据。这个信号不允许存储区数据在并行模式下给Flash装载数据。

(4) OSC 由于监控串行通信是通过监控代码固件产生的，而不是特定的串行通信接口，内部总线时钟必须强制进入一定的频率模式，在这个频率下主机(PC)端能够识别通信信号。

OSC1 输入能够通过 4 脚无源晶振来驱动，或者使用 2 脚有源晶振来驱动，或者陶瓷或者 RC 电路都可以。大部分的 M68HC08 监控模式推荐使用 9.8304 MHz 晶振来产生 9 600 bps 波特率，一些 M68HC08 家族，部分 M68HC(9)08A 和 M68HC(9)08JB 家族(9 600 bps 下需要 6 MHz，或者 19 200 bps 下需要 12 MHz)需要特定的时钟频率，详细信息可以参考相关芯片数据手册。

(5) $\overline{\text{RESET}}$复位输入需要适当的调试操作，但是编程和简单调试模式下是不需要的。$\overline{\text{RESET}}$引脚正常时上拉(通过内部电阻)到 V_{DD}。在监控模式下，复位引脚电平能达到 V_{tst}(进入监控模式后)，从而允许 IRQ 引脚切换回调试模式下的中断输入功能。例如，M68HC908KX 家族提供 I/O 引脚的上拉，复用$\overline{\text{RESET}}$引脚。

(6) Ground/V_{ss}这个 V_{ss}引脚必须连接到主机系统地，提供适当的电平参考，用来通信和模式调节。

5.1.3 MON08 编程仿真头

通过 PC 和目标板的硬件连接，来完成开发工具与实际硬件电路调试。简单的 MON08 编程调试电路任何人都可以制作完成。

1. ICS(In-Circuit Simulators，在线电路仿真)MON08 连接器

Freescale 为许多 MCU 内建 ICS。这个工具提供了相当好的代码调试环境，同时在设计应用中能够对 MCU 芯片设备进行编程。ICS 包括 16 引脚的 Ribbon 线缆，能够和目标板配合使用。这个连接头就是俗称的 MON08 连接头，使用 2 排 8 针的双排针。一端 Ribbon 线连接到 ICS，另一端连接到目标应用系统。每个 MC68HC08 芯片在线仿真的连接引脚参看具体芯片的数据手册，图 5.1 为 MC68HC908GP32 芯片中 ICS 工具的 MON08 连接引脚图。

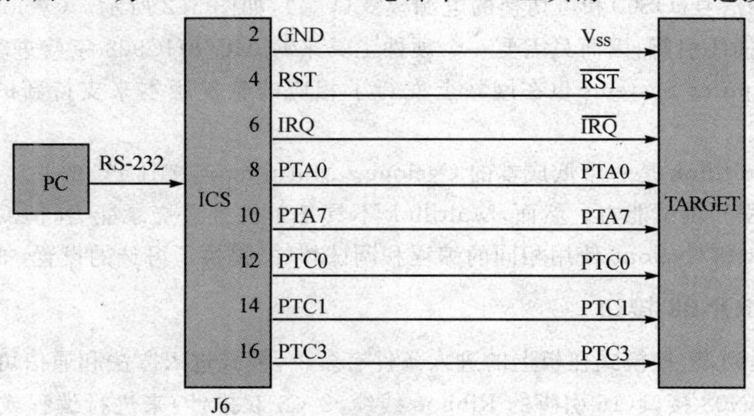

图 5.1　MC68HC908GP32 MON08 连接头

MON08引脚的连接方式在不同系列的MC68HC908上是不一样的。MC68HC908版本小引脚数在MON08连接中通常有一个或两个以上的引脚。表5.1中给出了MON08引脚号和为每个MC68HC908引脚配套的目标信号名。

表5.1　典型的MON08和目标芯片的映射

MON08引脚号	目标引脚名				
	GP/GT	JL/JK	KX	MR	QY/QT
2	V_{SS}	V_{SS}	V_{SS}	V_{SS}	V_{SS}
4	$\overline{RST}$	$\overline{RST}$	$\overline{RST}$	$\overline{RST}$	$\overline{RST}$
6	$\overline{IRQ}$	$\overline{IRQ}$	$\overline{IRQ}$	$\overline{IRQ}$	$\overline{IRQ}$
8	PTA0	NC	PTA0	PTA0	PTA0
10	PTA7	PTB0	PTA1	PTC2	PTA4
12	PTC0	PTB1	PTB0	PTC3	PTA1
14	PTC1	PTB2	PTB1	PTC4	NC
16	PTC3	PTB3	NC	NC	NC

来自P&E Microcomputer Systems的MON08-Cyclone工具提供了一个更好的方式来标准化监控模式下MC68HC908家族的连接。MON08-Cyclone支持对大部分的MC68HC908家族芯片的编程和调试。通过MON08-Cyclone头连接PC串口和目标板。它也能够使用单机对芯片进行批量烧录，这个特征使得在设置产品测试装配时不需要PC的干预就能执行板上编程。

Cyclone工具支持的MON08连接头也是16引脚的Ribbon线。给两个额外的引脚板上组装来提供时钟信号(OSC)和可切换的电源模式(V_{out})，如图5.2所示。Cyclone可以自动配置MC68HC08插线引脚，因而只需要一个硬件工具来对MC68HC908家族进行编程和调试。P&E Microcomputer Systems也在网站上发行了相应的软件版本来支持新的MC68HC908家族芯片的测试。

MON08-Multilink是一个低成本的Cyclone。Multilink连接到PC的并口，提供了和Cyclone相同的编程和调试能力。然而，Multilink不具备单机批量烧录能力，但Cyclone具备该功能。Multilink和Cyclone使用相同的编程和调试软件，提供了可选的设置，如图5.3所示。

2. 用户MON08接口

上述已经提到，监控模式在板上的进入条件有多种，模式进入方法和通信可以简单的使用一个标准的MON08接口(16引脚的Ribbon线缆，2×8双排针)来进行编程或者调试。由于MON08双排头接口增加了不必要的成本，并大大占用了产品电路板的空间，所以在Freescale

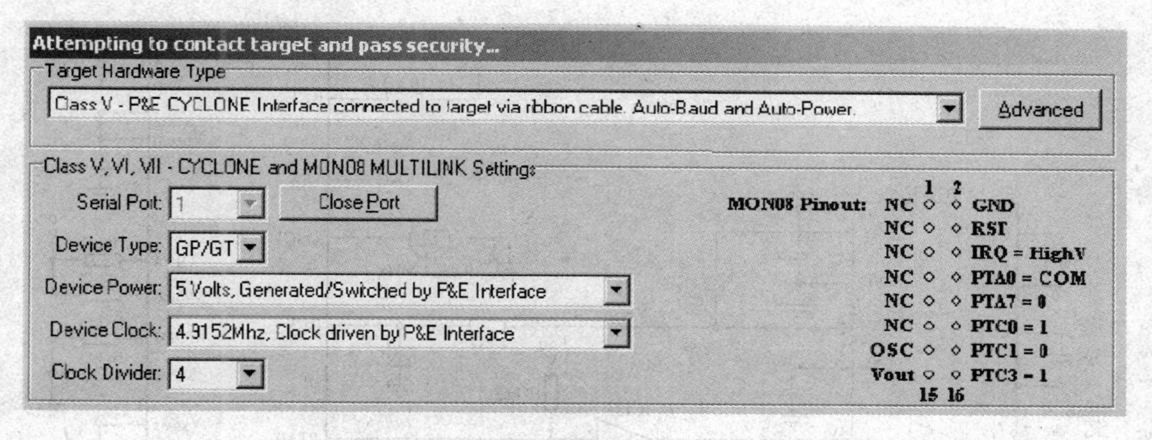

图 5.2　Cyclone 编程(Class V)窗口列出了 MON08 的插线引脚

Attempting to contact target and pass security...
Target Hardware Type
Class VII - P&E MON08 MULTILINK Cable connected to target via ribbon cable. Auto-Baud and Auto-Power.
Advanced
Class V, VI, VII - CYCLONE and MON08 MULTILINK Settings
Parallel Port: 1
Close Port
Device Type: GP/GT
Device Power: 5 Volts, Generated/Switched by P&E Interface
Device Clock: 4.9152Mhz, Clock driven by P&E Interface
Clock Divider: 4
MON08 Pinout:
1 2
NC GND
NC RST
NC IRQ = HighV
NC PTA0 = COM
NC PTA7 = 0
NC PTC0 = 1
OSC PTC1 = 0
Vout PTC3 = 1
15 16

图 5.3　Multilink 编程(Class VII)窗口列出了 MON08 的插线引脚

微处理器最新的开发连接调试使用 BDM 方式,例如 RS08,S08 系列中就使用 BDM 编程仿真调试接口。

5.1.4　MON08 在目标板上的连接

为了在 MON08 方式下不使用 ICS、MON08-Cyclone、MON08-Multilink 或者其他的工具,使用目标板供电为 MON08 接口提供电源,同时为通信部分也提供电源。下面介绍这种正常的监控模式电路图。

1. 正常的监控模式电路

在许多 MC68HC08 数据手册中正常的监控模式电路如图 5.4 所示。这个电路左边提供

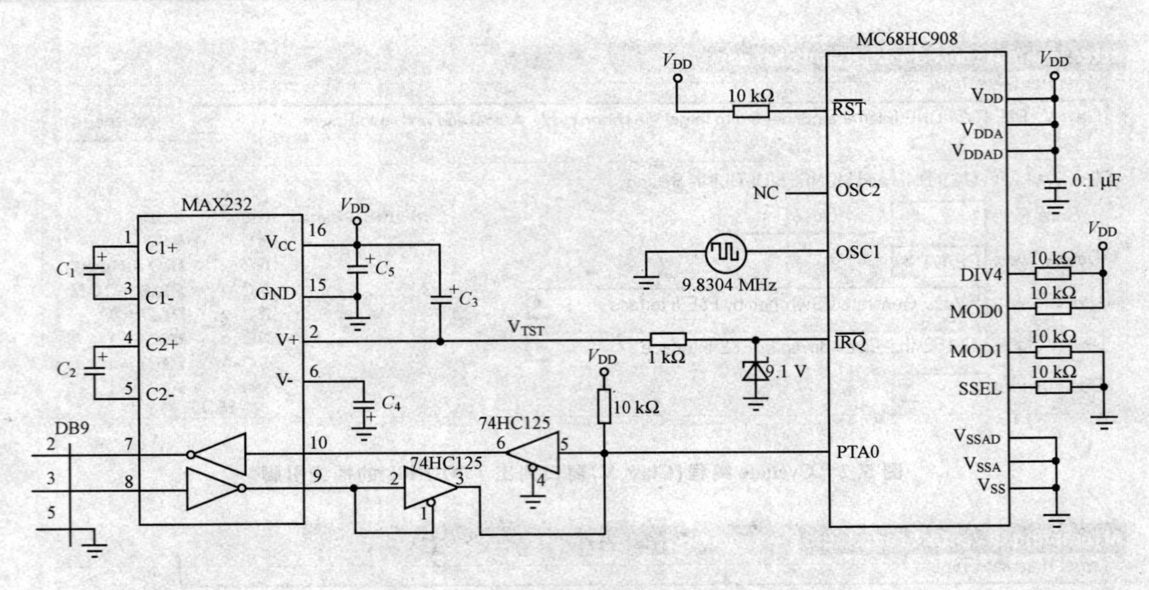

图 5.4 正常监控模式电路

了 MAX232 串行电平转换，74HC125 缓冲器为端口 PTA0 提供双向串行通信数据转换。这个部分可以使用标准的 MON08 头和 MC68HC08 芯片进行通信。注意：使用 MAX232 提供的 V_{tst} 为 IRQ 引脚提供 V_+ 电压。时钟源由 4 脚晶振产生。

$\overline{\text{RST}}$引脚电路是可选的。复位功能可以通过目标板电源上电复位(POR 定义为 V_{DD} 电压小于 0.1 V)实现。要求一个通过内部电阻上拉在$\overline{\text{RST}}$引脚产生高电平或者为 MC68HC908A 或者 MC68HC908MR 提供外部电阻上拉。右边 MCU 的模式选择信号只能在复位的上升沿进入监控模式。下文描述了这些配置的详细信息。

使用 9.8304 MHz 时钟源，要求 DIV4 信号上拉为高，提供 9600 bps 的波特率。

2. 简单的监控模式电路

简单的监控模式电路如图 5.5 所示，两个 74HC125 缓冲器被电阻和二极管取代了。当 PTA0 输出 1 时，MAX232 引脚 10 输入保持高电平。当 PTA0 输出为 0 时，引脚 10 输入置低。当驱动引脚 9 为一个逻辑电平时，RS－232 在第 8 脚的电平空闲状态为低。引脚作为输入，当引脚 9 为高时这个高电平通过二极管控制，因此没有总线冲突。PTA0 空闲状态为高，当 MAX232 引脚 9 变低时，二极管的作用将会使得 PTA0 引脚输入为低。

3. 晶振电路

图 5.6 给出了两种方式支持正常监控模式操作的外部时钟，图 5.6(a)给出了无源晶振的示意图。图 5.6(b)给出了有源晶振的示意图，其硬件成本比使用无源晶振低。图 5.6(b)在许

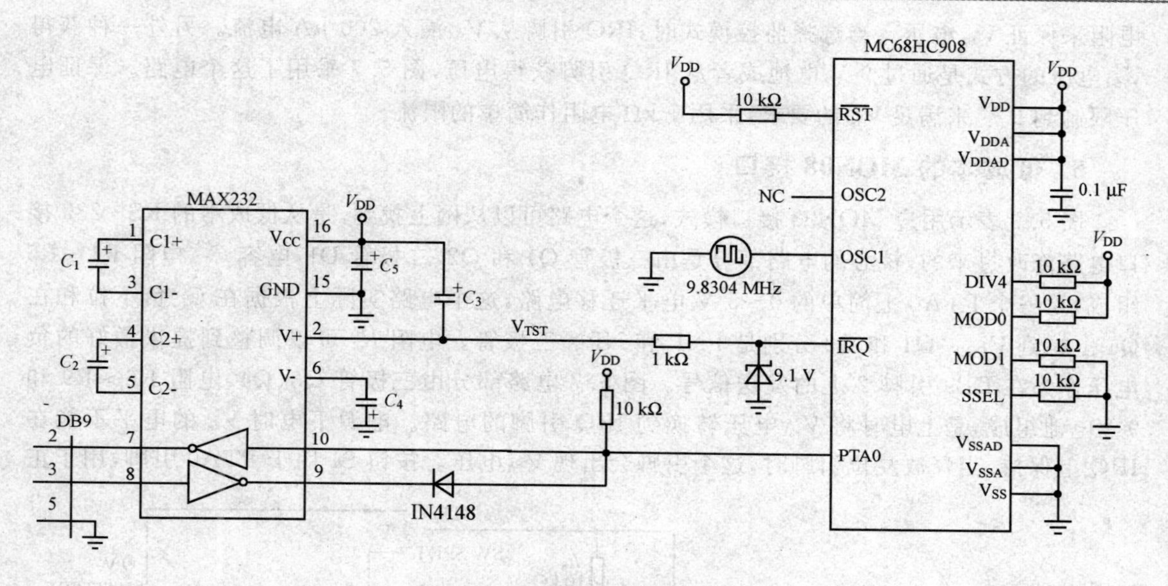

图 5.5　简单的监控模式电路

多电路中都成功采用,其晶振频率范围为 4～16 MHz。必须注意电路板布板来避免不适当的噪声。使用一个 74HC04 反相器来防止相位频移,74HC04 中没有使用的反相需要接地来降低噪声。推荐的电容大小是 20 pF,同时允许有 5 pF 范围内的偏离。

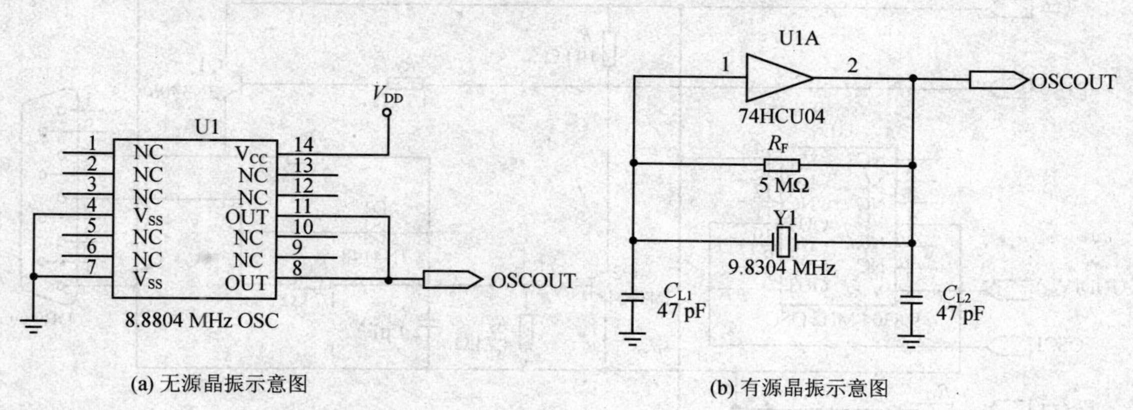

(a) 无源晶振示意图　　(b) 有源晶振示意图

图 5.6　支持正常监控模式操作的外部时钟

4. V_{tst}信号的产生

在图 5.4 和图 5.5 中使用 MAX232,采用高电平 V_{tst} 作为监控模式引脚。MAX232 的 V_+ 输出大约 9 V 的电压,提供了监控模式进入的电压条件,同时需要一个稳压二极管和一个限流

电阻来保证 V_{tst} 电压。当选择监控模式时，IRQ 引脚从 V_{tst} 灌入 200 μA 电流。另外一种获得 V_{tst} 电压的方式是通过 9 V 电池或者从 IRQ 引脚获得电压，图 5.7 采用了这个电路。保证电压限制到 9 V 来满足 V_{tst} 的要求，采用 1 kΩ 电阻作简单的限流。

5. 低成本的 MON08 接口

图 5.7 表示用户 MON08 接口模式，这个电路可以从网上找到，是从低成本的 RS－232 接口电路修改过来的，核心的电路部分是由三极管 Q1 和 Q2，二极管 D1，电容 C_1，电阻 R1～R5 组成，是一个 PTA0 上简单的 0～5 V 电平迁移电路，这个电路实际上根据在 C_1 负下拉和在 Q1 上拉到 V_{DD}。Q1 和 Q2 分别是 PNP 和 NPN 三极管。电阻 R_3 可以调整到提供最好的负电压作为在 DB9 引脚 2 上的发送信号。图 5.7 电路部分由三极管 Q3、Q4，电阻 R6～R9 和 9 V电池组成，是上电时将 V_{tst} 电压转换到 IRQ 引脚的电路。电源下电时 V_{tst} 的电平不能在 IRQ 上保持，当释放复位引脚时，这个引脚会出现 V_{tst} 电压。按钮 S1 用于 PTA0 引脚，用于正

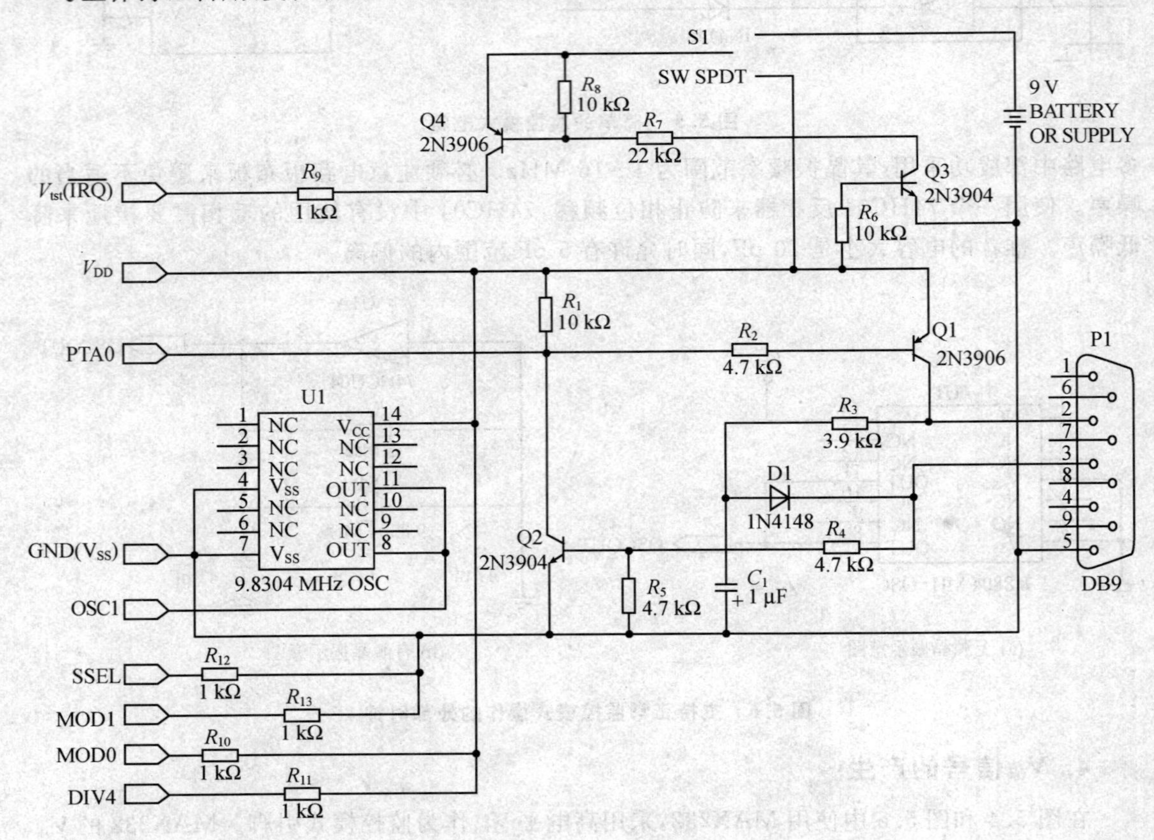

图 5.7　低成本的 MON08 接口

常模式串行通信(如果 MCU 没有异步通信接口 SCI)的情况。Q3 和 Q4 各自是 PNP 和 NPN 三极管。电路 7 的底部是一个可选的作为目标系统监控模式选择的偏置电路。电路中需要一个标准的 4 角晶体,在 PCB 中晶体可以是 14 引脚封装,也可以是 8 引脚封装。

6. 用户监控模式

图 5.8 是 8 引脚 MC68HC908QT4 MCU 的评估板,若 PTA2 引脚在上电时被拉低,则这个可反复擦写的 MC68HC908QT4 可以进入监控模式。由于这个芯片引脚很少,因此一个全功能的 MON08 方式就需要使用芯片上的每一个引脚。用户监控模式不需要 V_{tst}、晶振和模式选择引脚,而是通过目标芯片的 Flash 驻留的代码来允许 MCU 进入监控模式。也不需要 MON08 头,用户监控程序可以从 Freescale 网站上 MC68HC908QY/QT 系列 MCU 文档 AN2305 中获得。

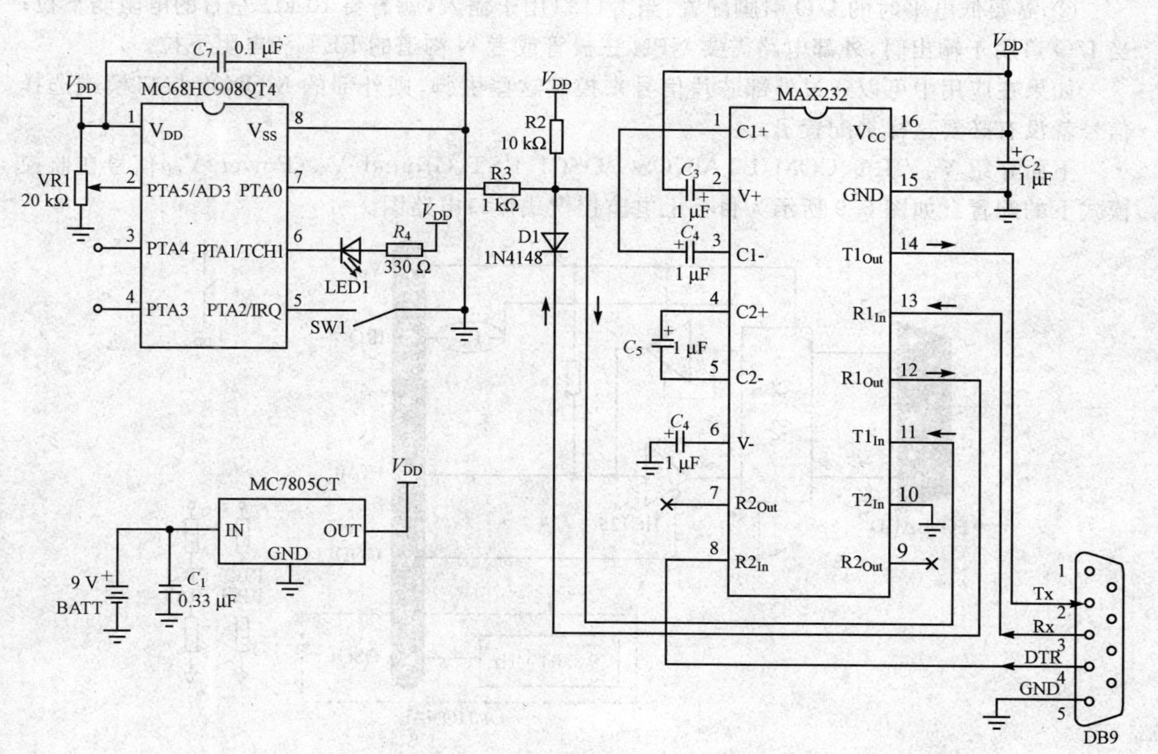

图 5.8　低成本的评估板原理图

目标监控模式接口从目标电路板获得电源,根据通用微处理器的 I/O 口个数和需要使用的监控模式控制引脚,知道在监控模式下至少需要 3 个信号(COM、V_{tst} 和 OSC)来保证 MON08 接口和目标芯片的正常仿真和编程调试。通过在实际工程应用中进行的适当设计,可以使用合适的控制引脚配置来降低进入监控模式的引脚数量。下面讲述这些监控模式信号。

首先要考虑模式信号引脚，有 4 个信号引脚需要配置成默认的状态，因此 MON08 没有连接。在目标电路中它们可以作为输入也可以作为输出，进入监控模式时，它们为模式选择提供了一定的逻辑电平。如图 5.9 所示，引脚 PTC0 和 PTC3 配置为输入低电平，由于内部上拉电阻在上电复位时没有使能，因此需要提供外部上拉电阻。作为 LED 驱动输出的引脚，这些引脚上拉到 V_{DD}，通过限流电阻和 LED 来提供高电平而不需要额外的元器件。一般在配置模式信号时，可以参考如下建议来配置 I/O 引脚进入监控模式：

① 需要高电平时的 I/O 引脚配置：当 I/O 口用于输入时，就需要 10 kΩ 左右的电阻弱上拉；当 I/O 口用于输出时，外部电路需要通过 LED 和电阻上拉。

② 需要低电平时的 I/O 引脚配置：当 I/O 口用于输入，就需要 10 kΩ 左右的电阻弱下拉；当 I/O 口用于输出时，外部电路需要 NPN 三极管或者 N 沟道的 FET 和电阻下拉。

如果在应用中可以通过外部芯片信号来控制这些引脚，则外部的 MON08 接口模式选择信号就没有必要这样来配置了。

下面介绍 V_{tst}/IRQ、COM/PTA0、OSC/OSC1、RST、Ground/V_{SS}、Power/V_{DD} 信号在监控模式下的配置。如图 5.9 所示为目标上电监控模式接口电路图。

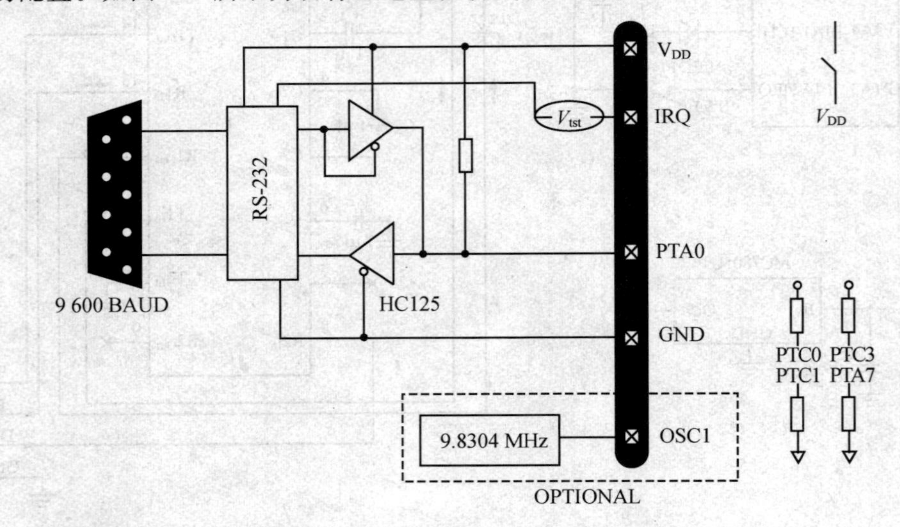

图 5.9　目标上电监控模式接口

(1) 中断请求引脚 V_{tst}/IRQ

IRQ 引脚在大部分的 M68HC08S 上都作为输入来用，作为输入时，其输入电压 V_{tst} 高于 V_{DD}。大部分应用中，在正常模式下这个引脚通过内部上拉电阻保持高电平，在正常的操作中从外部 MON08 接口提供 V_{tst} 信号，防止意外的监控模式进入。

(2) 单线制的串行收发引脚 COM/PTA0

PTA0 引脚配置作为接收双向 COM 串行信号，在大部分的 M68HC08 系列中，这个引脚是键盘中断引脚。它也是模拟输入和通用 I/O 口的复用引脚。如果在正常模式时将其配置作为输入引脚，则当 COM 信号连接到这个引脚后，在监控模式下是不会产生引脚设置冲突的。如果这个引脚配置为输出，则连接到这个电路的引脚必须和双向串行数据口隔离来避免应用中的信号冲突。COM 信号必须支持外部 MON08 接口。

(3) 晶振引脚 OSC/OSC1

OSC 信号总是应用到每个 M68HC08 系列监控模式进入引脚，这个引脚在正常操作时需要一个晶体或者 RC 电路。外部晶体可以很容易地驱动这个引脚，通常使用 9.8304 MHz 晶体，在 M68HC908GT、M68HC908KX 和 M68HC908QYQT 中，这个引脚作为通用的 I/O 引脚，在正常模式下这个引脚作为可选的晶振输入引脚。

(4) 复位引脚 RST

在大部分的 M68HC08 家族中，复位引脚作为输入来用。作为输入时，它有一个内部或者外部上拉电阻。作为输出时，它能驱动上拉复位线为低，提供内部复位操作。如果复位引脚在应用中不是重要的部分，则复位功能可以通过芯片内部上电复位来完成。在大部分低成本的芯片中，如 M68HC908KX 和 M68HC908QY/QT 家族中，$\overline{\text{RST}}$引脚和通用 I/O 是复用的。在这些芯片中，$\overline{\text{RST}}$引脚是通过电阻上拉到 V_{DD} 的。一般的，$\overline{\text{RST}}$信号不是 MON08 接口提供的。

(5) 地线引脚 Ground/V_{SS}

地作为外部 MON08 接口的参考信号引脚。

(6) 电源引脚 Power/V_{DD}

如果 MON08 头没有自带电源，则使用外部电源给 MON08 接口供电，MON08 接口电流要求在应用设计中必须考虑。

总之，在设计中目标 MON08 接口必须提供 V_{tst}/IRQ、COM/PTA0、OSC/OSC1 和 GND/V_{SS}引脚，电源可以从目标板上获取。如果在正常的操作模式中，芯片可以为$\overline{\text{RST}}$引脚和 4 个模式信号选择引脚提供配置，这样电路就可以简化。

5.1.5　低成本的 MON08 开发软件

P&E 微控制系统（www.pemicro.com）和 Metrowerks（www.metrowerks.com）的学习版本 M68HC908 编程调试软件环境为嵌入式系统上层软件开发提供了很方便的手段。P&E ICS08 接口软件包通过互联网可以免费下载。Metrowerks Codes Warrior 的集成开发环境是从摩托罗拉 MCU 网站移植过来的，没有任何改动。此外，还有 Image Craft 的低成本的 ICC08 编译工作环境 NoICE 调试器。P&E 软件也绑定了 MON08 接口和 MON08-Multilink

工具环境。

1. P&E 微计算机系统

P&E ICS08 软件包包括 WinIDE 集成开发环境,集成编译,在线仿真,存储器编程,在线调试功能。结合 MON08 硬件接口编程和调试,如图 5.10 所示。在图 5.4,图 5.5,图 5.7 中 Class Ⅲ是用于 MON08 接口调试的。Class Ⅴ和Ⅶ是用于 Cyclone 和 Multilink 头使用的。下面的例子表示如何在 P&E PROG08SZ 环境下,使用 ICD08SZ 工具对 M68HC908GT16 系列 MCU 进行编程和调试。这个 MON08 头的电路图如图 5.4 所示。

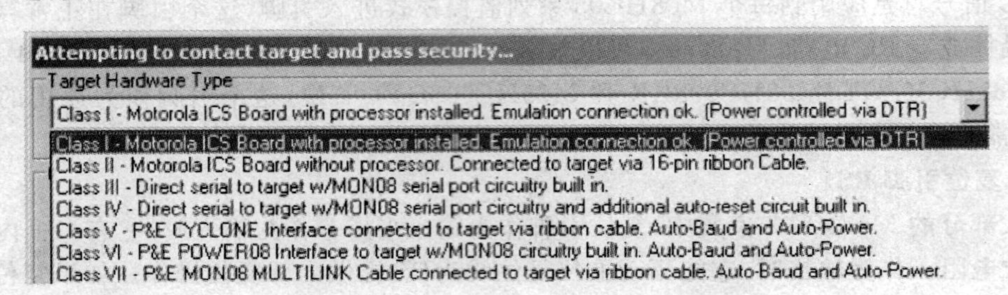

图 5.10　在 P&E 中的 PROG08SZ 中的硬件选择

2. PROG08SZ 软件

在 M68HC908 中对 Flash 编程是和 PROG08SZ 软件联系在一起的。先打开 WinIDE,然后开发和编译代码,当目标板上的 MON08 接口和 PC 相连时,选择编程图标。PROG08SZ 编程器运行和配置 PC 的 COM 端口。根据 MON08 接口类型不同,电源对话框出现是否要对目标板下电(Cyclone 和 Multilink 可以执行自动下电操作)的操作。PROG08S2 然后提示从文件窗口选择编程算法。这样监控模式就自动建立起来了,同时编程窗口也出现了,如图 5.12 所示。其中,端口选择和波特率、加密位的设置如图 5.11 所示。

这里介绍 PROG08SZ 在正常模式下对 Flash 编程的主要步骤:

(1) 打开 ICS08 软件,运行 P&E WinIDE。

(2) 打开开发文件或者开发新的代码。

(3) 编译文件。

(4) 用 MON08 头连接 PC 和目标板。

(5) 单击编程图标。

(6) 在目标硬件类型中,选择 Class Ⅲ(如图 5.10 所示)。

(7) 在 PC 端口选择合适的波特率(如图 5.11 所示)。

(8) 在目标 MCU 安全代码字节中,选择合适的安全代码,或者选择忽略安全密钥对话框。

(9) 单击连接目标板。

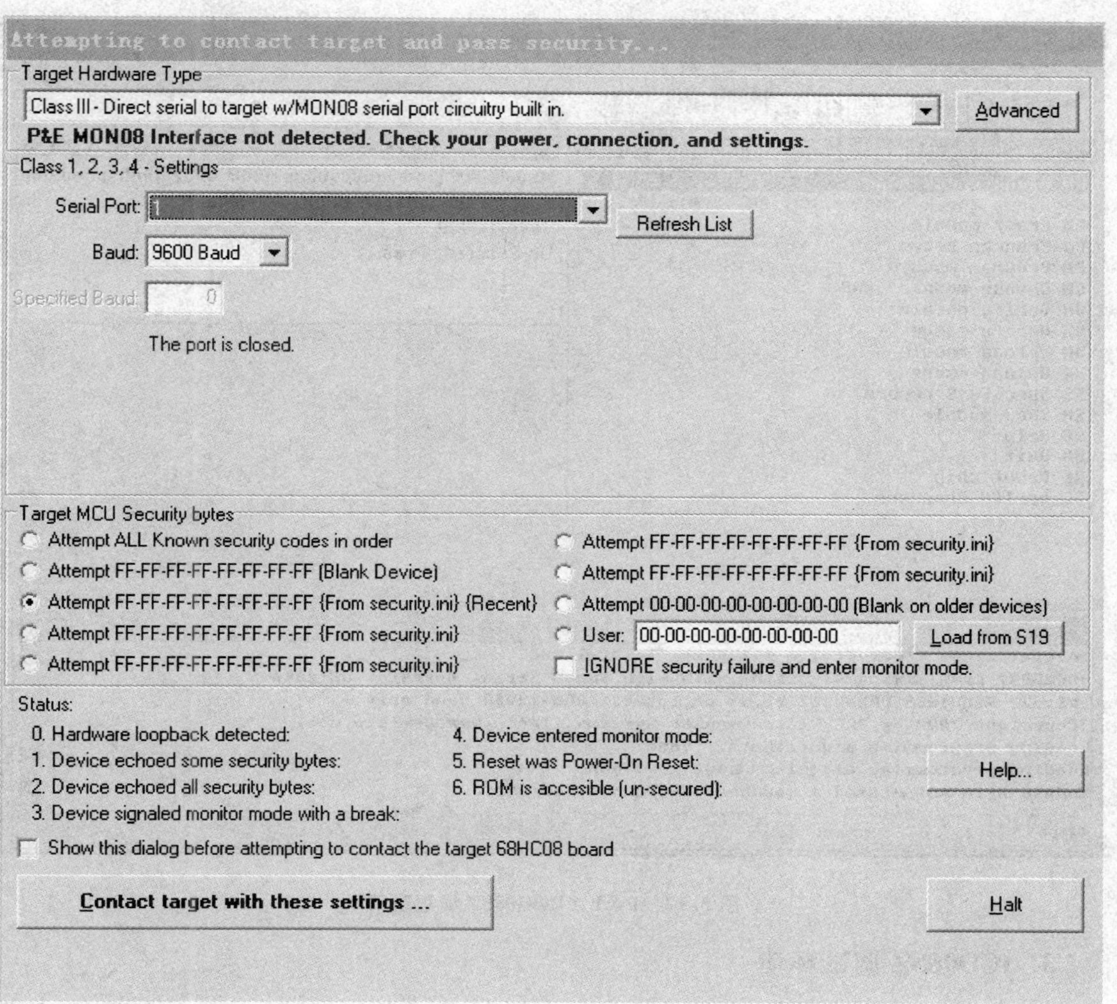

图 5.11 选择端口、波特率和加密位

(10) 依照提示步骤下电操作。

(11) 选择合适的算法(如图 5.12 中的 908_gt16_highspeed.08p)。

(12) 如图 5.12 所示双击擦除按钮。Flash 先擦除后才能进行编程。

(13) 双击 S 记录栏目,选择文件。

(14) 双击编程图标。

(15) 双击校验图标(这步操作可选)。

(16) 双击退出编程,完成整个过程的编程,这样就可以进行电路板的在线调试了。

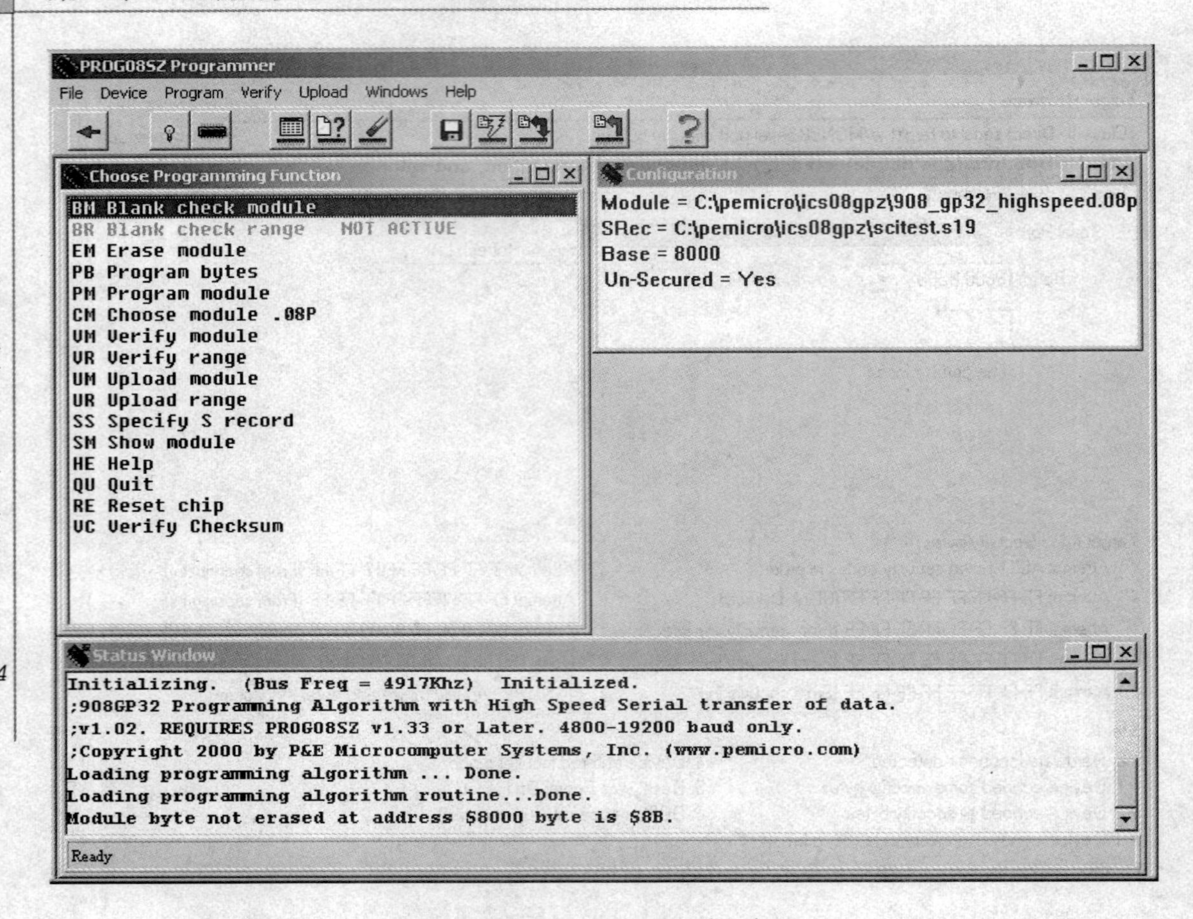

图 5.12 P&E PROG08SZ 编程窗口

3. ICD08SZ 调试环境

进入 ICD08SZ 调试环境是很容易的,在 PC 和目标板间使用 MON08 接口,在 WinIDE 菜单中选择在线编程调试图标。使用 Class Ⅲ 硬件类型,调试器通过通信和目标板建立联系。窗口显示寄存器区、变量区、代码区、状态信息区。主菜单栏中快速访问调试功能如图 5.13 所示。

4. Metrowerks 开发工具

汇编、连接和编译源代码及调试,Metrowerks CodeWarrior Development Studio 的 MC68HC08 专业开发环境是一个免费工具,可以通过升级来满足工作要求。这个功能强大的集成开发环境包括:芯片的全功能仿真和 P&E 微处理器系统的 Flash 编程;高优化代码的 C 编译器和 C 源代码级别的调试;通过专家处理器系统自动产生的 C 代码。

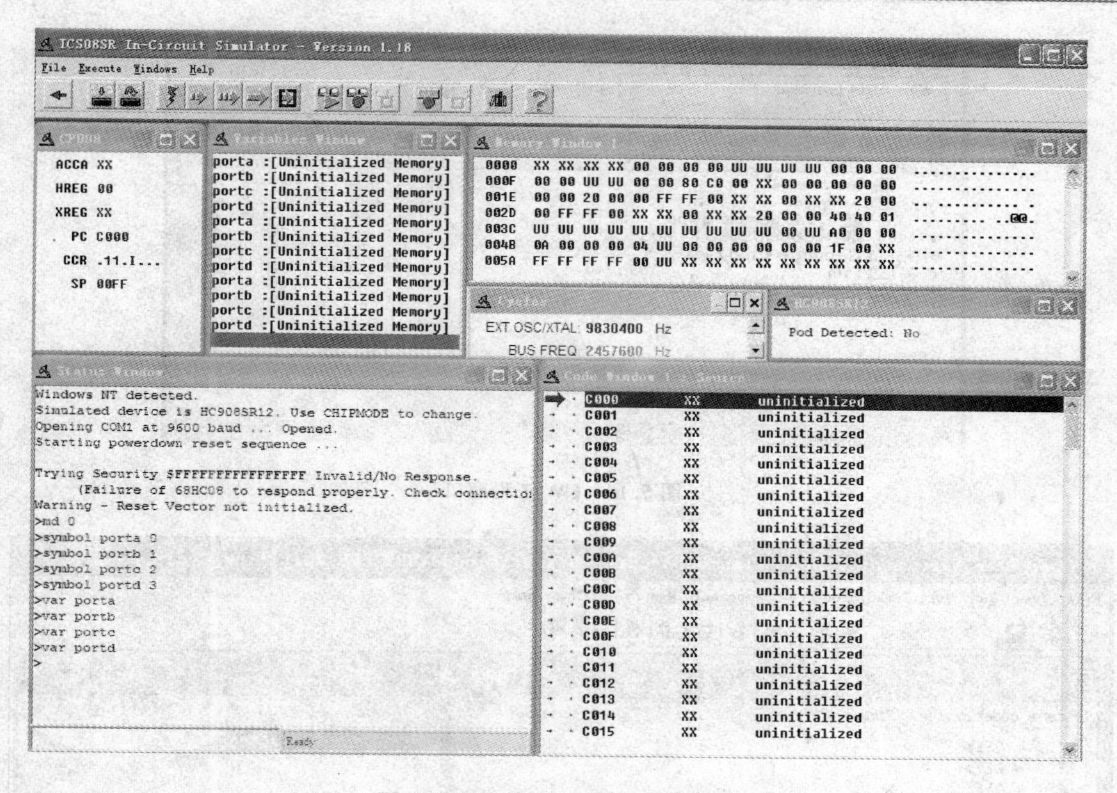

图 5.13　P&E ICD08SZ 调试窗口

下面介绍如何对 M68HC908 MCU 进行代码编程和调试，这是在正常模式下对 Flash 进行编程和开始调试进程的主要步骤。这个例子是在 PE 调试环境中，使用 QT4 进行汇编的。本例子也使用低成本的 MON08 接口电路(如图 5.7 所示)。

(1) 运行 CW08 软件，创建一个新的工程。或者双击工程文件(project.mcp)。工程文件窗口如图 5.14 所示。

(2) 单击“+”图标打开源代码文件夹。

(3) 如果有必要修改源文件。

(4) 单击调试图标，开始真实仿真和实时调试，如图 5.15 所示。

(5) 单击 PE DEbug 菜单，选择合适的芯片，如图 5.16 所示。

(6) 同样地，在 PE DEbug 菜单中，选择模式：在线调试/编程。

(7) PROG08SZ 用于连接目标板，通过安全密钥区，如图 5.11 所示。在目标硬件类型中，选择合适的类型(Class Ⅲ 中作为低成本的 MON08 电路，如图 5.7 所示)和波特率。

(8) 单击连接目标板。

(9) 依照提示步骤下电操作。

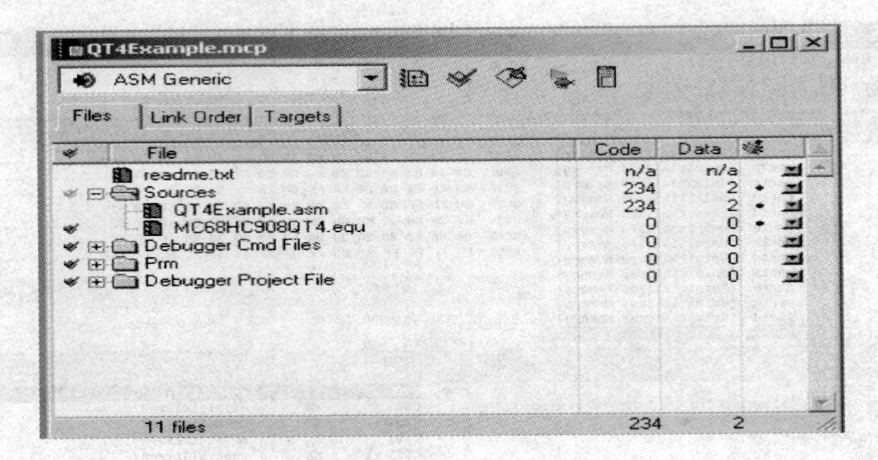

图 5.14 CW 工程窗口

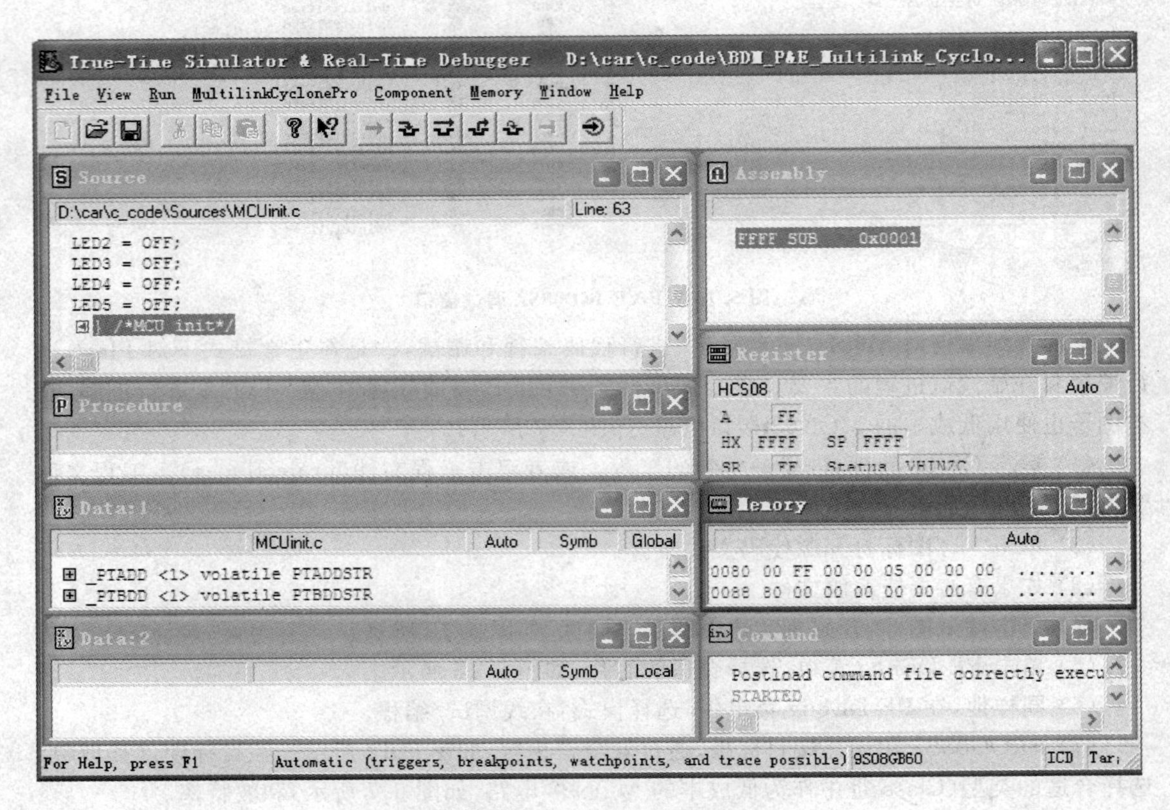

图 5.15 真实仿真和实时调试窗口

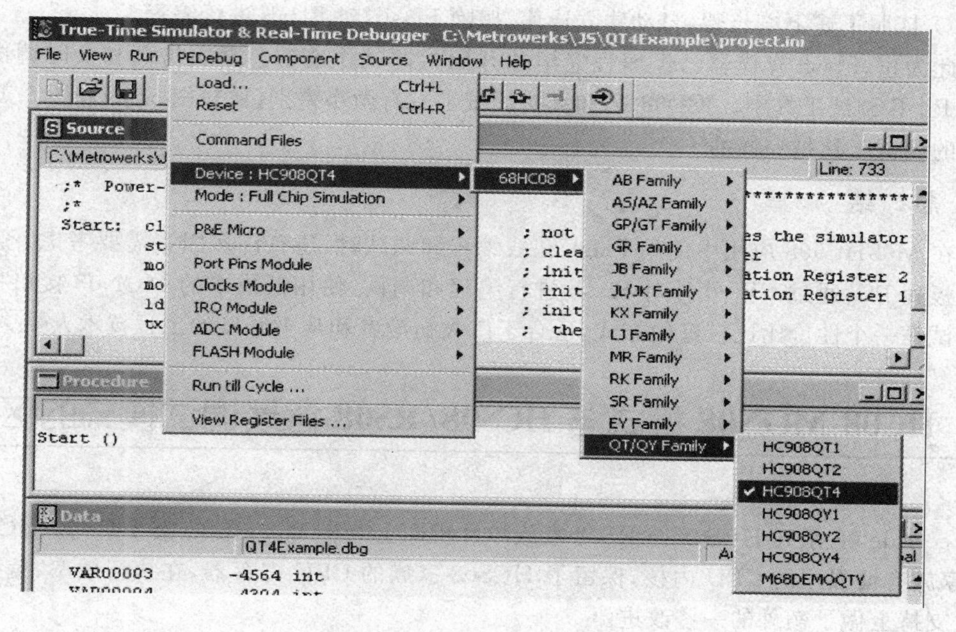

图 5.16　PE Debug 菜单栏

(10) 单击 Yes 按钮配置窗口(如图 5.17 所示)。

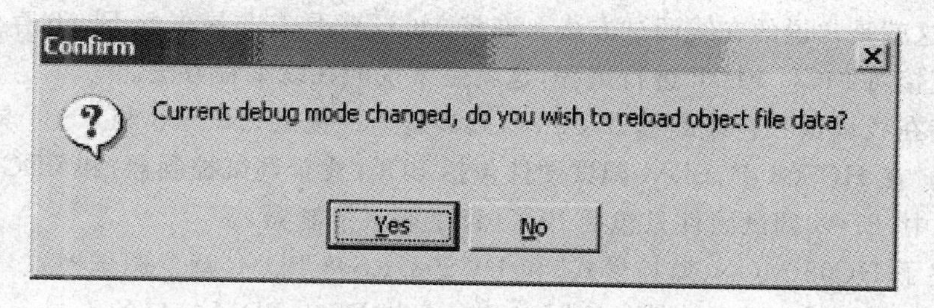

图 5.17　配置窗口

(11) 在擦除和对 Flash 进行编程窗口中单击 Yes 按钮,如图 5.18 所示。

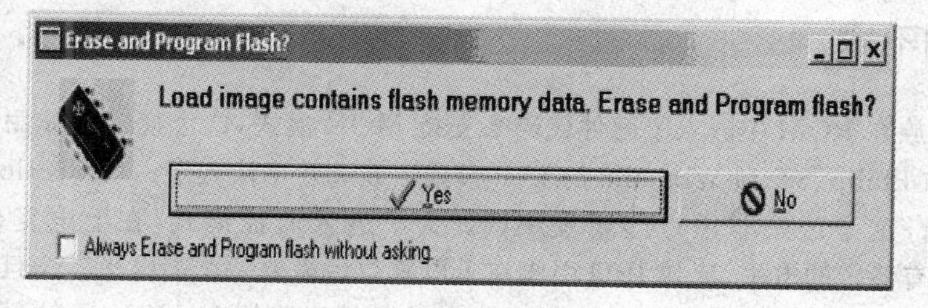

图 5.18　擦除和对 Flash 编程

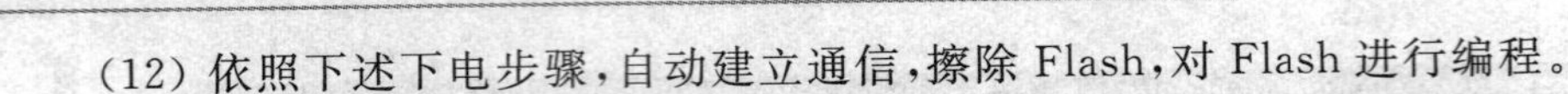

(12) 依照下述下电步骤，自动建立通信，擦除 Flash，对 Flash 进行编程。

到此为止，Flash 存储器已经编程完毕并开始为调试作准备。真实仿真和实时调试已经集成到 P&E 调试工具中。ICD08SZ 和真实调试工具有微小差别（比较图 5.13 和图 5.15），但是基本的调试工具是一样的。

5. 总　结

当在 M68HC908 应用中使用 Flash 在线编程和调试时，还有许多因素需要考虑。连接硬件目标板到 PC，通过 CW 软件对 Flash 进行编程和调试，使用低成本的 MON08 接口执行编程和调试是一个性价比比较好的方式，适合于广大初学者和从事开发的工程技术人员。

5.2 HC08 MON08 模式与 HCS08/RS08 背景调试模式的区别

Freescale 08 系列 HCS08 与 RS08 家族单片机向上兼容 M68HC08 家族系列。HCS08 与 RS08 家族有增强型的 CPU 内核，保留了 HCS08 家族的 CPU 寄存器，在执行效率、编译方式和开发支持上做了额外的一些改进。

对于 MCU 的应用开发，一个好的开发工具可以降低总体成本，减少开发时间。用户需要模拟实际系统的运行，来调试应用程序。基于此，开发工具就需要能够在实际的目标系统中调试用户程序，这就是常说的在线调试方法。许多 MCU 都具有非易失性 Flash 存储器，可以在目标系统上直接对 MCU Flash 进行编程，这就是常说的在线编程方法。

为了支持在线调试和在线编程，HC08 家族具备监控模式，HCS08 和 RS08 具备 BDM（背景调试模式）。在 HCS08 中，BDM 调试硬件包括 BDC（背景调试控制器）和 BDG（背景调试模块）；在 RS08 中，BDM 调试硬件只包括 BDC（背景调试控制器）。

本节描述了 HC08 MON（监控模式）和 HCS08/RS08 BDM（背景调试模式）的不同，介绍了 HCS08 与 RS08 家族 BDC 特性的不同以及 S08 与 RS08 BDM 接口的不同。

5.2.1 HC08 MON（监控模式）和 HCS08/RS08 BDM（背景调试模式）的不同

HC08 家族在 ROM 中嵌入了固件代码来支持 MON 模式，这个模式是非用户应用模式，有点类似目前 Philip、ST 和 Winbond 的 IAP 模式。在芯片中注入了一块 Bootloader 区，用于芯片的自烧录，这个区是非用户应用程序区。为了进入监控模式，在上电复位后，相应的 MCU 引脚要有特定的电平，比如 IRQ 引脚在上电复位后需要一个高电平。一旦条件满足，监控模式 ROM 代码将在非用户应用程序区运行。主机（PC）可以和 MCU 通过一个 I/O 口，使用标准 NRZ 串行协议进行通信。

监控 ROM 模式支持 6 条指令,其中 4 个用于读写存储区(READ、WRITE、IREAD、IWRITE 指令),第 5 个用于运行用户程序(RUN 指令),第 6 个用于读栈指针(READSP 指令)。在 MCU 进入监控模式之前,SWI 指令(软件中断指令)在监控代码中执行。为了运行用户程序,通过 RUN 指令执行 RTI 指令。当 MCU 在监控模式时,CPU 用于运行监控代码,因此用户程序代码不能同时运行。

HC08 家族有额外的模式用于测试芯片,这个模式不是用户模式和监控模式,并且这个模式是不向外界开放的。另外为了测试芯片,需使能这些模式,从而用来建立高端仿真工具,比如 Freescale FSICE 仿真。由于内部总线可以通过 MCU 引脚观察,仿真器使用这个模式来进行总线状态分析,然而由于仿真时许多 I/O 引脚不支持这些信号,MCU 引脚失去了已有的引脚功能,需要在 MCU 外部重新建立这些功能。因此,重建引脚功能不一定是真实的和 MCU 一样的功能。许多小 MCU 没有足够的引脚来支持总线模式,因此很难实现仿真功能。

HC08 和 RS08 家族硬件支持 BDM 模式,特别地,在 BDM 中支持 BDC。BDC 包括硬件逻辑和与 HC08 MON(监控模式)类似的固件代码(但是没有嵌入到 MCU 中),因此,BDC 不需要使用 CPU 及其指令。BDC 的好处是能够访问芯片内部存储区,即便是客户应用程序运行的时候也可以。

在 HC08 家族中,断点模式是独立于监控模式的,在 MCU 中执行断点和追踪调试。当 CPU 地址和写入断点寄存器中的数值匹配时,断点模式产生 SWI(软件中断指令)。HC08 和 RS08 家族不具备这个模块功能。然而 BDC 包括硬件逻辑来支持这些功能。当断点地址和写入 BDC 断点寄存器的数值匹配时,断点模式进入活动背景调试模式,而不是执行 SWI 指令。HCS08 BDC 允许访问片上调试模块(DBG),支持更多的 16 位比较,更加便于调试。

在 HCS08 和 RS08 家族中,单线制的 BKGD 背景调试接口设计成模式进入方式和串行通信的方式,此外没有其他的引脚用于进入活动背景调试,因此其他的 MCU 引脚功能在程序调试的时候是没有任何限制的。

HCS08 BDC 总共有 30 条背景调试指令。RS08 BDC 总共有 21 条背景调试指令。CPU 寄存器能够通过指令直接访问。一些指令不仅能够在活动背景模式下执行,而且在用户应用程序运行的时候也可以执行。BDC 使用硬件逻辑和各种各样的指令来提供更加方便的调试环境,HCS08 支持系统实时调试方式。

HCS08 和 RS08 芯片中,BDC 也用于芯片测试。为了在仿真的时候支持总线状态分析功能,许多 HCS08 家族成员在 BDC 中加入支持片上系统调试(DBG)方式。系统通过设置 9 个触发信号中的一个就能够捕获地址和数据总线信息。实际上,MCU 中内嵌微总线状态分析功能,因此这个模式下没有 I/O 引脚功能缺失。详细的 DBG 函数功能可以参考 HCS08 家族参考手册(HCS08RMv1)。

表 5.2 给出了 HC08 监控模式,HCS08 BDM 模式以及 RS08 BDM 模式的主要不同。

表5.2 HC08监控模式、HCS08 BDM模式以及RS08 BDM模式的主要不同

	HC08监控模式	HCS08背景调试模式	RS08背景调试模式
模式的进入方式	至少需要4个I/O引脚，在IRQ引脚上要有高电平	只需要BKGD引脚没有高电压要求	只需要BKGD引脚没有高电压要求
硬件和固件代码	固件代码嵌入在ROM中	硬件模式，BDC寄存器在映像存储区没有使用	硬件模式，BDC寄存器在映像存储区没有使用
通信引脚	通用I/O引脚	使用BKGD引脚	使用BKGD引脚
通信协议	RS-232标准的PC通信方式	· 客户串行协议 · 快速 · 支持硬件握手协议	· 客户串行协议 · 快速 · 支持硬件握手协议
命令	共5个命令用户程序可以从监控模式下执行，CPU寄存器可以间接访问，在监控模式下存储区可以访问，但是用户程序运行的时候不能访问	总共30条指令 17条背景调试命令 13条非侵入性命令 · 用户程序可以在背景模式下执行 · 活动背景命令可直接访问CPU寄存器 · 非侵入性指令可以在背景模式和程序运行时访问程序	总共21条命令 10条背景模式命令 10条非侵入性指令 1条CPU模式命令 · 用户程序可以在背景模式下执行 · 活动背景命令可直接访问CPU寄存器 · 非侵入性指令可以在背景模式和程序运行时访问程序
断点功能	断点模式下支持一个断点功能	通过DBG模式的2个断点追踪模式，一个硬件断点和通过BDC的指令追踪模式	一个硬件断点和通过BDC的指令追踪模式
定时器	在监控模式下激活	在背景调试模式下是激活的	
停止和等待模式	监控模式在停止和等待模式下不能用	如果使能BDM(ENBDM=1)，在停止模式3或者等待模式下，背景调试模式是可以访问的	
标准的连接头	16引脚MON08连接	6引脚的BDM连接	6引脚的BDM连接

5.2.2 背景调试模式接口

Freescale定义了标准的6引脚连接方式来连接HCS08或RS08家族MCU。这个连接方式在HC12和HCS12家族的MCU中也使用，是从Freescale高端16位和32位处理器中的10引脚接口中延伸过来的。6引脚接口使用了4引脚：BKGD引脚，RESET引脚，V_{DD}和

GND。**BKGD**引脚由于内置片上上拉，不需要外部电阻上拉。连接头包括可选的复位信号，因此开发系统可以远端强制目标系统复位。V_{DD}连接也是可选的，允许BDM接口通过目标系统取电。

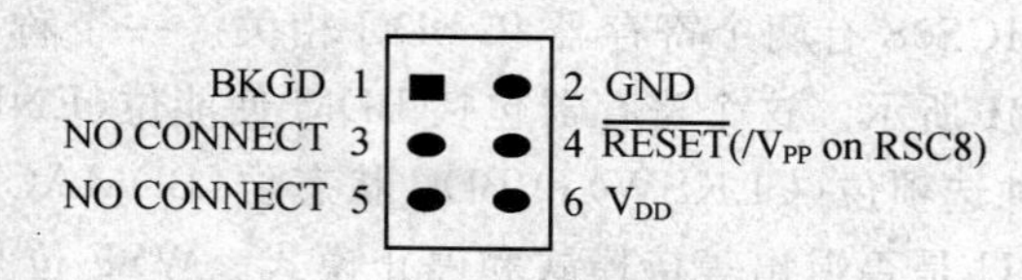

图 5.19 BDM 标准接口

图5.19是标准的BDM接口，标准的2排3引脚头。图5.20给出了BDM在实际的HCS08目标系统中的连接方式。

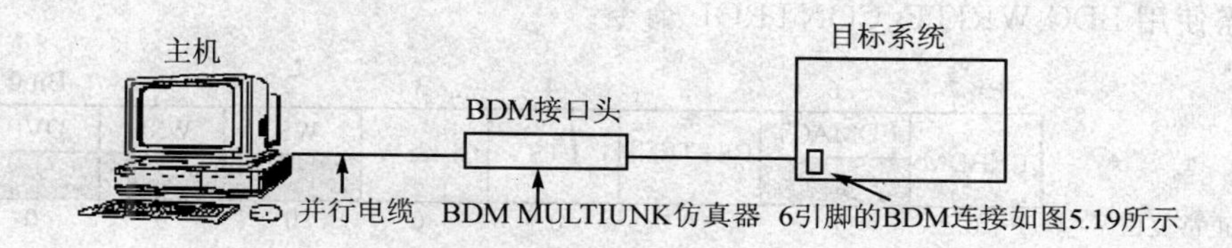

图 5.20 典型的 HCS08/RS08 连接示意图

BKGD引脚用于在外部主机(比如PC和开发工具，目标系统)间的双向通信。为了保持在一个单引脚模式下工作，使用了用户串行协议(这个协议也用于HC12和HCS12家族的背景通信)。HCS08 BDC通信时钟有两个选项，CPU总线时钟和特别为每个MCU定义的BDM时钟。这个选项允许主机在FLL稳定后，选择一个基于FLL的快速总线速度。

有两个主要的方法来通过BDC和目标MCU通信，第一种是使用复位。当$\overline{\text{RESET}}$引脚和BKGD引脚被拉低时，$\overline{\text{RESET}}$引脚被释放，然后BKGD引脚释放。这个方法，MCU是进入活动背景模式，而不是正常用户模式。第二种是热同步方法，该方法并不要求MCU复位。通过发送非侵入性指令给MCU，用户可以在不干扰用户应用程序运行的情况下和MCU通信。背景调试的进入方法随后将详细论述。

5.2.3 HCS08 BDC(背景调试控制)寄存器

BDC的主要优点是它不影响正常的应用程序资源，不共享任何片上外设。单线制的BKGD接口引脚是一个独立的引脚，用于BDM方式下访问用户应用程序，在背景调试模式下不要求高电压就能进入系统调试。

由于BDC的硬件是独立于CPU的，所以当用户应用程序执行时，BDC可以访问内部存储区。BDC一旦访问存储区就可以窃取时钟周期。由于用于每个存储区访问命令的单总线时钟周期(要求大于500 BDC时钟周期)被盗取，因此对于用户程序的实时操作有一定的影响。在HCS08家族中，盗取时钟周期意味着CPU在时钟周期是挂起的，因此BDC可以使用地址和数据总线来访问既定的存储区。然而，CPU的挂起并不影响外设时钟，比如定时器和串行时钟。

HCS08 有两个寄存器和 BDC 相关。一个称为 BDC 状态和控制寄存器(BDCSCR),如图 5.21 所示。这个寄存器包括 BDM 使能位(ENBDM),用来允许活动背景模式;包括串行通信时钟选项位(CLKSW)和 BDC 状态位(BDMACT、WS、WSF、DVF 位)。WS 位用于标识目标 CPU 是否退出等待模式和停止模式。WSF 位是用于标识目标 CPU 在执行等待和停止指令时导致访问存储区失败还是成功的标志位。DVF 位是用于标识访问数据是否有效的标志位。BDCSCR 寄存器不在用户存储区映像中。既然这个寄存器只能够通过调试器访问,而不是通过用户程序,因此可以避免当用户程序运行时无意地使能 BDM。为了使能 BDM(ENBDM=1),需使用 BDC WRITE_CONTROL 命令。

	Bit 7	6	5	4	3	2	1	Bit 0
读	ENBDM	EDMACT	BKPTEN	FTS	CLKSW	WS	WSF	DVF
写								
正常复位	0	0	0	0	0	0	0	0
活动BDM下复位	1	1	0	0	1	0	0	0

□=保留区域

图 5.21 BDC 状态和控制寄存器

其他的寄存器称为 BDC 断点寄存器(BDCBKPT)。这个 16 位的寄存器包括 BDC 硬件断点的地址。尽管当用户程序运行时,可以通过调试器来进行读写。但是当在活动背景模式时,正常情况下只能执行写操作。

另外,还有 2 个芯片标识寄存器,它包括了部分的标识代码和版本号码。这些寄存器称为系统芯片标识寄存器(SDIDH:SDIDL),由两个字节组成。这些标识代码允许调试器和编程器来选择合适的特定目标 MCU,比如存储区映像,代码大小,寄存器等。这两个寄存器是可以通过允许程序和调试器来改变的。

特殊控制寄存器称为系统背景调试强制复位寄存器(SBDFR),在调试模式下也是可用的。这个寄存器包括单一的控制位(BDFR)。用户可以使用调试器来强制 MCU 复位而不需要访问外部的$\overline{\text{RESET}}$引脚。这个寄存器只有在背景调试模式下才容易改变,因此为防止用户应用程序无意的写操作,做了写保护。

5.2.4 RS08 BDC(背景调试控制器寄存器)

RS08 BDC 操作的优点和 HCS08 一样。RS08 BDC 有两个相关的寄存器。一个称为 BDC 状态控制寄存器(BDCSCR),其寄存器配置如图 5.22 所示。这个寄存器包括 BDM 使能位(ENBDM),用于执行活动背景调试模式,还有 BDC 状态位(BDMACT、WS、WSF 位)。WS 位、WSF 位和 HCS08 BDC(背景调试控制)寄存器下的 WS 位、WSF 位描述是一致的。BDCSCR 寄存器不在用户存储器映像中。这个寄存器只能通过调试器访问,而不能通过用户程序。这样可以避免在用户程序运行过程中无意地使能 BDM。为了使能 BDM(ENBDM＝1)，需要使用 BDC WRITE_CONTROL 命令。

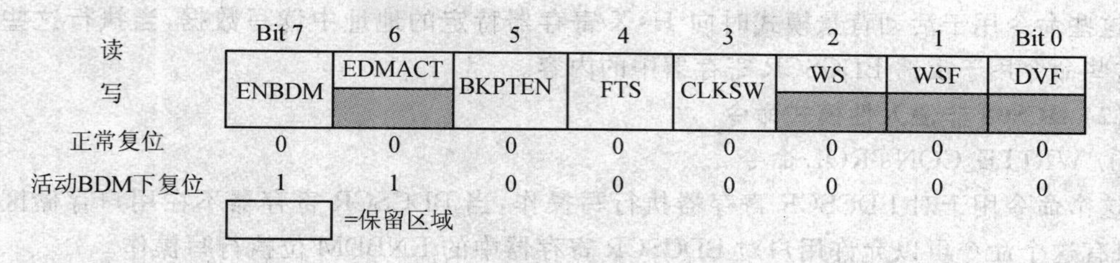

图 5.22　BDC 状态控制寄存器

系统背景调试强制寄存器(SBDRF)在目前 RS08 芯片上不支持。

5.2.5　BDC 命令——活动背景调试模式和非侵入性指令

HCS08 和 RS08 微处理器在背景调试命令中有许多操作指令。BDC 命令分成两个不同的组，分别是活动背景模式命令和非侵入性指令。活动背景模式命令只有当 MCU 运行在非用户程序时运行。非侵入性指令可以在正常用户模式或者活动背景模式下使用。即便是在用户程序运行时，这些指令也不会影响用户程序实时操作。

RS08 BDC 通过在 CPU 模式下提供增强型的 BDC_RESET 指令进行调试，本文随后对 BDC_RESET 指令进行详细描述。在前面的阐述中，BDCSCR 寄存器包括 BDC 状态位。当它们运行时，一些 BDC 命令可以反映 BDCSCR 寄存器中的内容。状态反馈对于了解 CPU 当前的状态(CPU 在停止模式还是等待模式)，还有读写数据的有效性是很有帮助的。

(1) HCS08 活动背景调试模式命令

活动背景调试指令有 READ_CCR，WRITE_CCR，READ_A，WRITE_A，READ_HX，WRITE_HX，READ_SP，WRITE_SP，READ_PC 和 WRITE_PC

CPU 寄存器比如累加器 A，栈指针(SP)，H 和 X 寄存器(H:X)，程序计数器(PC)，条件代码寄存器(CCR)可以直接通过活动背景命令读或者写。非侵入性指令不能访问这些寄存器。

① TRACE1(追踪模式)命令

这个命令用于追踪一个用户指令(HC08 中，这个函数是通过使用断点模式或者 SWI 指令执行的)。

② GO 和 TAGGO 命令

这些命令用于执行用户应用程序，和 HC08 监控模式的运行命令一样。

③ READ_NEXT 和 WRITE_NEXT 命令

这些命令用于活动背景模式，向 H:X 寄存器中特定的地址读写数据。

④ READ_NEXT_WS 和 WRITE_NEXT_WS 命令

这些命令用于活动背景模式时向 H:X 寄存器特定的地址中读写数据，当执行这些命令时，这些命令用于反馈 BDCSCR 寄存器中的内容。

(2) HCS08 非侵入性模式命令

① WRITE_CONTROL 命令

这个命令用于对 BDCSCR 寄存器执行写操作，当 BDCSCR 寄存器不在用户存储区映像时，只有这个命令可以允许用户对 BDCSCR 寄存器中的 ENBDM 位执行写操作。

② READ_STATUS 命令

这个命令用于读 BDCSCR 寄存器中的内容。

③ BACKGROUND 命令

这个命令用于从正常用户模式转换到活动背景模式。然而如果 ENBDM 位被清零，则这个命令将被忽略。当目标 CPU 在等待或者停止模式时，BDC 命令不能工作，然而，BACKGOUND 命令能够用于将目标 MCU 从等待或者停止模式下强制唤醒，如果 BDM 的使能位 ENBDM＝1，系统将进入活动背景模式。

④ SYNC 命令

通过将 BKGD 引脚置低至少 128 个低速 BDC 时钟周期来执行这个命令，这个命令通过在 BKGD 引脚接收目标 MCU 的 128 个 BDM 时钟周期低脉冲来检测 BDC 通信速度。

⑤ READ_LAST，READ_BYTE 命令和 WRITE_BYTE 命令

不仅在活动背景模式，而且在用户应用程序代码运行情况下，这些存储器访问命令也能够读写存储器。

⑥ READ_BYTE_WS 命令和 WRITE_BYTE_WS 命令

用户通过这些命令向特定的地址单元读写数据。当运行这些命令时，这些命令反馈 BDCSCR 寄存器中的内容。

⑦ READ_BKPT 命令和 WRITE_BKPT 命令

这些命令用于读写 BDC 断点寄存器。断点寄存器并不在用户存储区映像中。当在 BDCSCR 寄存器中使能 BDC 断点使能位 BKPTEN 时，一个硬件断点将被放在用户程序中。当断点事件发生时，将从用户模式切换到背景调试模式。当断点设置使能后，MCU 不需要一定在活动背景模式下。断点功能在用户程序代码运行时也是能够执行的。

⑧ ACK_ENABLE 命令和 ACK_DISABLE 命令

这些命令可以在 BDC 通信的时候提供一个可选的握手协议。当握手协议使能，在命令执行时，将会发出应答脉冲 ACK。

(3) RS08 活动背景模式命令

READ_CCR_PC，WRITE_CCR_PC，READ_A，WRITE_A，READ_BLOCK，WRITE_

BLOCK，READ_SPC，WRITE_SPC

CPU 寄存器比如累加器 A，影子程序计数器（SPC），程序计数器（PC）和条件代码寄存器（CCR）或目标存储器数据区可以在活动背景模式命令下直接读写。然而非侵入性指令不能访问这些寄存器。

① TRACE1 命令

这个命令用于追踪一个用户指令（HC08 中，这个功能通过使用断点模式或 SWI 指令执行）。

② GO 命令

这个命令用于执行用户应用程序，和在 HC08 监控模式下运行的命令功能一样。

(4) RS08 非侵入性指令 WRITE_CONTROL

这个命令用于对 BDCSCR 寄存器执行写操作。当 BDCSCR 寄存器不在用户存储器映像中时，只有这条命令允许用户对 BDCSCR 寄存器中的 ENBDM 位执行写操作。

① READ_STATUS 命令

这个命令用于读取 BDCSCR 寄存器中的内容。

② BACKGROUND 命令

这个命令用于从正常用户模式切换到活动背景模式。然而如果 ENBDM 位被清零了，这个命令将被忽略。当目标 CPU 在等待或者停止模式时，大部分的 BDC 命令不能工作，然而 BACKGROUND 命令在 BDM 位（ENBDM＝1）使能时，能够用于将目标 CPU 从等待或者停止模式下强制进入活动背景模式。

③ SYNC 命令

通过将 BKGD 引脚置低至少 128 个低速 BDC 时钟周期来执行这个命令，这个命令通过在 BKGD 引脚接收目标 MCU 的 128 个 BDM 时钟周期低脉冲来检测 BDC 通信速度。

④ READ_BYTE 和 WRITE_BYTE 命令

不仅在活动背景模式，而且在用户应用程序代码运行的情况下，这些存储器访问命令也能够读写存储器。

⑤ READ_BYTE_WS 和 WRITE_BYTE_WS 命令

用户通过这些命令向特定的地址单元读写数据。当运行这些命令时，这些命令用于反馈 BDCSCR 寄存器中的内容。

⑥ READ_BKPT 和 WRITE_BKPT 命令

这些命令用于读写 BDC 断点寄存器。断点寄存器并不在用户存储区映像中。当在 BDCSCR 寄存器中使能 BDC 断点使能位 BKPTEN 时，一个硬件断点将被放在用户程序中。当断点事件发生时，将从用户模式切换到背景调试模式。当断点设置使能后，MCU 不需要一定在活动背景模式。断点功能在用户程序代码运行时也是能够执行的。

(5) RS08 CPU 模式命令 BDC_RESET

这个命令在 CPU 模式下用于请求 MCU 复位而不需要使用复位引脚。

5.2.6 背景模式的进入

上述已经提到背景调试模式可以通过各种各样的方式进入。在所有的情况下，BDM 接口需要连接到 BKGD 引脚。当 MCU 存储区不能被编程时，比如不能执行用户程序时，复位进入方法将被使用。当 BKGD 和$\overline{\text{RESET}}$引脚被拉低时，外部硬件或 BDM 头释放$\overline{\text{RESET}}$引脚，然后上拉 BKGD 引脚为高电平。在这个方法中，MCU 进入活动背景模式，而不是正常用户模式，Flash 存储区编程或者擦除功能可以在这个时间内完成。这个操作时序通常用来对空芯片进行在线编程操作。

热同步进入方法是在调试过程中常用的方法。当 MCU 操作在正常用户模式下时，MCU 复位是不需要的。BDM 头通过 BKGD 引脚发送非侵入性指令给 MCU。用户可以和 MCU 通信而不影响应用程序。当用户程序执行时，调试操作比如读写 RAM 变量可以执行。擦除和对 Flash 存储器进行编程在非侵入指令模式下是不能执行的。

对于进一步的调试过程，主机可以发送 BDC 命令来使能背景模式(ENBDM＝1)，然后切换运行程序，进入活动背景模式(程序操作停止)，当用户通过追踪指令和设置断点操作调试代码时这是常常会遇到的。下面 3 种方法用于进入活动背景模式。

背景模式使能(ENBDM＝1)。主机发送 BACKGROUND 命令给 BDC，将操作模式从用户程序模式转向活动背景模式。这时，所有的活动背景模式和非侵入性 BDC 指令都可以通过调试器来使用。

同样地，MCU 可以在主机使能背景模式后，通过执行 BGND 指令切换用户程序，进入活动背景模式。如果当 CPU 使用 BGND 命令，而背景模式没有使能，即 ENBDM＝0 时，将会视为空操作(NOP)，程序代码继续执行，不能进入活动背景模式。

最后，MCU 可以在主机使能背景模式和断点(BDCBKPT)，以及 CPU 在 BDC 断点寄存器(BDCBKPT)中遇到了断点设置后，就能从用户程序切换到活动背景模式了。上述所有的活动背景模式和非侵入性 BDC 指令能够通过调试器使用。

5.2.7 开发工具

HCS08 和 RS08 开发工具都可以使用 BDC，P&E Microcomputer Systems，Inc. (P&E)开发了一个 BDM 接口和 USB Multilink 线缆，支持多个不同电压和系统频率。通过 6 引脚的 BDM 头和目标 MCU 通信。标准的 USB 端口用于主机和 BDM 之间的通信。USB Multilink 支持 HCS08、RS08 和 HCS12 家族。关于更多的信息，可以参考 http://www.pemicro.com。

向上兼容的 P&E MON08 Cyclone 工具支持 HCS08(RS08)。Cyclone PRO 能够通过 Multilink 执行编程和调试,可以使用 PC 或者主机,通过串口、USB 端口和以太网口来连接调试目标芯片。

Softec Microsystems 具备系统编程和调试功能,支持 HC08、HCS08 和 RS08 以及 S12 和 S12X 家族。Softec Microsystems 网站首页如下:http://www.softecmicro.com。HCS08 和 RS08 集成开发软件 Fresscale CodeWarrior 和 P&E WinIDE 提供完整的开发环境,如图 5.23 所示,支持使用 USB Multilink 调试和编程功能。CodeWarrior 网站首页:http://www.codewarrior.com,关于最新的开发工具的信息请参看 http://www.freescale.com。

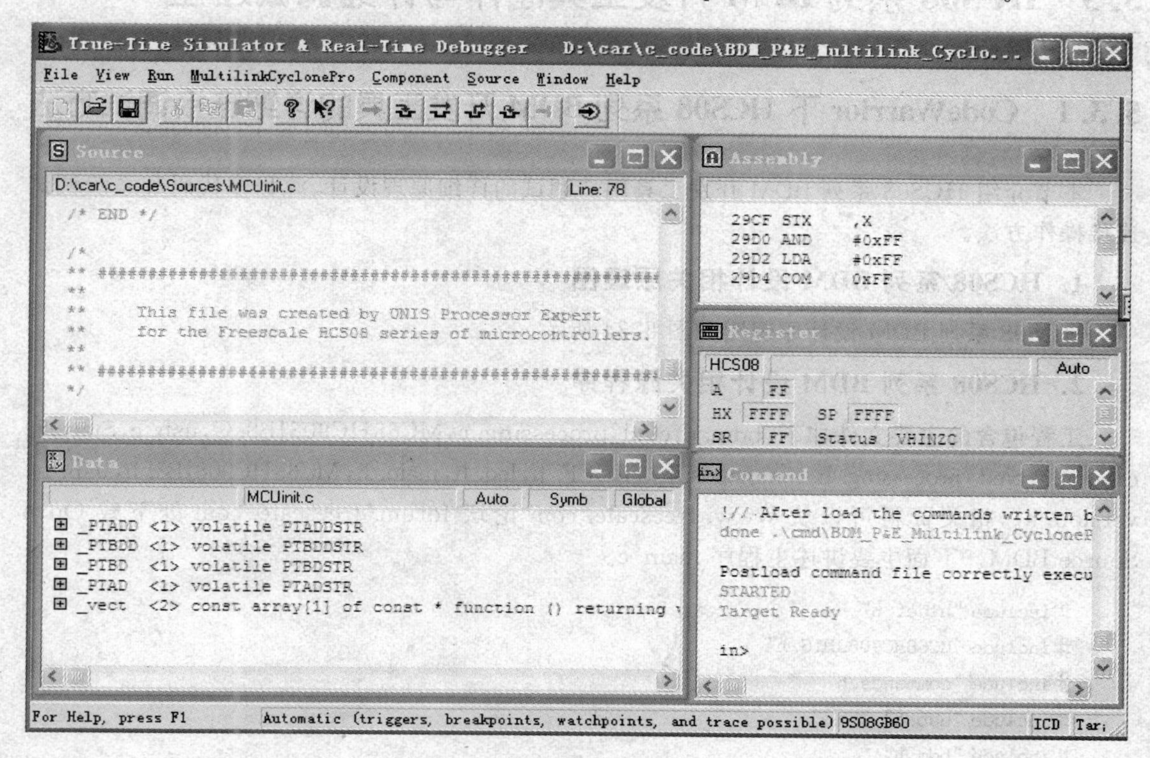

图 5.23 CodeWarrior 调试窗口

HC08 监控模式和 HCS08/RS08 背景调试模式支持在线调试和编程。HCS08 和 RS08 背景调试控制器(BDC)提供了更先进的开发环境:

(1) 非侵入调试访问方法。

(2) MCU 引脚功能可以在调试时不占用系统资源(许多微处理器,如 PIC 系列在使用 ICSP 在线仿真和调试时是要占用 MCU 引脚资源的,亦即在调试时占用 CPU 引脚是不能用来做 CPU 的 I/O 口功能来使用的)。

(3) 断点可追踪功能内建到BDC中。

(4) 用户串行协议更快,以及多种通信速率的选择。

(5) BDC能够在停止和等待模式下也保持激活。

(6) 背景模式接口小巧简单。

上述优点减低了系统开发的复杂度,减小了开发周期和成本。而且,MCU应用开发可以模拟实际应用环境编译和调试。

5.3 HCS08系列BPM开发工具制作与详细调试过程

5.3.1 CodeWarrior下HCS08系列BDM开发工具的详细连接调试方法

本节介绍HCS08系列BDM开发工具用户调试的详细原理设计、源程序代码和系统调试连接操作方法。

1. HCS08系列BDM设计相关原理图

HCS08系列BDM设计原理图如图5.24所示。

2. HCS08系列BDM设计相关源程序

工程包含的主要文件如下:bdm.c,cmd_processing.c,MC68HC908JB8.C,usb.c,Start08.c,bdm.h,cmd_processing.h commands.h,HIDEF.h,led.h,main.h,MC68HC908JB8.h,usb.h,version.h。相关资料可以从www.freescale.com论坛forum.freescale.com处下载Open Source BDM。下面主要讲述主程序main.c。

```
#include "hidef.h"
#include "MC68HC908JB16.h"
#include "commands.h"
#include "usb.h"
#include "bdm.h"
#include "led.h"
#include "main.h"

/* 基本的程序流程:
(1) 通过 USB 接收命令激活 BDM。
(2) 所有的 BDM 命令都是在 ISR 中断服务子程序 USB IRQ 中执行的。
(3) 在主循环中挂起保持当前状态。
(4) 只有异步活动检测是通过键盘中断外部复位脚触发的。
```

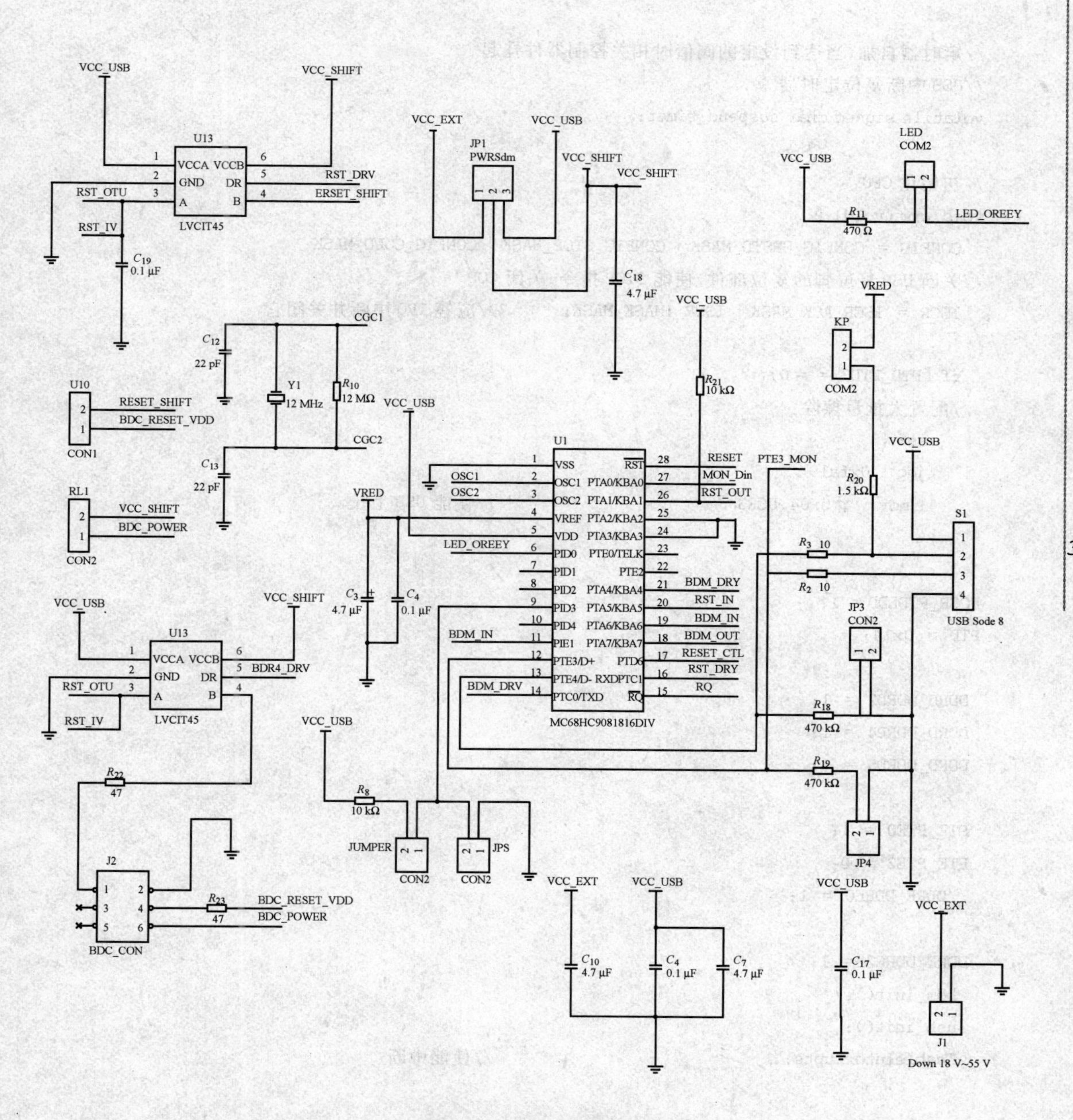

图 5.24　HCS08 BDM 原理图

```
*/

//定时器自加，当达到设定的阀值时相关控制器件挂起
//USB 中断复位定时器
volatile signed char suspend_timer;

//初始化 CPU
void init(void) {
  CONFIG = CONFIG_URSTD_MASK | CONFIG_STOP_MASK | CONFIG_COPD_MASK;
//关断 USB 复位脚的复位部件，使能 STOP 指令，关闭 COP
  ISCR = ISCR_ACK_MASK | ISCR_IMASK_MASK;        //应答 IRQ 中断并关闭它

  if (PTD_PTD3 = = 0){
 //配置大批量擦除
     asm {
     jmp   0xfa19
     ; mov   #0x04,UCR3                        //使能 USB 上拉
     }
  }
POCR_PTDLDD = 1;
PTD = 0x14;

 DDRD_DDRD2 = 1;
 DDRD_DDRD4 = 1;
 DDRD_DDRD5 = 1;

 PTE_PTE0 = 1;
 PTE_PTE2 = 0;
 //DDRE_DDRE0 = 1;

 DDRE_DDRE2 = 1;
  bdm_init();
  usb_init();
  EnableInterrupts;                              //使能中断
}

//等待 100 μs
void wait100us(void) {
```

```
  asm {
    LDA   #((BUS_FREQUENCY * 100/3) - 4 - 2 - 4)  //秒循环需要 BSR、LDA 和 RTS 指令
  loop:
    DBNZA loop                                     //每次循环 3 周期
  }
}

//主函数
void main(void) {
  init();
  //测试
#if 0

 //bdm_sync_meas();   //
  //bdm_rx_tx_select();
    bdm08_connect();

                         //BDM 同步状态长度 bdm_status.sync_length= 975 ;
  BDM08_CMD_WRITECONTROL(0x88);
    bdm08_connect();
  while(1) {
    unsigned char i;

    BDM08_CMD_READSTATUS(&i);
    for (i=0;i<120;i++) asm(nop);

  }
#endif

  while(1) {
    wait100us();
    suspend_timer++;
    if (suspend_timer>=SUSPEND_TIME) {
      //主机不发送保持激活信号,所有的操作挂起
      //当不通信的时候,BDM 在空闲状态
      unsigned int i;
      KBSCR = KBSCR_IMASKK_MASK | KBSCR_ACKK_MASK;
//应答任何挂起中断,关闭键盘中断,这样可以防止复位激活唤醒系统退出停止状态
```

```
            led_state = LED_OFF;                    //将所有的 LED 关闭
            LED_SW_OFF;                             //正常执行该命令,中断暂时不会到来
            UIR0_SUSPND = 1;                        //USB 挂起
            while (suspend_timer) asm(STOP);        //进入睡眠状态,等待 USB 重新注册或者复位
            for (i = 0;i<RESUME_RECOVERY;i + + ) wait100us();     //等待主机信号恢复
            led_state = LED_ON;                     //将所有的 LED 点亮
            bdm_init();                             //在唤醒后重新初始化 BDM,这时 MCU 设备可能处于非
                                                    //连接状态
        }
    }
}
```

关于生成的.S19 程序代码的编程仿真烧录,读者可以结合书中阐述的 HCS08 和 HC08 系列编程器仿真器进行开发调试。

3. HCS08 系列 BDM PCB 设计与相关元器件清单

HCS08 系列 BDM PCB 设计如图 5.25 所示,相关元器件清单如表 5.3 所列。

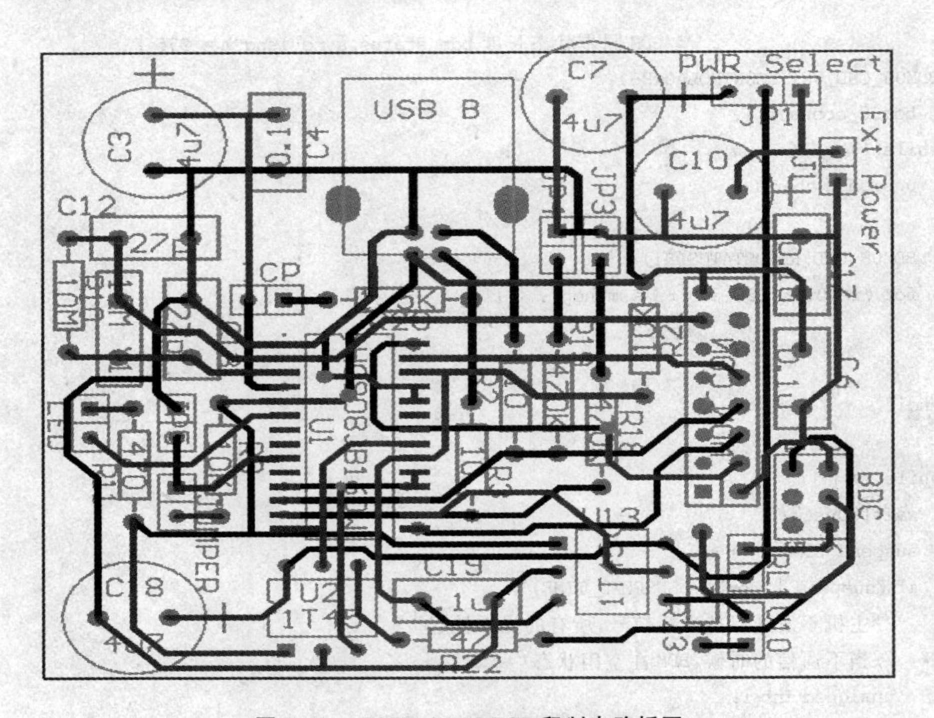

图 5.25 HCS08 BDM PCB 印制电路板图

表 5.3 相关元器件清单

元器件型号	功能描述	封 装	器件编号	使用个数
MC68HC908JB16DW	MCU	28-PIN SOIC	U1	1
SN74LVC1T45DBVR	电平转换器	6-PIN SOT-23	U2,U3	2
晶振 12 MHz	提供系统时钟源	HC-49US	Y1	1
电解电容 4.7 μF/16 V	滤波电容	Radial Lead	C3,C7,C10,C18	4
陶瓷电容 27 pF	晶振匹配电容	Radial Lead	C12,C13	2
瓷片电容 0.1 μf	滤波电容	Radial Lead	C4,C6,C17,C19	4
10 Ω1/4 W 电阻 5%	限流电阻	Axial Lead	R2,R3	2
10 MΩ1/4 W 电阻 5%	起振电阻	Axial Lead	R10	1
470 Ω1/4 W 电阻 5%	限流电阻	Axial Lead	R11,	2
470 kΩ1/4 W 电阻 5%	限流电阻	Axial Lead	R18,R19	2
47 Ω1/4 W 电阻 5%	限流电阻	Axial Lead	R22,R23	2
1.5 kΩ 1/4 W 电阻 5%	上拉电阻	Axial Lead	R20	1
10 kΩ 1/4 W 电阻 5%	上拉电阻	Axial Lead	R8,R21	2
LED 绿色二极管 5 mm	调试闪烁指示	Radial Lead	CON2	1
USB 接口 B 类型	USB 通信		S1	1
电源接口 2 脚	电源跳线	SIP3	J1	1
电源跳线 3 脚	给 CPU 供电	SIP2	JP1	1
6 脚单排排针	BDM 调试接口	IDC6	J2	1

5.3.2 HCS08 系列 BDM 开发工具详细连接调试方法

本节描述使用 BDM 接口编程调试 Freescale HCS08 单片机，使用 BDM 接口的典型电路连接方式如图 5.26 所示，PC 连接到 Mini BDM PCB，然后通过 PCB 上的 BDM 接口连接到目标电路板进行编程和调试。

BDM 接口通过 BKGD 引脚在 CodeWarrior HCS08 5.0 版本软件和 HCS08 单片机提供了一个透明的连接。该工具软件可以下载用户代码到单片机的 Flash 中。由于 HCS08 单片机内置的背景调试控制(BDC)和在线仿真调试模块(DBG)，使得编程调试功能方便、快捷。

1. 关于 HCS08 BDC/ICE 调试头

HCS08 单片机包含一个单线制的背景调试接口，提供在线非易失的片上存储和灵活的非

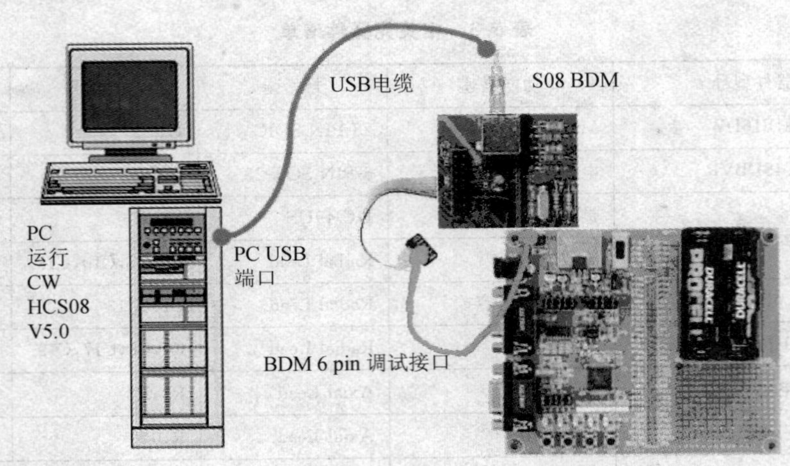

图 5.26　Mini S08 仿真器 BDM 连接方式

侵入性调试。**HCS**08 芯片的 BKGD 引脚提供了单线背景调试接口。任何一个 HCS08 芯片数据手册开发工具章节都提供这样的接口。BDM 接口是典型的 6 线制接口。图 5.27 描述了 BDM 6 线制接口。

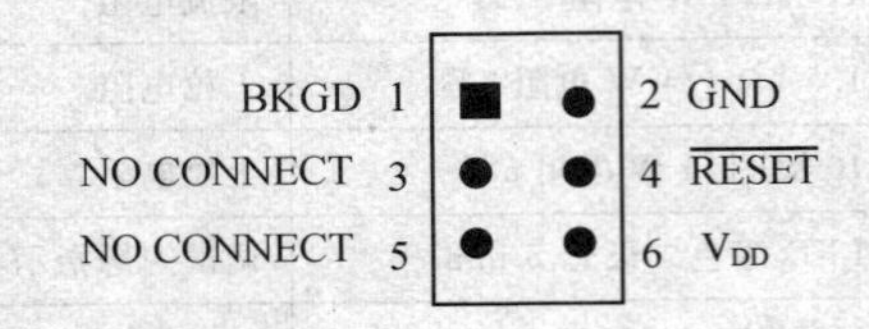

图 5.27　BDM 6 线制接口

BKGD 引脚用于活动背景模式数据和命令的双向串行通信。在上电复位时，该引脚用于选择活动背景模式的开始或是用户应用程序的开始。另外，这个引脚请求一个同步时间脉冲响应，要求主机开发工具检测正确的背景串行通信调试时钟频率。

2. Open Source BDM 概述

BDM 软件和硬件设计成支持现有的和以后开发的 HCS08 芯片。它为 HCS08 芯片提供最大的准确性和执行效率。BDM 兼容 CodeWarrior HCS08 版本 5.0，现在支持下列 HCS08 家族：

- GB60。
- AW6。
- QG8。
- RCx。

随着其他 HCS08 家族的开发和发布，本开发工具也会作相应的修改和升级。开发工具特点如下：

- 低成本。
- 设计成支持 USB 接口。
- 固件支持 HCS08 CodeWarrior Special Edition 版本。
- 支持目标电压为 1.8～5.0 V。
- 支持的总线频率为 1.0～20 MHz。
- MCU 目标电路板为 BDM 接口供电。

3. 安装 BDM DLL 和 USB 驱动

在 Windows 操作平台安装 BDM 硬件 USB 设备驱动，将 BDM USB 驱动包解压到 PC 开发平台，然后运行 CodeWarrior 开发环境。当 BDM 第一次连接到 PC 时，计算机识别到 USB 设备。开始 Windows 驱动安装过程，如图 5.28 所示。

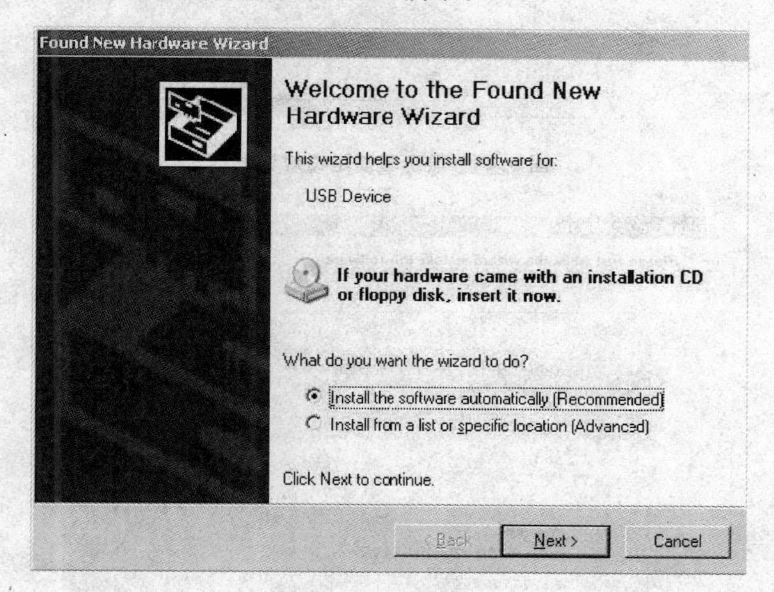

图 5.28 计算机识别新的 USB 设备的对话框

然后在指定的位置选择驱动路径，单击 Next 按钮，出现如图 5.29 所示的对话框。

在这个驱动对话框中，单击 Browse 按钮，选择硬件向导来解压 BDM 驱动文件夹包。当 Windows 定位正确的 BDM 驱动文件包时，单击 Next 按钮，BDM USB 驱动包和 DLL 文件将被安装，如图 5.30 所示。

安装完成后，设备开始使用，在图 5.31 中单击 Finish 按钮。由于 USB 接口设备的热插拔属性，所以没有必要重启计算机。

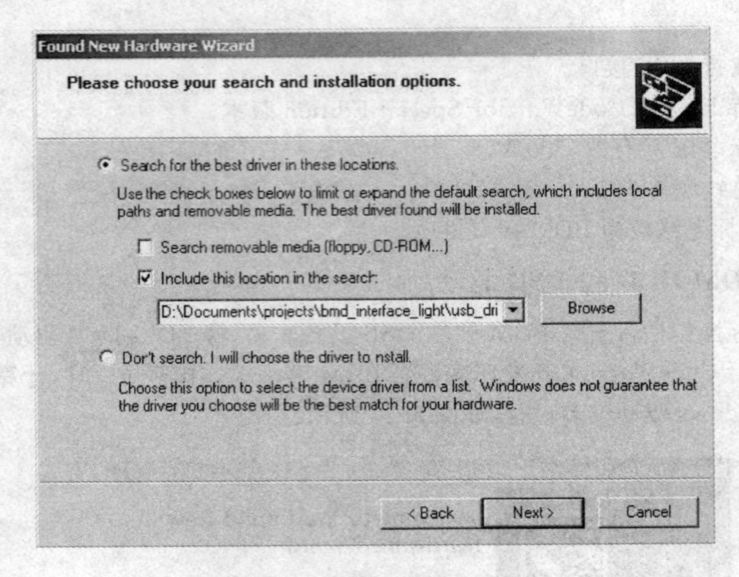

图 5.29　显示驱动定位对话框

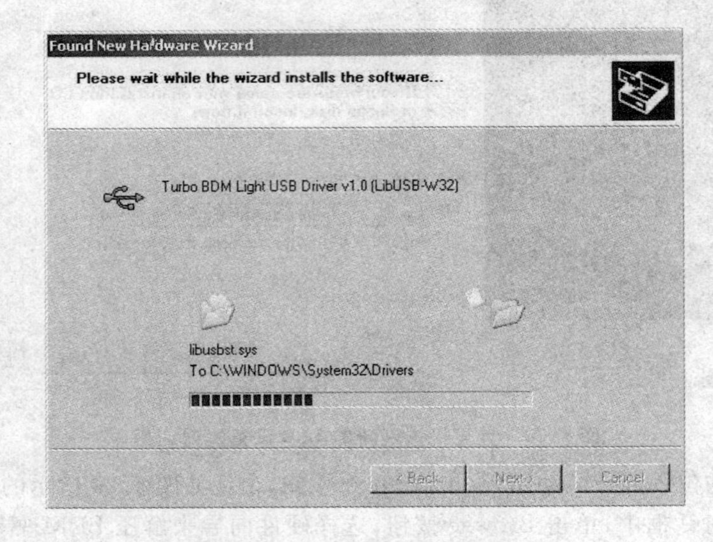

图 5.30　驱动安装进程

4. 为 BDM GDI DLL 配置 Hiwave 调试方式

当计算机识别 BDM 设备后，CodeWarrior 5.0 版本的 Hiwave Debugger 是对目标电路板进行编程和调试的最后一步。本部分详细描述如何配置 Hiwave 和 Mini BDM 接口。请确认是否是最新版本的 Metrowerks 开发工具，调试接口不支持旧版本调试。最小测试版本是 De-

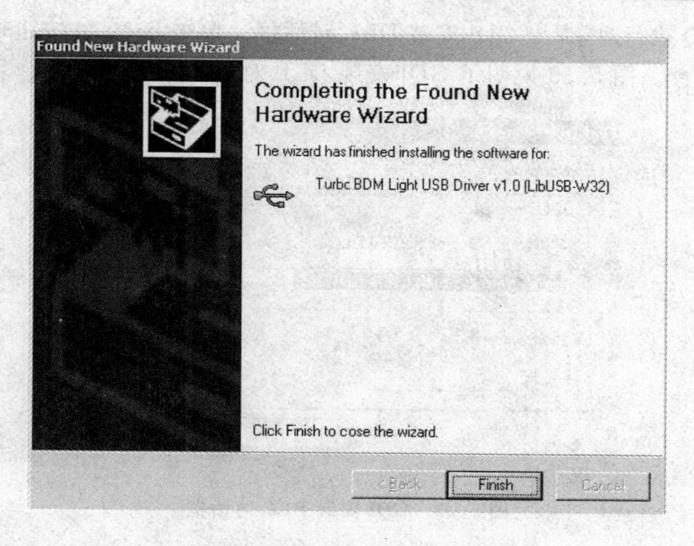

图 5.31　完成 Windows USB 驱动安装过程

bugger 6.1。

5. 没有安装 CW 升级包的操作方式

即使没有 CodeWarrior HCS08 开发环境下的 Open Source BDM 控件，Hiwave 调试也能使用 set gdi 命令配置选择 Open Source BDM GDI DLL，如图 5.32 所示。

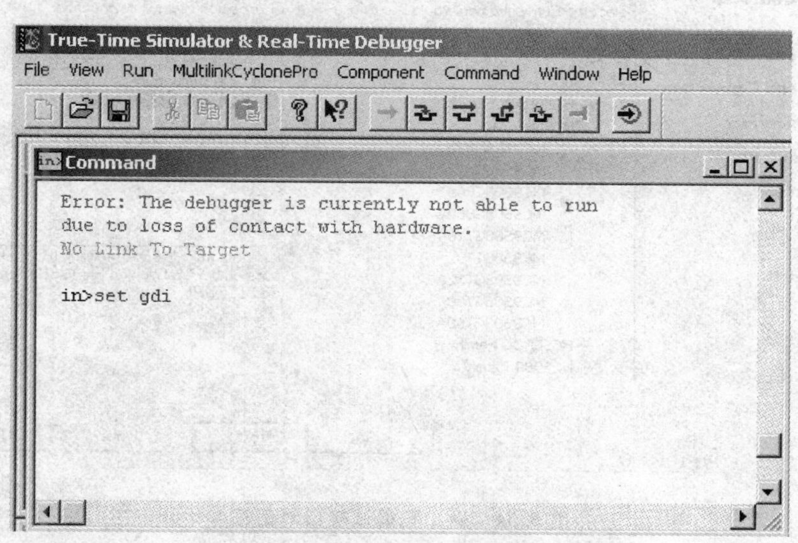

图 5.32　set gdi 命令

当 set gdi 命令执行时，弹出 GDI 安装 DLL 对话框。单击 Browse 按钮来选择 OpenSourceBDM_gdi. dll 文件。图 5.33 说明了 GDI 安装 DLL 对话框。

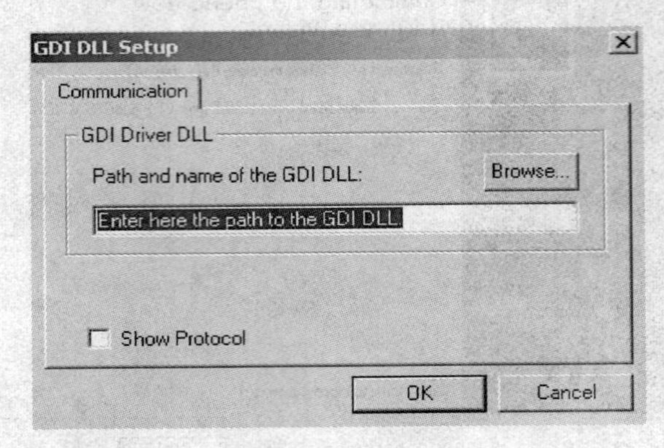

图 5.33　GDI 安装 DLL 对话框

6. 安装 CW 升级包下的操作

这种情况下，当一个工程创建时，它能使用基于 Open Source BDM 的控件来连接。图 5.34说明了连接选项对话框。CodeWarrior 提供了一个 Open Source BDM 选项对话框。

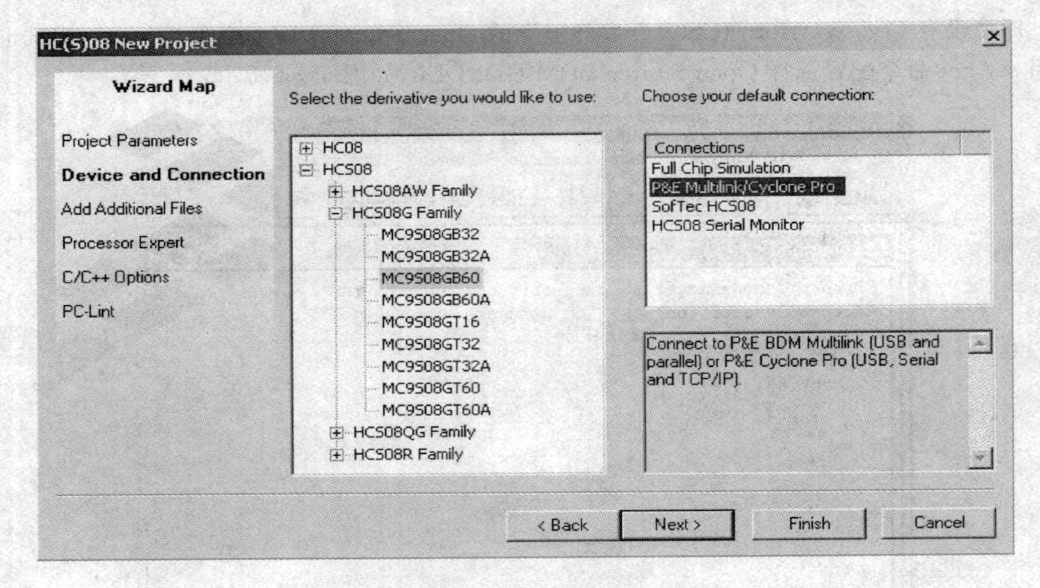

图 5.34　新工程调试接口对话框

如果新的工程调试使用了其他连接调试设备，也可以在 CodeWarrior IDE 工程管理界面下很容易的改变，如图 5.35 所示。当然 Hiwave 调试下也能使用 set gdi 命令。

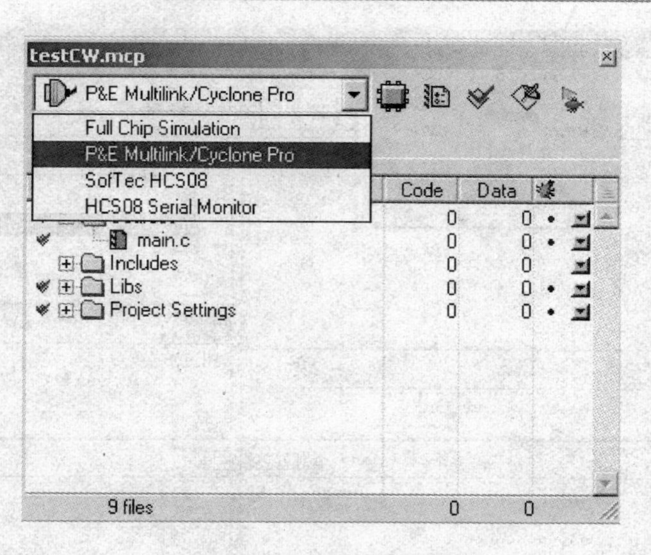

图 5.35　工程管理连接选项

7. BDM 下 Hiwave 调试选项

当 BDM GDI DLL 配置完成，调试窗口打开后，Hiwave 调试器和 BDM GDI DLL 提供完全的功能特征，Open Source BDM 菜单如下：

- 状态对话框。
- 复位命令选项。
- 连接选项。
- 侦测目标芯片频率改变。

另外，Hiwave 调试和其他调试接口保持一致。图 5.36 表示 Hiwave 编程和配置 Open Source BDM Debugger 接口，在 Hiwave 菜单栏下有一个 Open Source BDM 显示栏目。

8. 使用 BDM 编程和擦除 Flash

使用 Open Source BDM 不同于使用其他 Debugger 开发工具。配置 Open Source BDM 编程和调试的操作如下：

(1) 调试硬件连接方式如图 5.26 所示。

(2) 安装硬件 Windows 驱动，参看“安装 BDM DLL 和 USB 驱动”部分。

(3) 在 CodeWarrior IDE 中开发一个用户应用程序和选择一个目标调试接口，参看“为 BDM GDI DLL 配置 Hiwave 调试方式”部分。

(4) 执行打开 Hiwave 调试命令，进行 BDM 接口调试，参看步骤 5。

(5) Hiwave 调试对目标系统的编程和擦除操作。手动也能选择文件对目标系统进行编

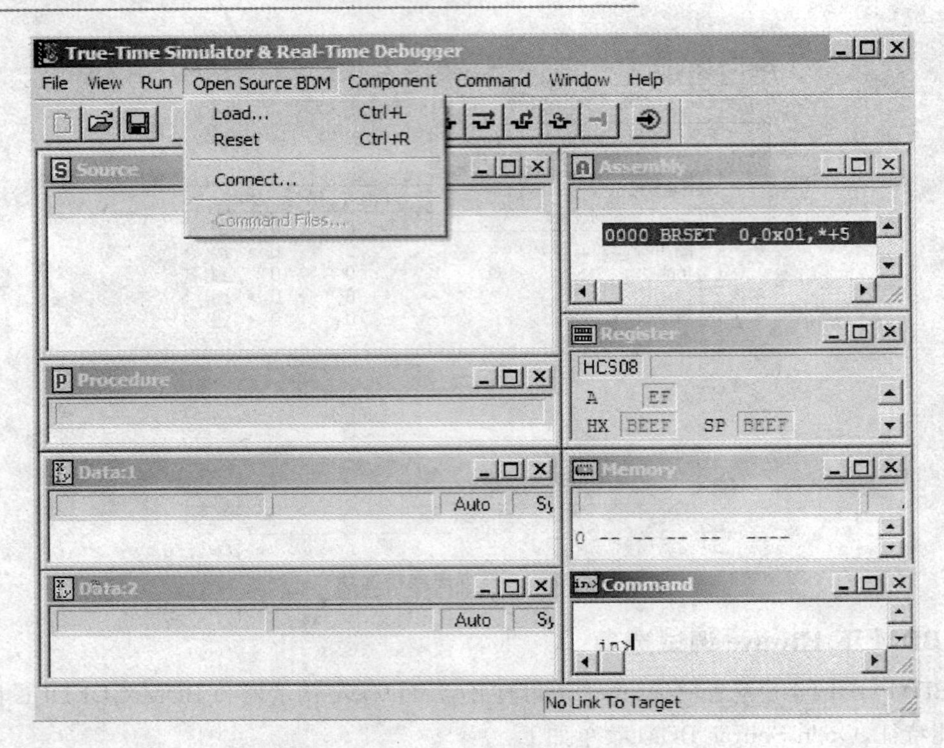

图 5.36 Hiwave 编程和配置

程。参看“单步指令:在 Hiwave 调试环境下 Flash 编程”。

(6) 使用 Hiwave 调试器调试代码。用户能够进入所有的调试功能包括断点设置,跟踪,编程运行,编程停止,单步编程等其他编程调试选项。

图 5.26 表示了 PC、Mini HCS08 BDM 和目标电路板调试连接图。

9. Hiwave 调试器操作

一旦主程序加入,工程代码将被下载进入目标 MCU Flash 存储器中。在 CodeWarrior IDE 中单击调试图标,编程管理窗口将进行目标芯片 Flash 存储区的编程如图 5.37 所示。该图标执行打开 Hiwave 编程。

图 5.38 为 Hiwave 的编程。在 Open Source BDM 菜单中选择 Load or Flash 命令,初始化 Flash 编程算法去擦除和对 MCU 的反复烧录。在 Flash 编程操作过程中,Load 命令将可以选择文件下载。

10. 单步指令:在 Hiwave 调试环境下的 Flash 编程

该步提供详细的单步指令在 Hiwave 调试环境下进行 Flash 编程,在 Open Source BDM 菜单中,“Flash”和“Load”命令能被用于对 Flash 目标芯片的编程。

图 5.37　CodeWarrior IDE Debug 图标

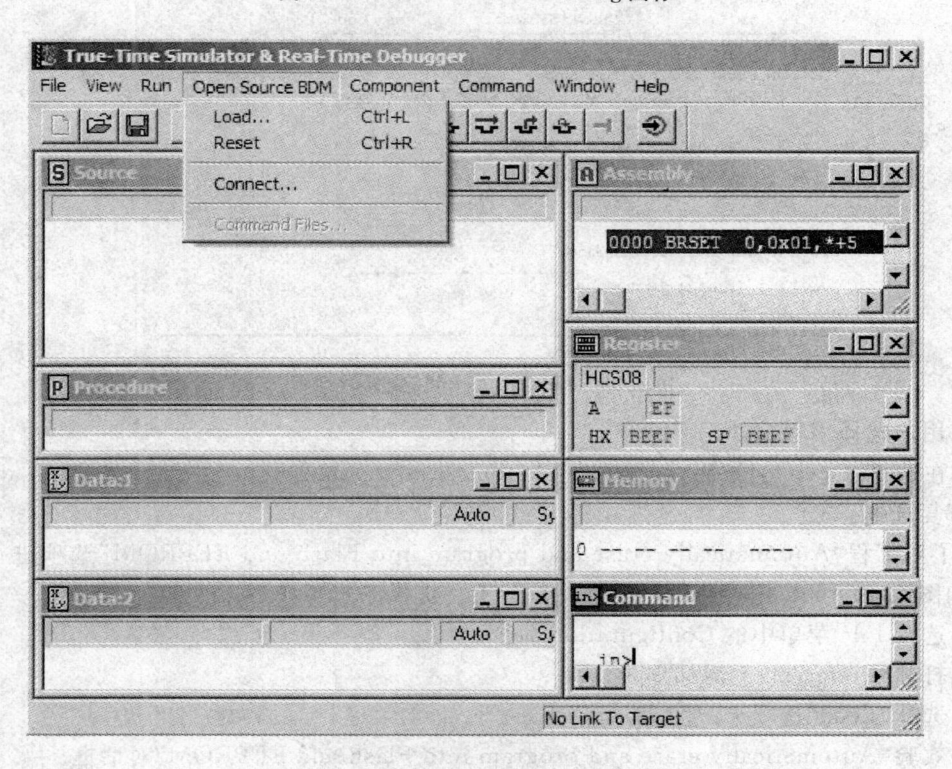

图 5.38　CodeWarrior 编程调试接口

(1) 使用 Load 命令

① 从菜单 Open Source BDM 中选择 Load 命令。

② 当执行 load 命令时,“Load Executable File”对话框将打开,如图 5.39 所示。

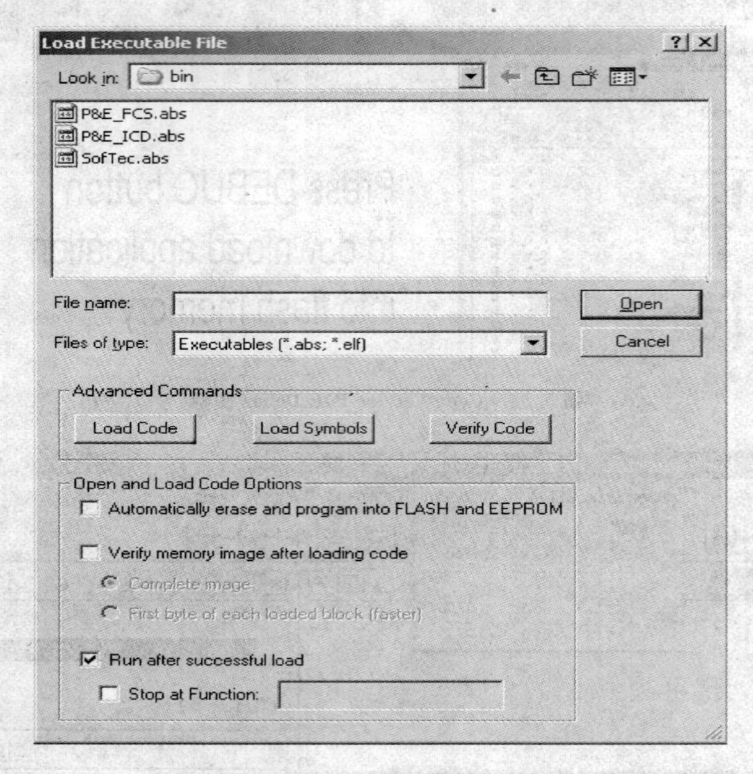

图 5.39 Load Executable 文件对话框

③ 用户选择编程文件用于编程。

④ 在选择“Open”前按钮,必须选中“Automatically erase and program into Flash and EEPROM”复选框。

为了对工程“Automatically erase and program into Flash and EEPROM”选项进行默认设置,如图 5.40 所示,用户必须相应做调试配置。提供的步骤如下:

① 选择 File 菜单中的 Configuration 命令。

② 打开“Preferences”对话框。

③ 选择“Load”选项卡。

④ 效验“Automatically erase and program into Flash and EEPROM”对话框。

⑤ 单击“OK”按钮,关闭“Preference”对话框。

⑥ 选择 File 菜单中的 Save 命令。

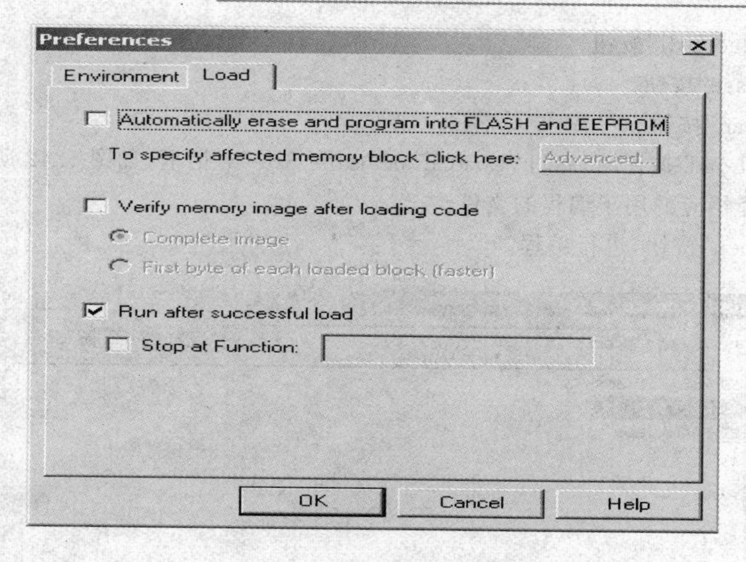

图 5.40　Preferences 对话框

⑦ 此后，将默认执行自动擦除和编程功能。

(2) 使用 Flash 命令

① 选择 Open Source BDM 菜单中的 Flash 命令。

② 弹出“Non Volatile Memory Control”对话框，如图 5.41 所示。

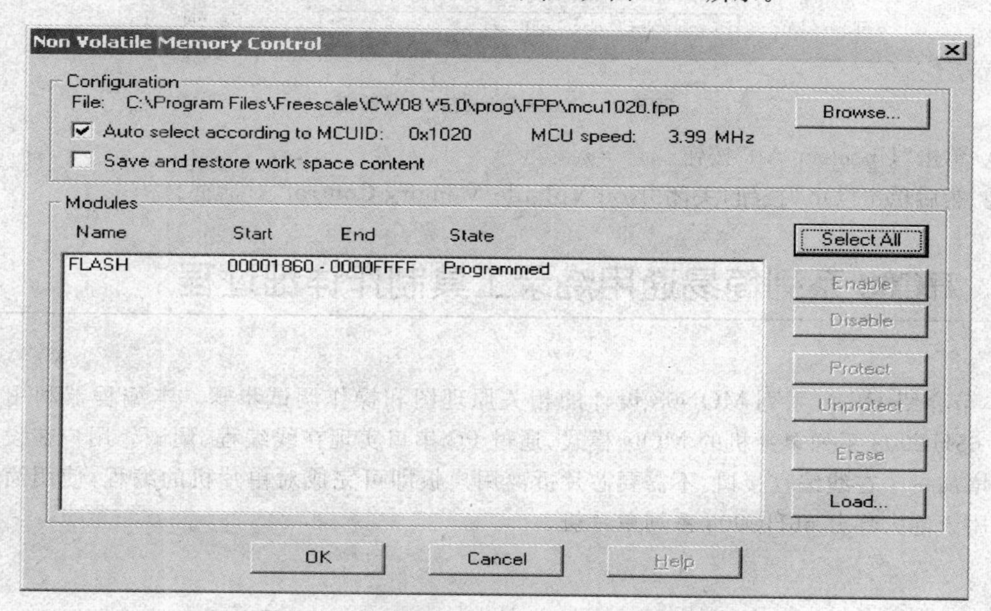

图 5.41　Non Volatile Memory Control 对话框

③ 单击“Select All”按钮。

④ 单击“Erase”按钮。

⑤ 单击“Load”按钮。

⑥ 当单击“Load”按钮时，打开“Load Executable File”对话框，如图 5.42 所示。

⑦ 用户选择相应的用于编程的文件。

⑧ 单击“Open”按钮，进行编程。

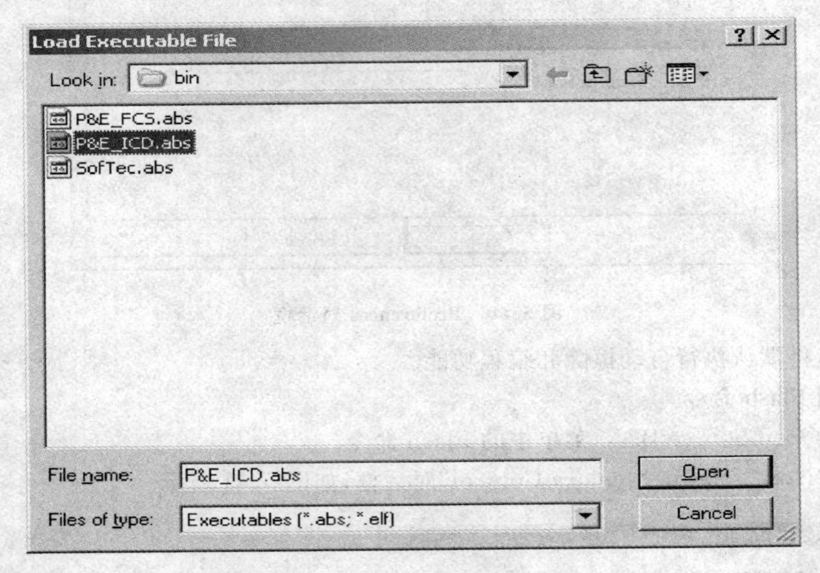

图 5.42　Load Executable 对话框

⑨ 单击“Unselect All”按钮。

⑩ 然后单击“OK”按钮，关闭“Non Volatile Memory Control”对话框。

5.4　HC08 系列简易通用烧录工具制作详细过程

本节介绍 HC08 系列 MON08 设计的相关原理图和操作调试步骤。本编程器利用 Motorola 68HC908 系列单片机的 MON 模式，通过 PC 串口实现在线编程、调试。用户在设计电路时，增加一个在线编程接口，不需要芯片拆离用户板即可完成对单片机的编程，使用简单方便，适用于绝大部分 68HC908 系列单片机。

5.4.1 HC08 开发工具软硬件配置

(1) 开发工具硬件系统包括以下组件

- 编程器板(1块)。
- USB供电线。
- DB9串口通信线(1条)。
- 程序下载排线10PIN(1条)。
- 工具包附带光盘2张,其中包括开发软件CodeWarrior Development Studio for HC(S)08 Special Edition V5.0、ICS08系列汇编语言开发软件、P&E的编程烧录工具Prog08sz、全系列HC08单片机用户手册、中英文教程、使用手册等。

系统要求:主频133 MHz以上的计算机,安装Windows98,Windows ME,Windows2000或者Windows XP操作系统,128 MB以上内存和600 MB以上硬盘空间(1台)。

(2) 开发工具软件系统

CodeWarrior Development Studio for HC(S)08 Special Edition V3.1/V5.0集成的开发软件包可以从Freescale网站下载,其开发工具包中附带的光盘为该软件包的安装程序。包含MC68HC908单片机汇编和C语言的编辑、编译,以及实时在线仿真。

5.4.2 HC08 MON08 开发工具特点与设计原理图,PCB图

(1) 开发工具功能特点

- 编程烧录器的功能:监控模式(MON08 MODE)下对Flash进行在线编程。
- 编译开发板的功能:提供给用户最小的调试工作系统。编程开发工具及编程器是一种价格低廉、方便实用、功能齐全的开发工具。其性价比优于Motorola(Freescale)提供的其他类仿真器。
- 通过硬件方式进入监控模式对片内Flash进行写入操作(区别于用户模式),用户可以在监控模式下完成对芯片内部Flash的反复擦写操作。
- 使用9.8304 MHz晶振。
- 具有在线编程功能,用户可以用在线编程方法升级定型产品的程序。
- 指示灯:电源供电指示、编程连接好指示。

(2) HC08系列MON08设计相关原理图

HC08系列MON08设计原理图如图5.43所示。

(3) HC08系列MON08设计相关PCB图与元器件清单

HC08系列MON08 PCB(印制电路板)设计如图5.44所示。元器件清单如表5.4所示。

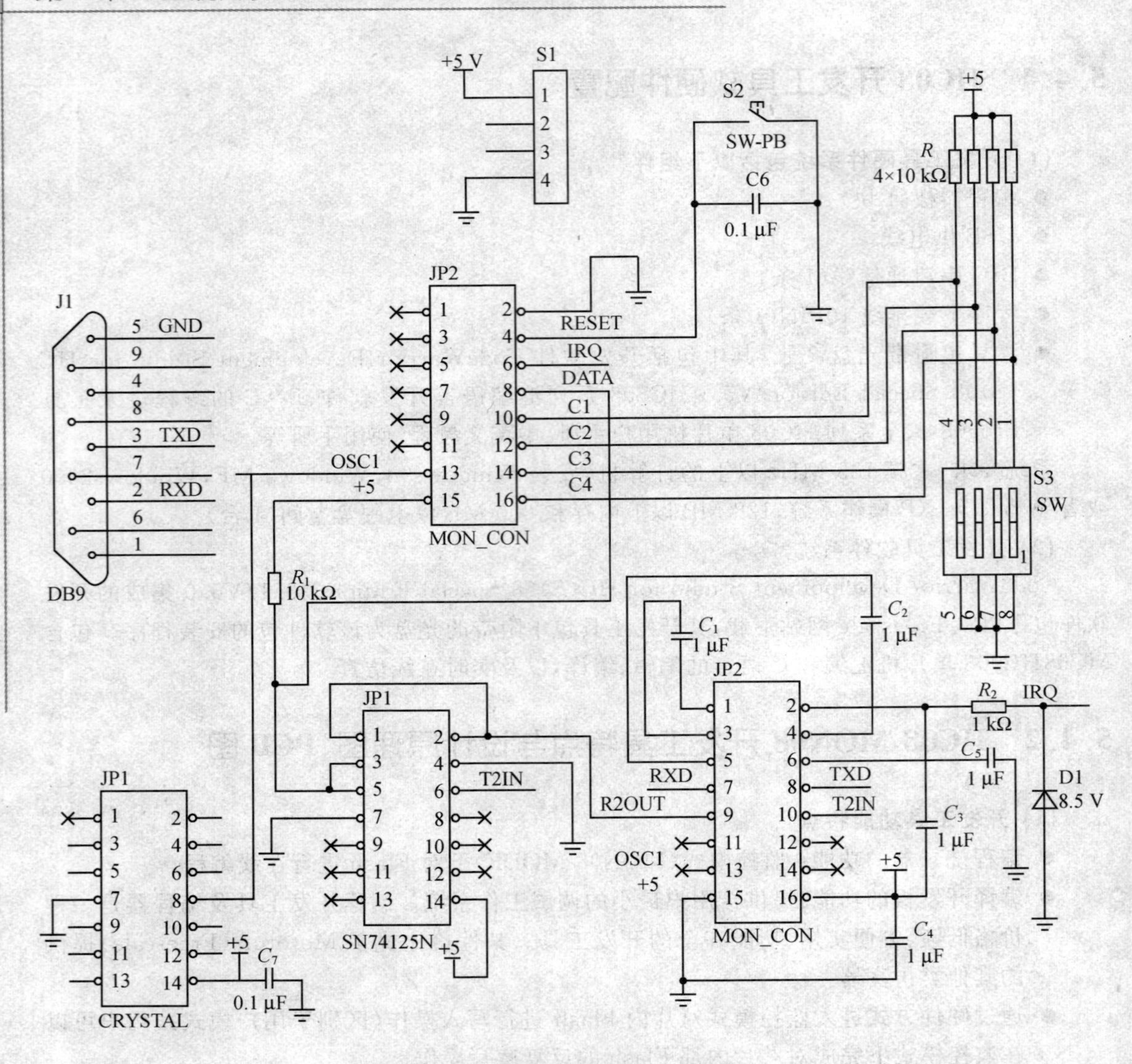

图 5.43　HC08 系列 MON08 原理图

表 5.4　HC08 MON08 元器件清单

元器件型号	描　述	封　装	器件编号	使用个数
带孔的串口 DB9	串口	DB9	J1	1
4 位的拨码开关			S3	1
DIP14 插座	晶振插座	DIP14	JP1	1

续表 5.4

元器件型号	描 述	封 装	器件编号	使用个数
IDC16 插座	MON08 头		JP2	1
SN74HC125	电平转换	DIP14	JP3	1
MAX232N		DIP16	JP4	1
8.5 V 稳压二极管		Radial Lead	D1	1
瓷片电容 0.1 μf		Radial Lead	C1～c7	7
1 kΩ 1/4 W 电阻 5%		Axial Lead	R2	1
10 kΩ 1/4 W 电阻 5%		Axial Lead	R1,R3,R4,R5,R6	2
LED 绿色二极管 5 mm		Radial Lead	CON2	1
USB 接口 B 类型			S1	1
SW-PB	复位按键		S2	1

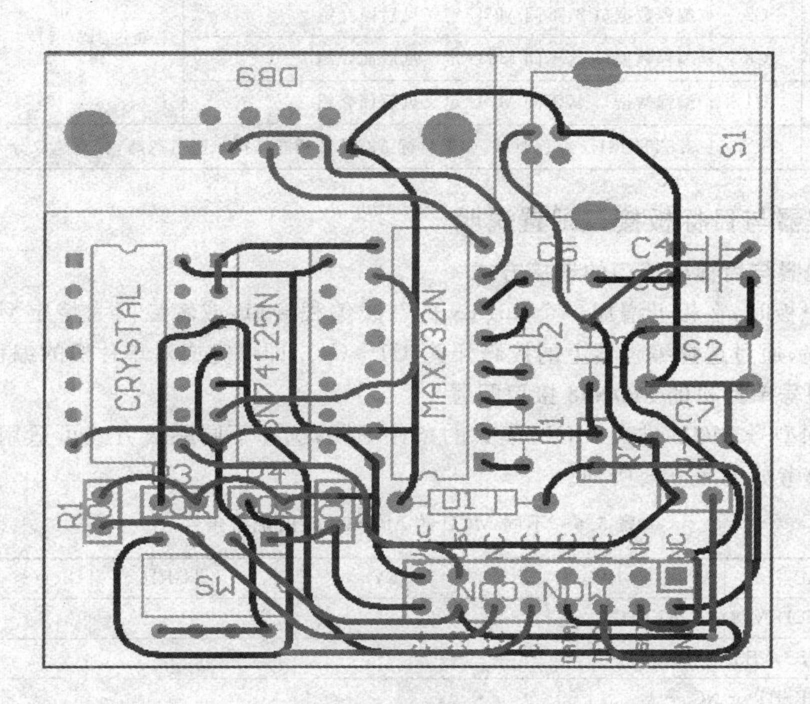

图 5.44 HC08 MON08 PCB

5.4.3 HC08 和 HCS08 MON08 编程器接口定义与目标板配置

1. 编程器接口定义和说明如表 5.5 所列

表 5.5 编程器接口定义和说明

	定 义	说 明	
1	V_{DD}	编程电源，可为目标板提供小电流 DC5V，直接目标板供电脚可忽略	
2	V_{SS}	公共地	
3	RST	RESET，MCU 有上拉电阻，该脚可忽略	
4	IRQ	向 TRO 提供 9 V 的编程电压，如果目标板有电路，应注意保护	
5	DATA	编程数据口，不同 MCU 定义见后面介绍	
6	C1	编程数据口 1，不同 MCU 定义见后面介绍	通过 JP1 选择 0/1
7	C2	编程数据口 2，不同 MCU 定义见后面介绍	
8	C3	编程数据口 3，不同 MCU 定义见后面介绍	
9	C4	编程数据口 4，不同 MCU 定义见后面介绍	
10	SC1	9.8304 MHz 编程时钟，如果目标 MCU 带相同晶振该脚可忽略，否则建议分开	

2. 编程器与目标板接口配置说明

(1) 编程器与目标板接口的连接方式

设计用户板时，在板上增加一个 10PIN 的在线编程接口，或者专门为特定型号单片机制作编程下载座，通过选择编程器上的拨码开关(C1～C4)，即可完成对单片机的编程工作。

(2) 各型号单片机的 MON08 接口配置

由于不同型号 MCU 进入 MON 模式的条件不同，选择不同跳线方式可适用不同型号的 MCU，具体参考如如表 5.6 所列。

表 5.6 不同 MCU 的 MON08 接口配置条件

	AB	AP	AS/AT/AZ	BD	EY	GP	GR16	GR4/8	GT
V_{DD}	VDD、VDDA、VREFH								
GND	VSS、VSSA、VREFL								
RESET	RESET or NC								
IRQ	IRQ								
DATA	PTA0	PTA0	PTA0	PTA0	PTA0	PTA0	PTA0	PTA0	PTA0

续表 5.6

	AB	AP	AS/AT/AZ	BD	EY	GP	GR16	GR4/8	GT
C1	NC	NC	NC	NC	PTA1=0	PTA7=0	PTA1=0	PTA1=0	NC
C2	PTC0=1	PTA2=0	PTC0=1	PTC0=1	PTB3=0	PTC0=1	PTB0=1	PTB0=1	PTC0=1
C3	PTC1=0	PTA1=1	PTC1=0	PTC1=0	PTB4=1	PTC1=0	PTB1=0	PTB1=0	PTC1=0
C4	PTC3=0	PTB0=0	PTC3=0	PTC3=0	PTB5=0	PTC3=0	PTB4=0	NC	PTC3=0
OSC1	OSC1								
Baud	19200	19200	19200	19200	19200	19200	19200	9600	19200

	JK/JL	KX	LD	LJ/LK	MR16/32	QT/QY	RF/RK	SR
V_{DD}	VDD、VDDA、VREFH							
GND	VSS、VSSA、VREFL							
RESET	RESET or NC							
IRQ	IRQ							
DATA	PTB0	PTA0	PTA0	PTA0	PTA0	PTA0	PTA0	PTA0
C1	NC	PTA1=0	PTA7=0	NC	PTC2=0	PTA4=0	NC	NC
C2	PTB1=1	PTB0=1	PTC0=1	PTA1=1	PTC3=1	PTA1=1	PTB0=1	PTA2=1
C3	PTB2=0	PTB1=0	PTC1=0	PTA2=0	PTC4=1	NC	PTB2=0	PTA1=0
C4	PTB3=0	NC	PTC3=0	PTC1=0	PTA7=0	NC	NC	PTC1=0
OSC1	OSC1							
Baud	19200	9600	19200	19200	19200	9600	9600	19200

以下型号的 Freescale MCU 需要采用特定频率的晶振，如表 5.7 所列。

表 5.7　特定频率晶体配置

	GZ	JB12/16	JB1/8	JG
V_{DD}	VDD、VDDA、VREFH			
GND	VSS、VSSA、VREFL			
RESET	RESET or NC			
IRQ	IRQ			
DATA	PTA0	PTA0	PTA0	PTA0
C1	PTA1=0	PTE3=1	NC	PTE3=1
C2	PTB0=1	PTA1=1	PTA1=1	PTA1=1
C3	PTB1=0	PTA2=0	PTA2=0	PTA2=0
C4	PTB4=0	PTA3=1	PTA3=0	PTA3=1
OSC1	NC			
Baud	14400	19200	19200	19200
OSC	8 MHz	12 MHz	6 MHz	12 MHz

其余未列出的 MCU 型号可以参考书手册的 Monitor ROM 部分，该编程器不支持 MC68HC908MR8 型号的单片机。

5.4.4　开发系统编译开发软件安装及 HC08 系列 MON08 的使用调试说明

此开发工具使用的编译软件为 CodeWarrior CW08 V3.0/V3.1 或 ICS08，可以实现对 MC68HC908 系列芯片源程序的编辑、编译及在线仿真的功能，下面以 CodeWarrior CW08 V3.0/V3.1 为例加以说明。步骤如下：

① 安装 CodeWarrior，在程序中，单击 CodeWarrior IDE 即可。

② 进入编译软件界面，选择 File 菜单中的 New 命令，如图 5.45 所示新建一个项目文件，输入新项目名称，设置路径，单击 OK 按钮。

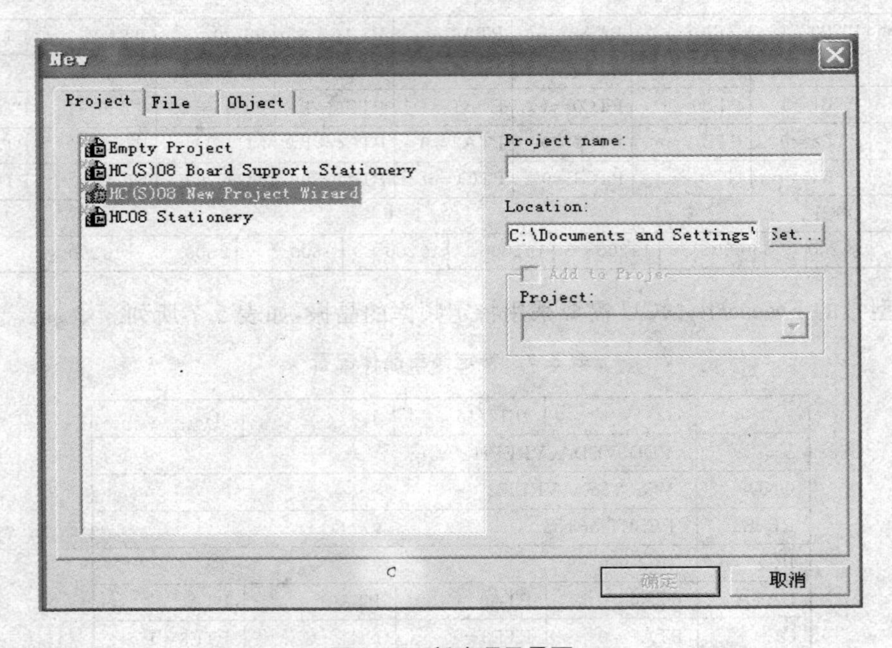

图 5.45　新建项目界面

③ 以 JK8 为例，在弹出的如图 5.46 所示的对话框中选择 MC68HC908JK8，单击下一步按钮，如图 5.47～5.52 所示一步步地选择 C 或者 ASM 编译环境，选择不需要浮点运算和程序工作模式，直至弹出图 5.53 所示的对话框，选择使用 P&E 软件模拟仿真环境和 P&E 硬件仿真编译，单击完成按钮，进入如图 5.54 所示的 C 或 ASM 的编译环境。

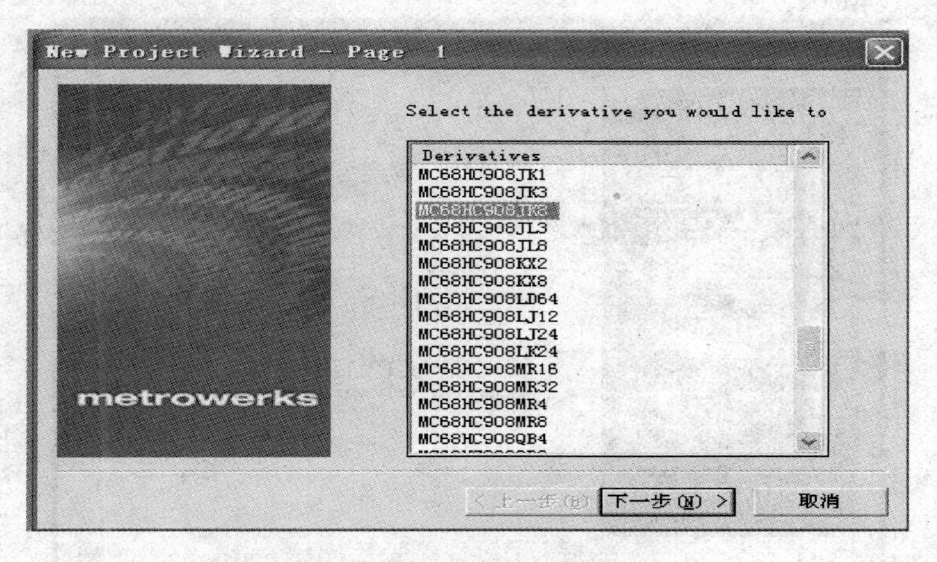

图 5.46　选择 MC68HC908JK8

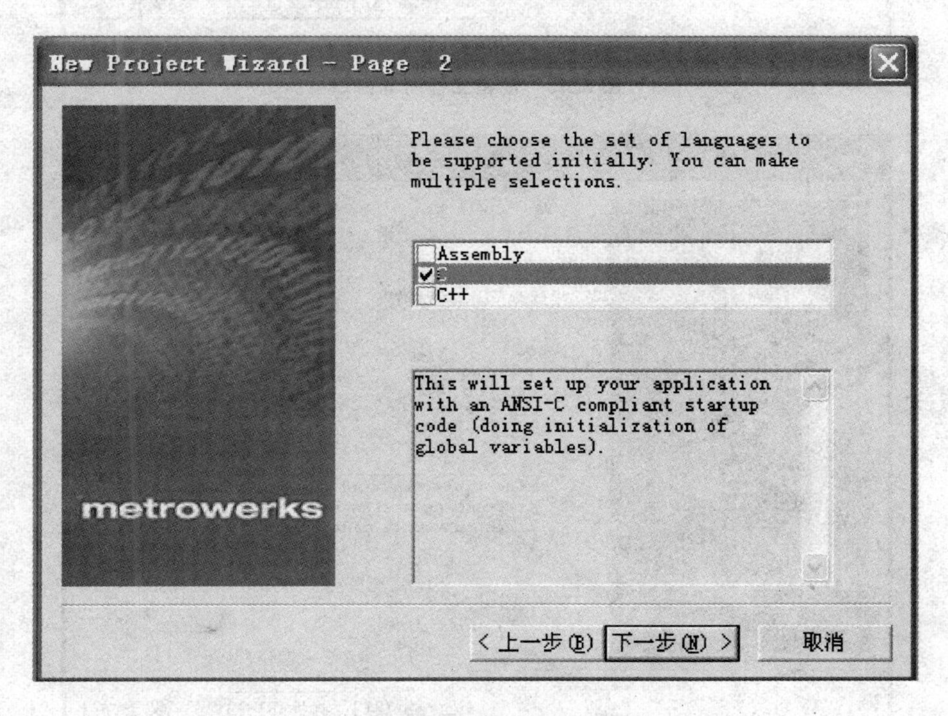

图 5.47　选择 C 编译环境对话框

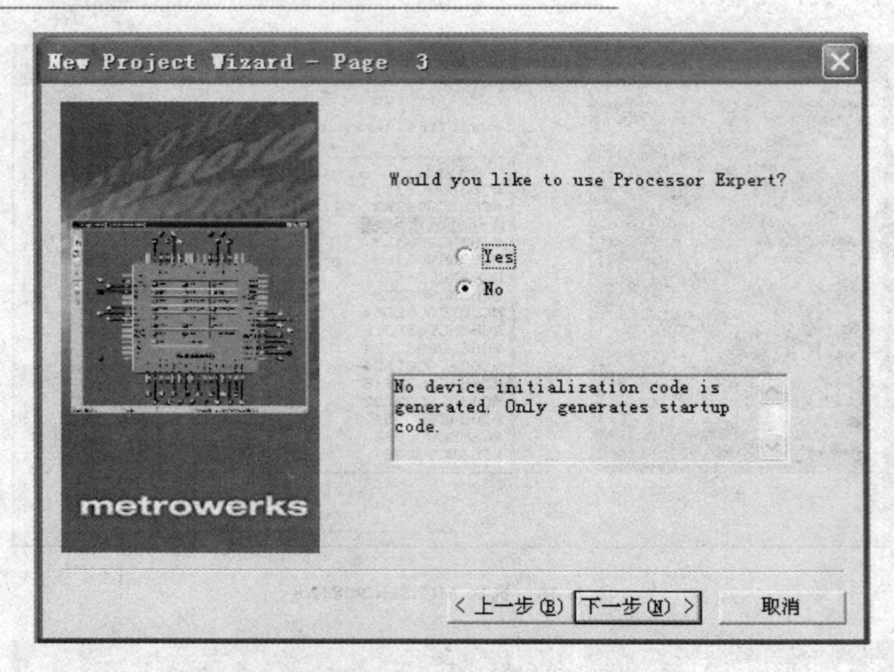

图5.48　创建工程向导窗口

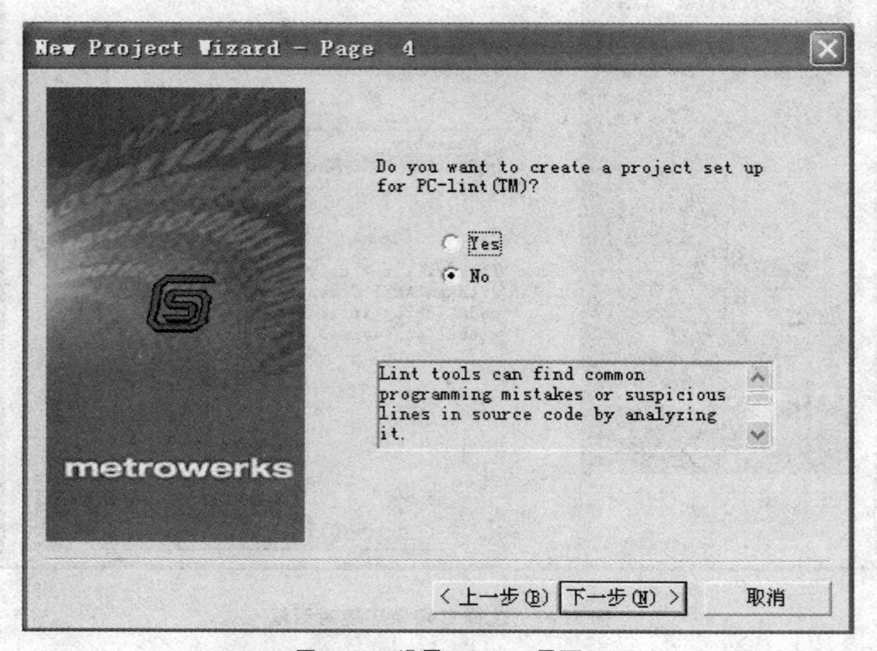

图5.49　设置PC-Lint界面

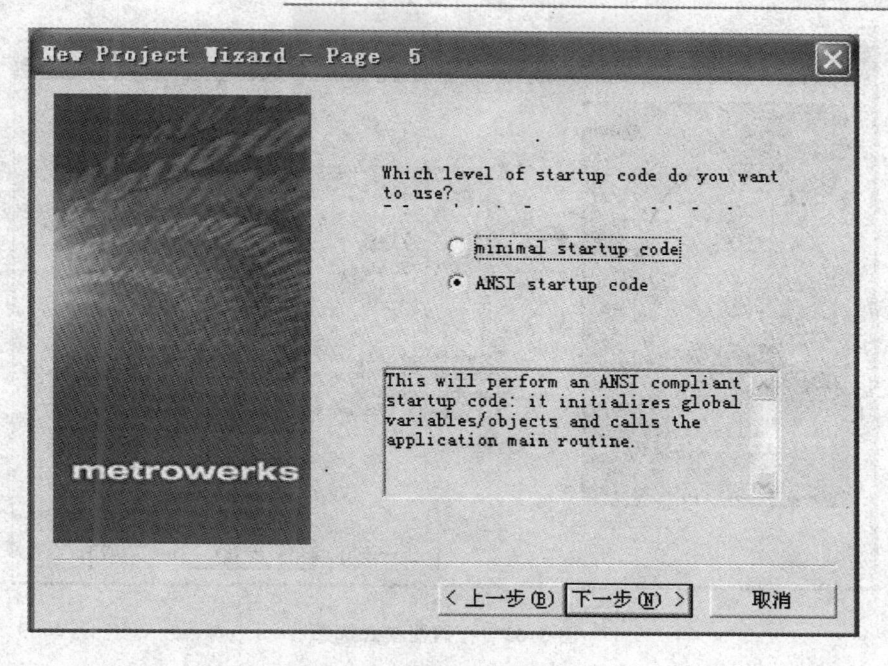

图 5.50　启动代码选择窗口

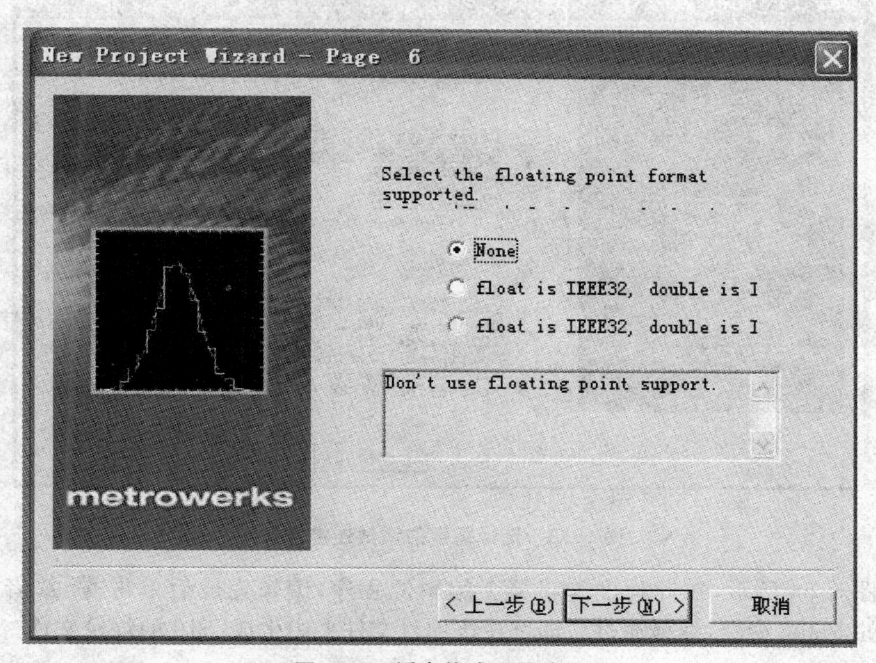

图 5.51　浮点格式设置选项

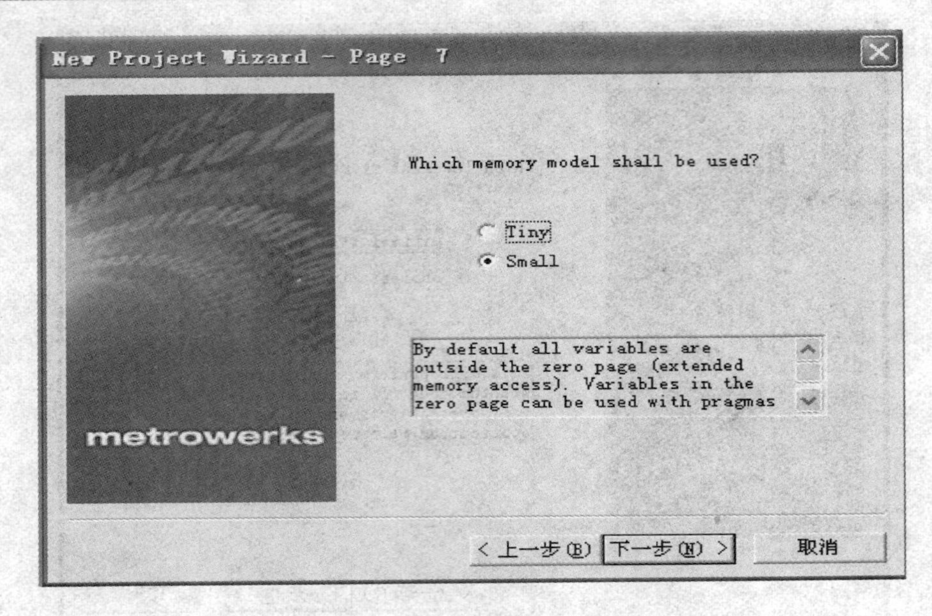

图 5.52　存储器模式选择

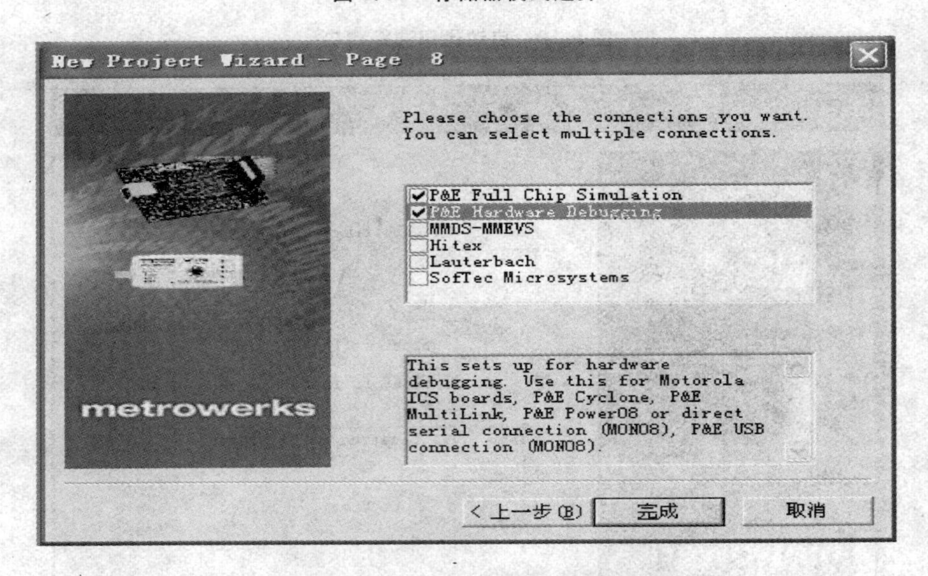

图 5.53　选择需要的调试连接方式

④ 如图 5.54 所示，在源程序编辑器上编辑源程序，编辑完成后单击 或者选择菜单 Project 中的 Make 命令，编译通过后即可在该项目文件夹中生成.S19 的烧录文件。

⑤ 若要进入在线仿真模式，如图 5.54 所示，单击 Targets 按钮，选择 P&E FCS(软件仿真

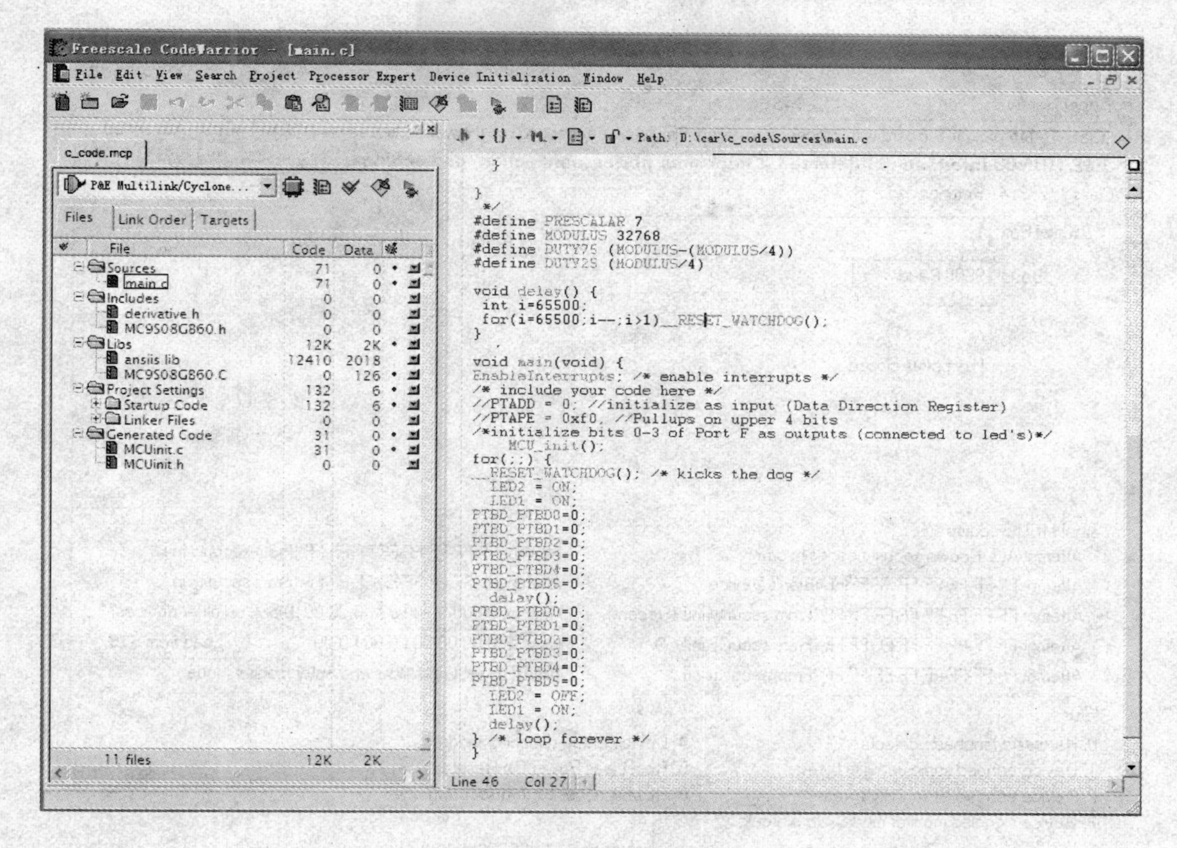

图 5.54　设置完成窗口图

方式）或者 P&E ICD（硬件仿真）方式，并单击运行按钮，即可以进入仿真模式。

⑥ 进入仿真模式后，会弹出如图 5.55 所示的 PC 端连接访问目标板的窗口。

⑦ 在图 5.55 所示窗口的 Target Hardware Type 下拉列表中选择 Class1 模式，在 Target Interface 下拉列表中，选择 P&E Target Interface，在 Serial Port: Close Port 中选择正确的串口，然后单击 Contact target with these settings ... 按钮，即弹出如图 5.56 所示的窗口，单击 Yes 按钮，擦除 Flash。如果没有弹出如图 5.56 所示的窗口，则直接进入如图 5.58 所示的窗口，单击 PEDebug 菜单，选择 Mode 命令中的 In-Circuit Debug/Programming，然后重新进如图 5.57 所示的窗口。

⑧ 进入硬件仿真模式，单击如图 5.58 所示的按钮全速运行，为单步运行，为暂停运行，为程序复位；也可以在程序中设置断点，调试程序。

Attempting to contact target and pass security...

Target Hardware Type

Class 1 - Motorola ICS Board with processor installed. Emulation connection ok. (Power controlled via DTR)　Advanced

P&E MON08 Interface not detected. Check your power, connection, and settings.

Class 1, 2, 3, 4 - Settings

Serial Port: 1　Refresh List

Baud: 9600 Baud

Specified Baud: 0

The port is closed.

Target MCU Security bytes

Attempt ALL Known security codes in order

Attempt FF-FF-FF-FF-FF-FF-FF-FF (Blank Device)

Attempt FF-FF-FF-FF-FF-FF-FF-FF (From security.ini) (Recent)

Attempt FF-FF-FF-FF-FF-FF-FF-FF (From security.ini)

Attempt FF-FF-FF-FF-FF-FF-FF-FF (From security.ini)

Attempt FF-FF-FF-FF-FF-FF-FF-FF (From security.ini)

Attempt FF-FF-FF-FF-FF-FF-FF-FF (From security.ini)

Attempt 00-00-00-00-00-00-00-00 (Blank on older devices)

User: 00-00-00-00-00-00-00-00　Load from S19

IGNORE security failure and enter monitor mode.

Status:

0. Hardware loopback detected:
1. Device echoed some security bytes:
2. Device echoed all security bytes:
3. Device signaled monitor mode with a break:
4. Device entered monitor mode:
5. Reset was Power-On Reset:
6. ROM is accesible (un-secured):

Help...

Show this dialog before attempting to contact the target 68HC08 board

Contact target with these settings ...　Halt

图 5.55　CW 环境下 PC 端连接访问目标板的窗口

图 5.56　擦除和对 Flash 编程窗口

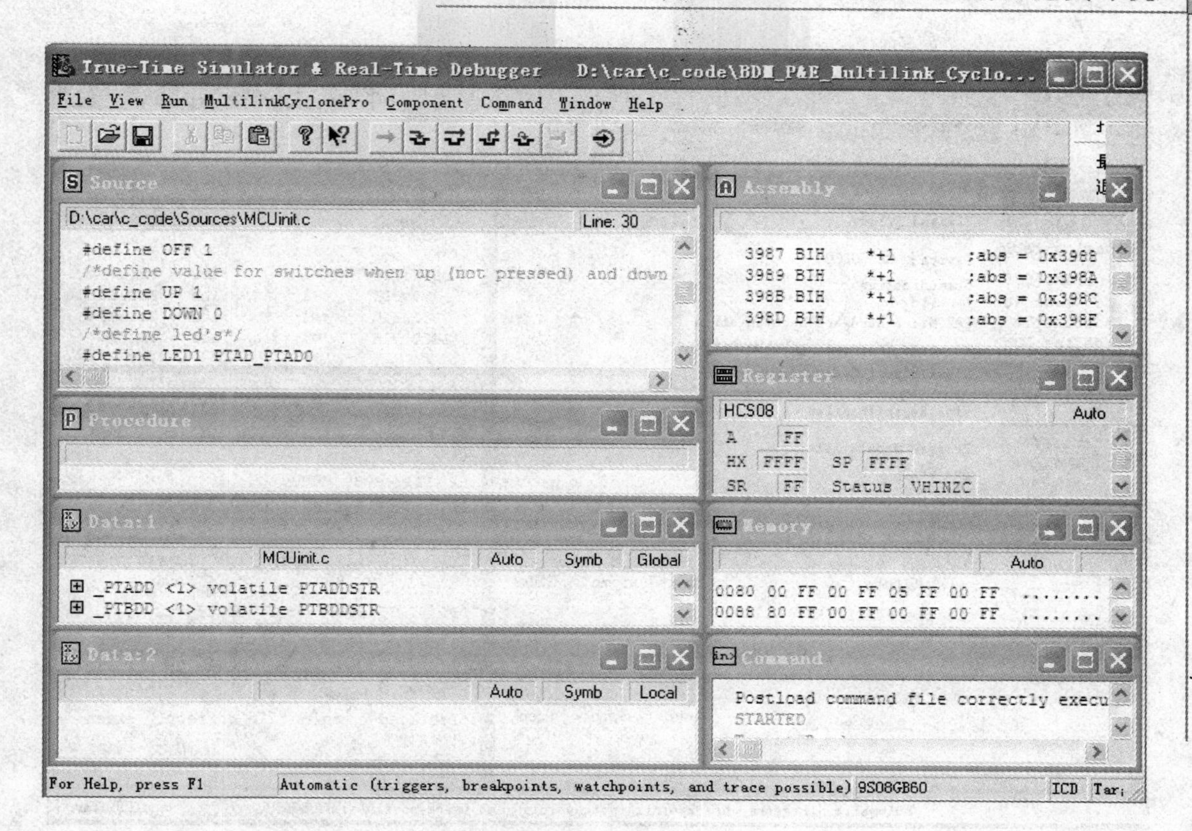

图 5.57 实时调试窗口

5.4.5 编程烧录工具的使用方法说明

利用开发系统中的 Prog08sz 编程器和 P&E HC908 Development KIT 软件，用户可以对芯片（包括非空芯片，即已经写过程序的芯片）进行编程写入，即把用户程序写入芯片的内部 Flash。具体使用方法包括硬件和软件两方面。烧录工具的硬件连接方式如下：

根据具体型号 IC 数据手册资料的 MON 模式连接说明，将对应的引脚连接到相应编程器的 V_{DD}—OSC1 脚上。用 RS－232 电缆把编程器板的串口同 PC 的串口连接起来，通过 MON08(10PIN) 排线，把编程器和开发板 IC 连接起来，编程器的电源接到 USB 上接通电源。

1. 编程器烧录软件的安装及使用方法

编程器使用的烧录软件是 P&E 公司提供的、为 Motorola(Freescale) 的 68HC908 系列芯片的 Flash 存储器开发编程设计的 P&E HC908 Development KIT。可以完成对芯片 Flash

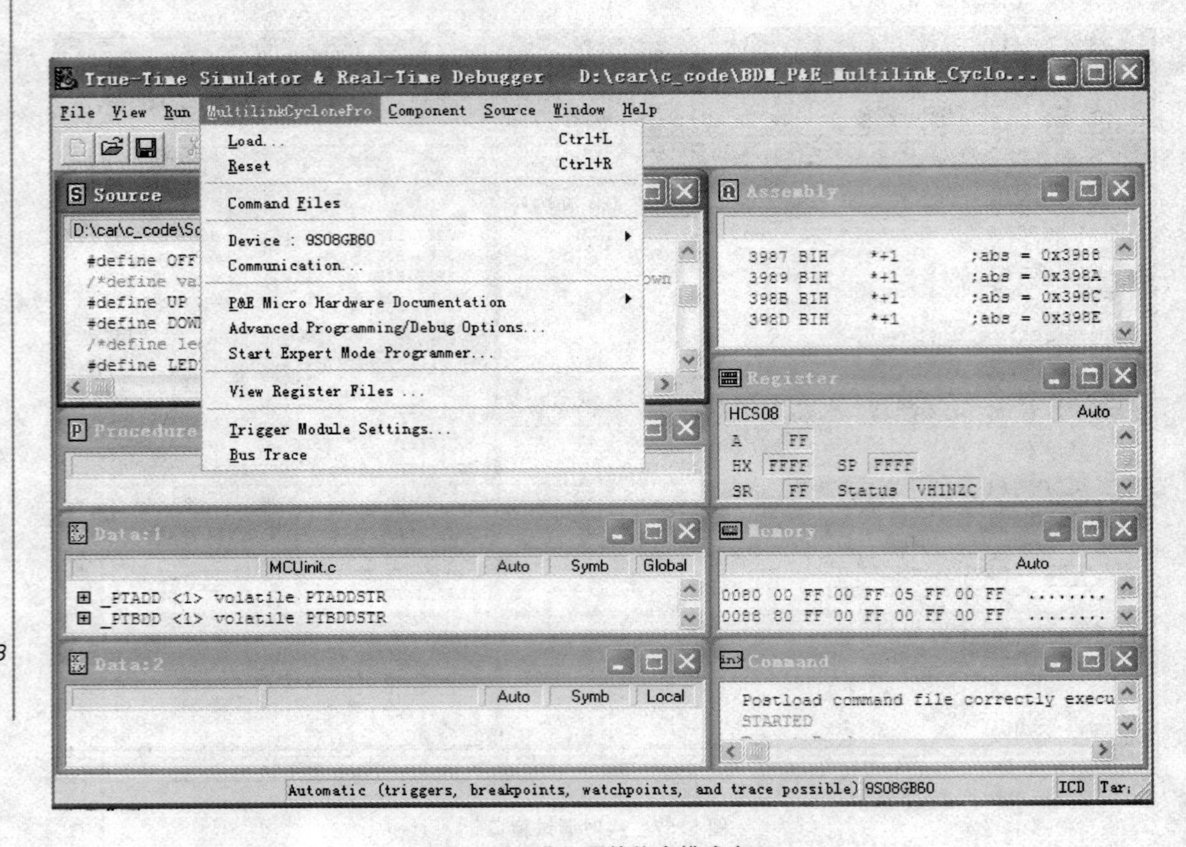

图 5.58　进入硬件仿真模式窗口

的擦除、编程、校验、空白芯片检验等操作。具体操作如下：

安装 P&E HC908 Development KIT 软件。安装后在程序组中单击 PROG08SZX－Flash Programmer for HC08 即可运行。编程器软件启动成功后，系统会出现如图 5.59 所示的目标连接和安全码对话框。下面将具体讲解如何设置对话框的每一项。

(1) Target Hardware Type(目标硬件类型)

本编程器选择 CLASS Ⅰ(如图 5.59 所示)，PC 经串口 DTR 线控制加到目标板的电源上。

(2) Serial Port(PC 串口配置)

Serial Port：设置串行口。单击右边的下拉按钮，从中选择 PC 的 COM1～COM8。Baud：设置波特率。编程器和 PC 之间的波特率，单击右边下拉按钮，从中选择波特率 4800，9600，14400，19200，28800 等。本编程器使用的频率是 9.830 MHz，用户可根据所用 MCU 的型号参考芯片手册设定波特率。MC68HC908QTx/QYx/JKx/JLx 系列均选用 9600 波特率。

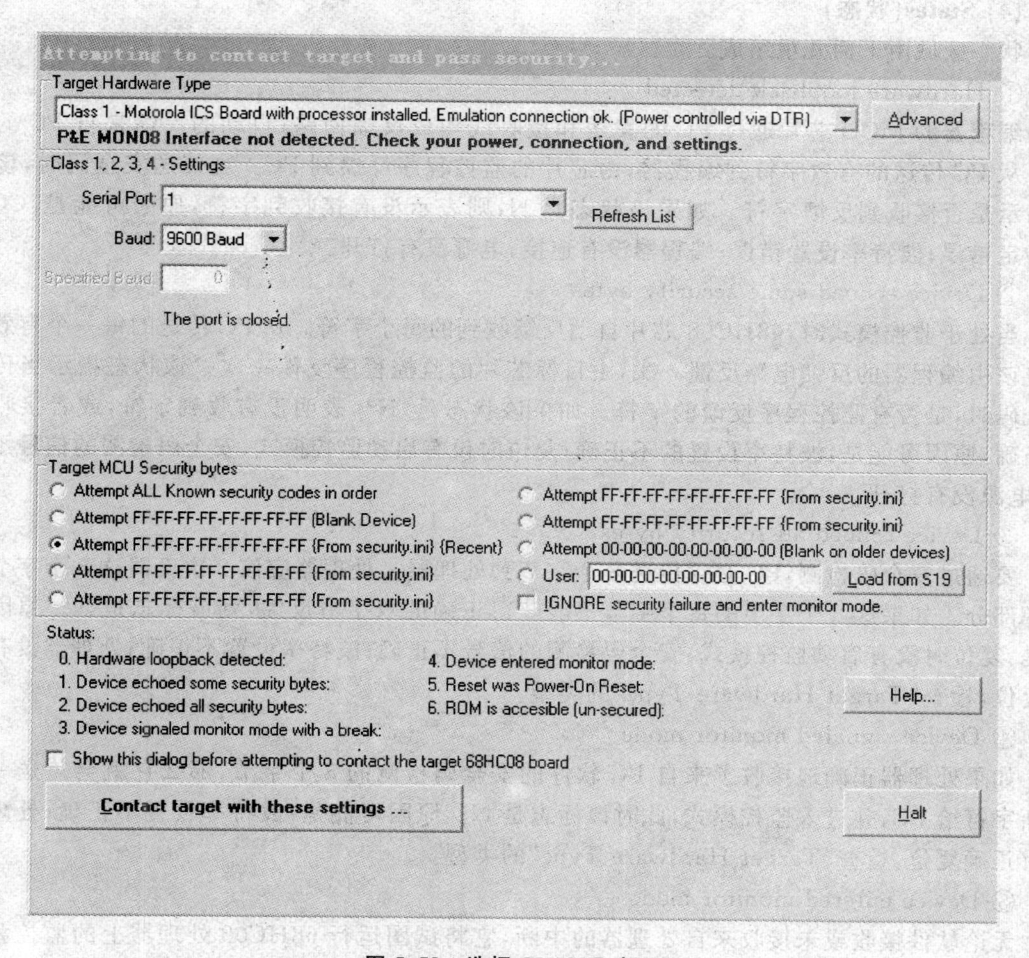

图 5.59　选择 CLASS Ⅰ 窗口

(3) Target MCU Security bytes(目标 MCU 安全码)

要通过安全码检测就必须给出正确的安全码,安全码由处理器 Flash 存储器的 $FFF6～$FFFD 共 8 个字节组成。编程软件连续地记录安全码的改变,并把它们存储到 SECURITY.INI 文件中,用于安全码检测。用户使用“User”文本对话框手动设置安全码,或者单击“Load from S19”按钮从相同的 S19 文件中调用安全码。忽略安全码检测失败并进入监控模式(IGNORE security failure and enter monitor mode):该复选框使软件能忽略安全码检测错误,并进入监控模式(要保证波特率和通信口设置正确,电源正确),但不能进入 Flash 存储器。只能对整片 MCU 的 Flash 进行擦除后方可进行编程烧录和校验。

(4) Status(状态)

状态区域由下面几项组成。

① Hardware loopback detected

编程器的 MCU 芯片通过 PC 的发送和接收线构成反馈回路,自动的反馈来自 PC 的字符。从 PC 传送的有效字符到编程器,由芯片的监控程序反馈到 PC。当传送安全码时,该状态指示是否接收到反馈字符。如果该状态是 N,则表示没有接收到字符,原因可能是:COM 口指定错误;波特率设置错误;编程器没有连接;电源没有打开。

② Device echoed some security bytes

当处于监控模式时,68HC08 芯片自动反馈收到的每个字符。从 PC 传送的每一个有效字符应该由编程器的反馈电路反馈一次,由目标芯片的监控程序反馈一次。该状态指示当传送安全码时,是否有监控程序反馈的字符。如果该状态是'N',表明没有收到字符,或者接收的不正确,原因可能是:波特率设置的不正确;复位时没有启动监控模式,安全码检测的信号不正确;电源没有打开。

③ Device echoed all security bytes

要通过安全码检测,PC 必须传送 8 个字节到处理器。处理器应该 2 次反馈这 8 个字节的每一部分。如果这 8 个字节的每个字节不能获得正确的双字节反馈,则该标志是 N。原因可能是:复位时没有启动监控模式,安全码检测的信号不正确;波特率设置不正确;处理器没有正确复位,检查"Target Hardware Type"的类型。

④ Device signaled monitor mode

如果处理器正确地接收了来自 PC 软件的安全码检测的 8 个字节,那么它就会传送一个中断字符给 PC,并进入监控模式,此时该标志是 N。原因可能是:波特率设置不正确;处理器没有正确复位,检查"Target Hardware Type"的类型。

⑤ Device entered monitor mode

无论软件接收或未接收来自处理器的中断,它将试图运行 68HC08 处理器上的监控程序与其通信,读取监控版本号。如果处理器未能正确回答此命令,则标志是 N。

⑥ Reset was Power-On Reset

如果正确地进入监控模式,软件会读取复位状态寄存器(RSR)。

⑦ ROM is accessible(un-secured)

如果正确地进入监控模式,软件读取 $FFF6~$FFFF 的内容,判定处理器是否通过了安全码检测。如果检测到的返回值是 $AD,说明存储器是无效的或被加密。如果 $FFF6~$FFFF 的所有字节读出的值均是 $AD,说明芯片被加密,此时标志值是 N。如果 0~5 的标志值是 Y,而标志 6 的值是 N,那么复位过程已经正确进行,只是安全码检测没有通过。制定正确的安全码,重试一次,或者忽略安全码检测。

⑧ 其他按钮

Contact target with these settings：该按钮使编程器加电复位，并用对话框的设置通过安全码检测。

⑨ Halt 按钮：终止软件运行并返回

如果串口设置正确，那么将出现如图 5.60 所示的对话框，根据芯片类型选择相应的.08p 文件，单击打开按钮。譬如，如果要进行在线编程的单片机芯片是 68HC908JK8，则选择 908_JK8.08p。也可以在进入界面之后，单击选择芯片类型。

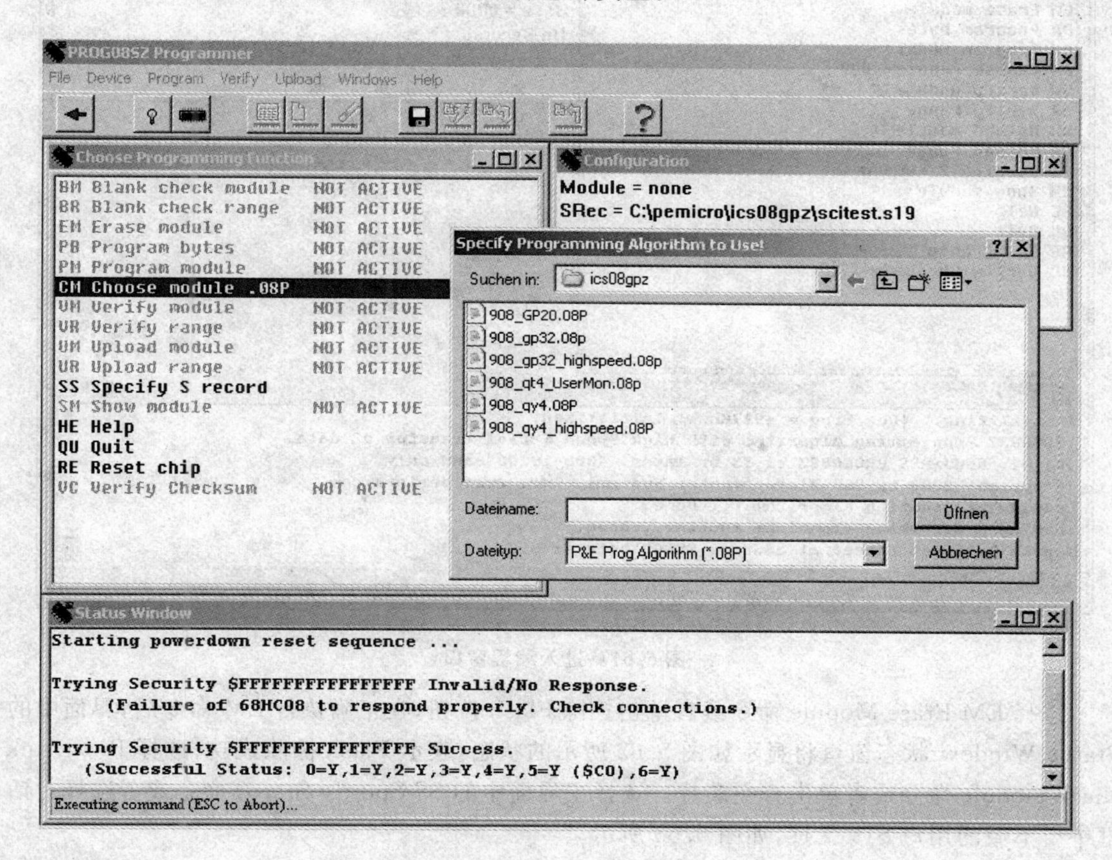

图 5.60　根据芯片类型选择相应的.08p 文件

2. 编程命令

进入编程窗口(如图 5.61 所示)后，可以从列表中选择编程命令来执行，或用上箭头选择命令；还可以通过键入命令的第一个字母来选择，选中命令后按 Enter 键即可执行命令；还可以从菜单或者按钮中选择要执行的命令。而任何所需要的相关信息都在相应的窗口中给出。在状态窗口中则给出执行命令过程中的出错信息和命令结果。

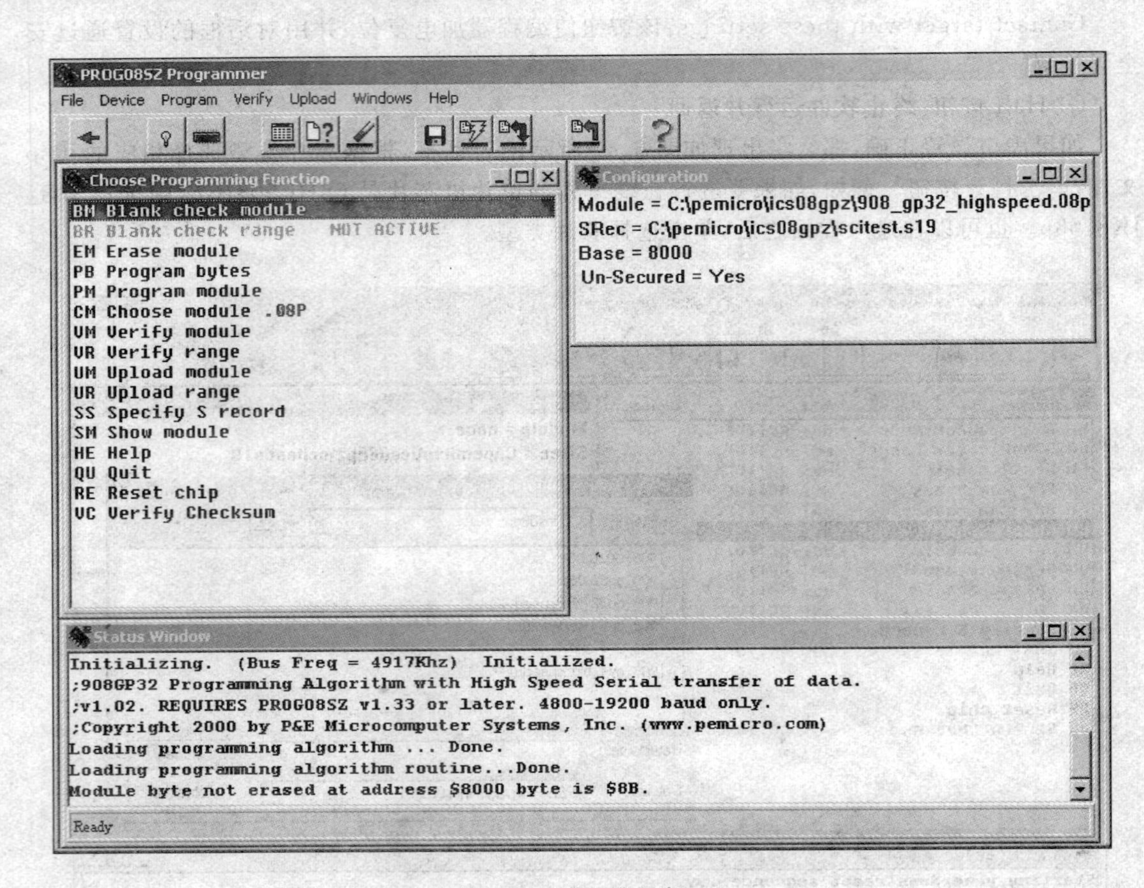

图 5.61 进入编程窗口

选择 EM Erase Module 命令或者单击擦除 Flash 按钮；在正确执行 EM 命令后，界面中的 Status Window 状态窗口将显示如图 5.62 所示的状态，表示 Flash 擦除成功；选择 BM Blank check module 命令或者单击查空芯片。选择主界面中的 SS Specify Srecor 命令或者选择对话框中要下载的用户 S19 文件，如图 5.63 所示。

正确选择用户程序后，在窗口中选择 PM Program module 命令，即执行编程命令，将用户程序下载到 Flash 中去，下载完成后，状态窗口将显示编程完成。

编程完成后，在窗口中选择 VM Verify module 命令或者单击校验烧录进 Flash 的内容，校验成功，至此，整个编程写入过程完成了。

MC68HC908 编程器使用中的常见问题及解决方法：启动开发环境软件后，没有出现如图 5.63 所示的对话框，而是出现如图 5.64 所示的界面。出现该情况的可能原因有：

① 编程器没有连接电源。检查电源并连接。

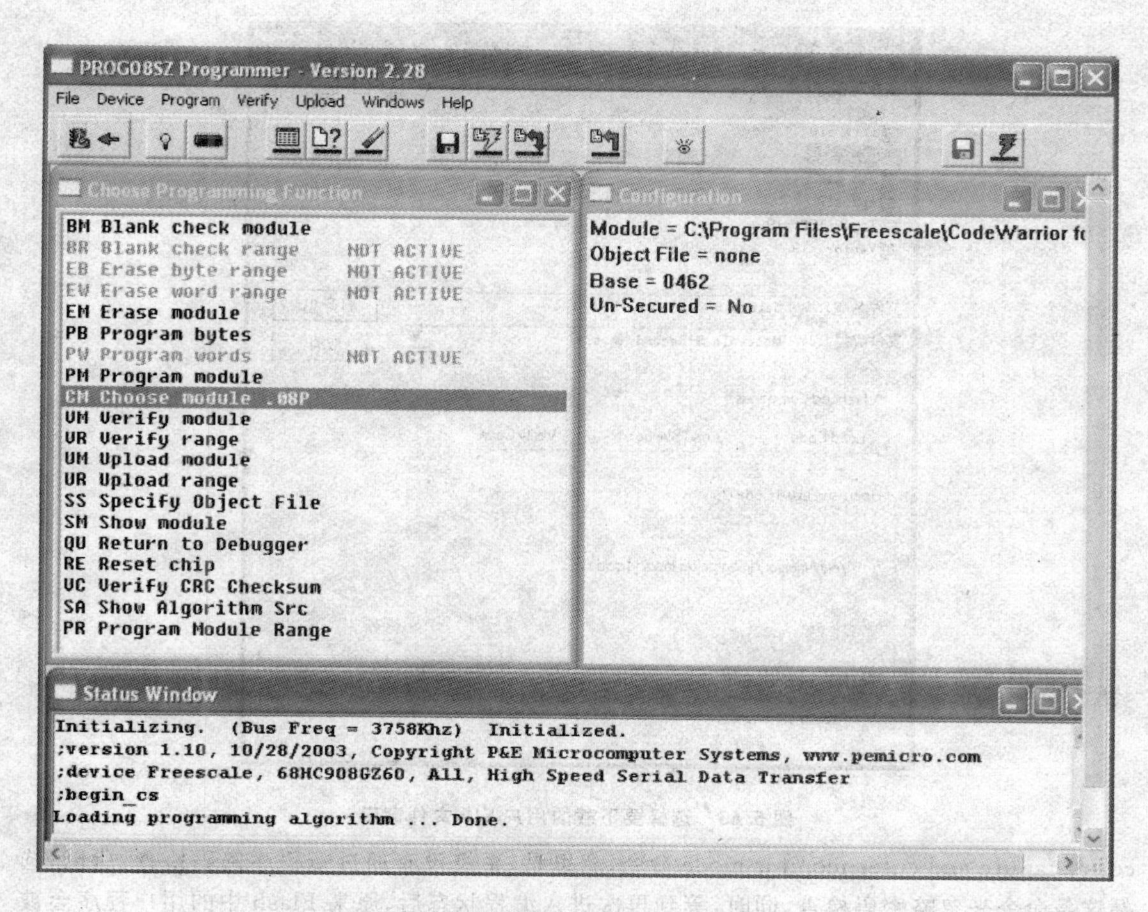

图 5.62　界面中的 Status Window 状态窗口

② 串口设置错误。检查电脑硬件管理，找出正确物理连接串口，在界面中选择 Close COM Port 命令，将串口设为正确串口。

③ 启动开发环境软件后，没有出现正确连接后的界面，而是出现了 Status 所示状态中的 1～5 为 Y，6 为 N 的状况。出现这一情况原因是 Motorola(Freescale)考虑到：在往 Flash 中写入新的用户程序之前，Flash 可能已经存储有上一个用户的程序，为了保护上一个用户烧录的程序版权不被他人盗用，同时，也为保证用户程序不轻易丢失，所以在这个编程软件中设有保护机制。就是，每个用户都有一个根据中断向量地址分配的不同的密码并存储在 Flash 中，即 Security，在编程完一个芯片后，系统会自动将这个程序的密码记录下来。等到下一个用户程序时，系统会用这个密码和新密码比较，如果不同，系统会自动识别认为这是一个新程序，为保护当前程序，系统会弹出如图 5.63 所示界面。并提示当前客户选择界面中的 IGNORE se-

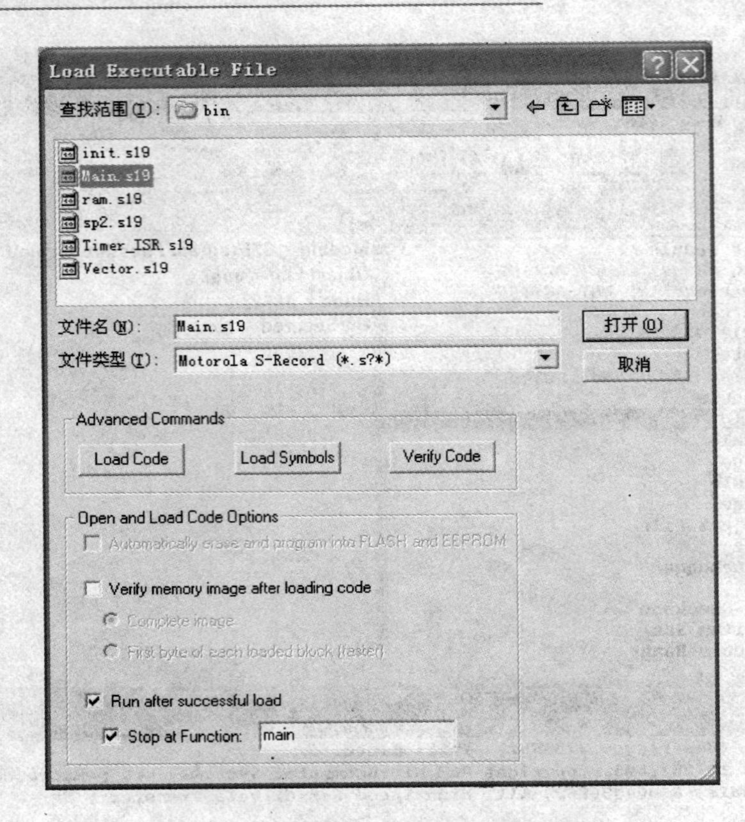

图 5.63　选择要下载的用户 S19 文件窗口

curity failure and enter monitor mode 命令，意思是，系统没有通过新程序密码检查，所以，选择这条命令来忽略密码检查，同时，等到再次进入编程状态后，原来 Flash 中的用户程序会被系统自动擦除。

因此，解决办法就是：选择 IGNORE 命令，然后单击 Contact Target with this setting 按钮，并等待系统提示。接着就会弹出新的对话框，选择相应的.08p 文件，单击打开按钮，接着选择主界面中的 EM 命令，这时 Status Window 状态窗口会出现如图 5.64 所示的信息，意思是用户关闭编程环境，并再次启动。这时会出现提示 Reset 编程器电源的窗口，用户 Reset 编程器电源，按部就班开始直到芯片编程完毕为止。

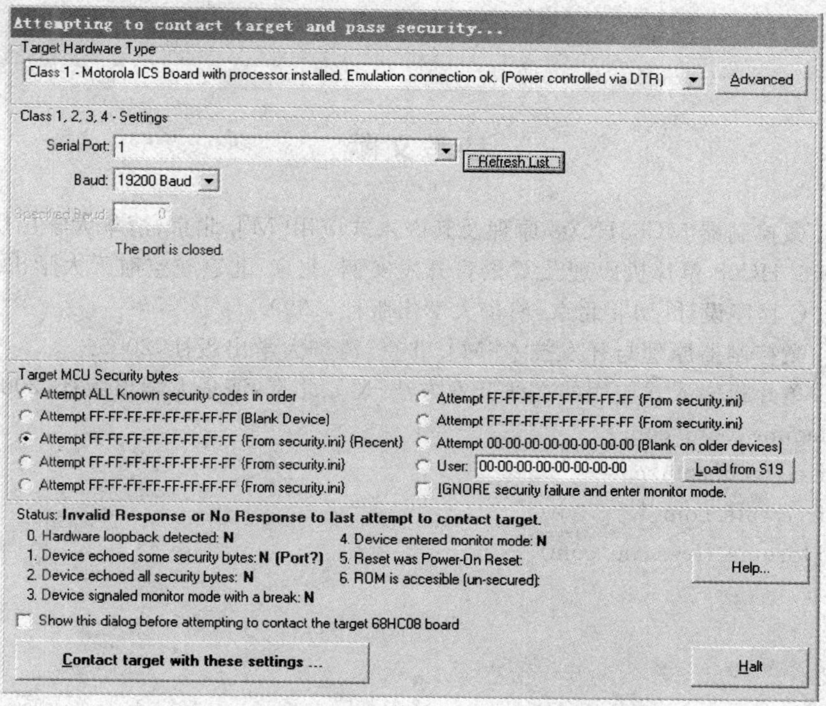

Attempting to contact target and pass security...

Target Hardware Type

Class 1 - Motorola ICS Board with processor installed. Emulation connection ok. (Power controlled via DTR) Advanced

Class 1, 2, 3, 4 - Settings

Serial Port: 1 Refresh List

Baud: 19200 Baud

Specified Baud: 0

The port is closed.

Target MCU Security bytes

Attempt ALL Known security codes in order

Attempt FF-FF-FF-FF-FF-FF-FF-FF (Blank Device)

Attempt FF-FF-FF-FF-FF-FF-FF-FF (From security.ini) (Recent)

Attempt FF-FF-FF-FF-FF-FF-FF-FF (From security.ini)

Attempt FF-FF-FF-FF-FF-FF-FF-FF (From security.ini)

Attempt FF-FF-FF-FF-FF-FF-FF-FF (From security.ini)

Attempt FF-FF-FF-FF-FF-FF-FF-FF (From security.ini)

Attempt 00-00-00-00-00-00-00-00 (Blank on older devices)

User: 00-00-00-00-00-00-00-00 Load from S19

IGNORE security failure and enter monitor mode.

Status: **Invalid Response or No Response to last attempt to contact target.**

0. Hardware loopback detected: **N**

1. Device echoed some security bytes: **N (Port?)**

2. Device echoed all security bytes: **N**

3. Device signaled monitor mode with a break: **N**

4. Device entered monitor mode: **N**

5. Reset was Power-On Reset:

6. ROM is accesible (un-secured):

Help...

Show this dialog before attempting to contact the target 68HC08 board

Contact target with these settings ...

Halt

图 5.64 访问目标板和经过安全密钥的界面

参考文献

[1] 刘慧银.微控制器 MC68HC08 原理及其嵌入式应用[M].北京:清华大学出版社,2002.

[2] 常越.M68HC08 单片机原理及 C 语言开发实例.北京:北京航空航天大学出版社,2005.

[3] 唐浩强.C 程序设计[M].北京:清华大学出版社,1999.

[4] 邵贝贝.微控制器原理与开发技术[M].北京:清华大学出版社,2005.

[5] 邵贝贝.单片机嵌入式应用的在线开发方法[M].北京:清华大学出版社,2005.

[6] www.laomu-room.com

[7] www.free-tech.com.cn

[8] www.freescale.com

[9] http://forums.freescale.com/